U0947613

珠江上的彩虹

广州新光大桥

李跃 张健峰 卢汝生 罗甲生等／编著
郑皆连／主审

人民交通出版社

内 容 提 要

广州新光大桥是三跨“飞雁式”中承连续刚构钢箱桁系杆拱桥，跨越珠江沥滘水道（主航道），主跨跨度达428m，全桥长1 083.2m，是一座三跨钢桁拱与钢筋混凝土三角刚架结合的组合体系桥。新光大桥2007年1月建成时主跨跨径位列拱桥跨径全国第三，居世界第六位。大桥开创性地采用了大跨径拱桥主拱大节段整体垂直提升施工技术。

本书从独特的视角，以图文并茂的形式介绍了广州新光大桥方案设计的演变、施工图设计的特点、主要施工方法及业主对项目的管理，同时介绍了大桥的科研成果、施工监控、静动载试验情况等。本书通过大量珍贵照片直接、真实、生动地再现了大桥的建设过程，可供广大桥梁设计、施工、科研、工程建设管理人员和大、专院校学生阅读参考。

图书在版编目（CIP）数据

珠江上的彩虹——广州新光大桥 / 李跃等编著．—北京：人民交通出版社，2009.5

ISBN 978-7-114-07527-8

Ⅰ.广… Ⅱ.李… Ⅲ.公路桥：拱桥－桥梁工程－广州市 Ⅳ.U448.14

中国版本图书馆CIP数据核字（2008）第205279号

书　　名：珠江上的彩虹——广州新光大桥
著 作 者：李　跃　张健峰　卢汝生　罗甲生等
责任编辑：张征宇　赵瑞琴
出版发行：人民交通出版社
地　　址：（100011）北京市朝阳区安定门外外馆斜街3号
网　　址：http://www.ccpress.com.cn
销售电话：（010）59757969　59757973
总 经 销：北京中交盛世书刊有限公司
经　　销：各地新华书店
印　　刷：北京市凯鑫彩色印刷有限公司
开　　本：880×1230　1/16
印　　张：22
字　　数：629千字
版　　次：2009年5月第1版
印　　次：2009年5月第1次印刷
书　　号：ISBN 978-7-114-07527-8
定　　价：280.00元

李跃（新光大桥指挥长助理）

张健峰（新光大桥常务副指挥长、 总工程师）

卢汝生（新光快速路有限公司首任董事长）

罗甲生（新光大桥指挥长）

郭欣（新光大桥指挥部高级工程师）

编写人员： 李　跃　张健峰　卢汝生
罗甲生　郭　欣　张志田

主　　审： 郑皆连

序 Xu

广州新光大桥为三跨连续刚架钢箱桁系杆拱桥，跨越珠江主航道，主桥跨径组合177m+428m+177m。桥面以下的钢筋混凝土箱型拱肋又与预应力混凝土系梁组成三角刚架，既减少了结构用钢量，降低了工程造价，又提高了结构整体刚度及抗船撞能力，巧妙地处理好了大跨与小跨结构的平衡，在相邻拱跨径悬殊情况下，仍能保持三角刚架及桥墩基础受力良好，结构体系新颖、传力流畅。对钢—混凝土连接及复杂节点，通过模型试验进行了深入研究验证，确保了结构施工及营运全过程的安全。

本工程最大创新是钢拱桁的安装，对处于浅水区的两边跨，采用低架拼装拱桁，原位整孔提升，对处于繁忙通航的主孔采用大节段异地拼装，船运就位水上提升，尤其是主孔中段尺寸达172m×30.1m×27.48m，重量2 850t。在珠江只能停航3天的条件下，从陆域滑移上船，在提升架间狭窄水域浮运定位，集中控制30多台各种工作姿态的千斤顶，连续提升85m，实现无应力合龙，其提升构件尺寸、重量、高度居世界同类桥梁首位。另外，在大型钢筋混凝土斜腿悬臂施工，单层钢板桩围堰不用水下混凝土封底，实现干燥条件下施工桥墩混凝土承台等方面都有许多创造。

本书作者是大桥指挥部领导成员，经历了大桥建设的全过程，

Xu

序

研究了大桥建设的每一个重大决策，组织审查了每一项重大方案，跟踪了其结果，掌握了珍贵的第一手资料。在成功地组织参建各方完成了大桥建设后，强烈的事业心又驱使他们用了几年的时间完成了这本书的编写。本书客观地反映了大桥设计、施工、科研、监控、监理、业主管理的过程、取得的成果及经验，也不回避偶尔出现的曲折。本书文字简洁流畅，结论有大量计算数据、观测数据、科学实验作支撑，并配了许多珍贵的照片，阅读性强。这是一本难得的好书，特向桥梁工程从业者推荐。

中国工程院院士 郑皆连

2008年9月2日

前言 Qianyan

新光大桥是一座三跨“飞雁式”中承式连续刚构钢箱桁系杆拱桥。经过3年的建设，大桥已于2007年1月正式通车。建成时主跨跨径位列拱桥跨径全国第三，居世界第六位，拱桥建造技术达到了世界先进水平。

如今，每当我们看到川流不息的车流驶过三大拱组成的大桥，不禁心潮起伏。因为我们曾经与上千名大桥建设者一起参加了大桥的建设，在建桥工地度过了无数个难忘的日日夜夜，洒下了无数的汗水。

在大桥的建设过程中，设计、科研和管理人员进行了大量的设计、研究工作，经历了无数个不眠的夜晚，取得了丰硕的科研、设计成果。建桥人员历经种种困难，充分发挥了我国桥梁建设者的聪明才智，以自己的辛勤劳动和汗水为广州人民建设了又一跨江大桥，有力地促进了广州市的经济建设，留下了许多值得记载的事迹和珍贵的技术资料。

新光大桥桥型新颖、规模大、技术复杂，施工难度高，在设计、施工、管理模式等方面都有值得认真总结之处。早在大桥修建中期，公司曾经有过总结出书的计划，亦曾不止一次地开会研究做过布置。但由于工程建设任务繁重，大桥指挥部的几位主要人员工作都非常繁忙，无法静下心来，加上其他种种原因，计划一直未能付诸实施。时至今日大桥已建成近两年，广州新光快速路有限公司的人员也已几经变动，原定的通过公司组织实施的总结出书计划打了很大的折扣，仅仅内部出版了一小本论文集，无法比较深入、详细地介绍新光大桥更多的精彩画面。

本书的作者中有4人是当年新光大桥工程建设指挥部的主要成员。罗甲生是广州新光快速路有限公司的总经理兼新光大桥建设工程指挥部指挥长，张健峰教授级高工是新光大桥建设工程指挥部常务副指挥长兼总工程师，李跃高级工程师是指挥长助理，郭欣是指挥部高级工程师。我们都在大桥工程建设第一线的重要岗位上亲身经历了大桥建设的全过程，感触良多。基于工作需要，我们研究了大桥建设的每一个重大决策、审查了每一项重大方案，跟踪了其结果，掌握了珍贵的第一手资料。

新光大桥在修建过程中，在设计、施工、管理诸方面的创新、经验，是广大建桥人员共同创造的。我们有义不容辞的责任通过文字加以记录与总结，作为可贵的技术和精神财富保留下来。

对个人而言，一生要做成几件有意义的事并不容易。我们能遇到参与建设新光大桥这样的机会更是千载难逢。作为自己职业生涯中一段辉煌而难忘的经历，也应该写下一篇弥足珍贵的篇章。

因此，我们深深感到，无论于公于私，我们都有责任为总结新光大桥建设经验尽一份力量。

Qianyan 前言

几年来，从策划、收集资料到动笔，作者所面临和要克服的困难是事先难以想象的。4人中的第一、第二作者于大桥竣工后已离开广州新光快速路有限公司，分赴番禺、武汉参加新的大型建设项目。前期资料的收集、梳理、印证，文稿的编写、打印、排版、校对均需要作者在繁忙的工作之余亲自动手完成。因此，在本书的内容选取上不可能非常系统而全面。我们只能够选取最能代表和说明本桥特点的几个部分加以总结和阐述，而限于客观条件无法掌握（或无法准确掌握）和搜索到的资料只能忍痛割爱。

尽管如此，我们还是倾尽全力将我们认为有价值的资料汇集成册，应该讲还是比较清楚地反映了大桥建设的主要方面，特别是第三章大桥施工及第四章工程实施阶段业主管理部分。前者包含了大桥主拱垂直提升的全过程描述，其中的绝大部分现场照片是几位作者亲自拍摄、长期积累的结果。第四章是我们在大桥工程建设指挥部三年工作的心得总结，我们希望这些经验、教训对于桥梁界同行多少有一点借鉴作用。

本书编写分工如下:

李跃编写第一、二、三、四章，并对全书各章加工，完成第一稿；张健峰编写第一、二、三、四章，并对全书第一稿加工，完成第二稿；卢汝生、罗甲生编写第四章（部分）及第五、六章；郭欣编写第四章（部分）、第七章、附录，拍摄、整理了全书部分照片；张志田（特约）编写第八章。

本书审稿人郑皆连院士作为新光大桥业主专家组组长，自始至终都十分关心大桥的建设，在百忙之中抽时间多次主持了新光大桥设计、施工方案专家评审会，为新光大桥建设花费了许多心血，给我们提出了宝贵的建议，对本书的编写也提出了重要的修改建议。

另外特别要提及的是，在大桥方案设计和施工前期担任广州市新光快速路有限公司董事长的卢汝生同志为大桥桥型的选取、设计—施工总承包工程管理模式的运用、大桥建设资金的筹措、推动工程的进展倾注了大量的心血。可以说如果没有卢汝生同志的努力，大桥建设不会有那么顺利。

我们愿以此书奉献给所有参与和关心新光大桥建设的人们，作为对在南国那骄阳似火的日子里大家付出的辛勤汗水和心血的永远纪念。作为新光大桥建设的历史资料，此书也值得桥梁工程建设管理人员参考。

编著者

2008年7月24日

目录 Mulu

Mulu

目录

第一章 概况

Gaikuang

随着广州市经济建设的发展，老城区受土地面积的严重制约，面临着向周边拓展的需要，新光大桥正是为了保证广州市的南拓规划而实施的广州新光快速路上的一个重大项目。

新光大桥跨越珠江沥滘水道（主航道），按城市快速路标准进行设计，主跨跨径达428m，全桥长1 083.2m，主桥为177m+428m+177m的三跨“飞雁式”中承连续刚构钢箱桁系杆拱桥。大桥2007年1月建成时主跨跨径仅次于上海卢浦大桥及重庆巫山大桥，位列拱桥跨度全国第三，居世界第六位。新光大桥是一座个性鲜明、气势磅礴、时代气息强烈的大桥。她在三跨连续拱桥的结构体系方面有所创新，“三跨连续刚构钢拱桥”设计已申请国家发明专利，新光大桥是继广州丫髻沙大桥、上海卢浦大桥之后国内拱桥建设的又一座特大型拱桥，在我国桥梁史上占据了一席之地。

新光大桥主桥主跨为柔性系杆的系杆拱，两端与三角刚架主墩固结，主跨桥面系采用钢纵横梁与混凝土面板组合结构；边跨拱肋与预应力混凝土刚性系杆组成系杆拱，边跨桥面系采用预应力混凝土纵横梁结构。大桥按六车道设计，主桥宽度：净2×12m车行道，净2×3m人行道，主桥全宽37.62m，设计荷载为汽车—超20级，挂车—120级，人群荷载4.0kN/m^2，通航净高大于34m。

新光大桥桥型新颖，规模宏大、技术复杂，施工难度大。主拱施工在我国首次采用了低位拼装、大节段整体浮运、液压整体垂直提升技术。其中，168m长、重量2 850t的主拱中段整体提升85.6m的高度，56h内一次提升到位，双接头合龙，在拱肋的大段垂直整体提升及合龙思路等方面具有重大创新和突破，创特大型拱桥施工拱肋大节段整体提升规模（提升重量×提升高度）的世界纪录，总结出了一整套特大跨度拱桥拱肋组拼、上船、浮运、垂直提升技术，形成了完整的新工法，已申请发明专利。

大桥每个三角刚架主墩由两片三角刚架组成，单个主墩的混凝土用量为5 700m^3。分别采用了支架加对拉拉杆及劲性骨架加对拉拉杆的施工方法施工两岸的三角刚架，实施规模及难度居国内第一。

科研方面开展的“三跨连续刚构钢桁拱桥关键技术”科研课题被建设部列为2005年科技开发项目。全桥完成了抗震、抗风科研等多个子课题，关键的钢—混结合节点的处理均经过了科研试验验证，进行了拱肋钢结构与三角刚架连接处的模型试验和大尺寸三角刚架主墩的模型试验。

新光大桥由广州市新光快速路有限公司投资建设，四川省交通厅公路规划勘察设计研究院完成方案设计和初步设计，贵州省桥梁工程总公司—铁道专业设计院联合体、以施工图设计—施工总承包的方式承建主体工程，中铁山桥集团有限公司完成钢结构制造分包，四川铁科建设监理公司承担了施工监理任务。

图1-1　腾飞在珠江上的大雁（摄于2006年11月30日，通车前）

广州新光大桥历经 36 个月建设，于 2007 年 1 月 20 日正式通车。全桥桥面总面积约 33 600m^2，共浇筑混凝土 10 万余立方米，钢筋、钢绞线用量达 1.5 万吨，主桥钢结构总用量约为 13 850t。临时结构钢材用量约 1.5 万吨。大桥主体工程造价约 4.5 亿元。大桥雄姿如图 1-1～图 1-8 所示。

图1-2　红桥、绿地、碧水与蓝天（摄于2006年11月30日，通车前）

图1-3　冬日晴朗的天空和宁静的珠江水流陪伴着新光大桥
（摄于2007年11月29日）

图1-4　夏日的骄阳、蓝天里变幻莫测的白云和匆匆流水给新光大桥添加了火一样的激情（摄于2008年7月5日）

图1-5　冬日夕阳下的新光大桥（摄于2007年11月28日）

图1-6　夏日夕阳下的新光大桥（摄于2008年8月9日）

图1-7　流光溢彩的新光大桥及美丽的夜景（摄于2007年11月28日）

图1-8　新光大桥即将通车前（摄于2007年1月5日）

新光大桥的建设管理采用了施工图设计—施工总承包的管理模式，引入了多重设计审查制度，积极采用新技术，重视完善安全管理，充分利用社会专家资源，采用了多种行之有效的现代工程项目管理方法、工具，有效地实施了管理，降低了工程成本，明显缩短了工期，保证了优良的工程质量，整个建设期 3 年时间未发生任何重伤、死亡工伤事故，安全生产取得了好成绩。该桥荣获了广东省优秀市政工程奖。

第一节　桥位自然地理概况

新光快速路一期工程起于广州市海珠区新岗东路与石榴岗路交叉处，终点位于番禺区市桥镇光明北路的北桥头，全长约 15 412m，线位兼顾原海珠区规划的江海大道及番禺区规划的番禺大道线位，同时考虑作为地铁三号线配套设施。新光大桥为新光快速路上跨越珠江主航道的一座桥梁，本桥上游 2 500m 处有洛溪大桥，下游 1 500m 处有番禺大桥。珠江北岸桥位附近布满了码头、混凝土搅拌站、船厂、民居，同时受路线东面南洲自来水厂、西面河涌入江口限制，桥位的选择范围很小。南岸则为大片农田，但路线东面规划有地铁车辆段，选择性稍大。大桥地理位置如图 1-9～图 1-13 所示。

桥址夏季炎热，冬季温和，平均气温＞20℃的月份长达 8 个月，历年年平均气温 21.8℃，月平均最高气温 28.3℃，月平均最低气温 13.4℃，极端最高气温 38.7℃，极端最低气温 0℃。年平均降水量 1 702.5mm，年最大降水量 2 516.7mm，年最小降水量 1 158.5mm。常风向 N，出现频率 16%。次常风向 SE，出现频率 10%。强风向 NE，最大风速 22m/s，瞬时极大风速达 35.4m/s。多年月平均相对湿度变化不大，秋冬季节稍干燥，月平均相对湿度在 68%～72% 之间。

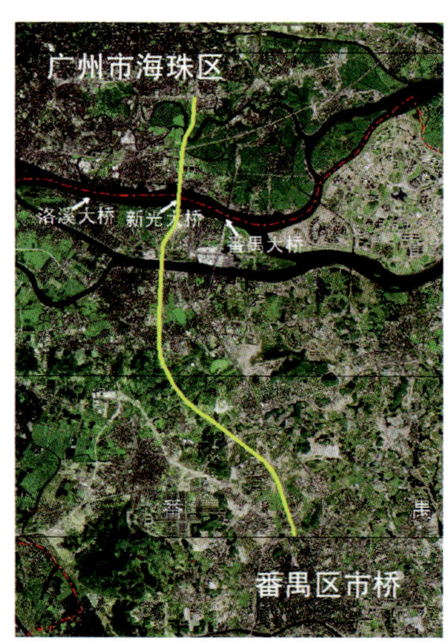

图1-9　新光大桥地理位置

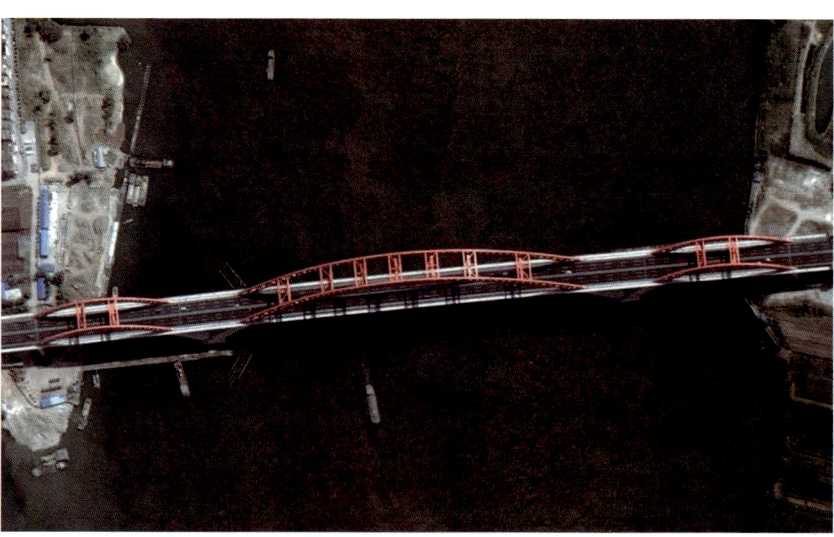

图1-10　新光大桥卫星鸟瞰图

图1-11　新光大桥桥位全景原始照片

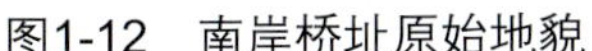
图1-12 南岸桥址原始地貌

图1-13 北岸桥址原始河岸

第二节 桥位工程地质与水文条件

根据钻探资料，场地的岩土层按其成因分类主要有：第四系人工填土层、耕植层（Q4ml）、第四系全新统海陆交互相沉积层（Q4mc）、第四系全新统—上更新统冲积层（Q3—Q4al）、残积层（Qel）及白垩系下统白鹤洞组猴岗段（K1bl）基岩。新光大桥工程场地的地面脉动卓越周期为0.31～0.38s。场地的建筑场地类别为II类，基本烈度为VII度。场地的饱和砂土层、细砂层在VII度地震作用下，可能会出现砂土液化现象。

桥址区位于珠江三角洲河网区，地势开阔低平，桥址场区的岩层裂隙较发育。场地地下水主要为孔隙水，主要赋存和运移于第四系的淤泥质粉砂层（②3层）和冲积砂层（③1、③3、③4层）中。场区冲积砂层分布较广，厚度大，透水性良好，含丰富的地下水，接受大气降水和周边河流及地表水体的渗入补给，地下水稳定水位埋深一般为0.00～3.00 m。

珠江水位主要受西、北江洪水和潮汐的影响，据浮标厂水文站近51年的潮位统计资料，最高潮水位为1998年的7.53m，高潮平均潮位5.78m，低潮平均潮位4.40m。

新光大桥布设了2个工程地震钻孔，场地的地震钻孔未发现有断裂构造发育。近场区的广州—从化断裂带、瘦狗岭断裂带、广州—三水断裂带、白坭—沙湾断裂带以及狮子洋断裂带，历史上沿断裂带曾发生过多次破坏性地震或有感地震，在未来仍存在发生中强地震的可能性，但断裂带均距该工程较远，不会造成直接的影响。具有代表性的大桥5号、6号主墩的地质钻孔布置图，如图1-14，柱状图，如图1-15、图1-16所示。

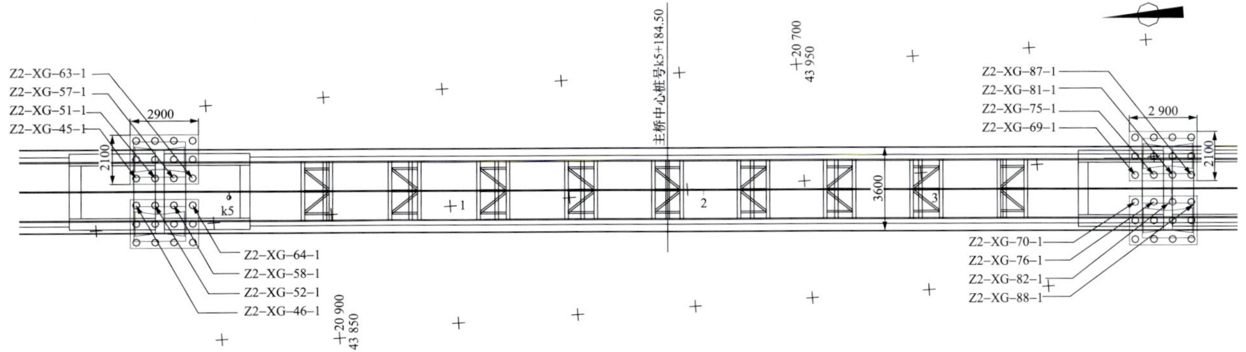

图1-14 新光大桥5号、6号主墩地质钻孔布置图（图中基础布置为方案设计图，与施工图略有不同）

5号墩代表性钻孔柱状图

工程编号			里 程	K4+974.5主墩左5.7m		
工程名称	新光特大桥补充勘察		钻孔编号	Z2-XG-57-1		
孔口高程	0.73m	坐标 X=20 965.023	开工日期	2003.10.21	水上钻孔水深	4.80m
孔口直径	127.00mm	坐标 Y=43 920.177	竣工日期	2003.10.22	测量水位日期	2003.10.21

地层编号	时代成因	层底高程(m)	层底深度(m)	分层厚度(m)	柱状图 1:300	岩土名称及其特征	取样	标贯(击)	稳定水位(m)和水位日期
③1		-0.27	1.00	1.00	～ ～ ～				
③4	Q_4^{mc}	-5.97	6.70	5.70	z	淤泥：深灰色，饱和，流塑，以黏粒为主，含少量粉砂及有机物，见少量贝壳碎屑物	1 1.55–1.75 2 5.95–6.15	=5.8 1.95–2.25 =6.4 4.15–4.45 =8.6	
④2	Q_4^{al}	-7.77	8.50	1.80		中砂：黑灰色，饱和，松散，组成物主要为中砂，并含有粉细砂、黏粒及少量有机质物	3 7.60–7.80	6.35–6.65 =6.7	
⑦1		-13.47	14.20	5.70	W4	亚黏土：灰白色，可塑，以黏粒为主，含少量粉砂及细砂，土质均匀，底部含砂量较多	4 9.55–9.75	8.00–8.30 =28.0 9.95–10.25 =28.5 12.10–12.40 =30.7	
⑦2		-24.77	25.50	11.30	W3	全风化粉砂质泥岩：紫红色，岩芯完全风化呈土状，手可捏碎，遇水软化崩解，失水变硬 强风化粉砂质泥岩：紫红色，岩芯强风化呈半岩半土状，手可捏碎，遇水软化崩解，失水变硬，残余泥质结构		13.85–14.15 =36.4 16.55–16.63	
⑦3		-36.27	37.00	11.50	W2	弱风化粉砂质泥岩：紫红色，泥质结构，块状构造，岩芯以短柱状为主，约5～20cm局部28.00～28.50m裂隙发育，岩芯破碎，局部见零星溶洞、小洞穴	岩1 29.83–30.23 岩2 33.80–34.27		
⑦4		-40.37	41.10	4.10	W1	微风化粉砂质泥岩：紫红色，泥质结构，层状构造，为软质岩易风化岩石，断面新鲜，岩芯比较完整，多呈柱状	岩3 38.40–38.80		
⑦3		-45.77	46.50	5.40	W2	弱风化粉砂质泥岩：紫红色，泥质结构，块状构造，岩芯呈短柱状，局部块状，裂隙稍发育，岩质较硬，采取率约80%	岩4 43.25–43.75		
⑦4	K_1b^1	-49.87	50.60	4.10	W1	微风化粉砂质泥岩：紫红色，泥质结构，层状构造，为软质岩易风化岩石，断面新鲜，呈棱角状，岩芯较完整，呈柱状，采取率约为91%，RQD为80%			

图1-15　新光大桥代表性地质钻孔柱状图（一）

6号墩代表性钻孔柱状图

工程编号				里 程	K5+394.5主墩左5.7m		
工程名称	新光特大桥补充勘察			钻孔编号	Z2-XG-75-1		
孔口高程	-2.75m	坐标	X=20 550.44	开工日期	2003.10.25	水上钻孔水深	7.20m
孔口直径	127.00mm		Y=43 892.07	竣工日期	2003.10.26	测量水位日期	2003.10.25

地层编号	时代成因	层底高程(m)	层底深度(m)	分层厚度(m)	柱状图 1:300	岩土名称及其特征	取样	标贯(击)	稳定水位(m)和水位日期
③3	Q_4^{mc}	-10.75	8.00	8.00	x	细砂：深灰色，饱和，稍密状，组成物主要为细砂、粉砂，局部含少量黏粒		=9.5 2.65–2.95 =11.6 5.15–5.45 =12.6 7.65–7.95 =25.7 9.65–9.95	
⑦1		-15.25	12.50	4.50	W4	全风化粉砂质泥岩：紫红色、深绿色，岩芯已完全风化呈土状，手可捏碎，遇水软化崩解，原岩结构已破坏			
⑦2		-37.95	35.20	22.70	W3	强风化粉砂质泥岩：紫红色，岩芯已强烈风化呈半岩半土状，土呈坚硬状，岩呈碎块状，岩质软，手可捏碎，遇水软化崩解，残余泥质结构（碎屑状，节理发育）			
⑦3		-42.55	39.80	4.60	W2	弱风化粉砂质泥岩：紫红色、深灰色，块状构造，泥质结构，节理裂隙稍发育，岩芯多呈短柱状、块状，失水干裂			
⑦4	K_1b^1	-54.95	52.20	12.40	W1	微风化粉砂质泥岩：深灰色、紫红色，层状构造，泥质结构，岩质较硬，岩芯多呈柱状，断面新鲜，呈棱角状，48.20～48.80m溶蚀发育，呈蜂窝状			

图1-16　新光大桥代表性地质钻孔柱状图（二）

第三节　新光大桥的设计标准及专业技术指标

道路等级：城市快速路，设计速度 80km/h。
桥梁宽度：主桥　净 2×12m 车行道，净 2×3m 人行道，全宽 37.62m。
　　　　　引桥　净 2×12m 车行道，全宽 26.3m。
桥梁坡度：最大纵坡 3%，双向横坡 2%。
设计荷载：汽车—超 20 级，挂车—120 级；人群荷载　4.0kN/m^2；局部构件　城—A 级。
通航净空：通航净高大于 34m，双向通航孔净宽 210m；按 5 000t 级航道考虑。
设计风速：27.9m/ 秒（离地 10m，频率 1%，10min 平均最大风速）。
设计水位：8.13m（频率 1%），最高通航水位 7.4m（频率 5%）。
基本烈度：7 度（按 8 度设防）。

第四节　参 建 单 位

一、主要参建单位

1．业主股东方（投资方）：广州市建设投资发展有限公司，广州市番禺交通建设投资有限公司。
2．业主单位：广州市新光快速路有限公司。
3．方案设计单位：四川省交通厅公路规划勘察设计研究院。
4．施工图设计单位：铁道专业设计院（现名：中铁工程设计咨询集团有限公司）。
5．总承包商：贵州省桥梁工程总公司—铁道专业设计院联合体。
6．监理单位：四川铁科建设监理公司。
7．质量监督单位：广州地区建设工程质量安全监督站。
8．施工图设计咨询单位：铁道部第二勘察设计院。
9．施工图设计审查单位：四川省川交公路工程咨询有限公司。
10．勘察单位：中交公路规划设计院。
11．钢结构分包商（包括高强螺栓制造）：中铁山桥集团公司。

二、其他参建单位

1．科研单位：西南交通大学，湖南大学，广州大学，同济大学，中南大学，水利部珠江水利委员会科学研究所。
2．拱肋提升分包商：上海同新机电控制技术有限公司。
3．拱肋浮运分包商：交通部广州打捞局。
4．第三方施工监控单位：华南理工大学。
5．总承包商委托的施工监控单位：重庆交通科研设计院。
6．钢桥制造规则编制单位：武汉桥梁科学研究院有限公司。
7．静动载试验单位：广州市市政园林工程质量检测中心。

8．建材检验单位：广州建设工程质量安全检测中心，广州市建筑材料工业研究所有限公司。

9．焊缝检测单位：深圳神视检测有限公司。

10．涂装分包商：广州海维特种涂装实业有限公司。

11．照明设备安装承包商：广州市穗业工程承包有限公司—中国华西工程设计建设有限公司联合体。

12．桥面沥青铺装承包商：广东晶通公路工程建设集团有限公司。

三、材料供应单位

1．主要预应力系统（吊杆、系杆、锚具）供应商：柳州欧维姆机械股份有限公司。

2．主桥伸缩缝、支座制造商：中国路桥（集团）新津筑路机械厂。

3．主拱结构钢材供应商：鞍钢、上钢三厂、首钢等。

4．钢筋生产厂家：广钢、韶钢、涟钢等。

5．预应力钢绞线生产厂家：上海申佳金属制品有限公司、贵州钢绳（集团）有限公司、天津轧三金属制品有限公司等。

第五节　全桥主要工程数量清单

全桥主要工程数量清单见表1-1所列。

全桥主要工程量清单　　表1-1

序　号	细目号	工程项目名称	单　位	工程数量
1.1		第一章　桩基工程		
1.1.1	0301007001	钻孔灌注桩（水中，直径=2.6m，72根，HPC.C30）	m	2 937.2
1.1.2	0301007002	钻孔灌注桩（直径=2m，40根，HPC.C30）	m	1 678.5
1.1.3	0301007003	钻孔灌注桩（直径=1.5m，44根，C30）	m	1 239.2
1.1.4	0301007004	钻孔灌注桩（直径=1.0m，6根，C30）	m	189.0
1.2		第二章　现浇混凝土工程		
1.2.1	0302002001	混凝土承台（引桥C40）	m^3	1 247.40
1.2.2	0302002002	混凝土承台（交界墩C40）	m^3	2 519.10
1.2.3	0302002003	混凝土承台（主墩C40）	m^3	20 112.12
1.2.4	0302002004	拱座混凝土（HPC，C40）	m^3	8 531.68
1.2.5	0302004001	墩（台）身（引桥C40）	m^3	2 570.26
1.2.6	0302004002	墩（台）身（交界墩C40）	m^3	2 033.93
1.2.7	0302004003	墩（台）身（交界墩C50）	m^3	552.16
1.2.8	0302005001	三角刚架混凝土（C50）	m^3	23 540.00
1.2.9	0302005002	桥面系后浇层混凝土（C50）	m^3	2 164.30
1.2.10	0302005003	现浇混凝土横纵梁（C50）	m^3	2 556.00
1.2.11	0302010001	现浇预应力混凝土连续箱梁（C50）	m^3	6 281.60
1.2.12	0302010002	现浇混凝土后浇层（C40）	m^3	434.90
1.2.13	0302015001	混凝土防撞护栏（C40）	m^3	982.07
1.2.14	0302020001	现浇混凝土系杆（C50）	m^3	2 808.00

续上表

序　号	细目号	工程项目名称	单　位	工程数量
1.3		第三章　预制混凝土工程		
1.3.1	0303003001	预制混凝土板梁（50）	m^3	2 338.93
1.4		第四章　钢结构工程		
1.4.1	0307001001	钢纵横梁（Q345qC）	t	2 553.62
1.4.2	0307004001	钢拱肋（Q345qC）	t	10 713.95
1.4.3	0307004002	钢构件（Q235C）	t	0.00
1.4.4	0307005001	钢构件（人行道Q235C）	t	568.74
1.4.5	0307006001	劲性钢结构（三角刚架，Q235C）	t	
1.4.6	0307010001	钢材防腐涂装	m^2	140 425.30
1.4.7	0701004003	主拱系杆（ϕ7平行钢丝）	t	371.94
		高强度螺栓连接副	套	198 660
1.5		第五章　其他工程		
1.5.1	0309001001	栏杆（人行道钢管）	t	0
1.5.2	0309004001	减震球形钢支座TQZDX	个	32
1.5.3	0309004002	盆式支座 GPZ4SX（5DX）	个	16
1.5.4	0309004003	盆式支座 GPZ9GD（10GD）	个	8
1.5.5	0309004004	盆式支座 GPZ9DX（10DX）	个	8
1.5.6	0309004005	盆式支座 GPZ9SX	个	0
1.5.7	0309004006	盆式支座 GPZ50DX	个	0
1.5.8	0309004007	盆式支座 GPZ40DX	个	0
1.5.9	0309004008	盆式支座 GPZ40GD	个	0
1.5.10	0309006001	橡胶伸缩装置（毛勒式80型）	m	51
1.5.11	0309006002	橡胶伸缩装置（毛勒式240型）	m	102
1.5.12		观光楼（电）梯	座	2
1.5.13		防撞设施	座	2
1.5.14		SMA路面沥青混凝土	m^3	2 028
1.6		第六章　钢筋工程		
1.6.1	0701002001	基础 I 级钢筋	t	0
1.6.2	0701002002	基础 II 级钢筋	t	3 676.6
1.6.3	0701002003	下构 I 级钢筋	t	9.44
1.6.4	0701002004	下构 II 级钢筋	t	3 409.69
1.6.5	0701002005	上构 I 级钢筋	t	71.62
1.6.6	0701002006	上构 II 级钢筋	t	4 957.02
1.6.7	0701002007	附属结构 I 级钢筋	t	91.51
1.6.8	0701002008	附属结构 II 级钢筋	t	342.15
1.6.9	0701004001	后张法预应力钢绞线	t	1 246.62
1.6.10	0701004002	吊杆（ϕ7平行钢丝）	t	179.6

第二章 工程设计

Gongcheng Sheji

第一节　初步方案设计

新光大桥的设计分为方案设计、初步设计和施工图设计三个阶段，分别进行了方案招标和施工图设计—施工总承包招标。新光大桥的方案设计和初步设计由四川省交通厅公路规划勘察设计研究院（以下简称川交院）完成，施工图设计由铁道专业设计院以设计—施工总承包的方式中标完成。

参加新光大桥方案投标的单位有川交院、中铁大桥勘察设计院—中交第四航务工程勘察设计院联合体、中交公路规划设计院、铁道第一勘察设计院等多家国内有名的设计单位，提出了包括拱桥、斜拉桥、悬索桥及刚构桥等结构形式的多个设计方案，如图 2-1～2-4 所示。通过多方比选、多次调整优化后最终确定采用川交院的三跨“飞雁式”钢箱桁平行拱桥型方案，如图 2-5 所示。

图2-1　最初的钢管混凝土系杆拱桥方案（川交院）

图2-2　刚构桥方案（中交公路规划设计院）

图2-3　斜拉桥方案（铁道第一勘察设计院）

图2-4　悬索桥方案（中铁大桥勘察设计院—中交第四航务工程勘察设计院联合体）

图2-5　川交院调整后方案（三跨“飞雁式”钢桁架拱桥方案）

新光大桥方案的确定，在满足基本的通航、行车功能等要求外主要考虑了以下一些因素：

（1）方案选择了飞雁式三跨连续中承式钢箱桁拱桥，具有优美的设计造型。将传统的飞鸟式三跨中承式拱桥的两边拱提升到桥面之上，构成飞雁式三跨中承式拱桥，这一变化赋予桥梁造型以生命力，使全桥恰似一支从珠江腾飞而起的大雁，象征着充满活力的广州腾飞的经济形势，具有强烈的时代气息。

（2）从广州市的新规划考虑，新光大桥位于广州市新中轴线上，跨越珠江主航道，又是广州南拓的交通要道，与规划建设的新电视塔一起将广州市中心城区与未来的广州新城联为一体。红色主拱又像一条跃出珠江江面的彩虹，在桥头公园、绿地和碧水的衬托下分外妖娆，必将成为广州市的新地标性建筑。

（3）从建筑美学的角度，考虑到桥梁规模大、两岸无高耸建筑物，按“突出、反差”原则设计，形成了“环境视觉中心”，主拱选择了鲜艳的红色，在周围充满绿色生机的花园、果园、桥头公园衬托下达到蓝天、白云、碧水、彩虹、绿叶、银墩、车龙交相辉映，静、动和谐，颇具诗情画意的效果；本桥以428m主跨一跨飞跃珠江主航道，其彩虹般的充满张力的红色主拱和跃起桥面的边拱浑然一体，在刚健雄伟的三角刚架主墩的有力称托下，既为船舶通航要求留下了充分的空间，又显得气势磅礴、宏伟，造型美观，充分展示了大桥本身的结构美。图2-6～图2-9是设计效果图与实景的对比。

（4）不同特点的融合。新光大桥采用了既传统又新颖的拱桥桥型，但通过独特的造型、色彩应用和钢、预应力混凝土、普通钢筋混凝土结构等不同的材料及结构形式的有机组合，达到和谐统一的建筑效果。

（5）景观功能。配合附近正在建设的观光电视塔、规划建设中的桥头公园、大桥附设的观光通道、灯光照明工程，大桥综合考虑了使用功能、景观观光功能结合，观光电梯造型独特，使游人可以欣赏桥头公园的美景，建成后将具备一定的旅游价值，而将成为广州市中轴线上的又一个观光旅游点。

（6）考虑与上下游姐妹桥的关系。考虑到上游有钢管拱结构的的丫髻沙大桥和T形刚构的洛溪大桥，下游有斜拉桥型的番禺大桥等姐妹桥的关系，从城市景观考虑，按桥型多样化的原则选择桥型。

（7）创新精神与独特的结构体系。大桥结构新颖，采用了三跨钢箱桁系杆拱与三角刚架组合体系桥型，与纯粹的三角刚架桥相比，增大了跨越能力；与同等跨越能力、相同桥型钢桥相比，可节省用钢量。国内外桥梁中尚无类似构造的先例，新颖的造型是本桥主要创新点之一。

（8）由于主、边跨跨径相差悬殊，施工过程中及成桥后的营运阶段始终有不平衡内力存在，强

图2-6　新光大桥方案效果图（一）

图2-7　梦想变现实

图2-8　新光大桥方案效果图（二）

图2-9　新光大桥实景

大的三角刚架提高了抗不平衡内力作用的能力，减少了施工环节的转换，主、边拱在活载作用下相互影响小。三角刚架刚度大，结构重心低，有利于抗震，提高了结构自身防撞能力，减少了结构防腐及维护费用。

(9) 考虑到新光大桥重要的景观作用，主跨的位置兼顾考虑了航道的整治要求及景观因素。由于历史的原因，在鸦片战争时期，清朝政府为阻止外国入侵的军舰，在新光大桥上游约 200m 处筑了一条拦河潜坝。解放后为开发广州内港，拆除了南岸部分潜坝，而在北岸残留的丁坝却造成北岸淤积，使航道人为向南岸偏移。根据航道管理部门的要求，经过科学的论证，结合珠江航道的整治，设计时考虑了珠江主航道的向北拓宽恢复，选择了目前大体位于河道中央的位置。

第二节　初步设计阶段

新光大桥设计方案大胆创新，同时也带来了许多技术难点。因此，在设计方案基础上进行的初步设计过程中，业主多次组织国内知名的桥梁专家召开新光大桥设计评审会，对设计进行评审，研究并解决新光大桥设计中技术难点，使方案不断完善，主要有：

(1) 从最早的钢管混凝土拱到建议采用钢箱桁中承式提篮拱桥。

(2) 提出、比较平行桁拱和主桥人行道外置的方案。

(3) 同时建议优化主拱桥面系、边拱结合梁的混凝土桥面板，认为桥面叠合梁方案可以有效降低桥面温度应力和对主墩的水平推力。

(4) 专家建议中跨采用索系杆承担水平推力，弱化钢箱系杆的钢箱，以减少温度应力对三角刚架的水平推力。

为此，方案设计单位对采用提篮拱还是平行拱、桥面人行道设在吊杆内侧还是吊杆外侧 4 种桥型方案进行了比较，专家组肯定了人行道外置平行拱和人行道内置提篮拱方案的可行性。由于平行拱外置人行道方案具有横梁跨度较小，节省钢材，构造相对简单，施工方便，经济性较好，虽然动力特性、抗震性能稍差，但能满足结构稳定及动力特性的要求，最终业主决定按人行道外置的平行拱（钢箱系杆、与三角刚架组合）方案进行施工图招标。

本阶段方案设计单位还对以下内容进行了比较优化：

(1) 钢桁拱截面高度优选及几何参数；

(2) 边跨拱肋钢桁拱形式；

(3) 主跨钢桁拱截面外形方案比较；

(4) 拱肋横撑的比较；

(5) 钢桁拱腹杆布置形式的比较（“N”型腹杆和三角形腹杆布置形式）；

(6) 吊杆间距的比较；

(7) 柔性吊杆与刚性吊杆的比较；

(8) 刚性系杆与柔性系杆的比较；

(9) 主桥桥面结构形式的比较；

(10) 三角刚架斜腿截面的比较；

(11) 三角刚架桥面梁的结构比较；

(12) 引桥连续梁截面形式的比较；

(13) PBL 剪力键与栓钉剪力键的比较；

(14) 主跨系杆张拉力的优化比较。

第三节　施工图设计阶段

一、施工图设计投标

新光大桥采用施工图设计—施工总承包的方式进行招标。参与新光大桥施工图设计—施工总承包投标的单位有：贵州省桥梁总公司—铁道专业设计院联合体、中铁大桥局—四川省交通厅公路规划设计研究院联合体、上海基础工程总公司—上海市政工程设计研究院联合体和中铁十三局—铁道第四勘察设计院联合体，最后贵州省桥梁工程总公司—铁道专业设计院联合体（以下简称贵桥—铁专院联合体）中标。

中标单位提交的投标文件针对初步方案中的几个关键的难点进行了优化：

(1) 箱型系杆的优化。边跨系杆由钢箱系杆改为预应力混凝土系杆，兼起纵梁作用；主跨仍按钢箱系杆设计（主跨最终改为柔性系杆）。

(2) 加劲梁优化。主跨加劲梁采用半飘浮体系，桥面横梁与主跨系杆钢箱间设置减振型球型钢支座，释放桥面板升降温产生的巨大水平力。

(3) 主墩基础优化。通过上部结构体系的调整，使主墩基础在施工阶段和运营期间基本不承受水平力，同时不平衡弯矩最小，节省基础造价。

(4) 主拱拱肋安装方案。通过采用低位卧拼、垂直提升及合龙的施工方法，将大量高空水上吊装作业变成低空陆上作业，改善拱肋施工条件，确保安装的精度、焊接质量和施工安全，加快施工进度。

(5) 施工阶段水平力的问题。主桥拱肋在施工各阶段均使用了多道临时系杆，基本平衡了拱肋的水平推力，主桥过渡墩及主墩三角刚架只承担分别来自边跨、主跨的竖向力，受力体系明确。

(6) 横撑由主拱 9 组，边拱各 1 组调整为主拱 8 组，边拱各 2 组，边跨受力趋于合理。

中标的施工图设计中，中跨加劲梁采用钢—混凝土结合结构，系杆采用钢箱系杆，边跨系杆（兼主纵梁）及桥面横梁采用预应力混凝土结构，桥面次纵梁及桥面板采用钢筋混凝土结构。

通过这些优化，既充分发挥了刚构桥的优良性能，又通过边跨系杆与桥面混凝土结构的重量平衡主跨的重量，大幅减少了桥面结构用钢量，减小了主墩基础不平衡水平推力。

这样，该设计方案解决了初步设计中存在的主要问题，使新光大桥结构体系更趋合理、受力更明确，同时降低了桥梁工程总造价，得到了评标专家委员会专家的一致认可，最终中标。

二、施工图设计特点

总承包商中标后，对初步设计方案和投标方案的结构形式做了进一步的优化、细化和完善设计，使全桥的结构受力体系更加合理，施工工序更加简化，结合施工方案形成了最终施工图设计，并根据专家组、设计审查单位和咨询单位审核意见进行了修改，满足了招标文件的规定。

新光大桥最终设计采用了相当于三孔下承式钢箱桁系杆拱与三角刚架桥的组合体系桥型，结构体系独特。设计方案突破传统的拱桥形式，大胆创新，主桥采用了三角刚架主墩，充分利用了三角刚架刚度大、重心低、动力和抗震性能好的特点，减少了结构防腐及维护费用。同时，强大的三角刚架提高了施工过程中抗不平衡内力作用的能力，减少了施工环节的转换，主、边拱在活载作用下相互影响小。

大桥总体布置如图 2-10 所示，施工图设计的具体特点分述如下。

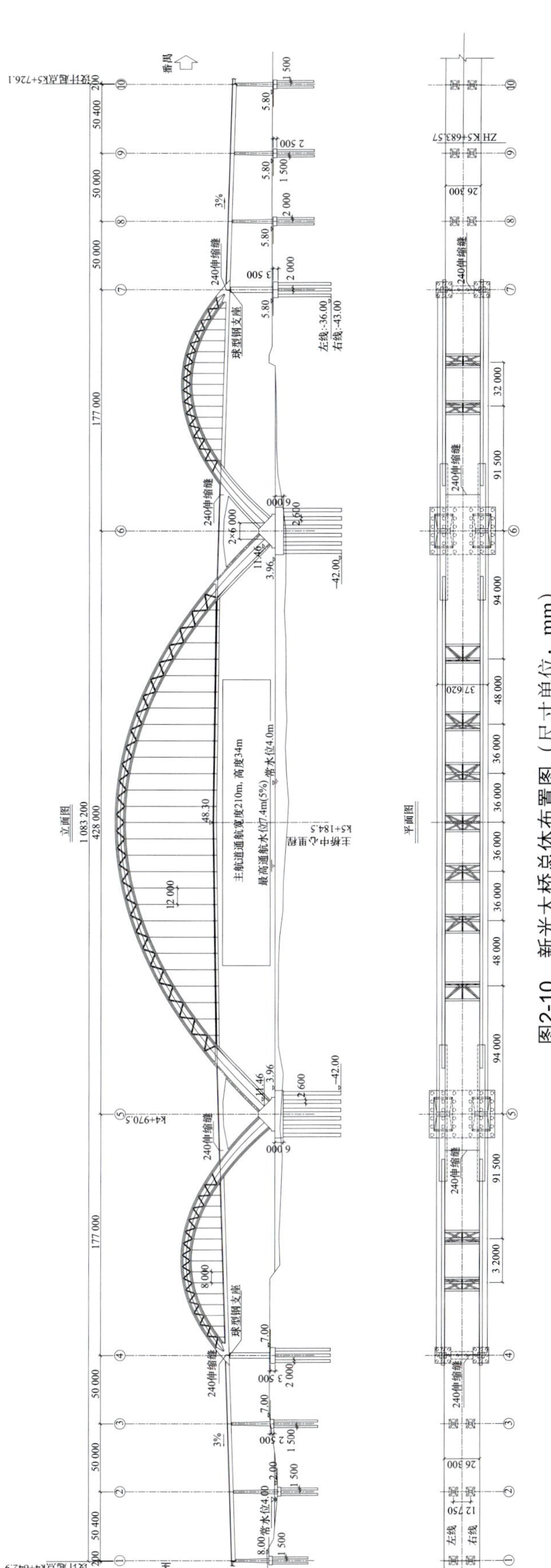

图2-10 新光大桥总体布置图（尺寸单位：mm）

1．主拱的支承形式

主桥边拱一端固结在三角刚架上、一端通过 40 000kN 的专用球形钢支座支承在边墩上，可以沿桥纵向移动，以释放温度应力，沿桥纵向最大位移量为 ±200mm。主跨拱肋与三角刚架的连接采用“两端固结”方案，拱肋弦杆直接伸入三角刚架内固结，取消了大吨位支座，简化了构造，受力体系明确。通过主跨、边跨加载和系杆张拉程序的控制，可靠地保证三角刚架的受力和拱推力的平衡，将三角刚架根部和承台底中心的不平衡弯矩控制在设计允许的范围内。

2．主跨加劲梁半飘浮体系

三角刚架的最大特点是刚度大、动力和抗震性能好，但抗推刚度大。为了释放加劲梁结构温度变形可能产生的巨大水平力，将主桥中跨的加劲梁结构设计成沿桥纵向可移动的半飘浮结构体系。加劲梁不与主跨拱肋固结，而是通过吊杆支承钢横梁。三角刚架上的钢横梁则通过 3 000kN 的球型钢支座与三角刚架相连，该支座沿纵桥向最大位移量为 ±250mm，横桥向为 ±15mm。在三角刚架上，中跨加劲梁与边跨加劲梁连接处设置 240 型大位移毛勒式伸缩缝，以释放温度应力。汽车制动力由球型钢支座传递到三角刚架上，这样，既充分发挥了三角刚架的优良性能，又释放了主跨加劲梁可能产生的巨大水平温度应力。

3．加劲梁构造

主、边跨加劲梁分别采用钢—混结合梁结构和预应力混凝土梁结构。主桥共设 4 道 GQF—MZL Ⅱ 240 型伸缩缝，形成三段可以独立伸缩的加劲梁体系。

跨度较小的边跨采用较重的预应力混凝土刚性系杆（兼主纵梁）及预应力混凝土横梁，次纵梁为预制混凝土梁。较大跨度的主跨加劲梁采用钢纵横梁—混凝土面板结合梁方案和柔性系杆，主、边跨重量达到较理想的平衡，同时有效地降低了桥面温度应力，极大地减小了对主墩基础的水平推力，恒载竖向力对三角刚架主墩及基础的力矩基本保持平衡，钢材用量大幅减少。

（1）主跨加劲梁结构

主拱、三角刚架处加劲梁采用钢—混结合梁，提高了刚度，设置 9 道钢纵梁，其中 2 根为主钢纵梁，梁高同钢横梁。当某根吊杆失效时主纵梁能确保结构正常工作，还可用于更换吊杆或支座，并增强加劲梁的整体性，如图 2-11～图 2-15 所示。

钢纵梁与横梁均采用栓焊混合方法连接，为便于预制桥面板、剪力钉的布置并保证桥位焊接质量，纵梁上翼缘与横梁上翼缘采用工地对接焊，腹板和下翼缘采用高强度螺栓连接。

在钢纵、横梁顶面上布置 ϕ22 圆柱头焊钉与钢筋混凝土桥面板连接，加后浇钢纤维混凝土以增强桥面结构的整体性，形成结合梁的加劲梁体系。所有钢横梁通过腹板高度的变化形成桥面横坡，为便于吊杆锚固，底板均按水平设置。

在加劲梁下设置了两台检查维修车（左右各负责检查半幅桥面）。

桥面板由厚 12cm 的 C50 钢筋混凝土预制板 +8cm 厚后浇混凝土层 +8cm 厚中粒式改性沥青混凝土组成，预制板间的横向接缝宽为 0.5m、纵向接缝宽 0.3m，接缝混凝土采用 C50 补偿收缩钢纤维混凝土。

（2）边跨加劲梁及桥面结构

边跨桥面结构由边拱预应力混凝土系杆（兼纵梁）+ 预应力混凝土横梁 + 钢筋预制混凝土次纵梁、桥面板 + 后浇钢纤维混凝土层组成，以增强桥面结构的整体性。混凝土横、纵梁组成了桥面格子梁体系，预制桥面板支承于纵横梁顶面，浇注接缝混凝土和桥面后浇层形成整体桥面板。边跨桥面结构的重量根据平衡主拱传给三角刚架竖向反力的原则确定。每边跨共设横梁 19 根，在三角刚架系梁处桥面设 7 道纵梁，在边拱系杆处桥面设 9 道纵梁，如图 2-12、图 2-16、图 2-17 所示。边跨混凝土横梁顶面按横坡设置。

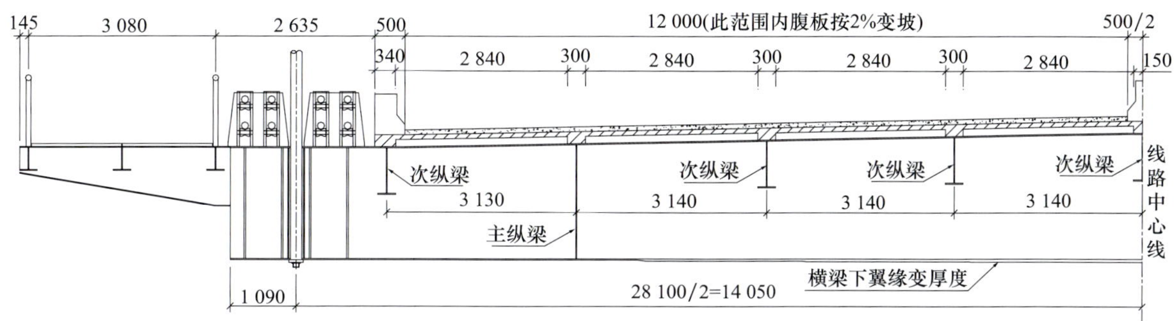

图2-11　主跨加劲梁布置（尺寸单位：mm）

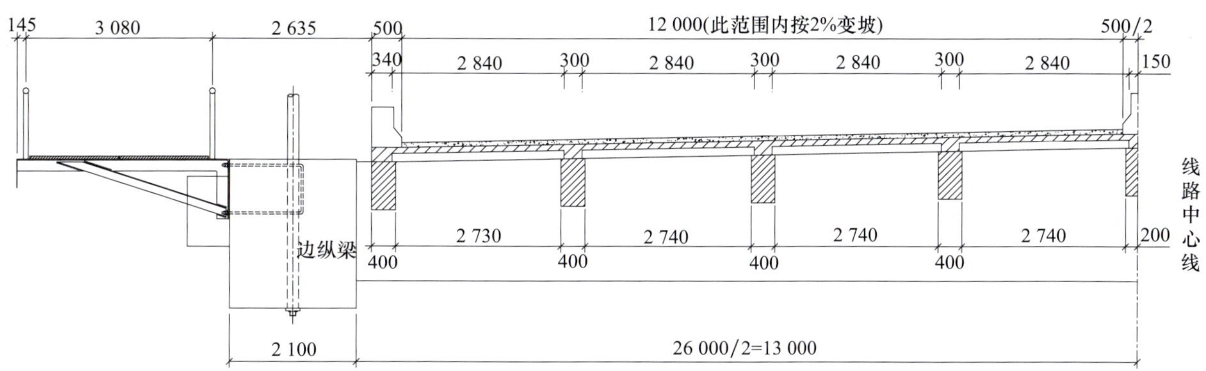

图2-12　边跨桥面系典型截面布置（尺寸单位：mm）

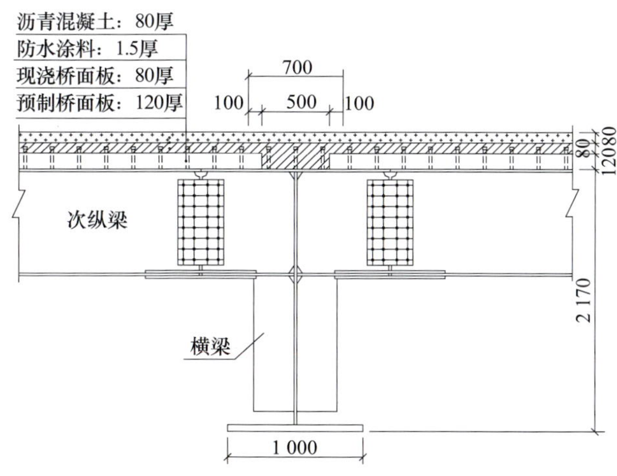

图2-13　主跨钢纵横梁连接大样（尺寸单位：mm）

图2-14　吊装施工中的主跨钢纵横梁

图2-15　三角刚架系梁顶处钢纵横梁布置

桥面板分别由厚 120mm 和 140mm C50 钢筋混凝土预制板 +100mm 厚 C50 混凝土后浇层 +80mm 厚中粒式改性沥青混凝土组成（在桥面混凝土上喷涂 1.2mm 厚 BCW-G 高性能桥面防水涂料），预制板的横向、纵向接缝宽分别为 0.6m、0.3m，接缝混凝土采用 C50 补偿收缩钢纤维混凝土。

4. 对系杆的优化

施工图设计阶段将主跨系杆由初步设计的刚性钢箱系杆优化为柔性系杆，解决了钢箱系杆温度应力过大的问题，以及由于主跨的竖曲线造成钢箱系杆为空间曲线导致受力不够合理的问题，并大幅度减少了用钢量，降低了造价。最后系杆采用 OVM 低应力保护层的新型防腐索体系 199-ϕ7 平行钢丝索（极限强度R_y^b=1 670MPa），如图 2-18 所示，配相应的 PESM7-199 型冷铸镦头锚。每个拱肋布置 8 束系杆，由系杆支架支撑在钢横梁顶板上人、车行道之间，便于日后系杆的换索施工。系杆两端锚固于三角刚架处拱肋端部上弦杆外侧，可在不中断交通的条件下逐根更换系杆索体。

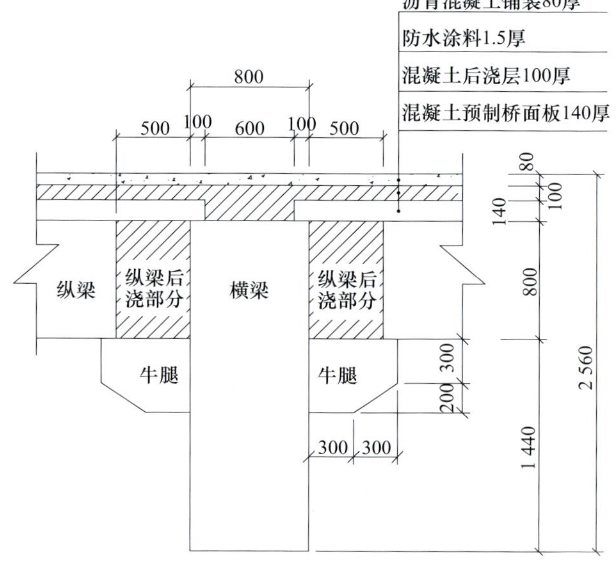

图2-16　边跨纵横加劲梁节点连接及桥面结构布置细节（尺寸单位：mm）

图2-17　边跨预应力混凝土刚性系杆（兼主纵梁）及横梁

边拱钢箱系杆则改用 C50 预应力混凝土刚性系杆，兼起主纵梁的作用，截面高 2 500mm、宽 2 100mm，布置有 16 束 27-7ϕ5 钢绞线，承担边跨拱肋传来的水平拉力。

5. 拱肋钢结构

主、边跨拱肋截面分别如图 2-19、图 2-20 所示。立面布置分别如图 2-21、图 2-22 所示。

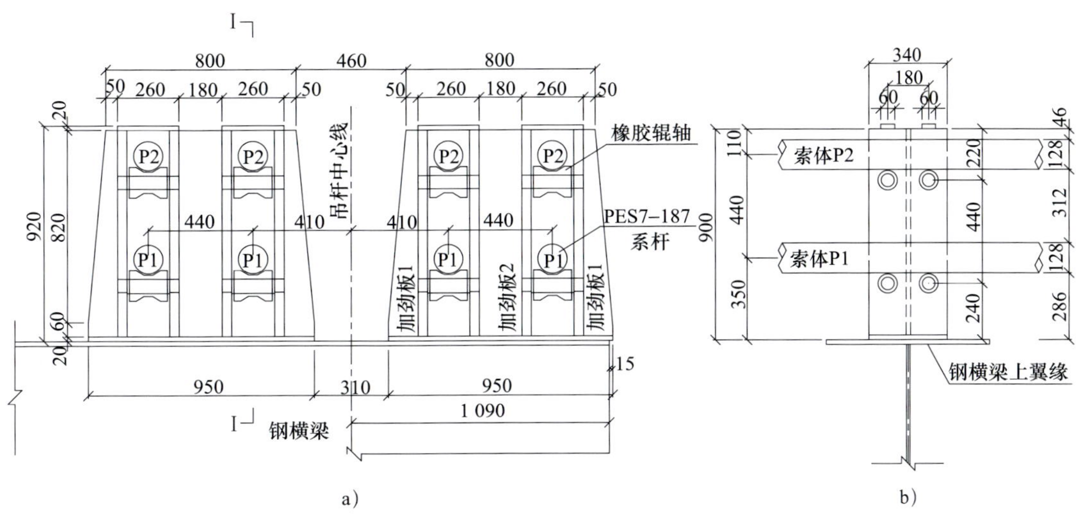

a)　　　b)

图2-18　主跨柔性系杆布置（尺寸单位：mm）

a）主跨系杆布置；b）I—I

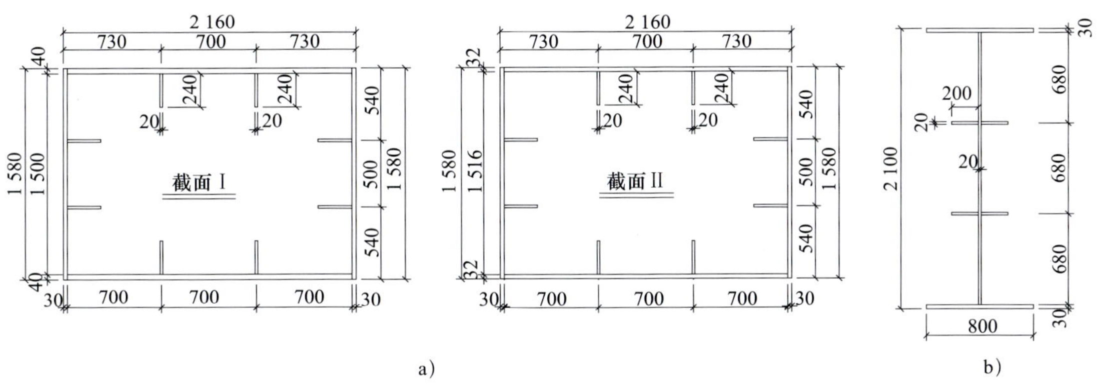

a)　　　b)

图2-19　主跨拱肋典型截面及腹杆截面（尺寸单位：mm）

a）主跨拱肋典型截面；b）腹杆截面

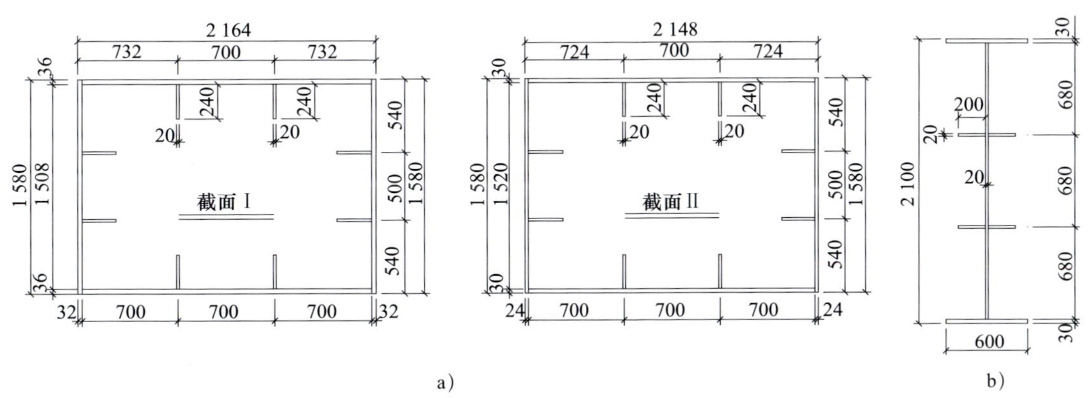

a)　　　b)

图2-20　边跨拱肋典型截面及腹杆截面（尺寸单位：mm）

a）边跨拱肋典型截面；b）腹杆截面

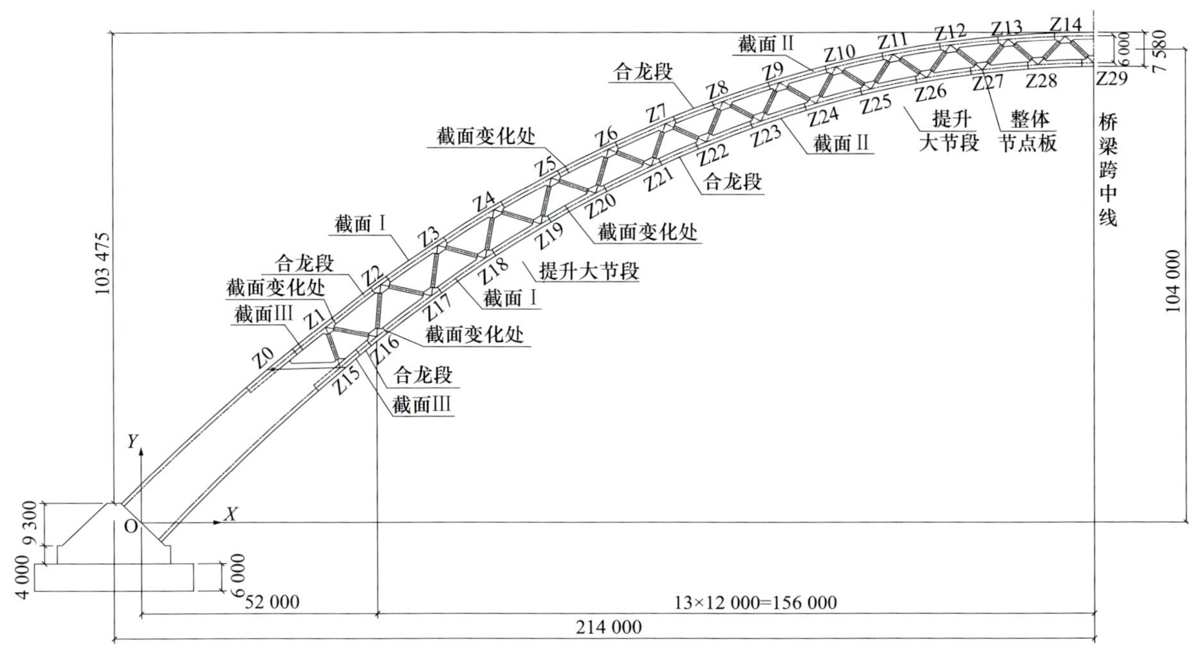
图2-21　主跨拱肋立面布置图（尺寸单位：mm）

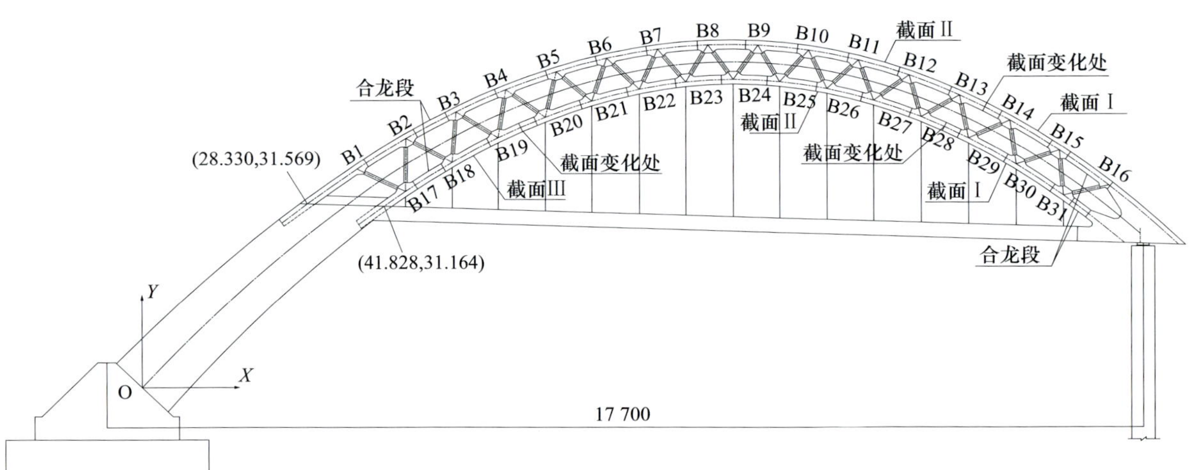
图2-22　边跨拱肋立面布置图（尺寸单位：mm）

（1）主跨拱肋

主跨拱肋（图 2-21）为一孔 428m（净跨 416m），矢高为 104m，矢跨比为 l/4，拱轴系数为 m=l.2 的悬链线变桁高拱肋。两片拱肋的横向中心距为 28.1m。拱顶截面径向高为 7.5m，拱脚截面径向高为 12.0m。拱肋上、下弦均为箱形断面，箱高为 1 580mm，箱内宽为 2 100mm 定值以便于腹杆连接。钢箱竖板厚度分级为 30mm 和 50mm，箱的顶、底板厚度分级为 32mm、40mm、50mm，越靠近三角刚架，选取的板厚也越大。拱肋腹杆为“H”形截面，与上、下弦整体节点板通过高强度螺栓连接，拱肋腹杆高度为 2 100mm，竖板宽度为 800mm。

（2）边跨拱肋

边跨拱肋（图 2-22）为 177m（净跨 171m）的不对称变桁高三次抛物线，抛物线方程为 $y=ax^3+bx^2+cx+d$，其中 $a=-4.484\,6\times10^{-6}$，$b=-4.525\,3\times10^{-3}$，c=1.057 2，d=0。两拱肋的横向中心距为 28.1m。三角刚架侧拱脚截面径向高为 12.0m，4、7 号交界墩侧拱肋截面径向高为 7.5m，拱顶截面径向高为 7.5m，矢高为 56m。拱肋上、下弦均为箱形断面，箱高为 1 580mm，箱内宽为 2 100mm 定值以便于腹杆连接。钢箱竖板厚度分级为 24、32 和 36mm，箱的顶、底板厚度分级为 30mm、36mm、40mm，越靠近拱脚，钢箱的板厚越大。拱肋腹杆为“H”形截面，与上、下弦整体节点板通过高强度螺栓连接，拱肋腹杆高度为 2 100mm，竖板宽度为 600mm。

（3）拱肋构造与连接

新光大桥钢拱肋采用了整体节点连接技术。拱肋弦杆在节点位置附近通过箱梁竖板的变高、变厚而形成整体节点板，节点板变宽处通过圆弧匀顺过渡，与腹板连接。设计人员将整体节点技术运用于市政桥梁，改善节点受力，把难点放在厂内完成，利用数控钻孔机床的优势，保证了钻孔精度，大大减少工地的拼装工作量，改善了工作条件，加快了拼装进度，有利于提高大桥的工程质量，同时可节省大量拼接板钢材和大量螺栓，经济效益显著。整体结点如图 2-23、图 2-24 所示。

图2-23　弦杆整体节点

图2-24　弦杆与腹杆、横撑的连接

为便于拱肋节段工厂制造加工和运输，拱肋上、下弦杆分节段设计制造，拱肋每节段（带 1 个整体节点）采用直线设计，以折代曲，极大减小拱肋箱顶、底板的焊接难度，而视觉效果也不受影响。

为保证板件的局部稳定，在拱肋箱型弦杆的箱内，每块板上均设有两道纵肋。在 H 形腹杆的腹板上两侧各设有两道纵肋，腹杆的腹板两端均开有缺口，既便于腹杆安装，也便于吊杆锚具的施工。

为便于节点传力和拱肋箱形截面尺寸的控制，在各节段拱肋的箱内设置了多道横隔板，每个横隔板均设有过人孔以便施工和检查维修。

拱肋钢结构除横撑与拱肋弦杆的连接为栓接外，钢桁拱的弦杆各节段间均采用以焊接为主的栓焊混合方法连接，即箱内各纵肋采用高强度螺栓连接，箱形断面采用工地对接焊。为便于工地焊接的实施，在距接缝位置约 30mm 处箱内纵肋断开。合龙段的连接方法与小节段间的连接方法相同。

因本桥拱肋施工采用大节段提升方案，故在拱肋大节段间均设有合龙段。合龙段由于要考虑长度的不确定性，连接方法与小节段间的连接方法略有不同。

（4）拱肋横撑

全桥共设置 11 组横撑，主拱拱肋 7 组，两边拱拱肋各 2 组。钢桁拱肋间为桁架式横撑，横撑上、下弦杆均为箱形断面，与钢桁拱对应节点板通过高强度螺栓连接。考虑到横撑上、下弦杆截面尺寸的差异，上弦杆与钢桁拱采用两面拼接，下弦杆与钢桁拱采用四面拼接。横撑上平面设三角形平纵联，横撑上、下弦杆通过竖面的三角形横联连成整体，上平联及横联杆件截面均为工形断面。为便于工地施工，上平联杆件和横联杆件均采用高强螺栓连接。考虑到桥位上横撑杆件插入节点困难，所有横撑杆件的连接均采用与节点板对拼的方法。边拱横撑如图 2-25 所示。

（5）4号、7号墩处边跨拱脚段构造

边拱拱脚段是钢拱肋上、下弦杆与边拱混凝土刚性系杆、支座汇合点，它将边拱混凝土系杆和钢拱肋联系起来，是结构较复杂的钢混过渡段构件。为了确保结构局部受力合理，拱肋上、下弦杆钢箱高度逐步变大，完成拱肋刚度的渐变，拱脚段最后由桁式拱肋变为钢箱拱肋，箱内根据受力和构造需要设置多道竖向加劲肋和隔板，以传递支座反力和系杆拉力。连接混凝土系杆的钢箱下侧焊有连接支座的支承垫板，此板兼做调坡块。在拱脚段钢箱的腹板及翼缘板内侧设置 ϕ22 圆柱头焊钉和构造钢筋，拱脚段钢箱通过内灌的混凝土与边跨预应力混凝土系杆连接成整体。边拱混凝土系杆内的纵向普通钢筋伸入并通长布置在钢箱内。边拱拱脚构造如图 2-26 所示。

图2-25　边拱横撑

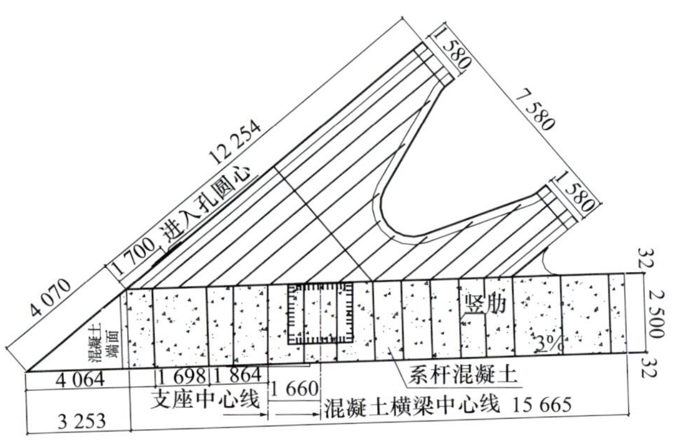

图2-26　边拱拱脚构造图（尺寸单位：mm）

（6）主跨拱脚三角刚架与钢拱肋连接钢混过渡段

三角刚架上的主跨、边跨钢桁拱脚段采用“固结”连接方案。拱肋上、下弦杆钢结构均伸入三角刚架斜腿内，伸入深度均大于 4m，通过抗剪连接件保证将拱肋的内力平稳的传到三角刚架的混凝土斜腿内。钢桁拱肋与三角刚架、系杆在这里连接，是全桥受力及结构细节最复杂的部位，也是科研、施工控制的重点。本桥主跨拱脚系杆与钢拱肋、三角刚架交汇点的钢混过渡段构造细节处理很好，构造细节构思精巧，弦杆钢箱内设钢混过渡段，延伸至三角刚架以上一定高度，内设预应力粗钢筋和普通钢筋，并伸至三角刚架斜腿内一定深度。拱肋上、下弦杆间设联结构件以保证上、下弦杆的位置准确，联结构件由两块竖板和竖板间的多个缀板组成，两块竖板上设剪力钉，其间浇筑普通钢筋混凝土与三角刚架连成一体。主拱拱脚构造如图 2-27 所示。

（7）防腐蚀体系

考虑到桁杆外形构造及桥面小构件较多的特点，全桥钢结构设计采用更适用于多棱角构件的无机硅酸富锌喷涂，按沿海重污染 C5-I 地区、15 年长效防腐涂装考虑，减少营运期的维修工作量和费用。

钢结构外表面采用 4 层涂层共 280μm 厚防腐体系：无机硅酸富锌底漆 75μm+ 纯环氧厚浆漆 125μm+ 可覆涂聚氨酯面漆 2×40μm；钢结构内表面采用 2 层涂层体系：环氧富锌底漆 80μm+ 环氧厚浆漆 150μm，见表 2-1 所列。

图2-27　正在安装的6号墩上主拱拱脚预埋段

钢结构涂装体系及厚度（单位：μm）　　表2-1

钢结构外表面涂层	油漆种类	干膜厚度	钢结构内表面涂层	油漆种类	干膜厚度
车间底漆	无机硅酸锌	20	车间底漆	无机硅酸锌	20
二次涂装	无机硅酸富锌底漆	75	二次涂装	环氧富锌底漆	2×40=80
	纯环氧厚浆漆	125			
	可覆涂聚氨酯面漆	40		环氧厚浆漆	150
	可覆涂聚氨酯面漆	40			
总　计		280	总　计		230

6. 吊杆

吊杆索体全部采用 OVM 镀锌高强低松弛平行钢丝束低应力保护层新型索体以提高使用寿命。

主跨端、中吊杆分别采用 OVM 镀锌高强低松弛 187ϕ7、139ϕ7 平行钢丝束，配用冷铸镦头锚；边拱端、中吊杆分别采用镀锌高强低松弛 313ϕ7、187ϕ7 钢丝束，相应配以冷铸镦头锚。主、边拱吊杆在拱肋下弦杆的底面及横梁的顶面处设有简易减震体，主、边拱端部前两根吊杆为短吊杆，采用加装有位移（顺桥向水平位移、转角）释放装置的专用锚具，设计时特意加粗，降低端吊杆使用应力幅度，延长寿命。吊杆的下端还设有防漏水密封装置。主跨吊杆间距为 12m，边跨吊杆间距为 8.0m，吊杆设计成可换索构件，可在不影响通车的情况下更换。主拱短吊杆构造如图 2-28 所示。

7. 主墩三角刚架

三角刚架刚度大、重心低，提高了结构自身防撞能力，有利于抗震，减少了结构防腐及维护费用。同时，强大的三角刚架提高了施工过程中抗不平衡内力作用的能力，减少了施工环节的转换，主、边拱在活载作用下相互影响小。三角刚架如图 2-29 所示，其构造如图 2-30 所示。

本桥采用钢箱桁拱与三角刚架组合的方案具有一系列优点，但也导致钢桁拱肋与三角刚架、刚性系杆连接，上、下弦杆、系杆、支座在拱脚汇合处受力复杂，构造细节结构复杂，施工难度大的问题。

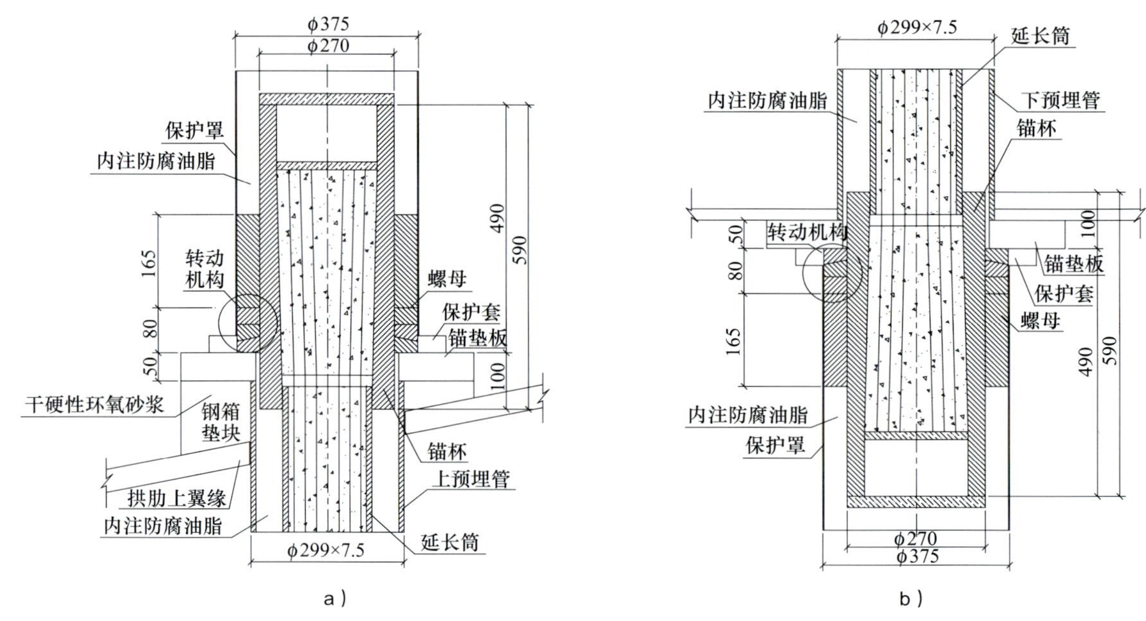

a） b）

图2-28 主拱短吊杆细节（尺寸单位：mm）

a）主跨短吊杆上端构造；b）主跨短吊杆下端构造

（1）三角刚架系梁

施工图设计阶段将三角刚架桥面系梁由方案设计时的钢箱混凝土结构改为预应力混凝土结构，采用实体L形截面，宽5 600mm，顶部高3 000mm，与斜腿相交处梁高6m，并设倒角过渡，在系梁顶面内侧开槽，放置桥面钢横梁球形钢支座，槽宽1 620mm，深1 580mm。在系梁靠近边拱拱肋处设置张拉槽，用于张拉边拱系杆内的预应力钢绞线。靠近主拱侧的系梁外侧开槽并设置牛腿，用来放置人行道的支座。每个系梁内共设置有34束31-7ϕ5预应力

图2-29 完工后的三角刚架

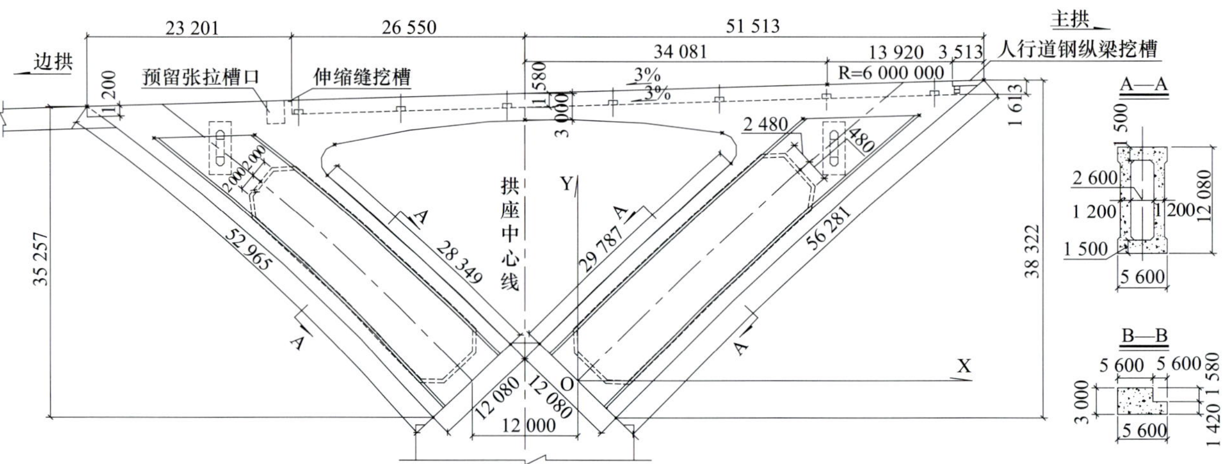

图2-30 三角刚架立面图（尺寸单位：mm）

钢绞线，分批张拉系梁内的预应力钢绞线。根据计算和实验研究，三角刚架桥面系梁的预加力绝大部分由桥面系梁承担，三角刚架斜腿分担的预应力约为6%。

（2）三角刚架斜腿

三角刚架两侧斜腿为主跨、边跨拱圈的延续。主跨侧斜腿拱脚处截面径向高为12m，与桥面梁交界处截面径向高为10.5m；边跨侧斜腿拱脚处截面径向高为12m，与桥面梁交界处截面径向高为9.0m；斜腿宽5.6m。主、边拱两侧斜腿根部为实体截面，斜腿与系梁相交区也为实体截面，斜腿中间部分为箱型截面，翼缘板厚1.5m，腹板厚1.2m。斜腿为钢筋混凝土结构。

为了保证主、边拱拱肋伸入三角刚架斜腿内的拱脚段部分受力可靠，在钢拱肋插入预埋段四周混凝土配置纵向及环向普通钢筋，并配置了防崩普通钢筋。

为了减少斜腿箱梁内外温度差对箱梁产生不利影响，斜腿箱梁横桥向两侧腹板上设置了通风孔。

8．基础设计

本桥所有基础均采用嵌岩钻孔桩基础，主桥的4、5、6、7号基础按端承型嵌岩灌注桩设计，其中4号、7号基础单个承台尺寸11.6m×11.6m×3.5m，两承台间由系梁联结，桩直径为2.0m，每个基础采用20根桩；5号、6号基础为整体承台，承台尺寸为48.3m×34.7m×6.0m，每个基础设36根Φ2.6m嵌岩灌注桩。全桥两主墩共72根桩。引桥的1号、2号、3号、8号、9号、10号桩基础都进入弱风化岩层W2，但考虑到桩底承载力较低，按摩擦桩计算，单个承台尺寸为6.5m×6.5m×2.5m。摩擦桩直径1.5m，每个承台下4根桩，每个基础8根，全桥共计48根桩。实际施工过程中由于1号墩承台位置发现通信光缆，为了避开光缆调整增加了2根桩，因此最终全桥总桩数为162根。桩基布置见表2-2及图2-31所示。

新光大桥各墩的基础设计汇总表　　表2-2

墩　号	桩基础类型	承台尺寸（长×宽×高）(m)	桩数量（总数）	桩底高程(m)	桩径(m)	进入岩层
5号、6号	端承型	48.3×34.7×6.0	36（72）	−42～−49.5	2.6	2.0m（W1）
4号	端承型 嵌岩灌注桩	11.6×11.6×3.5 分离式承台，有系梁连接	20（40）	−35～−47	2.0	1.5（W1）
7号				−36～−43		
1号	按摩擦桩计算	6.5×6.5×2.5 分离式承台	10	−20	1.5	1.5（W2）
2号～3号			8（16）	−27～−29	1.5	1.5（W2）
8号～9号			8（16）	−24～−30	1.5	1.5（W2）
10号			8	−23.5	1.5	1（W2）

承台、桩基主筋采用HRB335级钢筋，桩基内主筋净保护层厚度大于5.5cm。

9．材料选用

全桥钢结构部分的材质除连接用角钢采用Q235C外，钢结构主要构件选用Q345qC钢材。考虑到与横撑支杆连接的节点板两侧均有焊缝，为避免出现层状撕裂，节点板采用Q345qE钢，同时对母材中的S、P含量做了特殊要求，即S含量不大于0.01%，P含量不大于0.025%。板厚≥32mm的钢板要求探伤，按GB/T2970 Ⅱ级执行。剪力钉采用ϕ22圆柱头ML15钢焊钉。高强度螺栓采用10.9S级20MnTiB高强度螺栓。

下部结构全桥承台混凝土强度等级为C40，桩基混凝土强度等级为C30，其中4～7号主墩基础采用高性能混凝土（HPC），其余基础采用普通混凝土。HPC具有高施工性、高抗渗性、高体积稳定性（硬化过程不开裂、收缩徐变小、12h内强度小于12MPa）、后期强度较高且持续增大的高

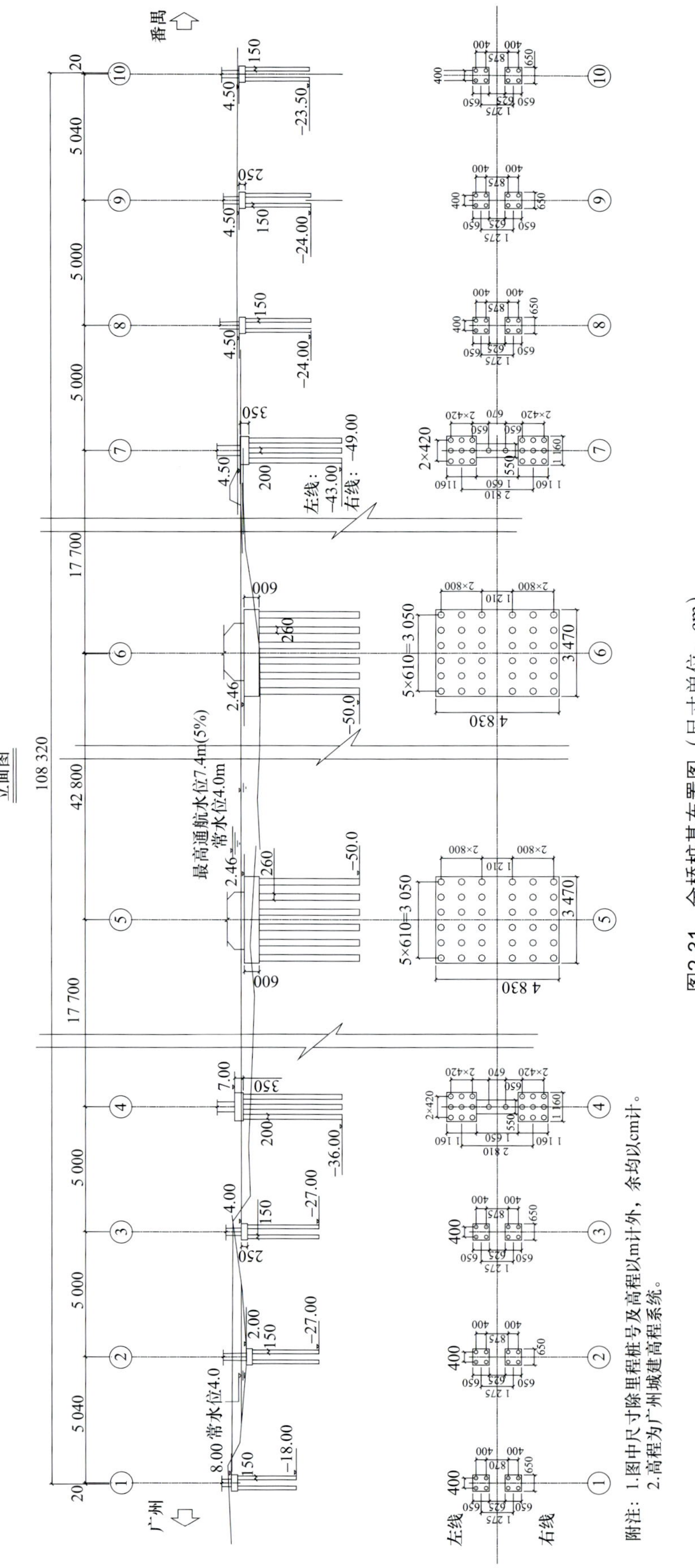

图2-31　全桥桩基布置图（尺寸单位：cm）

附注：1.图中尺寸除里程桩号及高程以m计外，余均以cm计。
2.高程为广州城建高程系统。

耐久性能混凝土（使用寿命大于 100 年），要求水胶比不大于 0.38，最小水泥用量 300kg/m^3，最大胶凝材料总用量 450kg/m^3，内掺 I 级粉煤灰等。混凝土坍落度控制在 21±3cm，1h 内损失不大于 3cm。4、7 号墩柱盖梁采用 C50 混凝土，其余墩柱、拱座均为 C40 混凝土。

上部结构混凝土除防撞墙为 C40 混凝土，其余主桥上部结构混凝土均为 C50 混凝土。

进入孔处的封孔盖板与补强板的缝隙、拱肋下弦杆底板吊杆孔的缝隙均采用密封剂封边，密封剂材质选用 HM106（Q/6S1333—1997）。

伸缩缝构造如图 2-32 所示，专用球形钢支座安装如图 2-33 所示。

图2-32　中跨加劲梁与边跨加劲梁连接处采用的240型大位移毛勒式伸缩缝

图2-33　4号、7号墩上40 000kN专用球形钢支座

10. 主桥的计算分析

（1）静力分析

① 基础反力计算主要工况划分

基础反力计算主要工况划分见表 2-3 所列。

基础反力计算主要工况划分　　　表2-3

工　况	说　　明	工　况	说　　明
1	承台及拱座施工	12	主跨桥面预制板施工
2	三角刚架施工	13	张拉主拱系杆每肋10 000kN
3	主拱侧边节段安装	14	边跨及三角刚架后浇层施工
4	边拱落架（包括系杆、拱肋、吊杆）	15	主跨后浇层施工
5	拆除主跨中段提升塔上支点，将主拱中段	16	施工边跨、三角刚架防撞墙+人行道
6	施工主拱桥面钢纵横梁	17	施工主跨防撞墙+人行道
7	张拉主拱系杆每肋10 000kN	18	张拉主拱系杆每肋10 000kN
8	拆除主拱中间大节段临时系杆	19	铺装桥面沥青等二期恒载
9	张拉主拱系杆每肋10 000kN	20	最不利活载组合
10	拆除主拱提升塔支点	21	全桥升、降温25℃
11	边跨及三角刚架桥面混凝土纵横梁+桥面预制板		

② 稳定安全系数计算结果

用 ANSYS7.0 对成桥状态下全桥进行了非线性稳定分析，以研究拱肋的非线性屈曲问题，考虑几何非线性的同时也考虑了材料非线性。材料非线线性利用 von Mises 屈服准则和各向同性材料刚化耦合的假定，材料的行为用双线型的应力应变曲线模拟，如图 2-34 所列，屈服之前采用弹性模量、屈服后弹性模量变为零——理想的弹塑性。全桥计算模型如图 2-35 所示。

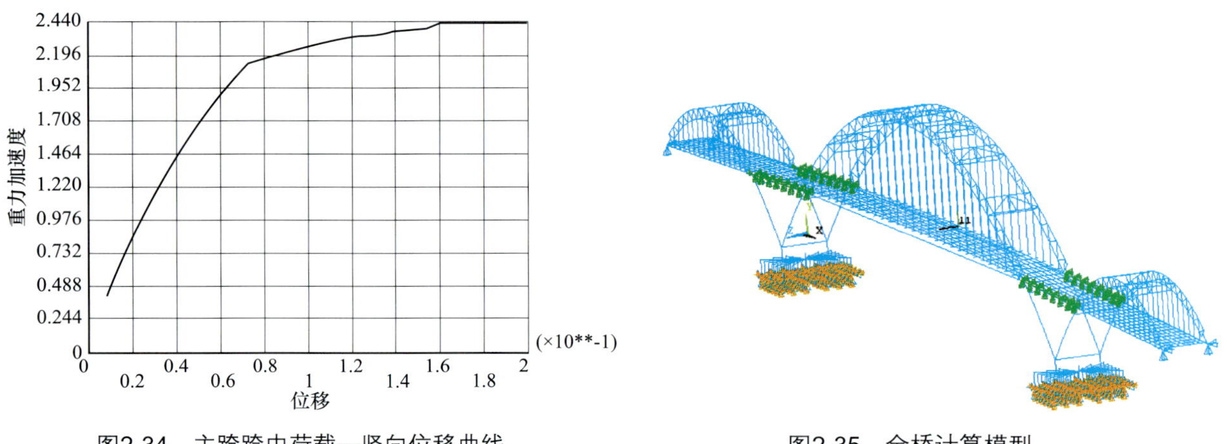

图2-34 主跨跨中荷载—竖向位移曲线

图2-35 全桥计算模型

施工图设计对原横撑形式进行了优化，考虑拱轴线初始偏差（横桥向 15cm、竖桥向 35cm）、几何非线性、材料非线性，对成桥运营阶段进行极限加载，计算大桥的极限承载力安全系数（最小稳定安全系数）2.43，特征值为 4.76；工况 3～12 中的所有子工况的线弹性稳定安全系数在 4.6 以上，表明设计的施工加载顺序能保证施工安全。

③ 设计组合应力

主要截面组合应力见表 2-4 所列，所有构件的应力都在允许范围内，边跨系杆在吊杆升降温 10℃时产生的应力变化幅度小于 0.2MPa。

④ 活载挠度与预拱度

拱肋的挠度及预拱度见表 2-5 所列，各节点上拱度值按 4 次抛物线计算而得。

⑤ 疲劳分析

主、边拱肋腹杆的最大应力幅小于 63MPa，满足规范的允许值 109.6MPa。桥面系纵、横梁的最大应力幅均小于规范的允许值 71.9MPa。

（2）动力分析

① 自振特性

第一阶自振频率为 0.224Hz（振型为主拱拱肋对称侧倾），第二阶自振频率为 0.441Hz（振型为主拱拱肋反对称侧倾），第三阶自振频率为 0.452Hz（桥面系一阶对称侧弯），第四阶自振频率为 0.514Hz(主拱拱肋竖弯),第五阶自振频率为 0.583Hz 振型(边拱反向侧倾 + 主拱肋二阶反对称侧倾)。

② 抗风分析

按照迎风面的高度不同加载梯度力，三角刚架及主纵梁只考虑一侧迎风面，桥面以上拱肋左右拱肋均加载风压（压力值相同），参数选取见表 2-6、表 2-7、表 2-8 计算结果表明全桥各构件在静风作用下不控制设计。

11. 电梯设计及灯光照明

电梯设计效果图如图 2-36 所示，灯光照明设计效果如图 2-37 所示。

拱肋主要截面组合应力表（单位：MPa） 表2-4

位　　置		工　　况	上　　弦	下　　弦	腹　　杆
主跨	拱脚	恒载	−62.0	−89.0	−23.4
		组合一	−83.9	−130.1	−49.1
		组合二	−108.4	−150.1	−76.1
	1/4*L*	恒载	−121.0	−118.0	−43.4
		组合一	−157.4	−154.8	−61.0
		组合二	−159.9	−158.9	−69.5
	拱顶	恒载	−132.0	−83.0	−34.3
		组合一	−171.6	−98.6	−58.8
		组合二	−186.6	−118.8	−62.4
边跨	外侧拱脚	恒载	−88.7	−105.0	40.1
		组合一	−99.5	−116.3	45.1
		组合二	−103.2	−135.8	68.1
	1/4*L*	恒载	−105.0	−105.0	−34.1
		组合一	−119.2	−119.1	−42.0
		组合二	−128.3	−134.7	−42.7
	拱顶	恒载	−103.0	−88.2	−31.2
		组合一	−115.7	−97.4	−42.1
		组合二	−121.0	−108.0	−46.9
	3/4*L*	恒载	−104.0	−106.0	−34.2
		组合一	−120.3	−121.8	−39.8
		组合二	−125.5	−123.8	−51.1
	内侧拱脚	恒载	−80.7	−121.5	−21.1
		组合一	−95.4	−157.3	−30.5
		组合二	−140.8	−189.4	−50.0

注：组合一为主要组合，组合二为主+附（温度力）组合。

计算活载挠度及预拱度（单位：mm） 表2-5

工　　况	边　　拱			主　　拱	
	1/4*L*（竖向）	拱顶（竖向）	1/4*L*（竖向）	1/4*L*（竖向）	拱顶（竖向）
恒载	−40.0	−54.0	−31.0	−116.5	−246.5
活载	−11.0	−12.0	−14.0	−91	−72.7
降温	−24.0	−26.0	−12.0	−80	−159
预拱度值	55.0	80.0	55.0	232.0	420.0

基 本 计 算 系 数 表2-6

基本风压（Pa）	设计风速频率换算系数	风载体型系数	风压高度变化系数	地形、地理条件系数
W_0	K_1	K_2	K_3	K_4
800	1	1.3		1.3

不同高度处的风压系数取值 表2-7

离地面或常水位高度（m）	风压高度变化系数K_3	风压值P（KPa）	备　注
20	1	1.352	$P=W_0\times K_1\times K_2\times K_3\times K_4/1\ 000$
30	1.13	1.527 76	
40	1.22	1.649 44	
50	1.3	1.757 6	
60	1.37	1.852 24	
70	1.42	1.919 84	
80	1.47	1.987 44	
90	1.52	2.055 04	
100	1.56	2.109 12	

静风应力表（单位：MPa） 表2-8

应　力	主跨主要结果			边跨主要结果		
	主跨拱脚	1/4主跨拱肋	1/2主跨拱肋	边跨拱脚	1/4边跨拱肋	1/2边跨拱肋
主拉应力	82.6	40.9	9.3	20.05	8.45	2.61
主压应力	83.1	41.3	11	23.43	8.53	2.7

图2-36　新光大桥观光电梯效果图

图2-37　灯光照明工程方案投标效果图

第三章 大桥施工

Daqiao Shigong

为保证珠江主航道施工期间的通航，在主墩完成后（图 3-1），新光大桥通航孔主跨拱肋架设采用了分段在组拼场支架上低位拼装、大段整体上船浮运、利用提升塔大段整体同步液压提升法施工，不通航的两边跨箱桁拱肋均采用在桥位处钢支架上低位拼装，形成边跨拱肋大段后整段同步垂直提升安装就位的施工方法，主桥拱肋共分五大段采用同步液压提升技术安装施工（每个边跨为一段，主跨拱肋分为三段）。施工安装顺序为先两边跨拱肋，后主拱边段，最后主拱中段，如图 3-2 所示。

整体提升法将大量高空水上吊装作业变成低空陆上作业，极大限度地改善了拱肋现场施工条件，确保安装的精度、焊接质量和施工安全，加快了施工进度，在珠江主航道仅封航 52.5h 的情况下成功架设了结构重量约 2 850t、轴线长度为 168.0m（节点中到中）的主跨中段拱肋，提升高度 85.6m，创我国拱桥施工拱肋垂直整体提升的纪录，达到世界先进技术水平，总结出了一整套大跨度拱桥拱肋大段整体浮运提升施工的成功经验，形成了一种新工法，对我国的拱桥架设技术做出了有益的探索、创新。

5、6 号水中主墩深水基础承台尺寸为 48.3m × 34.7m × 6.0m；每个承台混凝土体积达 10 056m^3，钢筋用量达 868t。根据地质水文特点，8～9m 深的大型深水基础承台施工采用了不封底单壁钢板桩围堰施工，每个围堰围水面积 1 976m^2，围堰挡水深度 9m，设置四道横撑，钢板桩长度 24m，入土深度约 12m，单个钢板桩围堰钢板桩用量 800t。主墩巨型承台大体积 C40 高性能混凝土承台水泥用量较大，采取了多种措施解决大体积混凝土水化热温升防裂问题，保证了承台的施工质量。

图3-1　新光大桥主墩施工全景

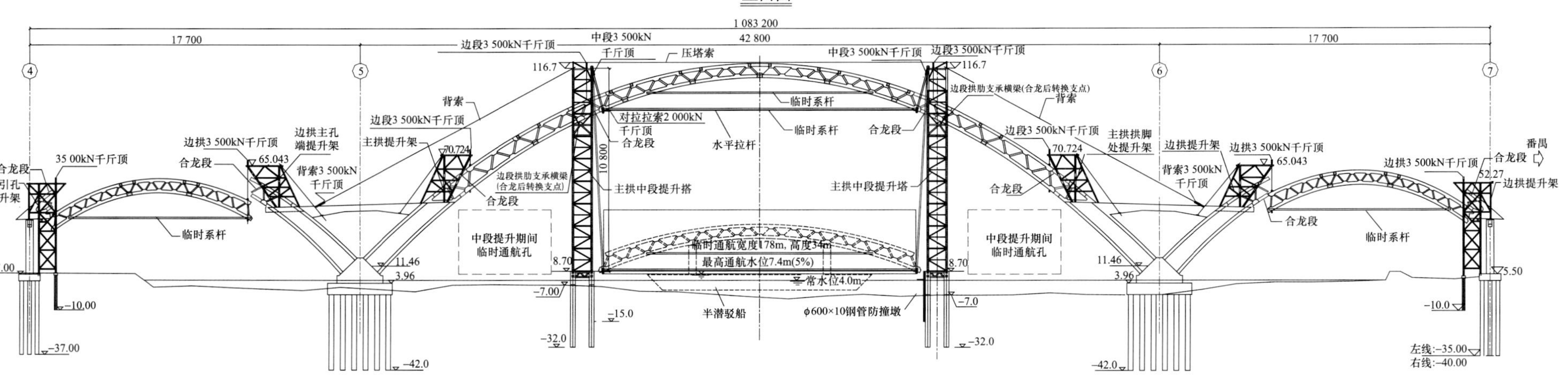

图3-2　新光大桥主桥拱肋分5大段整体提升方案（尺寸单位：mm）

大桥5、6号主墩三角刚架纵向长度102m、平均高36.8m，由V形斜腿与预应力纵梁组成，每个主墩三角刚架用混凝土5 750m^2（每个主墩由两片三角刚架组成），体积、重量大、高度高、水上高空作业，模板支撑困难，施工难度大。根据地质特点，南岸6号墩三角刚架采用劲性骨架悬挂模板托架施工，北岸5号墩三角刚架采用水中满堂钢管支架法施工。两者均采用多道临时拉索以平衡大部分自重弯矩。

钢箱桁杆件采用了整体节点制造工艺，对钢箱桁拱肋制造质量与精度要求高。

第一节　桩基础施工

本桥共10个墩，桩径分别为1.0m、1.5m、2.0m、2.6m，共计162根，桩长共计6 043.9m，共计采用C30混凝土23 205.9m^3。4～7号墩桩基为端承型嵌岩灌注桩，采用高性能混凝土(HPC)，1～3、8～10号墩桩为摩擦型嵌岩灌注桩。

大桥桩基础全部采用了冲击成钻孔法施工，可以采用多台桩机同时施工，以保证工期。冲孔桩机构造简单可靠，费用低廉，同时可以适应多种地质情况。5、6号主墩承台所用的最大设计桩径达2 600mm，施工时采用直径2 800mm的钢护筒。2004年2月3日北岸3号墩全桥第一根桩开工，至2004年7月上旬已完成了大桥全部162根桩基的施工，历时5个多月，经抽芯和超声波检验100%合格。

图3-3　5号主墩冲孔桩施工，用振动锤沉放ϕ2 800mm钢护筒

一、5、6号主墩桩基施工

5、6号主墩（即位于江中的2个三角刚架）的所有桩基均以钢护筒下至强风化岩层约1.0m，然后冲孔成桩，依据设计桩底高柱终孔。嵌岩桩的桩底沉渣厚度控制小于5cm。每个桩内钢筋笼按相关规定设置超声波检测管。

5、6号主墩施工情况如图3-3～图3-12所示。

图3-4　采用浮吊沉放钢护筒、搭设钻桩平台

图3-5　搭设北岸5号主墩施工栈桥

图3-6　北岸5号主墩桩基冲孔施工，利用2台龙门吊沉放钢筋笼

图3-7　6号主墩冲孔桩施工，利用相邻钢护筒作为泥浆池

图3-8　6号主墩桩钢筋笼的加工制作

图3-9　6号主墩桩基正在清理钢护筒内的桩头

图3-10　冲孔桩采用了真空离心式泥水分离机加快清孔速度

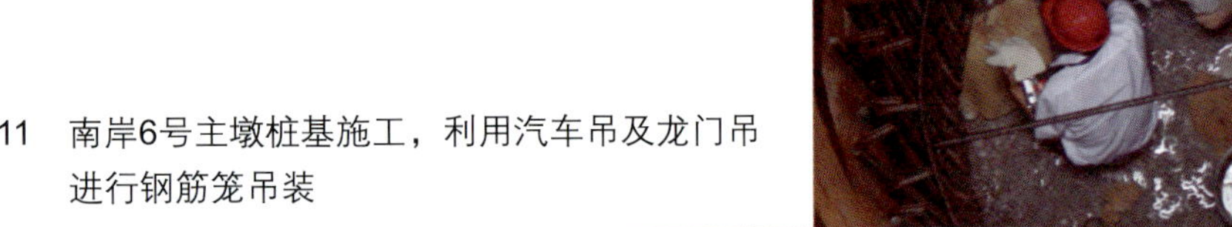

图3-11　南岸6号主墩桩基施工，利用汽车吊及龙门吊进行钢筋笼吊装

图3-12　6号墩桩头清理

二、其他桩基施工

2 号、9 号桩施工分别如图 3-13～图 3-14 所示。

图3-13　水中2号墩桩基沉放冲孔作业用的钢护筒

图3-14　南岸9号墩桩基沉放钢筋笼

三、桩基检验

桩基施工质量检验情况如图 3-15～图 3-18 所示。

图3-15　桩基在进行抽芯检验

图3-16　检验桩身完整性完全满足规范要求

图3-17　桩基抽芯检验桩底沉积层厚度100%合格

图3-18　桩基100%埋管超声波检验，桩身完整性全部优良

第二节 主墩承台钢板桩围堰施工

新光大桥5号、6号2个主墩墩位于水中，承台几何尺寸为48.3m×34.7m×6.0m(长 × 宽 × 高)，承台底高程 −2.04m，顶高程 +3.96m，整个承台大部分时间完全处于水面下，必须采用围堰或其他措施施工。

一、围堰施工方案与抗浮稳定性问题

5号墩处水位水深8～10m，表层为淤泥和砂层；6号墩处水位水深9.0～13m。表层主要为砂层。河流相冲积砂层的渗透系数为3.68m/d，砂层属中等～强透水层，淤泥、淤泥质土、冲积黏性土、风化岩残积土及全风化岩属弱透水层。基岩富水性不大于0.5m/d，属弱透水层，但当基岩裂隙较发育时，其渗透系数为2.25m/d，属中等透水层。

根据场地沉积层深厚的地质水文特点，综合比较了钢板桩围堰与钢套箱围堰2种方案，对其施工可操作性、成本费用、工期、安全性等因素综合比较分析，确定5号、6号主墩承台均采用单壁钢板桩围堰施工，每个围堰围水面积52m×38m=1 976m^2，设置4道横撑，钢板桩长度24m，入土深度约12m。

对5号、6号基础钢板桩围堰体系的抗浮稳定，分别考虑了设置封底混凝土与不设封底混凝土两种方案进行分析。对设置封底混凝土方案，考虑钢板桩围堰与封底混凝土间缝隙0、0.02、0.05、0.1、0.5、1m等几种情况，采用二维剖面渗流计算程序分析了钢板桩透水、桩底绕渗及砂层抗渗稳定性。计算参数珠江航道水位取7.0m；围堰内水位取 −2.0m；混凝土板厚度取3.3m，底高程 −5.34m；钢板桩入岩0.5m。结果见表3-1及图3-19～图3-21所示。

各方案渗流量及水头对比式　　表3-1

方　案	渗流量（m^3/d）	水压（kN/m^2）
不封底	2 021.76	20
全封底，无缝	0	123.4
全封底，缝宽0.02m	1 710.72	55.8
全封底，缝宽0.05m	1 710.72	54.9
全封底，缝宽0.1m	1 710.72	54.0
全封底，缝宽1m	1 866.24	45.9

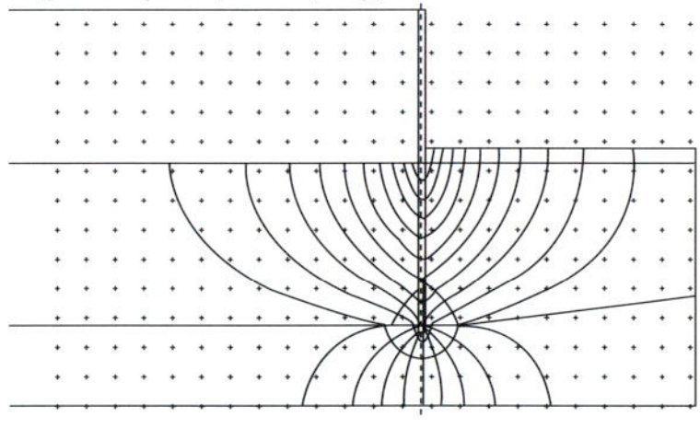

图3-19　不封底钢板桩围堰流网图

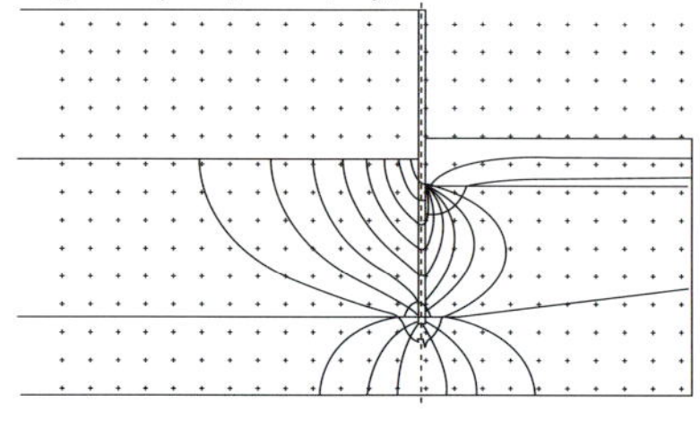

图3-20　钢板桩围堰封底，钢板桩与封底混凝土缝隙0.05m流网图

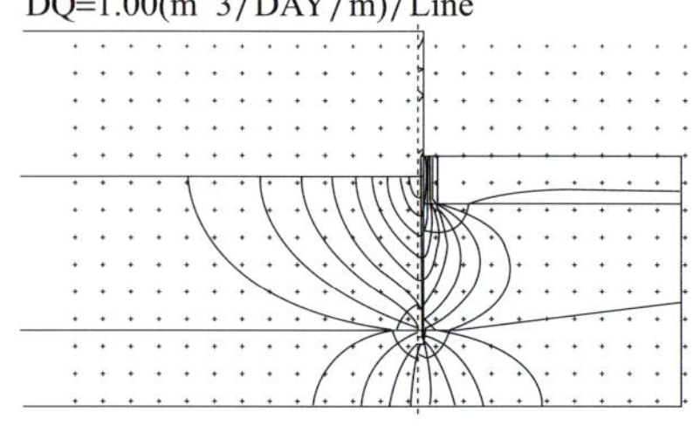

图3-21　钢板桩围堰封底，钢板桩与封底混凝土缝隙1.0m时的流网图

分析结果表明封底与不封底方案都是可行的。而采用全封底方案也存在问题，主要是钢板桩围堰体系受潮水涨落以及行船的影响，会发生变形，就使得封底的混凝土板与钢板桩之间产生缝隙，在高水头的作用下，渗流量将增大。经计算发现，一旦封底混凝土板与钢板桩产生缝隙，渗流量就会增加，与不封底渗流量相差无几，同时还会发生流砂现象。

计算结果显示开缝小的时候，不封底方案渗流量比封底方案仅增加 18.2%；缝宽达到 1m 时，则不封底方案渗流量增加 8.3%。因此，经反复比较后最终决定采用设置盲沟排水系统的不封底钢板桩围堰方案。

钢板桩围堰的主要优势是单件重量较轻，不需要大型专用吊装设备，施工难度较低，钢材回收率高。由于钢板桩的穿透能力较强，封闭了渗水路径，同时采用盲沟导水，围堰内可以不封底施工，节约大量封底混凝土。但钢板桩围堰支撑系统复杂，整体性较差，容易局部变形过大漏水，风险较大。本桥主墩采用钢板桩围堰方案每个围堰节约了 126.3 万元，节约封底混凝土 4 000m^3。

（1）为了保证密封性，围堰钢板桩选用全新 12m 长的 FSP-IV 型钢板桩，每根桩接驳一次到 24m 桩长。沉桩时由于地质条件不同钢板桩底高低不平，自然错开了焊缝。钢板桩打入全风化层约 150cm，或打入强风化层约 50cm；钢板桩合龙后，插打竖向支撑，在低水位时安装第一层内支撑（+5.50m）；5 号墩挖除多余淤泥，6 号墩吹砂整平，然后回填石粉至 −2.54m。

（2）钢板桩围堰内中间设纵横向桁架式水平对撑、四角设桁架式角撑，内撑采用角撑与纵横对撑结合的方案。竖向支撑为 $\phi370\times6$ 钢管，管内充填混凝土。打入河床深度：5 号墩进入砂层不少于 5.0m，6 号墩进入河床不少于 5.0m。为保证钢板桩墙的整体性，顶部内外紧贴 [20a 槽钢，将钢板桩连成整体。

（3）完成顶层内撑后，抽水下降 30～50cm，至 +5.0m 高程，用棉条堵塞钢板桩间的止水缝。

（4）堰内按设计回填石粉反滤层，堰外侧抛砂袋与内侧基本平齐，防止堰外急流冲刷。

（5）分层抽水，在低水位时安装内撑。

（6）抽干围堰内水，设导渗盲沟引水至四周排水沟、集水井，干浇筑 0.5m 混凝土垫层，割除钢护筒、破桩头，基底检验。

（7）承台分 4 层浇筑，每层厚均为 1.50m，循环通水冷却；每层拆模后在每两根钢板桩加 3 道直径大于 100mm 圆木支撑，每道高差 0.5m，在混凝土与钢板桩之间回填砂；拆除最低一层水平支撑，相应提高围堰内水位，循环往复，共浇筑四层混凝土。

（8）立模浇筑拱座混凝土后围堰放水使内外水位持平，拆除钢板桩围堰。

二、钢板桩插打施工工艺及排水设施布置

钢板桩采用逐片插打，逐渐纠偏，直至合龙，以及先合龙，并在合龙后再插打进入岩层的方法。

为了确保插打位置准确，在钢护筒上安装导向架和限位装置，插打时钢板桩背紧靠导向架，严格控制好钢板桩插打的垂直度，尤其是第一片桩要从两个相互垂直的方向同时控制。如钢板桩围堰在合龙时两侧锁口不平行，须采取措施进行调整。实际施工时 5 号墩围堰钢板桩出现了较严重的积累偏移且难于纠正，最后只能采用拼接异型钢板桩调整偏移。

打桩施工如图 3-22、图 3-23 所示。钢板桩围堰布置如图 3-24、图 3-25 所示。

三、围堰支撑系统安装

围堰内 4 道水平支撑、横桥向支撑按从上到下的顺序，依层进行抽水安装。每层先安装围檩，

图3-22 6号墩利用汽车吊和液压振动锤施工钢板桩

图3-23 6号墩利用浮吊和液压振动锤施工钢板桩

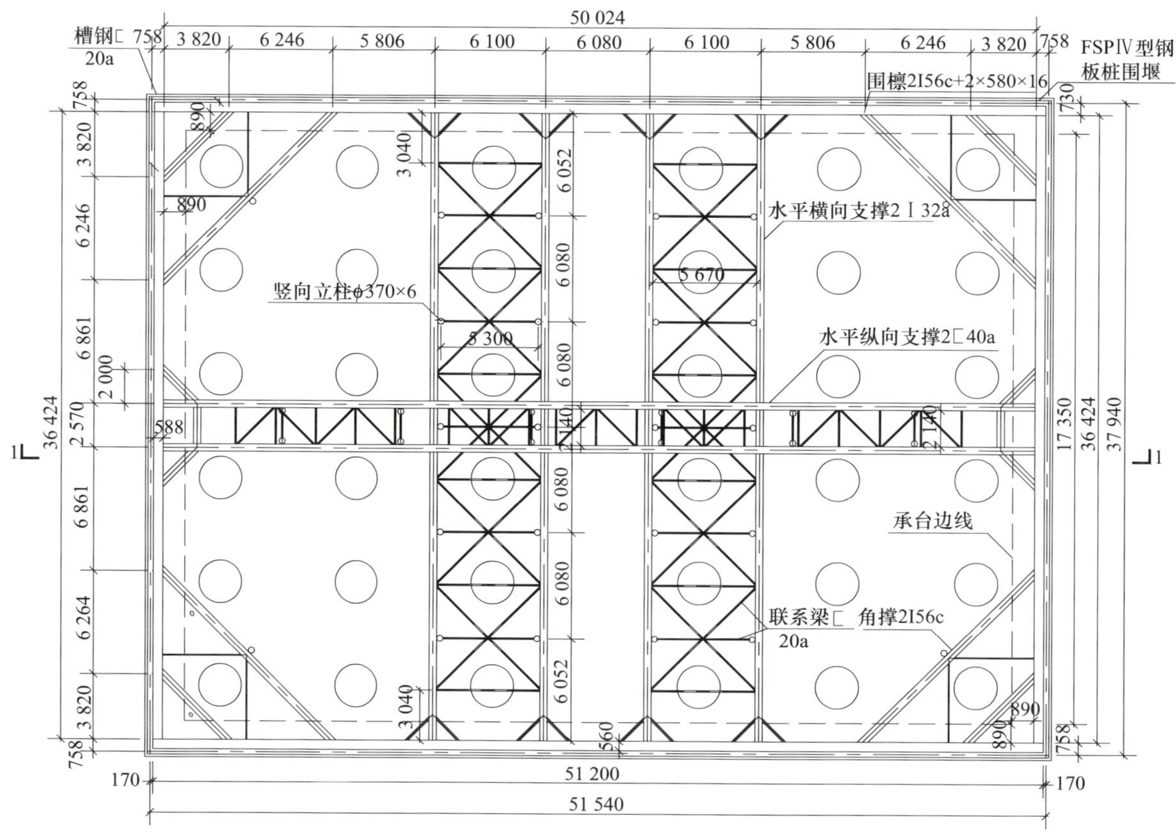

图3-24 主墩钢板桩围堰支撑系统布置平面图（尺寸单位：mm）

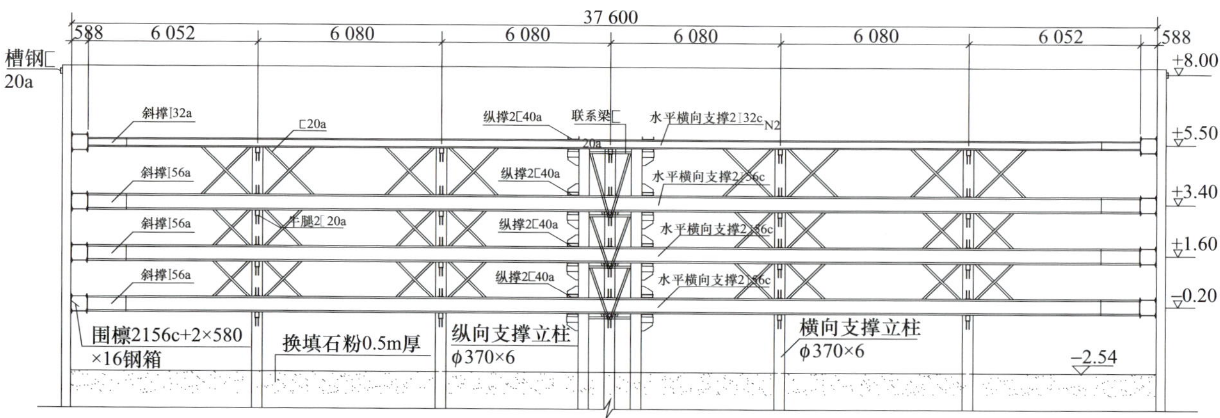

图3-25 5号、6号主墩钢板桩围堰支撑系统布置剖面图（尺寸单位：mm）

再安装纵横撑，5 号墩围堰不同施工阶段围檩及角撑情况如图 3-26～图 3-31、图 3-34、图 3-35 所示。6 号墩围堰施工情况如图 3-32、图 3-33、图 3-36、图 3-37 所示。

第一层支撑在低潮位时安装。第二至四层支撑分别在低潮抽堰内水位低于支撑位 50cm 后安装。

图3-26　第一层围檩施工（5号墩）

图3-27　第一层支撑安装后抽水（5号墩）

图3-28　第三层支撑施工（5号墩）

图3-29　第四层支撑施工前抽水（5号墩）

图3-30　第四层支撑安装（5号墩）

图3-31　支撑、垫层施工完毕（5号墩）

图3-32 6号墩围堰在安装对撑之前先将围檩分层沉放水中，并用钢丝绳挂在钢板桩上，安装对撑后再吊装围檩

图3-33 6号墩围堰的对撑及角撑

图3-34 5号墩围堰支撑全景

图3-35 5号墩围堰对撑

图3-36 6号墩围堰施工远眺

图3-37 6号墩围堰支撑及中心栈桥

四、钢板桩围堰渗水问题的处理

1. 渗水问题

钢板桩围堰漏水来自三个方面：①未进入砂层的钢板桩间隙漏水；②砂层内的钢板桩的间隙漏水；③因钢板桩打入全风化层不能完全封死水流和岩层孔隙漏水。实践证明前两种途径是渗水的最主要途径。

第一个途径可直接用棉絮条填缝堵漏的方法解决，对后两个途径因水量不太大，可以通过围堰内填级配碎石、石粉反滤层结合盲沟、排水井的方法将涌水导出围堰，保证承台在干燥条件下施工。

随着抽水深度的增加及每日潮水的变化，钢板桩的变形也在不断变化，钢板桩间缝隙漏水现象会越来越严重。所以主要要控制钢板桩的变形，钢板桩的应力控制在 135MPa 以内，同时填缝堵漏要多次重复一直到全部支撑围檩安装完毕，抽水深度基本稳定为止。排水堵漏情况如图 3-38～图 3-41 所示。

图3-38　为6号墩钢板桩围堰在抽水

图3-39　钢板桩围堰漏水

图3-40　潜水员下水堵钢板桩缝隙

图3-41　围堰外侧钢板桩缝隙用棉胎堵塞

钢板桩锁口漏水处理：补救措施是在漏水缺口处的围堰外侧用棉絮条堵塞缝隙。

5 号墩基坑计算最大渗水量按钢板桩全部不入岩考虑时为 133m³/h，按钢板桩入岩 0.5m 考虑时为 31m³/h。6 号墩基坑计算最大渗水量是 680m³/h，最小渗水量是 65m³/h，每个围堰按 2 台 400m³/h 水泵运转抽水考虑，同时配置 2 台同类型备用离心水泵和部分潜水泵。在安装支撑阶段，由于钢板桩间隙尚未完全堵塞，漏水较严重，为加大抽水能力，南岸实际配备了 3 台抽水能力为 700m³/h 和 1 台 2 000m³/h 的水泵，北岸配备了 4 台 720m³/h 和 2 台 300m³/h 的水泵。

围堰内四周设排水沟、集水井，基坑底的渗水汇入集水井后全部抽出。浇筑 0.5m 厚 C20 混凝土垫层，作为承台施工平台，同时起到部分横撑作用。

2. 围堰止水效果

在第四层支撑安装完毕并抽水到石粉露出水面后，钢板桩变形基本稳定，当堵缝工作完成后围堰内实际渗水量比计算值小很多。围堰内的水主要来自钢板桩板缝漏水，北岸围堰内基本上只需要一台泥浆泵即可满足抽水要求，南岸也只需两台泵间断工作就能满足需要。围堰基底检平过程中，基底的渗水很少。只有 6 号墩有一个地质钻深孔因岩层裂隙水产生的涌水，水压极小。在基垫层浇筑前，采用 PVC 管把该涌水引至排水沟，集中抽出围堰外。采取在钢板桩外侧抛填袋装砂、袋装碎石，可以有效防止河水冲刷，保证钢板桩的入土深度。围堰内河床高程没有发现因为抽水产生抬高的现象。

经观测，5 号墩实际渗水量为 200～300m³/h 以内，6 号墩渗水量也能控制在 500m³/h 以内（计算结果为 680m³/h，即 16 329.6m³/d）。

通过围堰观测可以看出，由于钢板桩的入土深度比较大，加上将钢板桩打入强风化岩层一定深度，切断了绝大部分的渗水通道，有效消除了钢板桩围堰内产生管涌、流砂的可能，保证了结构的安全。在围堰内填筑反滤料—石粉，为少量渗流提供了出口，防止渗透压造成的破坏。同时，加强钢板桩的堵漏，将围堰内的渗水量降到最小，达到了施工可以控制的范围，保证了承台在干燥条件下施工。

第三节　主墩承台及拱座施工

新光大桥 5、6 号主墩承台结构尺寸为 48.3m × 34.7m × 6.0m（横桥向 × 纵桥向 × 高度），每个承台体积达 10 056m³，承台底高程为 −2.04m，顶高程为 +3.96m。全桥拱座共有 4 个，5 号墩和 6 号墩各 2 个，座底面高程 3.96m，顶面高程 15.76m，单个拱座结构尺寸为 24.7m × 13.148m × 11.8m（顺桥向 × 横桥向 × 高）。全桥承台混凝土设计强度为 C40，总计 23 878.6m³，其中水中的 4～7 号承台为高性能混凝土（HPC），5、6 号水中主墩每个承台需用 C40 HPC 10 056m³，用钢量 868t。

5、6 号主墩承台施工是新光大桥的施工难点及关键工程之一，围堰内支撑体系复杂、施工条件较差，承台体积大、混凝土的水化热发热量大。为了保证承台施工质量，要求承包商针对水化热问题编制专项施工方案，选用低水化热的原材料、合适的配合比降低水化热，同时在混凝土内埋设冷却水管降低内部温度，混凝土浇注完成后立即采取覆盖保温措施以降低混凝土内外温差；为了监控承台内部温度，采用热电偶法测定混凝土内部温度，并根据测温结果采取相应措施将混凝土内外温差控制在 25℃之内。

在较小的 7 号墩承台施工时，监理部组织召开了 7 号墩大体积混凝土施工方案专题会议，要求承包商对承台的大体积混凝土的连续浇灌措施、降温措施、温度监控、保温养护以及混凝土浇注时的人员、设备、材料供应等方面制定详细的方案，科学施工，从而保证了 7 号墩的承台混凝土质量，并为更大体积的 5、6 号主墩的施工做好了技术准备和演练。

一、承台垫层施工

承台垫层施工情况如图 3-42～图 3-44 所示。

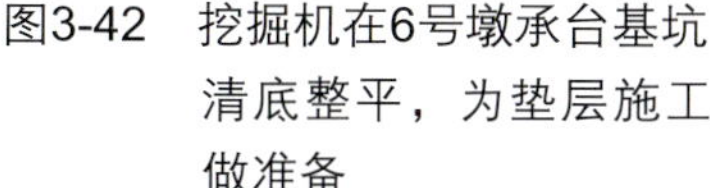

图3-42　挖掘机在6号墩承台基坑清底整平，为垫层施工做准备

图3-43　6号墩承台基坑混凝土垫层施工，底部设碎石盲沟，上盖彩色塑料膜防止混凝土堵塞

图3-44　5号墩承台基坑混凝土垫层分块施工，中间设多孔塑料管+碎石盲沟

二、承台施工

1．承台钢筋工程

承台钢筋采用了多种连接技术，如螺纹套筒、挤压套筒、焊接等，施工情况如图 3-45～图 3-49 所示。

2．承台混凝土浇筑

根据大体积混凝土浇筑水化热控制措施要求，主墩承台共分 4 层浇筑，每层浇筑 1.5m 高，混凝土 2 514m^3。

承台采用了商品混凝土，混凝土供应能力达 120m^3/h 以上。用混凝土运输车连续运至工地现场。每次浇筑混凝土采用安放在两主墩的河岸及栈桥上的 4 台输送泵接输送管泵送至承台内。在围堰内第一层水平支撑上搭设混凝土浇筑操作平台，采用斜坡分层法，4 根输送管横桥向布置，从一短边开始到另一短边结束，分层一次浇至规定高度，后面随即覆盖湿麻袋并洒水养护。

按设计要求安装承台钢筋、冷却管，安装模板，浇筑混凝土；待第一层混凝土达到规定强度后，拆模后先在已浇筑混凝土与钢板桩之间的槽内填充砂或石粉，并按 80cm 间距支原木，然后拆除第四层水平支撑。将第四道支撑转换至第一层混凝土上，并用同样的方法浇筑第二层混凝土；待第二

图3-45　5号墩承台钢筋施工（钢筋螺纹接驳）

图3-46　5号主墩承台底层钢筋施工

图3-47　6号主墩承台底层钢筋施工

图3-48　6号主墩承台顶层钢筋施工

图3-49　6号主墩承台施工全貌

层混凝土达到规定强度后，将第三道支撑转换至第二层混凝土上，并浇筑第三层混凝土；待第三层混凝土达到规定强度后，将第二道支撑转换至第三层混凝土上，并浇筑第四层混凝土。

承台混凝土施工如图 3-50～图 3-53 所示。

图3-50　5号主墩承台混凝土浇筑施工

图3-51　6号主墩承台混凝土浇筑、振捣施工

图3-52　6号主墩承台混凝土泵送浇筑

图3-53　搅拌站加冰降低混凝土的入模温度

三、拱座施工

拱座施工如图 3-54～图 3-56 所示。

图3-54　6号主墩拱座混凝土模板安装

图3-55 6号主墩拱座第二层混凝土浇筑完毕

图3-56 6号墩拱座施工现场远眺

四、大体积混凝土防裂技术措施

主墩承台结构位于江中水面以下，为了达到承台结构高强度和耐久性的要求，设计混凝土采用C40高性能混凝土，对混凝土的抗氯离子渗透性能作出特殊要求。由于主墩承台体积大，加上C40高性能混凝土水泥用量较大，承台混凝土内部水化热大，混凝土施工必须采取有效的温控措施，控制和减少裂缝的产生。因此采取了多种措施解决大体积混凝土水化热温升防裂问题：优选配合比、承台内部预先敷设冷却水管降温、混凝土搅拌时加冰、选用缓凝、减水剂、分层浇筑、表面保温及潮湿养护、混凝土体内温度及冷却水温差全程监控、强化监理的旁站等，保证了承台的施工质量。

1．混凝土配合比设计

（1）材料选择

水泥选用525号普通硅酸盐水泥；细集料选用中粗砂，级配良好，颗粒洁净，细度模数在2.6～3.2之间，且砂中云母和泥土含量小于1.5%；粗集料选用碎石，要求级配良好（5～25mm连续级配），质地坚硬，颗粒洁净（含泥量小于0.5%）且其活性小；拌和水采用自来水。

（2）采用“双掺”技术

在拌和混凝土时同时掺加粉煤灰和减水剂，替代部分水泥，降低混凝土的水化热，可以有效地防止温度裂缝。同时提高混凝土的密实度，增加混凝土的抗渗性能，承台混凝土中采用细磨Ⅱ级粉煤灰，外加剂为FDN-100型缓凝高效减水剂。

（3）混凝土配合比

混凝土配合比见表3-2所列。

主墩承台混凝土配合比　　表3-2

设计强度等级	配合比（水泥：砂：碎石）	水胶比	水泥用量（kg/m^3）	坍落度（cm）			凝结时间（h）	
				初始	0.5h	1.0h	初凝	终凝
C40	1：2.4：3.72	0.32	300	18.5	17.0	15.0	22	32

2．温控措施及现场控制

考虑混凝土的分层浇筑、浇筑温度、施工间歇期、混凝土水化热的散发规律、养护方式、冷却水管降温、外界气温变化、混凝土弹性模量变化、混凝土的徐变等复杂因素，计算混凝土施工过程中水化热温度，控制混凝土内外温差不超过 25℃；允许混凝土最大降温速率不超过 2.0℃/d。

在承台大体积混凝土施工中，从混凝土的拌和、运输、浇筑、振捣到通水、养护、保温整个过程进行有效控制，特别对混凝土的分层、混凝土浇筑温度、浇筑间歇期、通水冷却和养护等进行严格控制，从而达到温控目的。

（1）混凝土分层浇筑

承台混凝土分 4 层浇筑，每层厚 1.5m。

（2）混凝土浇筑温度控制

浇筑温度根据施工季节作出明确的要求。在承台混凝土每次浇筑前，通过量测水泥、粉煤灰、砂、石、水的温度，以估算混凝土浇筑温度。若混凝土浇筑温度超过控制要求的 25℃，则采取措施降低浇筑温度。承台施工期正经历夏季高温季节，为降低混凝土浇筑温度，采取了以下措施：将混凝土浇筑时间安排在下午 16：00 以后开盘，次日 12：00 以前浇筑完成，以避开白天高温时间；在混凝土拌和用水中掺加一定数量的冰块，把水温降至 20℃以内；砂石料尽量堆高并采取遮阳措施，同时采用喷水冷却，使碎石温度从 35℃以上降到 32℃以内；严格控制水泥的进场温度不超过 50℃，以免带入大量热量；尽量缩短混凝土运输时间和暴晒时间；混凝土泵管覆盖遮阳，并经常洒水降温；在混凝土分层接缝处安装温度筋和防裂筋。

工程施工过程中混凝土质量、钢筋安装、混凝土拌和站控制均满足要求；混凝土入模温度基本控制在 30℃以下，少量不能满足该要求的混凝土全部退还混凝土拌和站。

（3）混凝土浇筑间歇期

控制混凝土各层浇筑间歇期一般不少于 10 天，在底层混凝土温度峰值过后才继续施工上层混凝土，并特别注意混凝土的表面保温和养护工作，混凝土表面覆盖麻袋，并用冷却管排出的温水养护。

（4）通水冷却

冷却水管采用管径 48mm、壁厚 3.5mm 的钢管，在每层混凝土中均布设一层冷却管，其间距为 1.0m，位于该层混凝土的中间。上下两层之间的冷却管间距为 1.5m。

冷却水管使用前进行试通水，防止管道漏水、阻塞，并保证有足够的通水流量，控制冷却用水的进水温度低于 20℃。在混凝土浇筑到冷却水管高程后立即开始通水，利用测温管测量混凝土体内温度，保证混凝土内外温差小于 25℃，至温度监测确认内外温差小于 25℃后停止，通水过程根据进出水口的温差大小调整管内水流量。

（5）保温及养护

浇筑承台大体积混凝土时，混凝土表面做到潮湿养护，保证混凝土强度的正常增长，且降低混凝土的干缩，防止混凝土表面裂缝的产生。

混凝土养护过程中，为了防止混凝土内外温差过大，利用冷却水管出口处的热水进行养护，提高保温效果。防止混凝土内外温差过大造成的温度裂缝。

（6）分层混凝土凿毛及加插短钢筋

3．混凝土现场的温控监测

在承台混凝土内部布设温度测点，还对气温、冷却水管进出口水温，混凝土浇筑温度等进行监测。各层混凝土温控监测在混凝土开始浇筑前即开始进行，连续不间断，在混凝土内部温度达到峰值以前，每 2h 监测一次，峰值出现后，每 4h 监测一次，持续 5d，而后每天监测 4 次，直至混凝土温度改变值趋于稳定。

4．拱座混凝土配合比

拱座采用实体式 C40 钢筋混凝土墩块，为大体积混凝土工程。同时因受承台的约束，变形受到限制，在混凝土水化热温度变化的影响下很容易产生收缩裂缝。必须认真选择配合比，尽量降低温升。经过试配，确定出拱座混凝土浇筑的施工配合比，见表 3-3 所列。

拱座混凝土配合比　　表3-3

施工配合比（水泥：砂：碎石：水：粉煤灰：外加剂）	水胶比	砂率(%)	水泥用量(kg/m^3)	粉煤灰用量(kg/m^3)	外加剂掺量(%)	坍落度(cm)	凝结时间(h)
340：675：1 101：180：104：10.21	0.41	38	340	104	3.0	14.0	14～16

5. 拱座温度控制措施

由于拱座体积很大，在纵向存在着坡面，且斜腿预埋钢筋、拱座加强钢筋密集，对一个拱座混凝土浇筑分 4 层进行浇筑。高程 +3.96～+6.46m 段一次浇筑，在 +6.46～+15.76m 这一段分 3 层浇筑。

层与层之间适当地增设一部分温度筋；温度筋采用 ϕ20 的钢筋，长度 2m，插入已浇混凝土 1m。对已浇筑混凝土面严格按规范进行凿毛处理，且用水将渣清洗干净。混凝土浇筑前，必须将混凝土浇筑面用水潮湿处理。

在混凝土浇筑前，在拱座内合理布置冷却管，使混凝土浇筑后通过排水循环，带走混凝土热量，进而降低混凝土温度，减小混凝土体内外差。在通水过程中，根据出水口排水温度调节通水压力，保证温度在允许范围内。

降低混凝土入模时的温度，严格控制养生时间，保证混凝土有水养护；加强混凝土的表面覆盖，在混凝土开始收浆后进行覆盖保温，以降低混凝土体内外温差，减小温度应力，从而防止温度裂缝。养护时间不小于 14d。

第四节　主墩三角刚架施工

三角刚架墩是新光大桥刚构－钢箱桁拱组合体系的重要组成部分，每个主墩分为两片三角刚架，每片三角刚架由斜腿和系梁两部分组成，斜腿为钢筋混凝土结构，是支撑钢拱的重要构件，系梁为预应力混凝土结构，既作为连接斜腿的构件，又是支撑桥面系的构件。三角刚架主拱侧高 45.6m，边拱侧高 42.5m。系梁纵向坡度 3%。根据科技查新资料显示，三角刚架墩的规模在国内名列第一。

斜腿为钢筋混凝土结构，中间部分为箱型截面混凝土结构，翼缘板厚 1.5m，腹板厚 1.2m。拱肋上、下弦杆均伸入三角刚架斜腿内，伸入深度均大于 4m。弦杆钢箱内设钢混过渡段，延伸至三角刚架以上一定高度，内设预应力粗钢筋和普通钢筋，并伸至三角刚架斜腿内一定深度。

一、施工特点

1. 概况

大桥 5、6 号主墩均位于珠江河道内，每个主墩三角刚架纵向长度 102m，每片三角刚架用 C50 混凝土 5 767m^3，非预应力钢筋工程量 587.5t。每个墩三角刚架混凝土用量达 11 534m^3，非预应力钢筋 1 175t。由于三角刚架重量、体积特别大，模板支撑困难，对模板、支撑系统的要求特别高，需要分层浇筑混凝土，减轻模板支撑系统的负担，同时要考虑大体积混凝土的散热问题。由于三角刚架与主拱相联结，构造也特别复杂。

2. 北岸5号主墩

新光大桥桥址北岸沉积层较厚，5 号墩处下伏淤泥层厚 3.0～6.0m，存在零星中砂，厚 1.0～2.0m，以下为冲积黏性土，粉砂质泥岩残积土和粉砂质泥岩全风化带，经过试桩，预制混凝土桩可以打入足够深度，适合采用管桩基础，因此北岸5号墩三角刚架采用水中满堂钢管支架分层现浇法施工，技术相对简单，可以回收大部分支架钢材，但一次性投入周转材料比较大，模板基础工期长，支架拆除水上、高空作业量很大，安全风险大，回收材料利用率低。三角刚架斜腿采用多道临时拉索以平衡大部分自重弯矩。

3. 南岸6号主墩

南岸由于河道水流的冲涮，加上地铁三号线施工单位大量抽砂，使得6号墩附近河床地面线降至 −4.0～−7.0m，河床砂覆盖层很薄，不利于模板支架桩基础固定。若用预制桩很难打入足够的深度，难以获得满意的桩周摩擦力，若采用钻孔灌注桩施工周期长，费用也大大提高。

经比较研究，南岸6号墩三角刚架斜腿采用劲性骨架挂模与水平预应力索拉杆相结合的无支架方法施工，由此可避免水中临时基础，节省大量钢管支撑，周转材料投入较少，一次性投入较少，省去了临时支撑的拆除工作，工程进度快；加上减少了大量的水上高空作业量，有利于安全施工，比较经济。不利之处是构造设计复杂，技术难度较大，劲性骨架钢材不能回收。

最终南岸6号墩三角刚架斜腿施工采用了劲性骨架挂模与水平预应力索拉杆相结合的无支架方法施工，分8层支模、浇筑混凝土，如图3-57所示。劲性骨架上下弦钢管内充填与V肢相同强度等级的混凝土。

4. 施工临时拉杆

系梁未浇筑前，三角刚架结构体系为双悬臂体系，施工过程中结构无法承受自重引起的拉应力，需采用多道临时施工拉杆，超静定体系需经过多次体系转换，而放松最后临时施工拉杆时系梁已浇筑，结构已形成由预应力混凝土系杆承受拉力的永久三角刚架体系。

5. 浇筑混凝土

在三角刚架顶面需预埋拱肋拱脚段，精度要求高，临时支架复杂，浇筑混凝土时要均匀浇筑，浇完后要特别注意及时复测，及时纠偏，防止混凝土的不均匀压力造成支架移位。

二、6号墩三角刚架模板支撑体系及施工

1. 斜腿劲性骨架及系梁支撑布置

上下弦杆为4ϕ529×8mm钢管，分别位于底板和顶板的中部，横向距离为3.80m，即腹板的中心，其桁架高度10.58～8.60m。斜杆、竖杆用2［20a槽钢连接上下弦杆，槽钢的净距为200mm；桁片之间用2［20a作横向连接，如图3-58所示。

系梁施工用三角形桁架作为底模支撑，用2 I 56a作竖杆，2［40a纵向水平连接主、边拱V肢劲性骨架，竖杆工字钢间距为280mm，用缀板连接成格构式柱，桁片之间用2［20a横向连接。6号墩V肢劲性骨架用钢量为598.2t。

劲性骨架采用塔吊逐节散件安装焊接，每根杆件的长度控制在15m（12 000kg）左右，即控制在塔吊的起重能力范围内，杆件接头处焊接定位角钢，劲性骨架的上下弦钢管安装应精确地控制其轴线、高程，各杆件的连接按照焊接工艺要求进行焊接，焊缝质量满足（GB 50205—2001）验收规范中二级焊缝要求。所有焊缝都进行外观检查和超声波探伤检查。

2. 模板

三角刚架底模和侧模均采用组合式木模板体系，模板与支架为装配式组件，用塔吊安装侧模及内模。底模通过精轧螺纹钢悬挂在劲性骨架上，每浇完一层混凝土达到拆模强度后即松开底模，采用爬升系统爬升至下一浇注层进行下一层的施工，图3-59所示。模板安装情况如图3-60所示。

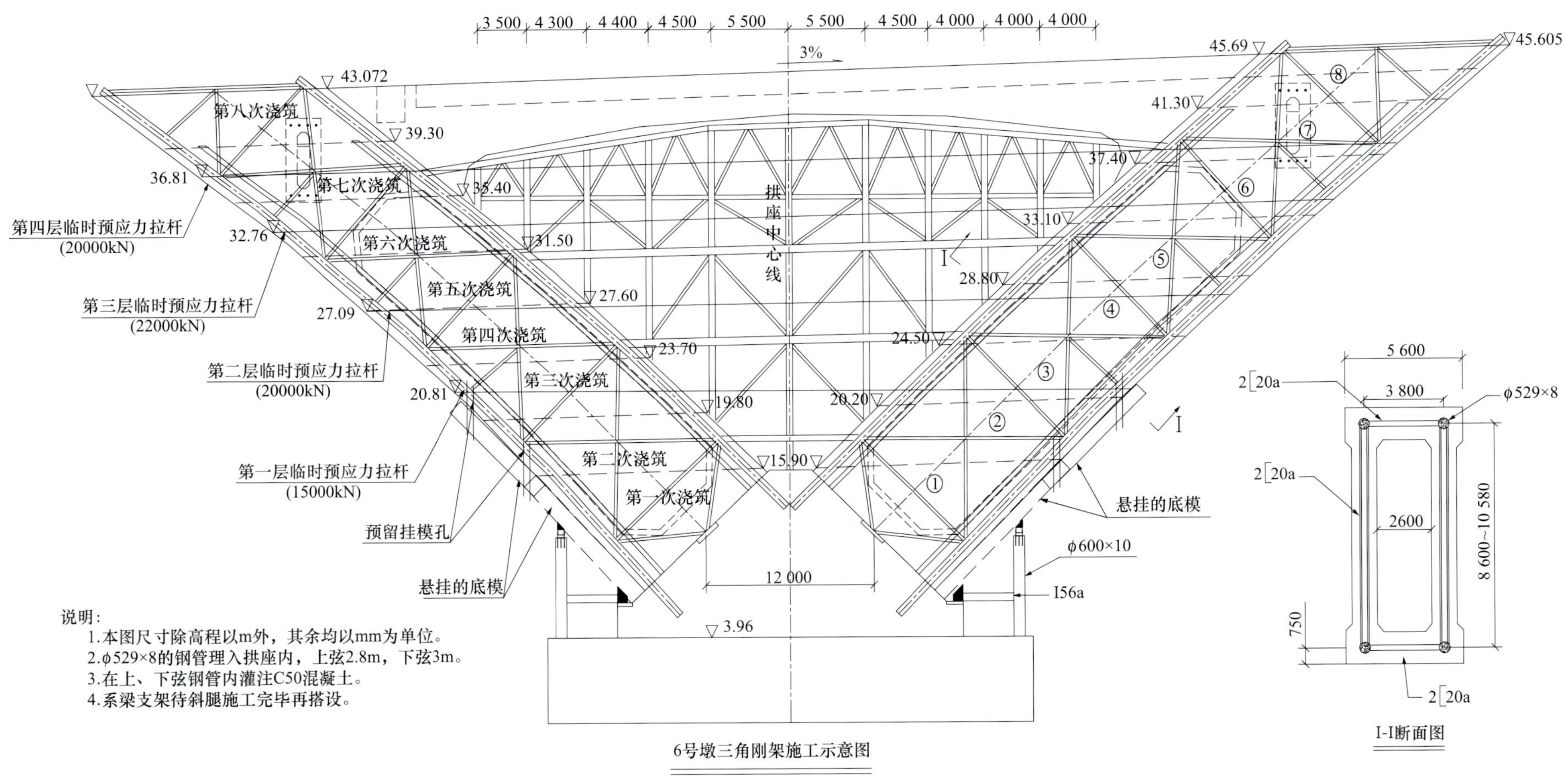

说明：

1.本图尺寸除高程以m外，其余均以mm为单位。
2.φ529×8的钢管埋入拱座内，上弦2.8m，下弦3m。
3.在上、下弦钢管内灌注C50混凝土。
4.系梁支架待斜腿施工完毕再搭设。

图3-57 南岸6号主墩三角刚架施工方案

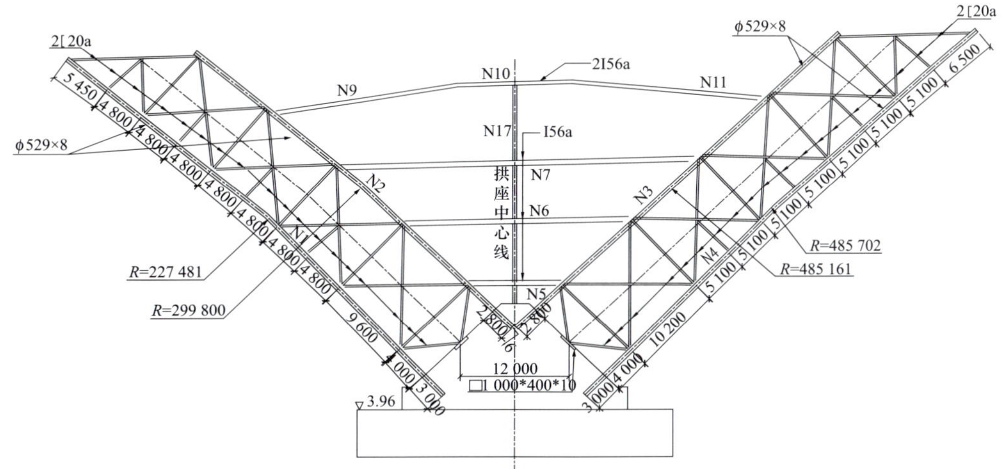

图3-58　6号墩三角刚架劲性骨架示意图（尺寸单位：mm）

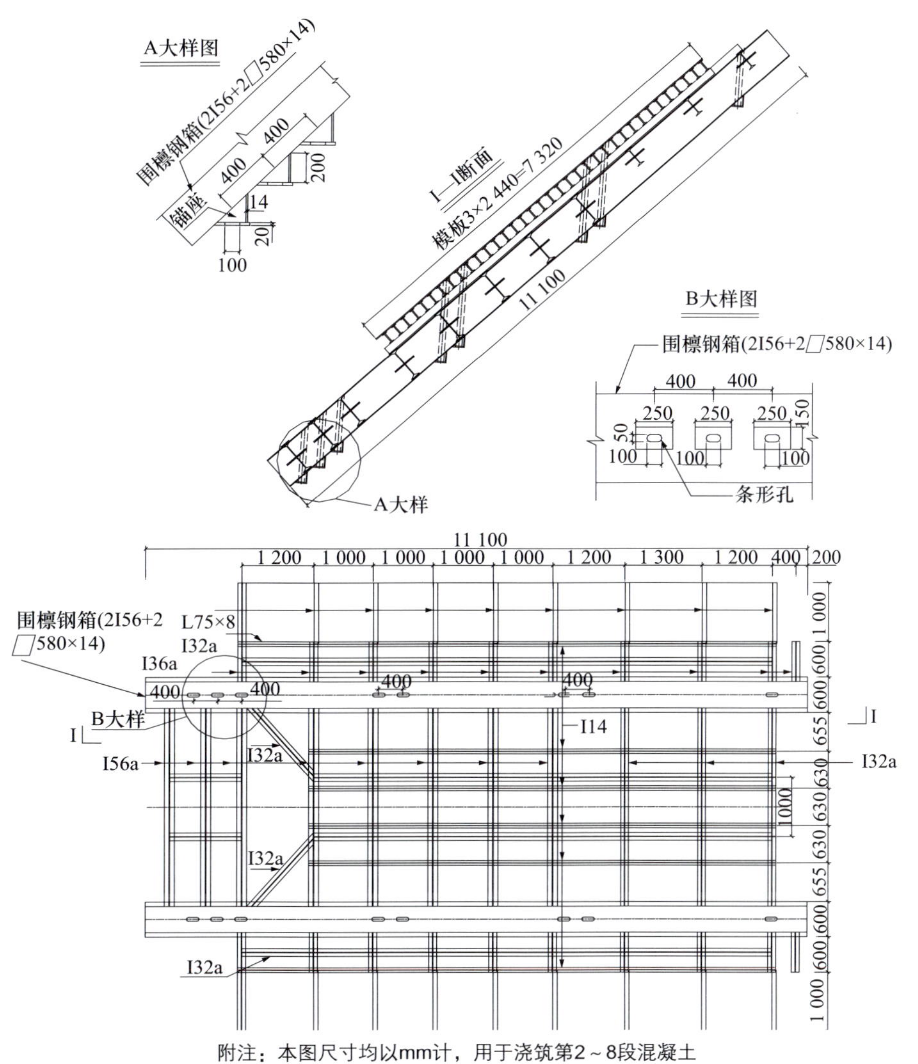

附注：本图尺寸均以mm计，用于浇筑第2～8段混凝土

图3-59　6号墩三角刚架主拱侧V肢底模构造图

3. 混凝土浇筑

每片刚架的两侧斜腿各自分为 8 个节段浇筑混凝土，预先安装一段钢管劲性骨架，挂好模板，

a) b)

图3-60 模板安装
a）工人正在安装6号墩三角钢架边拱侧斜腿底模；b）工人正在上移6号墩三角钢架主拱侧斜腿底模

施工一段斜腿钢筋混凝土，待其达到100%设计强度后张拉两侧斜腿间临时拉杆；再接长劲性骨架，整体移动模板，通过劲性骨架挂模施工下一节段斜腿混凝土，待其达到设计强度后张拉本节段的斜腿间拉杆，直至施工完斜腿混凝土，最后在斜腿上搭设支架用于施工三角刚架系梁。

图3-61～图3-65显示了6号墩的实际施工情况。

图3-61 6号墩三角刚架施工实景（一）

三、5号墩钢管支架支模体系

北岸5号墩三角刚架采用水中满堂钢管支架现浇法施工，分层支模、浇筑混凝土。基础采用预制管桩，预制混凝土桩顶浇筑钢筋混凝土承台，安装纵向联系梁把每个承台及拱座连成整体，在承台上安装钢管立柱。立柱均采用4ϕ530×10mm

图3-62 6号墩三角刚架施工实景（二）

图3-63 6号墩三角刚架施工实景（三）

图3-64　6号墩三角刚架施工实景（四）

图3-65　6号墩三角刚架施工实景（五）

（图中可见到白色的临时拉索，系梁模板支撑已完成）

的螺旋焊管，螺旋管与承台上预埋钢板焊接，立柱纵横向均采用 I32a 工字钢连接，并加斜撑，形成空间排架结构。

螺旋管立柱上通长架设 4 根 2I56C 封闭围檩钢箱梁，采用焊接连接，作为 V 肢底模托架，围檩钢箱梁与拱座预埋件连接成一条圆滑曲线，围檩钢箱梁通长设置。在围檩钢箱梁上设置 2[20a@650 槽钢分配横梁，槽钢与围檩钢箱梁之间用钢板调节高程。然后在调整好坡度的槽钢上安装制作的定型木模板，从而可进行三角刚架施工。5 号墩三角钢架施工方案如图 3-66 所示，施工情况如图 3-67～图3-70 所示。

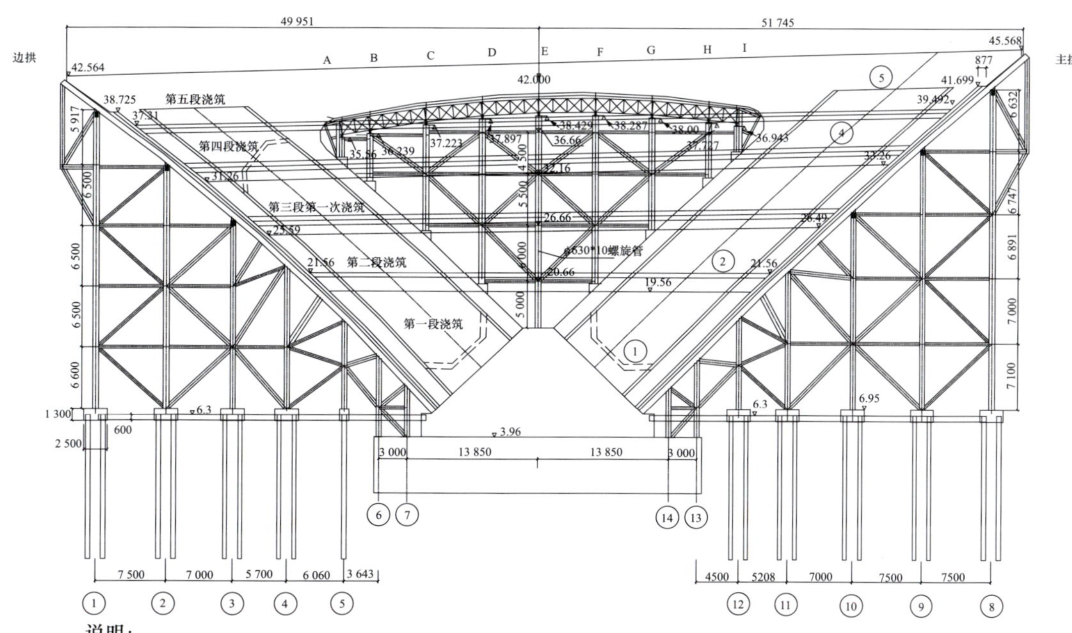

说明：

1. 本图尺寸除高程以m计外，余均以mm计。
2. 水平纵撑采用2[32a槽钢。
3. 支架共设10个支墩，按照10m以内的层距设置纵横撑。
4. ①②⑨⑧立柱采用2ϕ630×10的螺旋管，③④⑤⑥⑦⑭⑬⑫⑪⑩立柱采用4ϕ530×7的螺旋管。
5. 基础⑤采用4ϕ500×100AB的混凝土预制桩，①②③④⑫⑪⑩⑨⑧采用8ϕ400×100AB混凝土预制桩
6. 横撑及模向斜撑均采用2[25a槽钢。
7. 必须保证承台间156a的工字钢与⑥⑦⑬⑭立柱间完全放松，相互间没有联系。

图3-66　5号主墩三角刚架施工方案图

图3-67　5号墩三角刚架施工实景（一）

图3-68　5号墩三角刚架施工实景（二）

图3-69　5号墩三角刚架施工实景（三）

图3-70　5号墩三角刚架施工实景（四）

四、钢筋工程

三角刚架墩钢筋工程施工如图 3-71～图 3-72 所示。

图3-71　北岸5号墩三角刚架墩斜腿钢筋施工（一）

图3-72　北岸5号墩三角刚架墩斜腿钢筋施工（二）

五、临时水平预应力索

5、6 号墩三角刚架均在 V 肢两端设置临时拉杆，以便于控制 V 肢的变形。V 肢临时水平预应力索共计 4 层布置，采用低松弛高强钢绞线 31-7ϕ5，其标准强度为 1 860MPa。第 1 层为 4 束，每索张拉 3 750kN，布置在第 3 层混凝土内；第 2 层为 6 索，每索 3 340kN，布置在第 4 层混凝土内，第 3 层为 6 束，布置在第 6 层混凝土内，每索张拉 3 670kN，第 4 层 6 束，每索张拉 3 340kN，布置在第 7 层混凝土内。每层预应力索根据施工程序分级张拉。

6 号墩 V 肢水平预应力索布置在劲性骨架钢管 $\phi529\times8$ 的外侧，横向间距 4.5m，每侧 2 或 3 索。

5 号墩 V 肢水平预应力索布置在腹板的中部。

六、大体积混凝土降温措施

由于本桥三角刚架尺寸较大，混凝土水化热大，因此混凝土采用了低水化热配比，在三角刚架每一浇筑层中布置一层散热管，并采用在拌合料中掺冰块、掺缓凝剂等措施来降低混凝土的水化热。三角刚架 V 肢混凝土的浇筑分 8 次完成。混凝土浇筑按主、边拱两个方向分层对称进行，上下游两幅 V 肢侧分别浇筑。

七、系梁

系梁采用在斜腿上搭设满堂支架现浇施工，可以充分利用主墩围堰的支撑材料，一次性或分二次浇筑完毕。系梁施工情况如图 3-73、图 3-74 所示。

图3-73　北岸5号墩三角刚架墩系梁施工采用贝雷梁作为模板支托

图3-74　南岸6号墩三角刚架墩系梁模板施工（充分利用了围堰支撑材料）

八、拱脚预埋段的吊装的安装施工

三角刚架端拱脚段杆件预埋在三角刚架斜腿混凝土内，在施工三角刚架斜腿的同时，用大型浮吊将其安装就位，如图 3-75～图 3-81 所示，同时安装边拱下弦及腹杆，再浇筑完斜腿混凝土，形成固结。三角刚架施工完成后，安装三角刚架上提升塔架，利用提升塔架安装拱脚处腹杆及上弦杆。

图3-75　北岸上游主拱肋预埋段正在由300t级的浮吊吊装

图3-76　300t级的南天马号浮吊正在南岸的6号墩三角刚架吊装边拱拱脚预埋段，左侧上游拱脚预埋段已经吊装就位

图3-77　北岸下游主拱肋预埋段正在由300t级的浮吊吊装

图3-78　北岸5号墩上游主拱肋上弦预埋段正在安装，经微调准备焊接固定

图3-79　5号墩上游主拱肋下弦预埋段安装固定

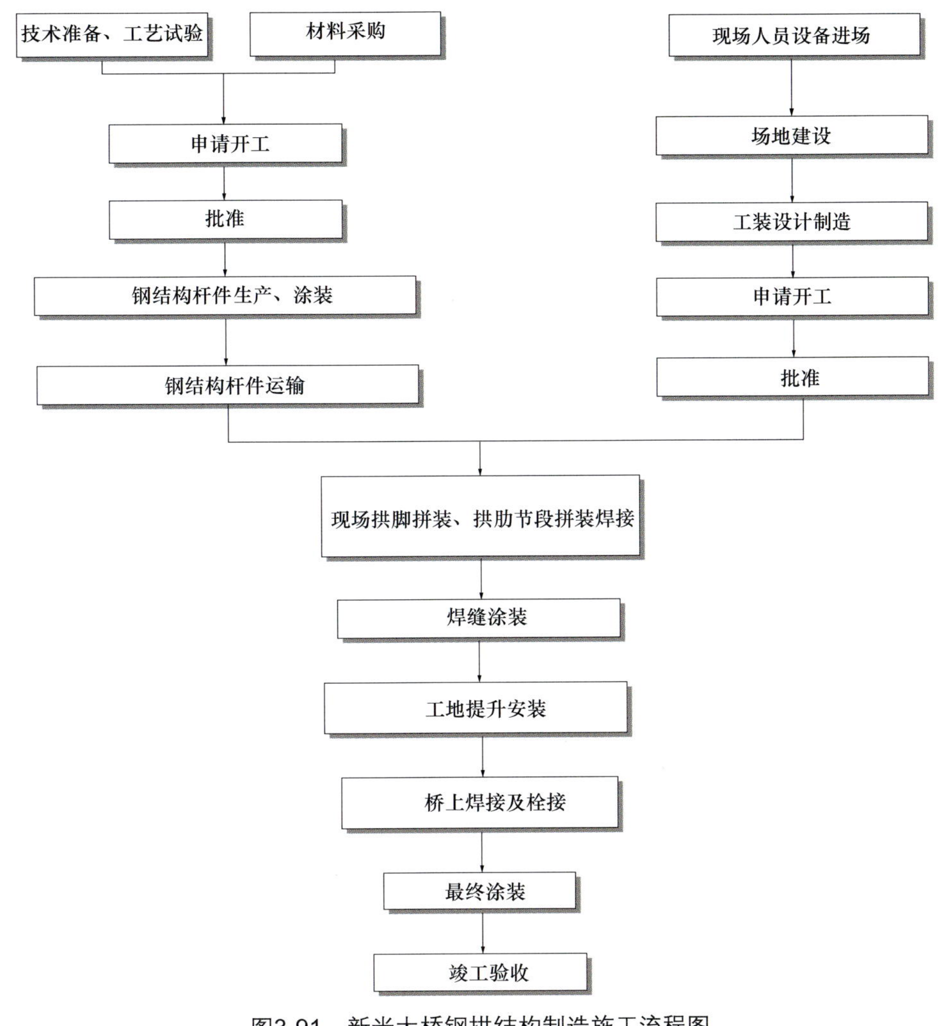

图3-91　新光大桥钢拱结构制造施工流程图

图3-92　多头数控火焰切割机在高效切割钢板

图3-93　数控火焰切割机正在精密切割异型节点板

3．钢拱肋结构焊接要求

焊接接头抗断裂能力不仅与焊缝强度密切相关，还与焊缝韧性和塑性有关，所有焊接工艺经评定满足设计要求后方可实施。

（1）焊缝强度的控制

要求对接焊缝屈服强度（σ_s）、极限强度（σ_b）不低于基材标准，焊缝屈服强度内控标准不超过基材标准值 100MPa，但当不超过基材实际值 100MPa 时可以验收。

要求角接、棱角焊缝屈服强度（σ_s）、极限强度（σ_b）不低于基材标准，焊缝屈服强度内控标准不超过基材标准值 120MPa，但当不超过基材实际值 120MPa 时可以验收（不同板厚接头，基材实际值取较高值）。

（2）焊缝韧性的控制

焊缝焊接性能（包括焊缝、熔合线、热影响区）的冲击韧性不低于基材标准。

（3）焊缝塑性的控制

焊缝延伸率不低于母材，即 $t \leqslant 16$mm 时 $\delta_s \geqslant 21\%$，$t=16 \sim 50$mm 时 $\delta_s \geqslant 20\%$。

除工地接头外，桥梁钢结构中主要构件的焊接采用埋弧自动焊，次要构件如隔板、加劲肋的焊缝采用 CO_2 气体保护焊，不具备条件的采用手工焊。

（4）对接焊缝

材料接长、拱肋上、下弦杆的工地接头焊缝、竖板与节点板的接头焊缝和所有板件变厚处的接头等均采用对接焊缝。焊缝质量应达到（TB 10212—98）的超声波探伤内部质量Ⅰ级。

（5）棱角焊缝

拱肋箱形断面各板件间、横撑箱形断面各板件间、横撑支杆与拱肋节点板间的焊接均采用棱角焊缝。横撑支杆与拱肋节点板间的焊缝质量应达到（TB 10212—98）的超声波探伤内部质量Ⅰ级。

（6）T形接头焊缝

钢横梁和主纵梁等工形断面的焊缝采用坡口角焊缝，为部分熔透焊缝。腹板不熔透部分厚度不得大于 2mm。

拱肋腹杆、横撑联结系杆件、次纵梁、人行道构件等工形断面的焊缝和隔板、加劲肋与主体结构间的焊缝采用 T 形角接焊缝，要求焊缝有效厚度应达到设计要求。

（7）剪力钉的焊接

剪力钉的焊接应按照工厂所制定的焊接工艺进行，必要时应包括预热工序。除工地对接焊位置附近的部分圆柱头栓钉外，其余栓钉应在工厂焊于钢梁上。

（8）横梁角焊缝

应考虑焊后形成拱度的要求制订焊接工艺。有顶紧要求的加劲肋板，应从顶紧端开始向另一端施焊。

4. 焊接工艺试验和评定

由于采用高强度优质桥梁钢 Q345qC 和 Q345qE 等钢材，并在采用新型复杂的桥梁结构形式情况下，使得进行的焊接工艺试验和评定非常复杂。经过反复论证，最后确定了全桥 32 组焊接工艺试验和评定：不同板厚对接试验 12 组（含不等厚）、坡口角焊缝 10 组、熔透角焊缝 1 组和 T 形角焊缝 9 组，全面包括了全桥的各种焊接接头形式。通过生产实际验证，所确定的工艺试验是科学合理的，从而在技术工艺上保证了产品质量。图 3-94 所示为数控焊接中心正在焊接箱型拱肋。

图3-94　数控焊接中心正在焊接新光大桥箱型拱肋

三、弦杆加工

弦杆加工采用先出一侧孔工艺。

1. 翼（腹）板零件加工

翼（腹）板零件加工流程如图 3-95 所示。

下料矫正 → 加工制孔 → 腹板对接 → 修整检验

（1）上下翼缘板（水平板）、腹板（竖直板）及纵向加劲肋采用火焰精密切割，长留一头二次加工量，节点板及下弦翼缘板吊杆孔采用数控火焰精密切割，各板件下料后用调直机校直，用赶板机矫平。

（2）上下翼缘板（水平板）机加工三边及坡口，腹板直线段机加工一头坡口。一块节点板用数控钻孔后划线机加工三边及坡口，另一块只加工边缘及坡口不出孔；两块节点板要同时进行机加工确保一致性，并注意成对关系(个别节点板除外)。

纵向加劲肋一端钻孔另端加工坡口。弦杆另一侧节点板连接孔，整体预拼装时用腹杆孔投钻，为了方便预拼装时投孔及管理，特规定在施工图近侧的节点板出孔。

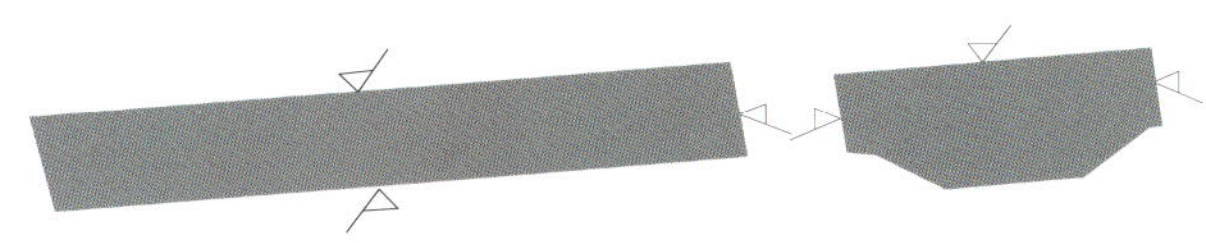

（3）组装时注意每一根弦杆的两块节点板中有一块已出孔，直线段的接料端与非接料端不要搞反，节点板与直线段对接时，一定要保证直线度，半成品不合格时严禁组装。

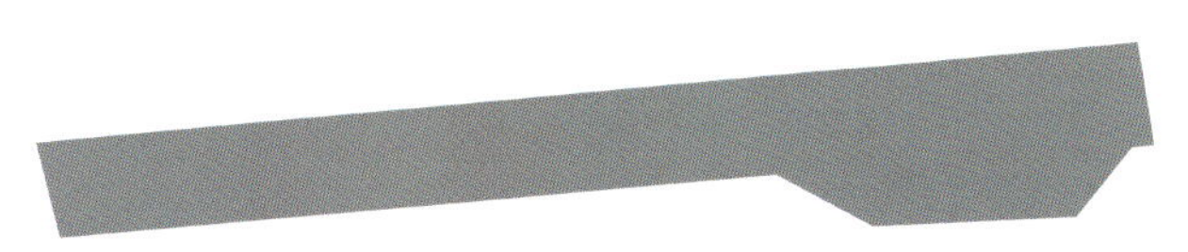

（4）火焰（必要时可机械配合）修整后，进行焊缝无损检验，并对缺陷进行修补打磨。

图3-95　翼（腹）板零件加工流程框图

2. 翼（腹）板单元组焊

翼（腹）板单元组焊流程如图 3-96 所示。

3. 隔板单元制造

隔板单元制造流程如图 3-97 所示。

4. 弦杆组焊

弦杆组焊流程如图 3-98 所示。

图 3-99～图 3-102 记录了拱肋的制造情况。

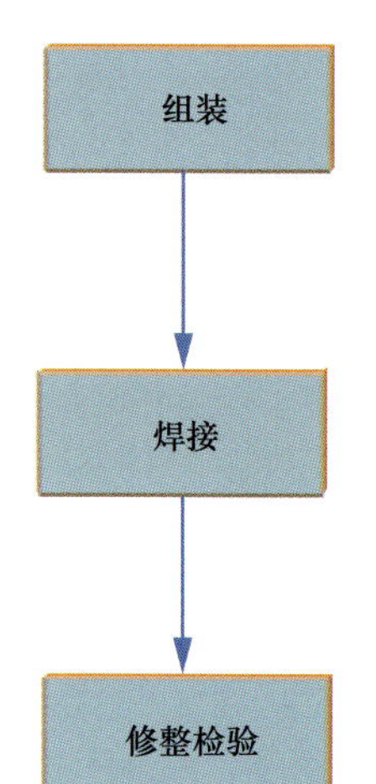

（1）采用精确划线组装，纵向加劲肋每段梁在远离节点板侧留有嵌补段，纵向加劲肋有孔端位于节点板一端，注意方向不要组反。节点板、腹板变厚过渡坡在箱型外部，翼缘板变厚过渡坡在箱型内部。组装时腹板以节点板端、翼缘板以工地坡口端为基准端，此端部坡口已经加工。半成品角度以及坡口尺寸不合格时严禁组装，应及时做返修处理。

（2）采用 CO_2 气体保护焊或埋弧自动焊，并优先采用 CO_2 气体保护焊以减小变形，但必须保障内在质量及焊缝成型美观的要求。

（3）采用火焰矫正必要时机械配合，保证平面度和直线度满足技术规范，并按相应技术规范进行焊缝无损检验，对缺陷进行修补打磨。

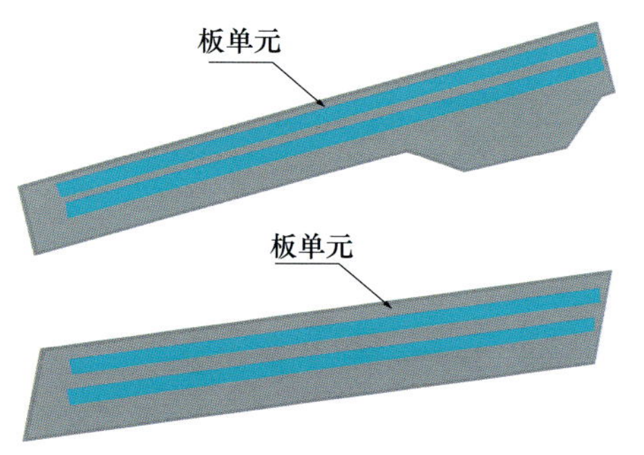

图3-96　翼（腹）板单元组焊流程图

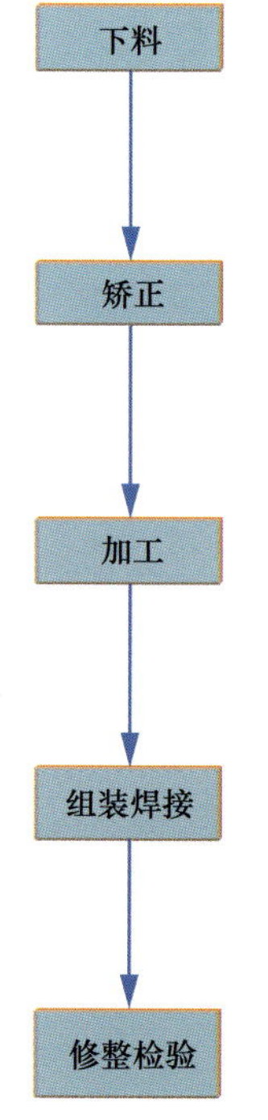

（1）隔板宜采用数控等离子精密切割，选择合理的切割顺序，保证各部尺寸精度；襟板分成对称的两部分分别压弯成形。

（2）用赶板机矫平。

（3）划线周边机加工（如果等离子切割能够满足尺寸精度要求可不机加工），下弦吊点处的斜隔板尚需按倾斜角度加工上下边缘坡度，使其与翼缘板顶紧。机加工一定要保障长宽及对角线尺寸。对于有钢筋预留孔的隔板，边缘加工后划线钻制预留孔。

（4）采用 CO_2 气体保护焊，应注意对称施焊，控制变形。襟板对接处焊后应打磨匀顺。

（5）采用火焰矫正，保障平面度和扭曲满足技术要求。对焊缝进行外观检验并对缺陷进行修补打磨。

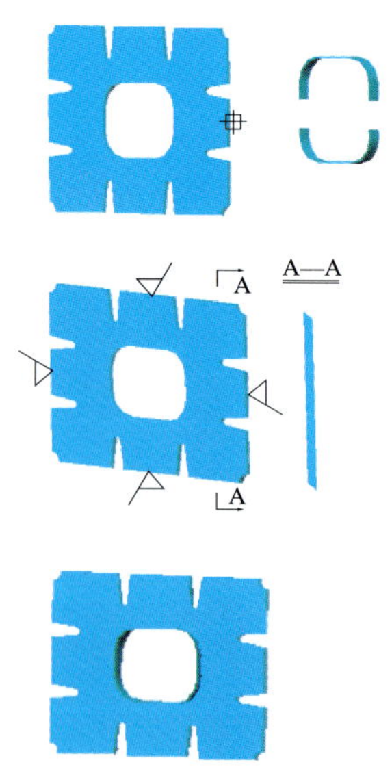

图3-97　隔板单元制造流程图

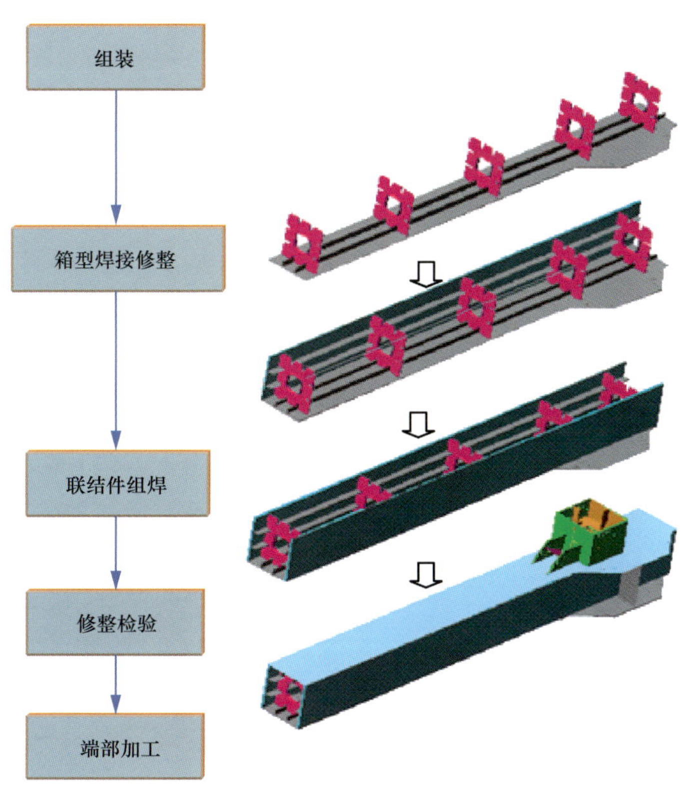

（1）组装在平台上进行，组装时以节点板端为基准，此端的翼缘板和腹板对齐，因此在节点板侧要设置与平台垂直的定位挡角。弦杆组装顺序为：

下腹板单元 → 隔板单元 →翼板单元→上腹板单元。

（2）隔板组装位置尺寸至关重要，它直接影响箱型的几何精度，组装时必须严格控制其定位尺寸，确保所有隔板在一条直线上。

（3）焊接也在平台上进行，采用合理的焊接顺序控制变形，应首先对称焊接隔板的竖直角焊缝，再对称焊接隔板上下的水平角焊缝，隔板焊接采用CO_2气体保护焊，箱型主焊缝采用埋弧自动焊，两条焊缝同时、同规范、同向焊接，箱型主焊缝在工地对接口端留 100mm 不焊，同时此 100mm 范围内不得点焊，焊缝端部打磨成 1∶5 斜坡。

（4）划线组焊横向联接系连接件，连接件应首先组焊成单元体，修整合格后再与弦杆焊接注意各连接件的位置尺寸和角度符合图纸尺寸。

（5）采用火焰矫正，保证几何尺寸满足技术要求。对焊缝焊按相应规范进行外观和内部无损检验，对缺陷进行修补打磨。

（6）划线火焰切割端部边缘及坡口，焰切采用自动切割，保证尺寸精度和表面粗糙度。焰切前一定要确认坡口尺寸和方向是否正确。

图3-98　弦杆组焊流程图

图3-99　拱肋弦杆及预埋段正在加工制造

图3-100　监理工程师在检查焊接拱肋弦杆质量

图3-101　数控焊接中心自动焊接拱肋加劲肋

图3-102　数控焊接中心自动焊接拱脚段加劲肋

四、腹杆加工

腹杆加工采用后出孔工艺。加工流程如图 3-103 所示。

五、边拱脚加工

1．部件加工

加工流程如图 3-104 所示。

2．拱脚车间组焊

（1）GJ1组装焊接

由于边拱拱脚为特大形箱型杆件，单件重 103t，为运输方便，拱脚部分先分成 GJ1 和 GJ2 两部分组拼，运到现场后再组拼成一个整体吊装。

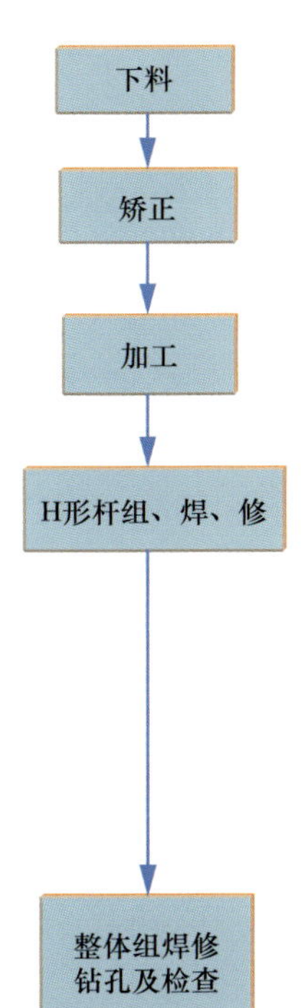

(1) 翼缘板、腹板及纵肋均采用火焰精密切割，长度留焊接收缩量。

(2) 用调直机校直，用赶板机矫平。

(3) 腹板边缘机加工，由于连接形式要求腹杆高度公差 −1~2mm，考虑腹板上 4 条纵向加劲肋和主焊缝的焊接收缩，因此腹板宽度公差确定为 −10mm。

(4) 划线组装 H 形杆，采用埋弧自动焊船位焊接，用工型矫正机及火焰配合矫正，保障几何尺寸及扭曲变形满足规范要求。

(5) 肋板采用埋弧自动焊或 CO_2 气体保护焊船位焊接，采用火焰矫正，保障平面度和扭曲变形满足规范要求。对焊缝按相应规范进行外观和内部无损检验，对缺陷进行修补打磨，最后用龙门数控钻床钻孔。

图3-103 腹杆加工流程图

(1) 将腹板分割成三部分，分别用数控火焰精密切割下料；其他板件用火焰精密切割机下料，圆弧肋板程序切割。各板件下料后用调直机校直，用赶板机矫平。腋板用压力机压弯成型。

(2) 机加工各部接料坡口。

(3) 腋板、腹板单元件组焊如图。腹板单元纵肋要成对组焊。

(4) 火焰（必要时可机械配合）修整后满足规范要求，对焊缝按相应规范进行外观和无损检验，并对缺陷进行修补打磨。

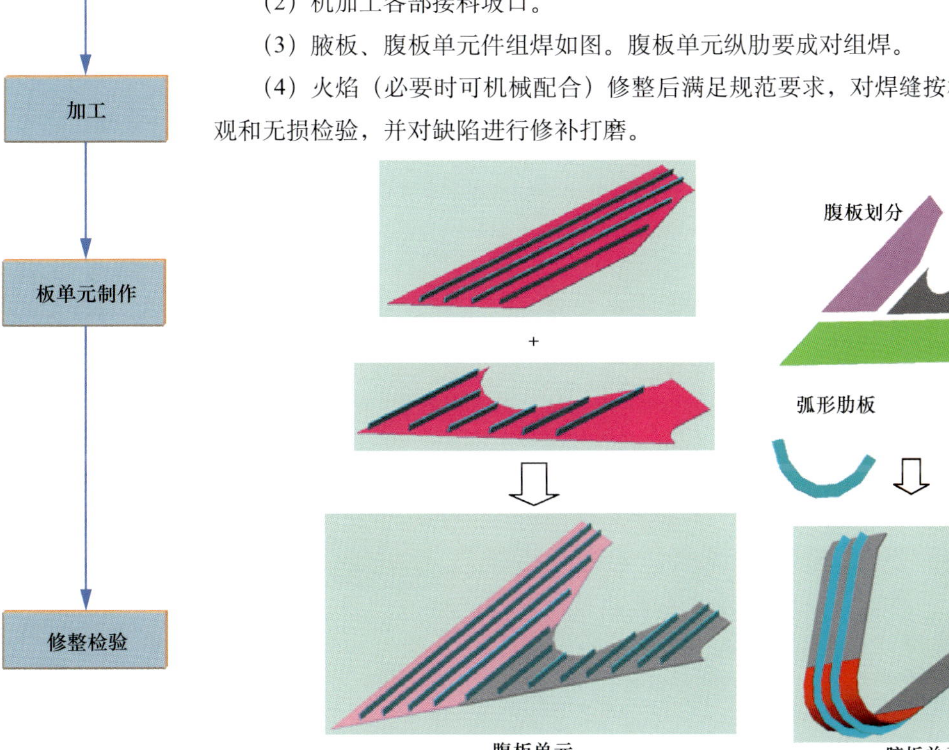

图3-104 边拱脚部件加工流程图

采用合理的焊接顺序和焊接方法是减少变形最有效的手段，因此箱型内部焊缝采用 CO_2 气体保护焊，全部焊缝要对称施焊，施焊顺序为：隔板焊缝→箱型主焊缝的内部贴角焊缝→腹板对接焊缝→（翻身）另侧腹板对接焊缝→箱型外侧主焊缝，最后组焊纵肋嵌补段。

组装要在平台上进行，整体组焊前要将箱内剪力钉焊接完毕。隔板组装时必须严格控制其定位尺寸，确保所有隔板在一条直线上，支座处的 4 片隔板 N22 与底板 N5-1 倾斜 3% 坡度，其他隔板和肋板与 N5-1 相垂直；确保上下两块腹板的相对位置准确。对于不符合要求的半成品件不得组装，要及时返修处理。组装顺序如图 3-105 所示。

（2）GJ2的组装焊接

在没有完全成形前整体刚度较差，极易产生扭曲变形，而且这种变形在施工现场修整极为困难。因此组装和焊接要在具有足够刚度的平台上进行，要采用合理的焊接顺序控制变形。应首先对称焊接隔板的竖直角焊缝，再对称焊接隔板上下的水平角焊缝，隔板焊接采用 CO_2 气体保护焊，箱型主焊缝采用埋弧自动焊，两条焊缝同时、同规范、同向焊接。尽可能的减少变形因素。

组装顺序：首先完成腹板单元二接一，检验合格后焊接纵肋 N10，整体组装顺序如图 3-106 所示。

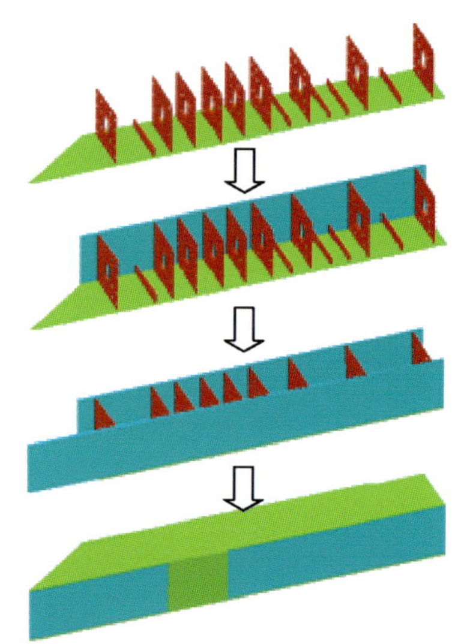

图3-105　边拱脚车间组焊流程图（一）

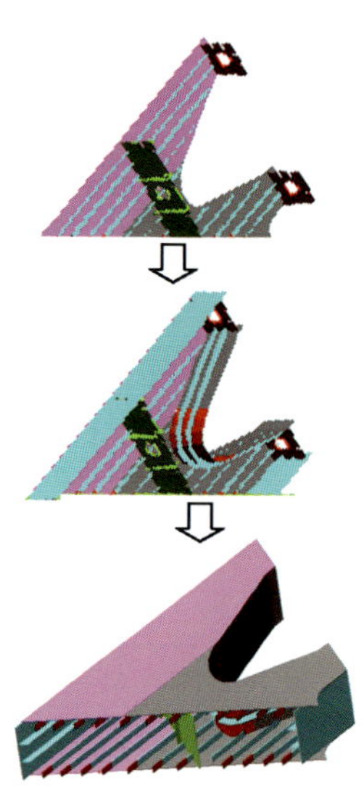

图3-106　边拱脚车间组焊流程图（二）

（3）修整检验

采用火焰矫正，保障平面度和扭曲变形满足技术要求。对焊缝按相应规范进行外观和内部无损检验，对缺陷进行修补打磨。

（4）划线制孔

划线钻制钢筋预留孔，其中 32mm × 70mm 长圆孔钻孔后切割，Φ140 波纹管预留孔用规具切割。

3．边拱现场制作

4 号、7 号墩拱脚属于超大异型构件，不能满足整体运输要求，在工厂内制造成能够满足运输要求的单元件，在组拼现场进行二次整体组焊。即在现场平台上进行 GJ1 拱脚箱体单元与 GJ2 拱脚箱体单元组对焊接，如图 3-107 所示。

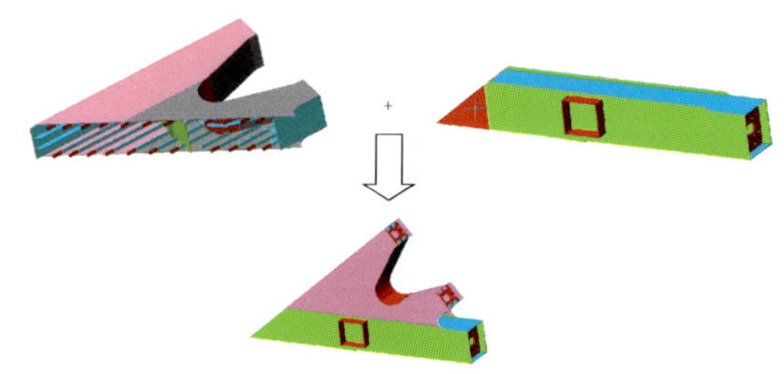

图3-107　边拱脚边拱现场制作流程图

图 3-108～图 3-110 为厂内加工过程照片。

图3-108　数控等离子精密切割机床在为异型构件下料

图3-109　山桥厂内正在加工的边拱拱脚段

图3-110　三维联动数控钻床在对横撑杆件钻孔

六、连接系杆件加工

连接系杆件包括上下横撑、斜撑、平联杆和连接板。上下横撑杆件为箱型，截面分别为 1 580mm × 1 400mm 和 1 580mm × 2 800mm；斜撑、平联杆为 H 形，截面为 H700mm × 600mm、腹板厚20mm、翼板厚30mm，杆件采用后出孔方案。加工流程如图 3-111 所示。

七、桥面系杆件加工

桥面系杆件加工杆件采用后出孔工艺。流程如图 3-112 所示。

八、厂内预拼装（试装）

为确保桥梁线形和栓孔重合率，整个拱肋部分在山海关桥梁厂内制造完毕后，需要在厂内分批进行整体平面预拼装。每轮 4～5 个节段为一拼装单元，全桥共计 36 个拼装轮次。首轮拼装结束后留下最后一个节段参加下一轮次的拼装，依次类推，如图 3-113 所示。节段预拼时，按拼装图给定的参数调整好桥梁线形及各部尺寸后，组焊纵肋嵌补段，并用腹杆孔投钻一侧拱肋节点板孔。纵肋连接板打好标记栓合在拼装原位置发运。

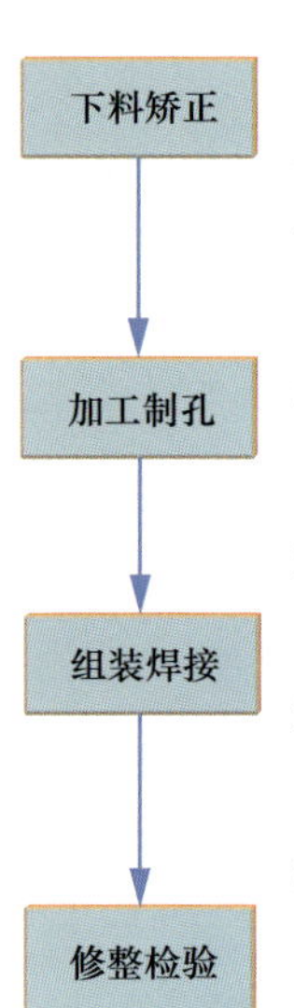

（1）翼缘板和腹板采用火焰精密切割，宽度预留焊接收缩量，长留二次加工量。箱型隔板采用数控等离子精密切割，节点板采用数控火焰精密切割，板件下料后用调直机校直，用赶板机矫平。

（2）箱型翼缘板、腹板机加工边缘及坡口，H形腹板机加工边缘，节点板用平板数控钻床后机加工焊接边缘及坡口；拼接板用平板数控做实物样板。

（3）箱型杆件组焊与弦杆相同。应首先将上下节点板和短腹板组焊成型后再与横撑杆件组焊，注意控制定位尺寸和倾斜角度。

（4）火焰修整保证箱梁端口几何尺寸满足规范要求。对焊缝进行外观和无损检验，并对缺陷进行修补打磨。

（5）上横撑H2、H3和H形斜撑及平联杆件采用龙门数控钻孔，下横撑H1划线出少量定位孔，待整体拼装时用连接板投钻。

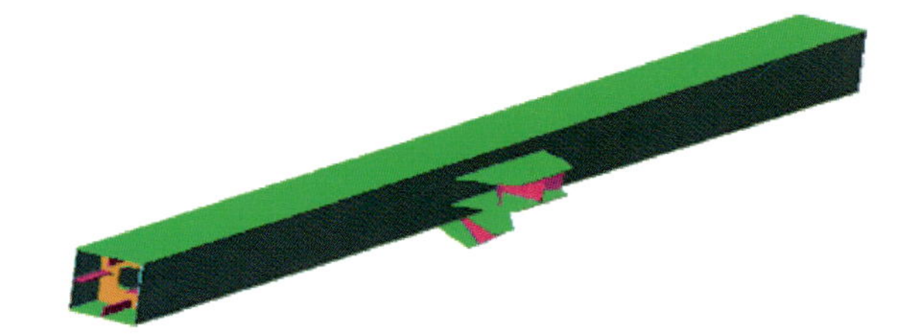

图3-111　连接系杆件加工流程图

下料矫正

加工制孔

组装、焊接、制孔

修整、检验

（1）横、纵梁有箱型截面和H形截面两种，上翼缘板采用数控等离子精密切割分段下料并接料，下翼缘板为不等厚对接，下料时分段预留焊接收缩量。对于形状异型的腹板、隔板和节点板采用数控火焰精密切割，下料时长度方向预留二次切头量。箱型隔板采用数控等离子精密切割。由于横、纵梁有上拱度要求，因此腹板要按下料图下料。

（2）机加工各种对接、角接坡口；各种节点板、连接板具有较高通用性的采用机械样板钻制，相同数量较少的用平板数控钻孔。

（3）为保证横梁吊点孔间距，锚管及两侧的肋板要在主焊缝和其他焊缝全部焊接、修整完毕后组焊，锚管两侧的主焊缝留50mm不焊以利二次切割和焊缝匀顺过渡。H形横梁应注意上翼缘板与腹板的倾斜角度，该角度相互间的差别很小，要求组装后一定要按要求打号，以示区别。整体划线焰切锚管孔并钻制翼缘和腹板螺栓孔。有顶紧要求的肋板，焊接时应从顶紧端始焊。

（4）整体组焊修后组焊锚管。

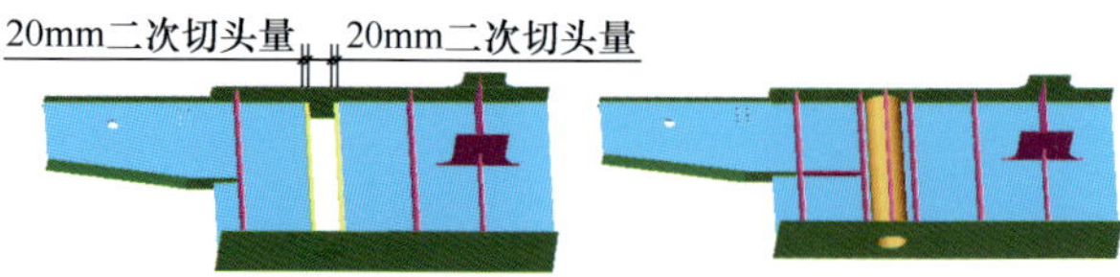

（5）火焰修整保证几何尺寸及上拱度满足规范要求。对焊缝进行外观和无损检验，并对缺陷进行修补打磨。

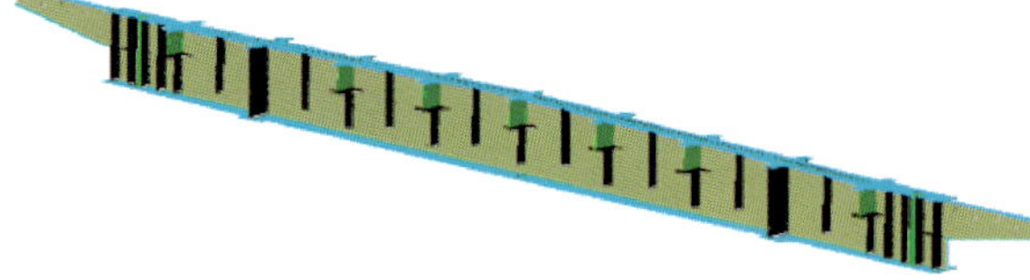

图3-112　桥面系杆件加工流程图

图3-113　钢拱肋在厂内全部通过预拼装

连接系和桥面系选择有代表性的杆件和节点进行厂内试装，试装范围为：连接系主拱为C3平面，边拱为C5平面。桥面系为Hs1+Hs2+Hs2和Hs4+Hs5+Hs6平面内的横纵梁体系。

九、涂装工作

拱肋节段在厂内焊接制造完成后，由列车送到涂装车间打砂除锈，喷涂底漆、中间漆、面漆，如图3-114、图3-115所示。

图3-114　肋拱弦杆在涂装车间内打砂、除锈、涂装

图3-115　钢拱肋节段涂装完毕准备出厂

十、钢结构运输

本桥主体钢结构全部在中铁山桥集团公司山海关桥梁工厂内加工制造，13 422t主拱钢箱桁杆件及桥面系钢结构在山海关工厂经预拼后，公路运输至秦皇岛码头，再分14批用3 000～5 000t大型运输船通过海运运抵新光桥桥址地，在江面上用浮吊卸船，将部件从大型运输船上卸在1 000～2 000t大型平板驳上存放，等待桥梁整体拼装。

第一批主拱肋预埋段28件849t于2005年4月28日装船完毕发运，5月5日晚安全运达桥址。钢结构主拱肋预埋段5月28日已全部吊装就位。第二批钢结构为北岸边拱肋共1 100t，6月15日运到工地，开始拼装，第三批钢结构为南岸边拱肋1 300t，6月21日晚发船，6月28日装船第四批1 350t边拱肋，7月3日发运。根据现场拼装进度7月13日至16日发运第五船，配齐了边拱肋构件。7月25山桥发运第六批钢结构构件，8月5日山桥发运第七批钢结构构件（主跨拱肋），8月22日发运第八批钢结构构件（主跨拱肋），9月9日第九批钢结构杆件发运，全桥钢结构拱肋部分杆件发运完成。

2006年3月4日主拱中段最后一船桥面系钢结构杆件运至工地，至此钢结构厂内加工杆件全部发运完成，整个运输过程持续了10个多月。海上长距离运输受海上气候影响较大。

十一、桥上（现场）焊接与栓接

新光桥钢结构现场施工主要分以下几个部分：

（1）桥位南岸边拱钢拱肋、北岸边拱钢拱肋的环缝对接焊及高强度螺栓施拧。

（2）预拼场主拱钢拱肋边段、168m主拱中段钢拱肋的环缝对接焊及高强度螺栓施拧。

（3）桥位高空边拱钢拱肋和主拱钢拱肋合龙的环缝对接焊及高强度螺栓施拧。

（4）桥面系钢横纵梁的上翼缘对接焊、剪力钉焊接及腹板和下翼缘的高强度螺栓施拧。

拱肋与腹杆间采用高强度螺栓节点外拼接；拱肋弦杆各阶段间采用栓焊混合的方法连接，即拱肋箱型盖、腹板间采用工地熔透焊接，箱内纵肋之间采用高强度螺栓连接；横向联结系与拱肋间采用高强度螺栓节点外拼接，纵横梁上翼缘连接采用熔透焊接，下翼缘及腹板采用高强度螺栓节点外拼接。

本工程桥位焊接焊缝总长度约3 960m，采用CO_2气体保护焊，1.2mm实芯焊丝，大间隙单面焊双面成型焊接工艺，厚板（20mm、32mm、40mm、50mm）对接焊缝，焊前全部要求预热，焊缝质量要求全部为Ⅰ级，100%超声波探伤检查，X射线抽探。焊后焊缝余高进行全部铲除或磨平。焊缝返修次数不得超过2次。主桥螺栓连接的高强度螺栓施拧数量达182 000套。工作位置大部分是高空作业，一般工作高度为几米至几十米，施工面积和空间小，施工安全要求高。

桥上作业工艺流程如图3-116所示。

1. 焊接

（1）一般要求

① 施工前根据设计图纸和技术文件编制焊接工艺评定任务书，进行桥上连接焊接工艺评定试验，编写焊接工艺评定报告，根据焊接工艺评定试验结果编制桥上连接焊接工艺操作规程，报监理工程师审查认可。

② 施焊时应按监理工程师要求和相关工艺文件规定焊接产品试板，产品试板的规格、轧向、坡口尺寸应与所代表接头的规格、轧向、坡口尺寸相同，并与之采用相同工艺方法及参数同时施焊。产品试板做好标记，在经监理工程师验收合格后方可取下移送试验部门取样试验。

③ 节段间环缝为横桥向对接焊缝，是主要传力焊缝，要求100%熔透和100%无损检测。由于桥上施工条件较差，焊缝拘束度又很大，因此必须从考试合格的焊工中挑选有经验的高级焊工施焊。

④ 桥上焊接施工的环境温度控制在5℃以上，相对湿度不大于80%，风力不大于5级。在露天或雨天施焊时，采取有效的防风、防雨、防潮措施。

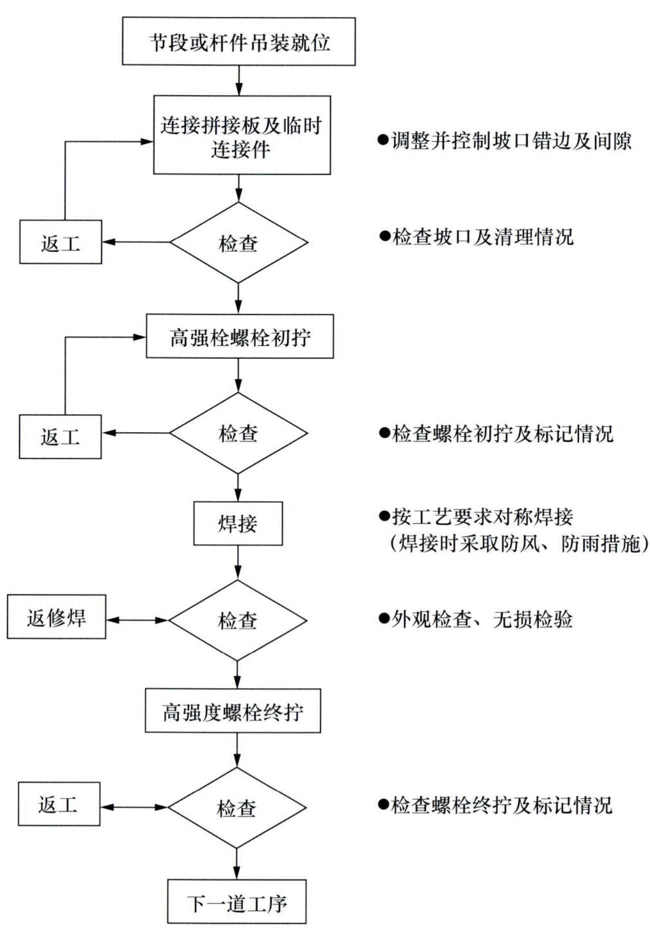

图3-116　桥上（现场）焊接与栓接流程图

⑤ 定位焊可采用手工焊或 CO_2 气体保护焊，定位焊时执行桥上连接焊接工艺相关规定。

⑥ 焊接前用砂轮清除表面的铁锈，清除范围为焊缝两侧各 50mm，除锈后 24h 内必须焊接，以防接头再次生锈或被污染。否则应在重新除锈后再施焊。

⑦ 对于有预热要求的焊缝，采用电阻加热或火焰加热，预热温度宜达到要求上限，预热范围为焊缝每侧 100mm 以上。

⑧ 在钢箱内采用 CO_2 气体保护焊时，焊工要佩戴防护面罩，必须配备通风防护安全设施。

（2）拱肋工地焊接方法和焊接顺序

定位焊采用手工焊或 CO_2 气体保护焊。拱肋上、下弦箱型节段间的上水平板对接焊缝采用 CO_2 气体保护焊或者采用 CO_2 气体保护焊打底，埋弧自动焊填充盖面。背面贴陶质衬垫。其他位置的焊缝优先采用 CO_2 气体保护焊。尽量采取对称施焊的顺序，以减小焊接变形和焊接残余应力。

工地焊接的栓钉，可以采用栓钉专用焊机或者采用焊条电弧焊进行焊接。如果采用栓钉专用焊机焊接，按照《栓钉焊接工艺规程》执行；如果采用焊条电弧焊，焊接材料为 E5015（ϕ3.2mm 或 ϕ4.0mm）焊条，坡口根部采用 ϕ3.2mm 焊条焊接。焊工考试及拱肋环缝焊接情况如图 3-117、图 3-118 所示。

图3-117　工地焊工上岗考试

图3-118　拱肋钢箱纵向加劲肋栓接后再环缝焊接

2. 高强度螺栓连接

高强度螺栓的设计预拉力、施工预拉力符合图纸及有关规定。施工前，对连接构件的摩擦面进行处理，按《钢结构用高强度大六角螺栓、螺母、垫圈技术条件》(GB/T 1231—1991) 的要求进行相关试验。高强度大六角头螺栓连接副按出厂批号复验扭矩系数，按《铁路钢桥高强度螺栓连接施工规定》执行，连接施工所用高强度螺栓的长度与图纸一致。高强度螺栓安装时，螺栓应能自由穿入。如遇螺栓不能自由穿入栓孔时，不得强行将螺栓打入，而用铰刀进行修孔。高强度螺栓施拧按（TBJ 214—92）的规定执行。高强度螺栓拧紧的顺序，从板束刚度大、缝隙大之处开始，对大面积节点宜从螺栓群中间向外侧进行拧紧，并在当天全部终拧完毕。施拧时，不得采用冲击拧紧和间断拧紧。用扭矩法拧紧高强度螺栓连接副时，分初拧、复拧和终拧依次进行，拧紧时采用扭矩扳手，初拧扭矩由试验确定，一般为终拧扭矩的 50%。复拧扭矩与初拧扭矩相同。初拧和终拧后的高强度螺栓分别按工艺要求做好标记。

高强度螺栓终拧后的检查设专职人员负责，并在终拧 4h 以后、24h 以内完成扭矩检查。

拱肋箱内加劲肋拼接螺栓施拧如图 3-119 所示。

图3-119　箱内加劲肋拼接螺栓施拧

第七节　基于实时控制网络的拱肋液压同步提升系统

新光大桥的三跨拱肋分为5大段，采用同步液压垂直提升技术架设安装到位。通过招标并进行了实地考察，确定由上海同新机电控制技术有限公司中标作为拱肋提升分承包商。拱肋提升系统核心技术采用了基于实时控制网络的数控液压同步提升技术。该提升系统由提升油缸、液压泵站和计算机网络控制系统三部分组成。系统采用了智能节点（模块）、逻辑设备技术、新型锚夹具及松紧机构，可以方便灵活地组合，具有远程实时控制多个液压千斤顶同步动作的优异特点，工作性能稳定可靠。

一、提升油缸

提升油缸工作原理如图3-120所示。提升油缸为穿心式油缸，中间穿过承重的钢绞线。活塞上装有上锚具，底座与缸筒连成一体，其上装有下锚具。

1．工作原理

当上锚夹紧钢绞线，根据锚具单向性，下锚处在浮动状态，油口*A*进油则活塞通过上锚带动重物上升至主行程结束。然后将下锚夹紧钢绞线，*B*口进油，缩缸松上锚，完成空载缩缸，直至主行程结束，便完成一个行程的重物提升。如此循环，便可实现重物提升到预定高度。油缸的上下锚具的松紧由各自的小油缸控制。

下锚夹紧钢绞线，将上锚打开，油口*A*进油则活塞空缸伸出到离行程结束处，上锚夹紧，下锚紧停止，油口*A*继续进油则活塞伸到底，伸缸停止，打开下锚。然后将上锚夹紧钢绞线，*B*口进油缩缸，上锚夹住钢绞线带着重物下降，下降到离行程结束处，*B*口停止进油，下降停止，下锚紧上锚紧停，*B*口继续进油缩缸到底，上锚打开，便完成一个行程的重物下降。如此循环，便可实现重物下降到预定高度。油缸的上下锚具的松紧由各自的小油缸控制，工作原理如图3-120所示，实际设备如图3-121、图3-122所示。

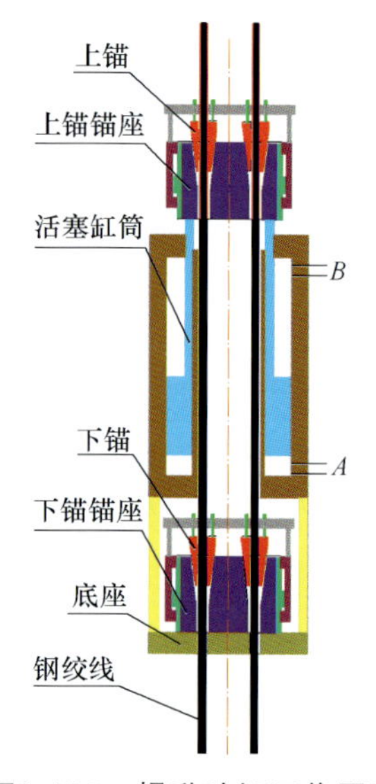

图3-120　提升油缸工作原理

图3-121　安装在现场的数控液压油缸

图3-122　安装在北岸5号墩边拱施工现场的液压提升油缸（千斤顶）

2．提升油缸的特点

提升油缸采用获得专利的新型锚具结构，工作可靠性更高；提升油缸采取模块式设计，一旦使用过程中出现故障，能够随时更换，确保工程的顺利进行；在提升油缸中安装溢流阀和节流阀，可以限制油缸最大压力，确保调整下降时油缸负载安全。

二、液压泵站

液压系统（液压泵站）是提升设备的动力驱动部分，其性能和可靠性对提升系统的性能影响极大。

本工程主要采用了40L/min和80L/min（分单路和双路比例系统）的液压泵站，如图3-123所示。

1．液压泵站的特点

（1）采用了先进的电液比例阀控制技术。油泵通过电液比例阀控制流量，实现液压提升中的同步控制。

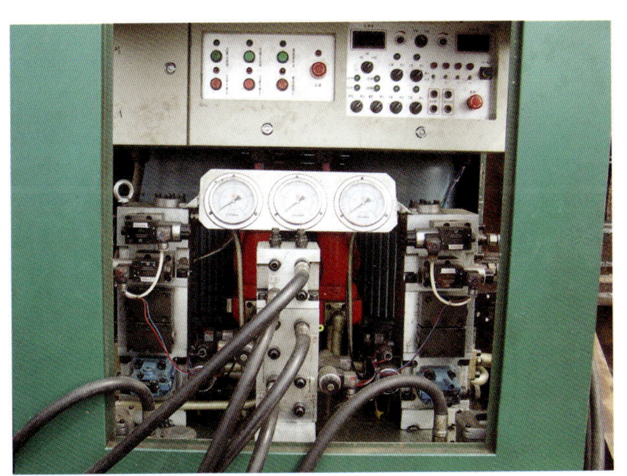

图3-123　液压泵站及比例阀系统

（2）远程可控性和实时性。用户可以很方便地远程实时启动泵站、远程调节泵站的压力、流量以及控制泵站完成各种动作（主油缸伸缸以及缩缸、锚具油缸的伸缸以及缩缸、主油缸截止等）。

（3）安全可靠性。液压泵站中的关键液压元件如泵、比例阀等均采用德国产品，极大地提高了液压系统的可靠性。液压系统中，还专门设计了对每台油缸的载荷保护，这样可以使整体提升更加可靠安全。由于可以远程地实时调节系统的工作压力、系统的卸荷，大大提高了液压系统的安全可靠性。

（4）清晰的模块结构化设计。泵站液压系统的设计采用模块化结构。每套模块以一套泵站为核心，同时根据需要可以另外配备数量不等的阀组，共同完成多点的安装任务。

（5）节能性。由于采用了负载敏感变量泵，可以根据负载的压力调节系统的流量，减少了系统的能耗，降低了系统的发热，提高了系统的稳定性。和同类液压系统相比本系统在节能性方面有了很大的进步。

2．电液比例控制技术

在液压系统中使用了电液比例控制技术以实现伸缩缸的速度调节，能够在控制系统中利用传感器电信号实现油缸的闭环反馈控制，真正实现对提升结构各提升点进行位置、荷载或速度等参数的自动同步控制与同步调节，满足拱肋提升的实际需要，各点之间的同步误差可以控制在 5mm 左右。

电液比例阀是控制系统的核心，担负着电—液压转换的重任。电液比例调速阀用来实现液压同步控制，兼备了电子控制反应快速、灵活性和液压高密度传递能量的双重特性，并且对介质清洁度相对要求低，制造成本低廉和控制能量损失小等一系列优点。特别是它能直接接收来自计算机的脉宽调制信号（PWM），同时，在比例调速阀驱动放大电路中采用 PI 调节，从而使系统结构简单，可以提高系统的响应速度、同步控制精度高，可以大大降低提升引起的附加动载。

3．双泵、双主回路和双比例阀系统

双泵、双主回路和双比例阀系统具有两个主要的用处：

① 实现连续提升或下降。在连续提升或下降时，每个回路各驱动一台油缸，两台油缸分别伸缸或缩缸，实现两台串联油缸的连续提升。

② 大流量驱动。当需要大流量驱动时，两主回路并联，实现双倍流量驱动。

三、实时网络控制系统

提升系统的控制采用了计算机实时网络控制系统。相比以前的集中控制系统，这种分散式的实时网络控制系统的使用简化了控制系统，采用了软配置技术的“逻辑组合”，可以灵活进行各种组合，具有远程控制功能，提高了控制系统工作的可靠性。

1．实时控制网络的组成

实时控制系统是以计算机为核心的实时控制网络，它包括主控计算机（图 3-124）、分散在现场各处的智能节点（模块）、传感器以及将它们连成一体的实时网络。锚具状态传感器通过现场总线将锚具状态信号传递给主控计算机。压力传感器测量提升油缸的工作压力，反映提升油缸的提升或下降负载；油缸行程传感器、长行程传感器（图 3-125）用于实时测量提升结构的空间位置。主控计算机通过智能节点（模块）、传感器采集现场信息，并通过智能节点（模块）控制提升油缸的动作（动作协调）和速度（位置同步）。

传感检测系统检测油压、位置及状态信号、泵站压力信号和安装结构的各种状态信息（例如高差和角度等），通过实时网络系统传输给主控计算机。主控计算机根据一定的控制算法对传感器传输进来的各种信号进行分析处理，输出各种动作指令和调节量，来满足结构的安装控制要求。

通过实时控制网络可以将分散在现场各处的泵站电子控制单元（ECU）、传感器控制单元（SCU）联系起来，实现信息的实时共享。

2．实时控制网络特点

（1）具有较高实时性与良好的时间确定性；传送信息多为短帧信息，容错能力强，可靠性、安全性好。

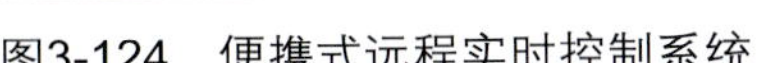

图3-124　便携式远程实时控制系统

图3-125　长行程位移传感器

(2) 控制网络协议简单实用，工作效率高；结构具有高度分散性；控制设备的智能化与控制功能的自治性；多主系统；通信介质可以是有线，也可以是无线。

(3) 在提升系统中，控制网络节点是分散在现场各处的提升吊点。从硬件组成来看提升吊点包括承载的提升油缸、驱动的液压泵站以及测量的各种传感器。对于控制系统来说它所关注的是反映上述硬件工作状态的特征信号，通过这些输入或者输出信号，控制系统可以根据一定的控制策略和算法来决定下一步动作。

(4) 通过信号综合可将纷繁复杂的具体硬件转换成虚拟的、标准统一的“逻辑设备”，这为描述硬件设备之间的逻辑关联带来了极大方便。在提升控制系统中，通过软件可以现场对硬件配置进行必要的配置（“逻辑组合”），极大地提高了控制系统的适应性能。

3. 各种传感器

在提升系统中使用了多种传感器：锚具状态传感器、压力传感器、油缸行程传感器、长行程传感器和激光测距仪。

(1) 锚具状态传感器。检测提升油缸的锚具状态（锚具“松”或锚具“紧”的状态），通过现场总线将锚具状态信号传递给主控计算机。

(2) 压力传感器。测量提升油缸的工作压力，反映提升油缸的工作荷载；在本工程采用的压力传感器的测量精度为5‰。

(3) 油缸行程传感器。油缸行程传感器用于实时测量提升油缸在0～250mm内的行程，测量误差为1mm。

(4) 长行程传感器。长行程传感器用于实时测量提升结构的空间位置，测量范围为20m，测量误差为1mm。

(5) 激光测距仪。激光测距仪用于测量提升结构在提升或下降过程中的位移，使用瑞士leica激光测距仪，测量精度为100m±1.5mm。激光测距仪具有测量精度高、不受天气等因素影响的优点。

在距离测量系统中，可以使用两种距离传感器来解决长距离的测量问题。使用激光测距仪或长行程传感器来获取“大”的绝对位移，而使用实时性能较好的行程传感器来获取“小”的相对位移。通过这种方法既可以解决长距离的测量问题，又可以解决短距离高精度的实时问题。

四、控制策略与控制软件

在液压同步提升实时控制网络控制系统中，可以编制能够适应多种工况的控制程序软件，设置多种控制模式。

边拱和主拱在提升时，控制系统要对多个（种）提升油缸的组合实现动作同步的控制要求，同时还要同时满足实现位置和载荷的同步控制要求。如果某个参数不同步很可能导致灾难性事故的发生。所以同步控制方案是否合理、稳定可靠关系到整个项目的成败。新光大桥采用了下列同步控制策略：

① 位置同步控制策略，以控制各吊点的空间位置同步为目标，采取位置同步控制策略，同时对各吊点的荷载进行监控。

② 荷载同步控制策略，以控制各吊点的荷载分配同步为目标，使各吊点的实际荷载与理论荷载基本一致，采取荷载同步控制策略，同时对各吊点的空间位置进行监控。

③ 动作同步控制策略，通过中央控制电脑及动作传感器保证各驱动指令同步。

1. 提升系统提升油缸的动作同步控制策略

由于整套系统中配备多台液压泵站和提升油缸，因此在同步提升控制策略与软件中，需要编制动作同步控制软件，实现多台泵站和油缸的同步动作。

主拱和边拱结构在整体提升时，组合使用两种规格的提升油缸，控制系统必须有效地、有序地控制各提升油缸的动作。在提升系统中，通过实时控制网络实时收集各个吊点提升油缸的状态信息（锚具和主油缸），然后中央控制单元根据一定的控制逻辑顺序控制电磁换向阀和比例阀，从而控制提升油缸的锚具和主油缸动作。图 3-126 是提升系统的动作同步控制方框图。

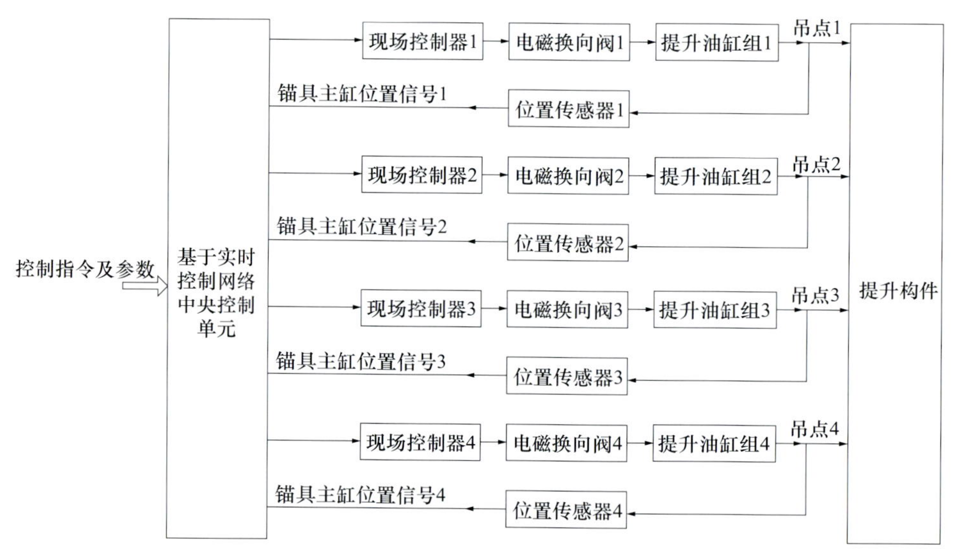

图3-126 锚具缸动作同步控制框图

2. 荷载均衡和位置同步控制方案

在整体提升边拱和主拱中段时，由于 4 个提升吊点相距较远，采用压力跟踪控制方式和绝对位移跟踪控制方式实现“3 点吊”。特别制定了如下控制方案，以主拱中段提升为例，如图 3-127 所示。

（1）压力跟踪控制方式实现吊点 1 和吊点 2 提升力一致

在每一个提升吊点布置两个压力传感器，通过压力传感器，中央控制单元可以实时采集各个提升吊点的载荷，从而可以知道各个提升吊点的载荷分配。设定吊点 1 为主令吊点，吊点 2 与吊点 1 的控制方式采用压力跟踪方式，中央控制柜可以根据理想的载荷分配比例进行实时调整，保证吊点 2 提升力始终与吊点 1 保持一致，从而使得吊点 1 和吊点 2 形成为一个提升吊点，使得整个提升体系为“3 点吊”，同时实时监控吊点 2 长距离传感器数据和吊点 3、吊点 4 的载荷数据。

图 3-128 是控制系统实现载荷均衡的控制方框图。整个提升载荷的合理分配是通过调节液压系统的比例阀，控制提升油缸速度来实现的。由于液压系统调节线性度较好，载荷均衡调节对结构本体带来的附加载荷极小。

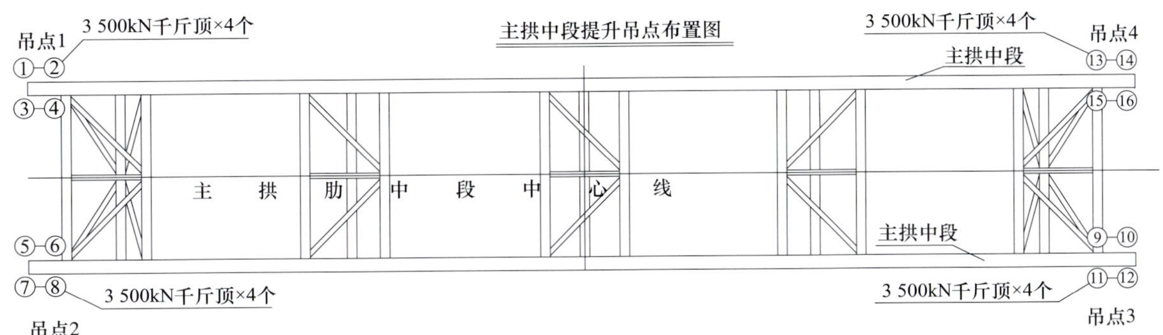

图3-127　主拱中段提升吊点布置

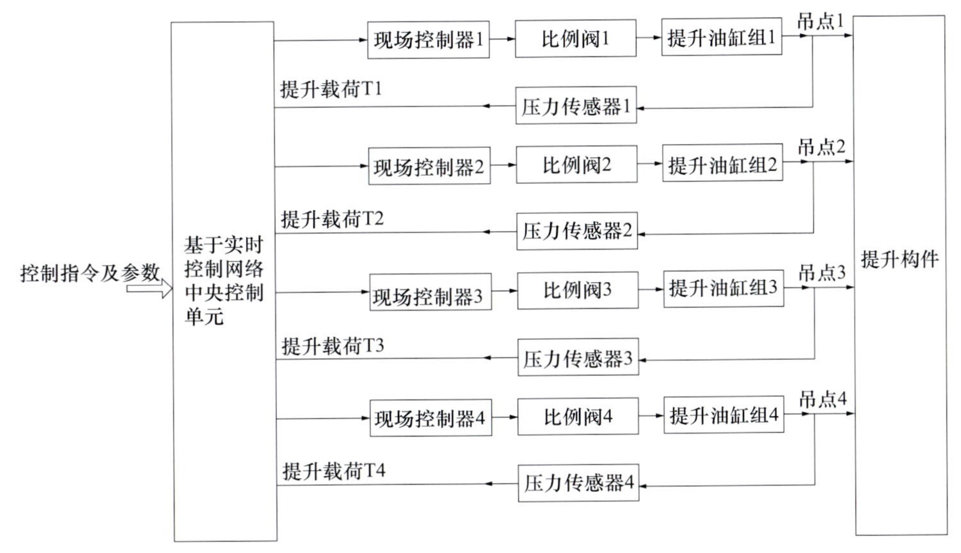

图3-128　实现载荷均衡的控制方框图

（2）绝对位移跟踪控制方式实现各吊点位置同步

每个提升吊点布置一台长距离传感器，实时测量各吊点绝对高度。同样设定吊点 1 为主令吊点，吊点 3、吊点 4 与吊点 1 采用绝对位移跟踪控制方式，中央控制柜可以根据各点绝对位移进行实时调整，保证各点位置同步，同时监控吊点 2 的位置，从而控制提升构件的空中姿态。位置同步控制原理如图 3-129 所示。

五、提升设备的机、电、液安全保障措施

为了确保提升工程的顺利实施，在整套提升设备中机、电、液三方面设计了多道安全保障措施。

1. 提升液压千斤顶保障

(1) 在钢绞线承重系统中增设了多道锚具，在每台千斤顶的下端安装安全锚，以保证施工过程中发生千斤顶故障时将钢绞线临时锚住；以便维修或更换千斤顶。

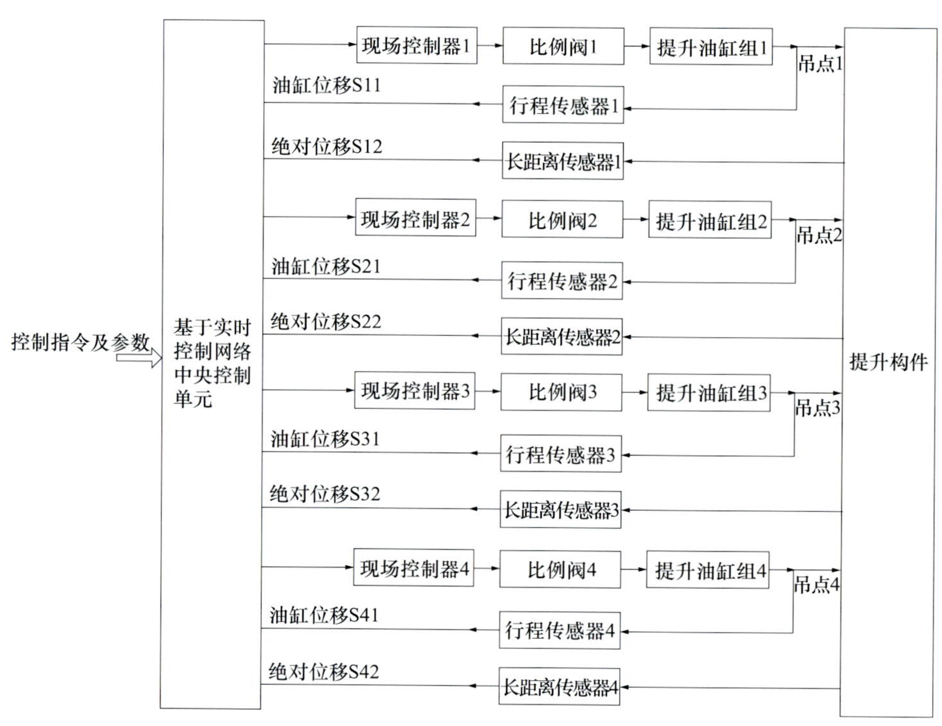

图3-129　实现位置同步的控制方框图

(2) 提升液压千斤顶采用模块设计，一旦使用中出现故障，能够及时更换。

(3) 提升液压千斤顶采用新型的锚片结构，提高了锚具系统工作的可靠性。

(4) 每台提升液压千斤顶上装有液压锁，防止失速下降；即使油管破裂，重物也不会下坠。

(5) 每台提升液压千斤顶安装限压和限速装置，防止负载超限和失速下降。

2. 液压泵站保障

(1) 液压泵站中设置安全阀，限制各点的最高负载，确保结构安全。

(2) 主要液压元件使用进口元件，可靠性高。

3. 控制系统保障

(1) 液压和电控系统采用联锁设计，以保证提升系统不会出现由于误操作带来的不良后果。

(2) 控制系统具有异常自动停机、断电保护等功能，在控制软件中，设置荷载和位置超差报警、自动停机等功能，确保提升的安全。同时，对荷载、位置等重要参数进行显示，便于操作与监控。

(3) 控制系统采用容错设计，具有较强抗干扰能力。

4. 防浪措施

在主拱中段与钢绞线承重系统连接后，如果结构还未脱离拖船，由于风浪的影响，结构摇摆不定，会使4个吊点的受力不均，甚至会造成某个吊点载荷严重超载，这一方面会破坏结构本体，另一方面也会影响提升支架的安全。为了确保主拱中段安全离船，在提升油缸和液压系统中，通过安装荷载平衡阀来保证某一提升载荷的最大值。

六、提升过程的实时监控

1. 各吊点提升负载的监控

通过安装在各提升油缸上的压力传感器，将各点油压信号传输至主控计算机上，通过油压监控该点的荷载是否在允许的范围内。

2．结构空中姿态的监控

通过安装在各点的长行程传感器，测量各点的高度与距离，监控各提升点的高差。

3．提升设备工作状态的监控

监控各种传感器的读数与状态（包括压力、激光测距仪读数、长行程传感器读数、行程传感器读数、锚具状态等），读取压力表读数等，分析提升设备工作是否正常。

第八节　边跨拱肋的组拼及整体提升

本桥由于两边跨没有通航要求，加上河床水不太深，两边跨箱桁拱肋均采用在桥位处低位进行拼装，整段提升就位。即在钢管拼装支架上，低位组拼拱肋单元形成大段后，张拉临时系杆，借助提升塔架，使用数控液压千斤顶整段同步垂直提升安装边跨拱肋就位，再连接拱脚合龙段。每边跨拱肋整体节段提升质量约 1 640t，拱肋长度为 104m，提升高度 35m。边拱提升程序、布置分别如图 3-130、图 3-131 所示。

一、概况

主桥两边跨箱桁拱肋在工厂内制造成杆件节段后用船运至大桥现场附近，浮吊将杆件卸到驳船运至拼装现场，采用在桥位现场搭设钢管桁架拼装支架，拱肋在支架上低位卧拼成形后，利用搭设在三角刚架上和边墩处的提升塔架，使用液压千斤顶整体同步提升拱肋安装就位。

组拼采用先栓后焊的方式连接．由边墩处向主墩按下弦—腹杆—上弦的顺序逐段拼装直至完成整个拱肋大节段的组拼。组拼完成后，安装提升设备，进行拱肋的提升。

边拱肋提升安装主要步骤如下：

（1）在边跨边墩处搭设落地提升塔架，在三角刚架顶边孔侧设置悬臂提升架。

（2）利用大型浮吊安装三角刚架上拱脚预埋段就位，精调平面位置和高程后浇筑三角刚架斜腿混凝土，使拱脚段与三角刚架形成固结；利用主桥边墩上的提升塔架，吊装边跨边墩端拱脚段基本就位。

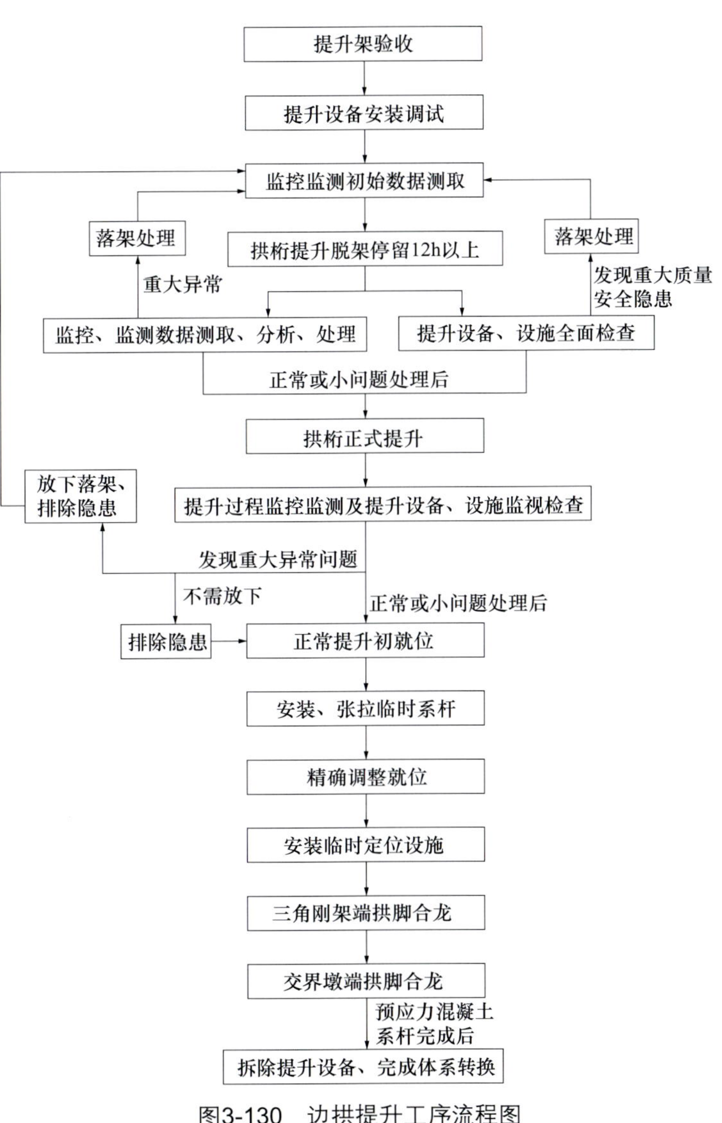

图3-130　边拱提升工序流程图

第三章　大桥施工

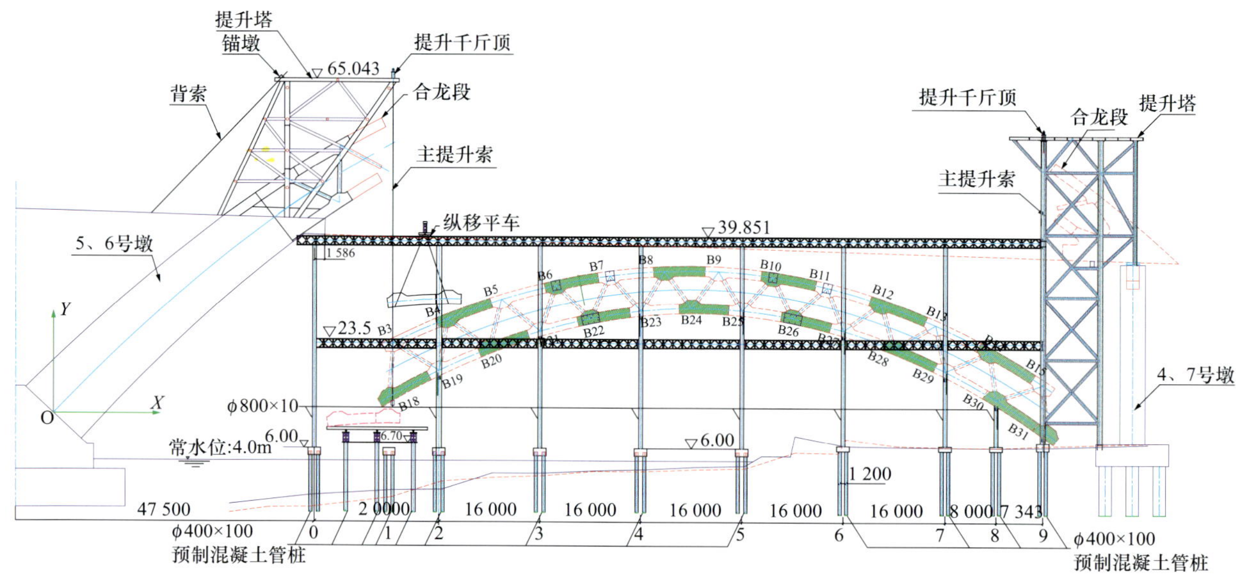

图3-131 边跨拱肋组拼立面图（单位：mm）

（3）利用同步液压提升技术，垂直提升边拱肋至设计高程，精调高程和平面位置后，首先安装三角刚架端合龙段，再安装边墩端合龙段。

二、边拱拱肋拼装

1．边拱肋组拼工序

施工方案审批、交底→测量放样→组拼支架混凝土预制桩基础施工→混凝土承台浇筑→支架立柱及纵、横联结安装，支撑横梁安装，贝雷梁纵梁安装→安装吊装横梁→在拱肋支撑横梁上精确放样出拱肋拼装平面位置及高程→拱肋下弦杆吊装就位、栓、焊→腹杆吊装就位、栓接→上弦杆吊装就位、栓、焊→拱肋横撑安装→安装提升塔→安装提升设备→整体大节段垂直提升→张拉临时系杆→边拱合龙。

2．组拼支架

拱肋拼装采用搭设钢管支架拼装。由于边跨采用了预应力混凝土系杆，且混凝土系杆施工荷载大于拱肋拼装施工荷载，边拱拱肋钢管拼装支架与边拱混凝土系杆施工模板支架一起设计，以混凝土系杆施工荷载控制支架设计。

拱肋组拼钢管支架结构形式为钢管2φ800mm×10mm的双柱组拼支架，陆上基础采用2φ400mm×100mm混凝土预制管桩，水中基础为3φ400mm×100mm混凝土预制管桩。支撑桁架用型钢制作，支撑桁架与钢管立柱直接进行焊接连接；上下游拱肋拼装支架钢管立柱之间横向设万能杆件桁片横梁，纵向之间用贝雷梁连接形成整体。在支撑横梁顶部设楔形钢箱，以利于组拼拱肋时可以方便地调节拱肋的线形及高程。

拱肋组拼支架钢管立柱、纵横向联系及支撑横梁安装完成后，在钢管立柱顶安装3排单层连接成整体的通长贝雷梁纵梁作为吊装天车横梁的行走轨道承重梁，贝雷梁之间用其配套的联结支撑架连接形成整体，在边拱拼装时作拱肋杆件的吊装提升天车，在边拱系杆混凝土施工时作现浇支架。吊装天车横梁通过纵梁顶设置的行走轨道纵向移动，以达到运输和组拼拱肋杆件的目的。贝雷梁最大跨径为16m。

吊装天车横梁由贝雷桁架拼装而成，横梁上设卷扬机，在地面上组拼并安装好吊装设备后，用吊车直接吊装安装就位。边拱拼装支架立柱按10.0m长节段进行加工制作，钢管接长用焊接连接，现场逐节接长，水中部分支架采用浮吊，陆上部分支架采用吊车安装。钢管与纵横向支撑的连接采用焊接的方法。

3．边拱肋的拼装

（1）拱肋的组拼及焊接

边拱肋下弦杆件采用“两拼一”方案，即在栈桥上预先设置好拱形的胎架上组拼、焊接两小段为一长段，探伤合格后再用提升机吊至拼装支架上就位，进行组拼。组拼从边墩向主墩方向推进。边拱弦杆每拼装3～5个拱肋节段后精调拱肋节段线形，施拧加劲肋连接高强度螺栓，结束后按焊接工艺进行上弦、下弦各一个箱形环口对接焊缝的对接焊。同时继续进行其他拱肋节段的拼装，依次类推直至全部完成。每次栓、焊前都必须对杆件进行精确测量，调整使拱肋线形符合设计要求。

图3-132　北岸边拱拼装支架施工

边拱肋组拼实况如图3-132～图3-137所示。

（2）拱肋横撑的安装

当拱肋单肋组拼完成后，精调横撑C5、C6所在拱肋节段两端接头并临时固定后，利用上下游的纵移横梁进行拱肋横撑的安装。安装顺序为先安装C6，然后安装C5。每道横撑的安装按下弦→腹杆→上弦的顺序进行。横撑组拼情况如图3-138、图3-139所示。

图3-133　边拱下弦杆件进行“二拼一”

图3-134　北岸边拱“二拼一”后杆件吊装施工

（3）拱肋的轴线及高程控制

拱肋上、下弦均设置测点。测点位置打冲钉，通过用全站仪对冲钉坐标和高程进行精确测量，计算出与设计拼装坐标和高程的偏差，用吊装平车上的卷扬机配合调整拱肋的拼装位置，使各节点的三维坐标满足设计要求，达到控制拱肋线形和高程的目的。

图3-135　北岸边拱拼装支架及“二拼一”吊装

图3-136　南岸边拱拼装施工

图3-137　北岸边拱拼装施工

图3-138　正在吊装边拱横撑

图3-139　北岸边拱横撑拼装完成后，拆除部分妨碍提升的行车轨道

（4）焊缝质量控制

钢拱肋的现场组拼焊接工程由钢结构制造分包单位的专业焊工完成，在整个安装范围内设置风雨棚，保证焊接质量不受天气的影响。按照《新光大桥工地焊接、栓接及验收作业指导书》、《新光大桥钢结构制造及验收技术规则》及专项的《新光大桥钢结构现场施工组织设计》，严格对主拱拱肋拼装工艺及质量进行控制。焊工上岗前必须参加现场考试合格后持证上岗，焊接完成后对焊缝实行百分之百的超声波探伤检验和第三方抽检，并按制造规则规定比例进行射线探伤检查。图 3-140 中检测人员在进行焊缝超声波抽检。

图3-140　第三方焊缝超声波抽检

4．边拱肋临时系杆的张拉

根据设计，拱肋大节段组拼、横撑安装完成后，再次复核拱肋线形，然后垂直提升拱肋大节段，提升就位后，张拉临时系杆，使拱肋线形符合设计，再安装拱肋合龙段，按设计加载要求进行边拱吊杆、系杆及纵横梁施工。

三、边拱拱肋整体大节段同步提升、合龙

1．边拱的提升设备布置

拱肋提升采用计算机控制同步液压提升系统的全套设备，吊索采用 ϕ15.24mm 钢绞线束。

每段边拱重力约 16 400kN。根据边拱的结构特点，共布置 4 个提升吊点，并考虑吊具自重，每个吊点的平均载荷约 4 500kN，布置 2 台 3 500kN 液压提升千斤顶和一台 40L/min 流量的液压泵站，在每台千斤顶的下端安装安全锚，以保证施工过程中发生千斤顶故障时将钢绞线临时锚住，以便维修或更换千斤顶。

（1）提升液压千斤顶布置

3 500kN 提升液压千斤顶 8 台，油缸储备 1.56，安全系数为 3.58，油缸布置如图 3-141 所示。

（2）液压泵站布置

在各吊点布置 1 台 40L/min 流量的液压泵站，共计 4 台，采用间歇式的作业方式，提升速度可达 8m/h。泵站布置在提升液压千斤顶附近的提升架上，每个提升泵站功率为 50kW，共计 200kW。实际布置情况如图 3-142 所示。

（3）控制系统的布置

在每个吊点处安装 1 台长行程传感器测量提升拱肋结构各点的高度，在每台提升液压千斤顶上安装油缸位置传感器测量油缸行程，在每个吊点安装 1 只压力传感器测量各点的荷载压力，并配置各自的控制器，主控制操作台布置在地面。

2．提升架

（1）三角刚架上边拱提升架

三角刚架端边拱提升架设置在 5 号、6 号墩三角刚架上边拱侧系梁顶面，设计时考虑了便于边拱肋的安装。考虑三角刚架上拱脚段安装，在提升架顶部设置水平滑移轨道，便于纵向移动就位。拱脚段安装就位后，再连接提升架立柱间横联，以增强提升架的整体稳定性。

三角刚架的提升架钢管直径分别为 ϕ800mm × 10mm 和 ϕ600mm × 10mm，腹杆为 ϕ450mm × 9mm 和 351mm × 9mm，采用现场就地拼装。提升塔高 24.0m。在三角刚架提升架顶面设置背索，

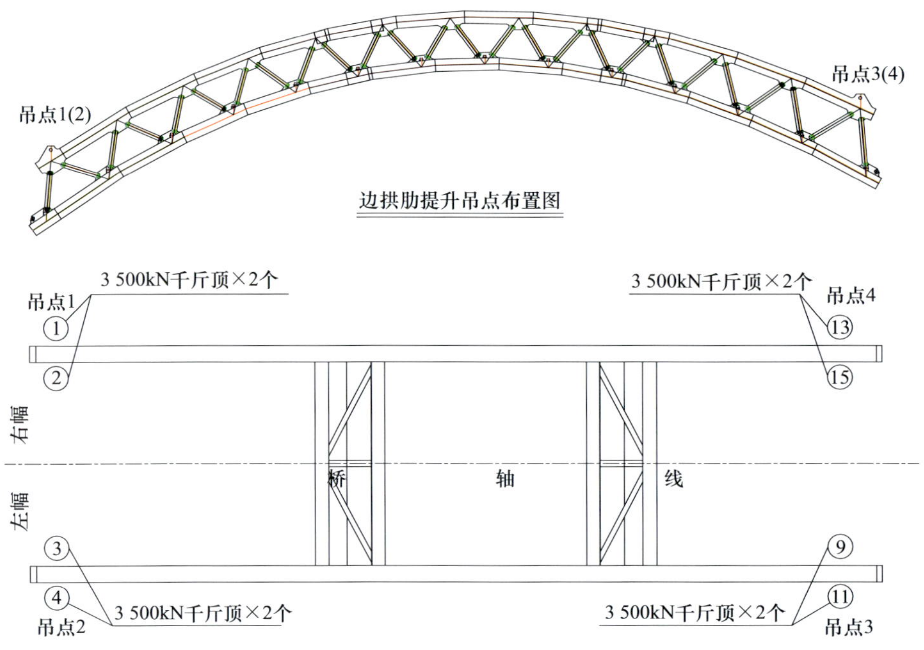

图3-141　边拱提升示意图

背索为平行钢丝束。

边拱提升架布置如图 3-143 所示。

（2）边拱过渡墩处提升架

4 号、7 号过渡墩处提升架由钢管直接拼装焊接而成三角形格构式钢管架，立柱钢管直径分别为 ϕ800mm × 10mm 和 ϕ600mm × 10mm，其腹杆为 ϕ323mm × 6mm，高为 49.876m，采用现场就地加工拼装，如图 3-144 所示。当拱脚段安装就位后，再连接提升架立柱间横联，以增加提升架的稳定性，然后再安装边拱。塔架的桩基采用 ϕ400mm × 100mm 预制混凝土打入桩。

3．提升架背索

边拱肋提升施工过程须进行三角刚架边拱提升塔背索的张拉，每个边拱提升塔架布置背索 2 束，每束张拉控制力为 2 800kN。提升塔背索分两阶段张拉，即拱肋提升前张拉和提升过程张拉，拱肋提升前张拉设计张拉力的 30%，拱肋提升脱架过程中与提升对应分级张拉，在完成脱架的同时，背索张拉至设计张拉力，如图 3-145 所示。

图3-142　南岸边拱提升时液压提升千斤顶及泵站布置

背索张拉前在提升塔架上预先设置应变传感器和全站仪反射棱镜，读取初读数，在背索张拉及拱肋提升过程中适时测取测点应力、应变值，观测提升塔的位移。

4．吊具

边跨拱肋吊点及吊具如图 3-146 所示。

5. 边拱肋提升安装程序

按照设计加载程序，主桥边拱肋大节段提升安装施工程序如下：

第一步：利用4号或7号墩提升塔架安装边墩拱脚段，用浮吊安装三角刚架上的边拱拱脚段。

第二步：提升边拱肋就位，精调拱肋平面位置、高程和线形后，连接边跨拱脚合龙段，合龙顺序为先合龙三角刚架端合龙段，再合龙边墩合龙段。

图3-143 5号主墩三角刚架上的边拱提升架

6. 边拱肋大节段的提升

（1）脱离拱架前分级张拉提升

按设计计算起动张拉力的20%、40%、60%、80%、90%、95%、100%分级同步加载，每级加载持荷10～30min，观察、监控、测量，同时同步张拉背索，张拉力按设计要求值。

（2）起动脱架

① 吊索张拉至设计起动张拉力的100%，直至拱肋脱离拱架停止。监控组测取测点应力、应变值，测量组观测标高及轴线位置，观察组检查结构及张拉系统状况，结果汇总至技术组，技术组将观测数据输入电脑，得出当前拱结构实际位置及相应的结构件及拉索内力计算值，经与监控组提供的实测值进行对比分析，判断结构及拉索内力是否处于正常状态。

图3-144 4号过渡墩处的边拱提升架

图3-145 5号主墩三角刚架上的边拱提升架背索上锚端

图3-146 边跨拱肋吊点及吊具

② 保持上述脱架状态边拱停置12h以上，主拱边段、中段停置1h以上，观察组对拱肋大节段焊缝、提升塔脚、背索锚点等各重要部位进行详细检查。提升操作组对千斤顶及夹片有无滑移情况进行观察。

（3）正常提升

① 在正式提升前再次测取有关数据，进行分析比较，如发生较大变化，则应根据设计指导值作相应调整。

② 提升过程实行索力和高程双控。

（4）提升实况

边拱的提升情况如图3-147～图3-152所示。

7. 合龙段的安装

边拱提升就位后再安装并张拉临时系杆，每肋张拉4 100kN。精调拱肋线形、平面位置和高程并临时固定，安装拱肋合龙段。拱肋合龙段的合龙顺序采取先合龙三角刚架端合龙段，再合龙边墩端合龙段。

图3-147　2005年9月14日下午南岸边拱提升开始，拉开了全桥拱肋提升的序幕

图3-148　南岸边拱拱肋正在徐徐提升

图3-149 南岸边拱拱肋提升到位，腹杆已合龙

图3-150 南岸边拱从9月14日下午开始提升，9月21日弦杆合龙段安装完成

图3-151 北岸边拱提升准备就绪

图3-152 北岸边拱正在提升过程中

合龙段杆件的安装顺序为：腹杆→上弦→下弦。合龙段杆件利用提升塔架上的吊装设施进行安装。

边拱肋合龙施工如下：待边拱肋安装就位，选择与设计合龙温度最接近时间（当温差小于 ±3℃时可不考虑），精调拱肋安装平面位置、高程和线形，对拱肋合龙段两端位移进行 48h 观测，在合龙温度时精确测取合龙段精确长度，切割合龙段余量，安装合龙段弦杆就位，对称焊接切割余量端纵向加劲肋板，施拧另一端纵向加劲肋高强螺栓，完成瞬时合龙，同时环缝施焊，完成拱圈合龙。

三角刚架端拱脚合龙段的安装：主拱端合龙段杆件（B2-B3）在边拱肋提升施工前预先吊装安放于已安装好的边拱上弦杆件 B2 上，并临时固定，待边拱肋提升到位后先安装腹杆再安装上弦杆就位，最后安装下弦杆合龙段。

4、7 号墩处拱脚合龙段的安装：靠边墩端合龙杆件 B16 预先吊上提升塔架上，定位固定拱脚端块，拱肋大节段提升就位精调后，先安装合龙段腹杆，再安装上弦杆 B16，最后安装下弦杆合龙段 B32。合龙段弦杆的安装须经过精确测量，选定合龙温度，精确测量合龙长度，切割合龙段杆件至实际合龙长度。

边拱拱肋合龙情况如图 3-153～图 3-156 所示。

图3-153　南岸边拱三角刚架端先合龙腹杆

图3-154　南岸边拱三角刚架端合龙上弦杆

图3-155　北岸边拱三角刚架端在合龙上弦杆

图3-156　南岸边拱边墩端拱肋准备合龙

第九节　主跨主拱肋边段组拼、上船、浮运、提升架设

为保证航道施工期间的通航，大跨度拱桥通航孔拱肋架设通常可以考虑采用以下几种无支架方法施工：

(1) 缆索吊装与扣索相结合的悬拼法。

(2) 转体法。

(3) 拼装场组拼、大段整体浮运、垂直整体提升方法。

本桥由于受条件限制，两个主墩均位于水中，主墩处水深 8m 左右，三角刚架主墩太重，难以设置旋转平台，而且搭设主拱拼装支架的成本也太高，显然转体法施工条件不具备。

由于新光大桥桥位两岸为大片深厚淤泥，采用缆索吊装法主缆索的锚固比较困难，加上为了保证通航拱肋的高度很大，吊索塔及扣索塔的高度必然更高。拱肋重量大，造成临时设施成本很高，高空作业量特别大，扣索安装、调整困难很大，不利于保证拱肋的安装精度和线形。由于本桥位于珠江三角洲，经常受台风的影响，长时间的高空作业造成施工安全风险很大，工期也无法保证。

与缆索吊装扣索悬拼施工相比较，主拱大段整体提升安装不但具有拱肋安装精度高、易于保持拱轴线形、结构整体性好、简化施工、易于保证质量、成拱质量好的优点，而且可在主墩施工的同时进行拱肋拼装，能大大缩短施工工期，化高空水上作业为陆上低空作业、风险小、对桥下船舶通航影响小、安全可靠等，可以取得良好的经济效益和社会效益，具有诸多优点。但该方法需建专用拼装场，动用特型船舶，要有保证船舶浮运的水深，其应用受外界条件的限制。另外设在水中的提升塔需专门的基础，因离河底高度很大，设计刚度相对较大，成本较高，还有遭过往船舶碰撞的风险，需设置临时防撞墩，采取相应的防撞措施。

经反复比较研究，投标时贵桥—铁专院联合体选择了主跨拱肋分三大段施工，架设采用拼装支架低位组拼、大段整体上船、浮运、利用提升塔同步液压整体垂直提升方法。施工安装顺序为先主拱边段，最后主拱中段。

主跨拱肋三段均在桥位北岸拼装场拼装支架上低位组拼。主跨拱肋两个边段大节段立位长度为 60m，先在组拼场拼装支架上分别组拼成质量约 500t 的单片拱肋，之后拆除拼装支架，主跨拱肋边段转移到专用上船支架上，在专用支架上沿滑道牵引上船，用驳船依次浮运至桥位，离船低位安装横撑后再整体提升就位。每个边段提升质量约 1 160t，使用了 8 个 3 500kN 数控液压千斤顶提升，提升高度约 82m。就位后栓、焊连接拱脚合龙段。

一、主跨拱肋边段组拼

主跨边段组拼情况如图 3-157 所示。

二、主跨拱肋边段上船、浮运

主跨拱肋边段上船前要将主跨拱肋边段由拼装支架上转移到上船专用支架上。还要在船上安装专用滑道、牵引千斤顶，为滑道涂抹润滑剂，安装分配梁，并做好一切准备工作。

主跨拱肋边段上船、浮运情况如图 3-158～图 3-169 所示。

a)

b)

图3-157 主跨边段组拼情况
a）主跨拱肋边段正在组拼；b）主跨拱肋边段组拼完毕

图3-158 岸上混凝土滑道与分配梁的接口

图3-159 主跨拱肋边段上船专用滑道（驳船上）

图3-160 主跨拱肋上船用过渡梁

图3-161　上船用过渡梁与驳船滑道的联结

图3-162　主跨拱肋边段已由拼装支架转移到上船专用滑移支架上

图3-163　驳船利用钢缆、绞车紧靠码头，利用分配梁与码头滑道连接，主跨拱肋边段（图中夹在主拱中段中间位置的2段拱肋）准备上船

图3-164　牵引索已安装完毕，主跨拱肋边段（夹在主拱中段中间位置的2段）即将上船

图3-165　主跨拱肋边段在数控液压千斤顶同步牵引下，正在岸上混凝土滑道上滑行准备上船

图3-166　主跨拱肋边段前支架正在过渡梁上滑行上船

图3-167　主跨拱肋边段已上船，正在船上的钢滑道上滑行就位

图3-168　主跨拱肋边段正在浮运（一）

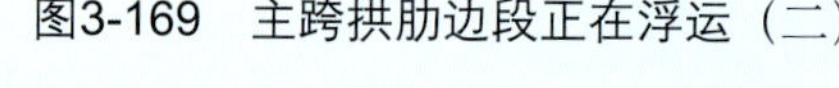

图3-169　主跨拱肋边段正在浮运（二）

三、主跨拱肋边段提升安装

分别在三角刚架主孔侧上安装提升塔架，江中设置钢管桁架结构的提升塔，用于提升主拱边段和中段。主跨拱肋边段的单片肋分上、下游分别用拖船牵引浮运至桥位附近，等待高潮位时改由绞盘牵引钢缆精确调整驳船就位，穿挂吊索，落潮时拱肋一端自然就搁在提升塔基础上了，一端则挂在钢索上（图 3-170），然后安装横撑。两单片拱肋之间拼装横撑（图 3-171、图 3-172），形成整体拱肋边段后，拱脚端保持不动作，另一端（靠跨中端）两肋同步提升，待拱肋达到与设计线型平行位置时，再两端同时提升，如图 3-173～图 3-178 所示。

图3-170　主跨拱肋南边段单片拱肋已浮运到位，乘落潮时将一端搁在提升架上，正在挂吊具，合龙用的腹杆挂在其上

图3-171　主拱肋南边段2个单片拱肋浮运就位后准备安装横撑

图3-172　主拱肋南边段2单片拱肋分别浮运就位后正在安装横撑

图3-173　主跨南边段拱肋正在提升靠中段的一端（一）

图3-174　主跨南边段拱肋正在提升靠中段的一端（二）

图3-175　主跨边段拱肋就位后一端搁在主拱提升塔上，工人在焊接砂箱

图3-176　主跨边段拱肋提升就位后安装下弦合龙段

图3-177　主跨边段拱肋提升就位后安装上弦合龙段

图3-178 主跨南边段拱肋提升就位与拱脚预埋段合龙后全景

第十节 新光大桥主跨主拱中段大段整体提升架设

新光大桥跨越的珠江主航道航运非常繁忙，每天过往船舶约千艘，因此对封航时间限制非常严格。为保证主桥施工期间珠江主航道的通航，将施工对航道的干扰降为最小，不能采用妨碍通航的方法施工。为了保证航道通航，在航道管理部门仅同意封航 72h 的情况下，我们精心组织、精心设计、精心施工，在主跨拱肋两边段成功提升就位之后，仅用了 52.5h，就成功地完成了主桥主跨中段大节段（结构自身质量 2 850t，长度 168m）垂直提升 85.6m 的安装架设施工，总结出了一整套大跨度拱桥拱肋大段整体浮运、垂直提升施工方法的成功经验。图 3-179 是主拱肋中段安装前的情况。

图3-179 新光大桥主拱边段已提升到位，正在合龙，合龙后即可安装拱肋中段

一、主跨主拱中段大段整体提升架设概况

主跨中段拱肋在桥位北岸拼装场组拼支架上，低位组拼成轴线长度为 168.0m（节点中心—中心长度，实际全长 172.667m），结构自身质量约 2 850t 的整体大节段后（中段包括横撑），转移至上船专用支架上，在江水涨潮将近高潮时用液压千斤顶将主拱肋中段整体连支架牵引滑移上排水量为 16 000t 的半潜驳船，浮运到桥位临时提升塔下水面，利用两座高 111.2m 的三角形桁架式提升塔和 16 台 3 500kN 同步液压千斤顶将拱肋大段整体同步垂直提升 85.6m 高就位、双接头焊接合龙段。提升总质量 3 078t，提升高度 85.6m，浮运、提升过程仅用了 52.5h。提升方案如图 3-180 所示。

二、主跨主拱中段整体浮运、提升工艺流程

拼装场混凝土预制桩基础、承台施工→万能杆件支架、运梁平车、龙门吊安装→在拱肋支架上放样拱肋→拱肋下弦杆安装→腹杆安装→上弦杆安装→接缝焊接→拱肋横撑安装→安装拱肋中段上船滑移支架及滑道，拆除组拼支架，拱肋荷载转移到滑移支架→张拉部分临时系杆→驳船上安装轨道、千斤顶→驳船进场就位，铺设过渡梁、缆绳固定、安装牵引索→数控千斤顶牵引拱肋滑移上驳船→进行加固并安装前端横撑和临时系杆→预抛 14t 霍尔锚→航道封航，浮运拱肋到主桥提升塔下→锚艇挂好锚绳，绞拉驳船就位→挂提升索吊耳，分阶段张拉临时系杆、平衡索，驳船同时抽排水作业保持恒定标高→对拱肋施加提升力→拆卸滑移支架与拱肋连接件→同步提升主拱中段离船→匀速提升拱肋就位→驳船撤离→精调拱肋位置、线形后，测量合龙段长度→切割合龙段，栓、焊连接拱肋合龙段。

与此同时，在提升前完成主拱提升塔架→安装提升千斤顶、吊索、压塔索、背索→进行加载试验。

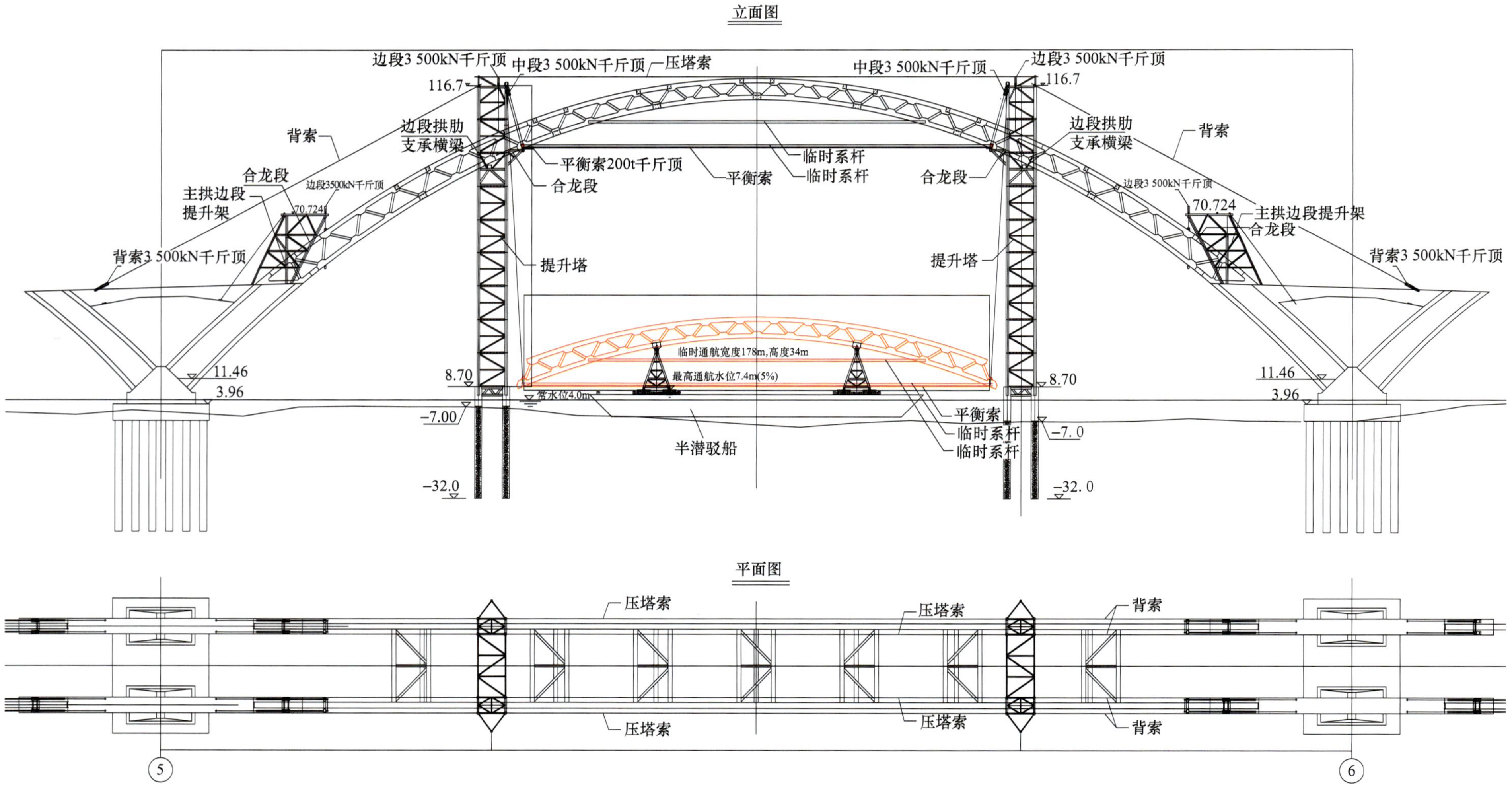

立面图

边段3 500kN千斤顶
中段3 500kN千斤顶
压塔索
116.7
背索
边段拱肋
支承横梁
合龙段
主拱边段
提升架
边段3500kN千斤顶
70.724
背索3 500kN千斤顶
平衡索200t千斤顶
合龙段
平衡索
临时系杆
临时系杆
提升塔
临时通航宽度178m，高度34m
最高通航水位7.4m(5%)
常水位4.0m
11.46
3.96
8.70
-7.00
-32.0
半潜驳船
平衡索
临时系杆
临时系杆
中段3 500kN千斤顶
边段3 500kN千斤顶
116.7
边段拱肋
支承横梁
背索
合龙段
边段3 500kN千斤顶
70.724
主拱边段提升架
合龙段
提升塔
背索3 500kN千斤顶
11.46
3.96
8.70
-7.0
-32.0

平面图

压塔索
压塔索
背索
压塔索
压塔索
背索
5
6

图3-180　新光大桥主跨主拱肋中段大节段整体提升方案图（注：本图尺寸除高程以m计外，其余均以cm为单位）

三、主跨主拱中段组拼

拱肋杆件用船运至拼装场码头后，浮吊卸船，通过运梁轨道平车将杆件运至存梁区，采用 50t 龙门吊在拼装场内组拼支架上进行拱肋组拼。主拱中段拱肋组拼完成后，安装上下游拱肋间横撑。

主拱中段拱肋采用预制混凝土管桩基础的钢筋混凝土承台上铺设运梁车轨道，安装万能杆件拼装支架。龙门吊行走轨道布置在主拱肋拼装支架外侧承台上。

主拱肋杆件用龙门吊按拼装顺序进行组拼。每段拱肋吊装完连续的两或三段后精确调整线形和高程,对每个接头用螺栓临时固定,然后按照焊接工艺要求进行焊缝的焊接,以此类推直至全部接头完成。

组拼示意图如图 3-181 所示，拱肋拼装顺序为：下弦→腹杆→上弦。

拱肋横撑的安装：当拱肋上下游两肋组拼完成后，C1、C2、C3、C2′、C3′所在的拱肋两段接头精调并临时固定，利用龙门吊在拼装场内进行拱肋横撑的安装。横撑拼装顺序：C2 → C1 → C2′ → C3 → C3′，每道横撑的安装顺序按下弦→腹杆→上弦的顺序进行。

主拱中段拱肋组拼情况如图 3-182～图 3-184 所示。

四、主拱中段上船与浮运

1. 概述

主拱中段上船与浮运是关系到主拱能否成功架设的关键工序之一，施工时主要考虑以下因素：

(1) 滑移上船用的支架必须满足强度、稳定要求，同时必须能够支撑拱肋中段平稳移动，还要能适应上船过程中由于潮水波动造成船体高度的升降运动造成的高差。

(2) 滑道系统的摩擦力。必须仔细选择摩擦材料，试验摩擦系数，计算摩擦阻力，确定牵引系统。

(3) 牵引系统的设计。首先必须保证牵引系统有足够的牵引力，其次必须易于控制，能够精确同步。因此，承包商选择了数控液压油缸作为牵引动力源，可以精确控制同步，完全可以满足上船要求。

(4) 船体局部强度、刚度验算、驳船的抗倾覆稳定性验算。

(5) 驳船的抗水流冲击力、锚链锚固力的验算。

(6) 拱肋上船选用了半潜驳船，它可以通过排、灌水调整吃水深度。驳船的排水系统排水能力必须满足在一个涨潮期内保证一个支架上船的速度要求，同时必须进行分仓排水计算，保证驳船的平衡。

(7) 过渡梁的应用解决了驳船滑道与码头滑道高差的过渡问题，同时结合牵引速度的控制保证拱肋荷载可以逐渐转移到驳船上，为驳船排水调整高程提供了时间。

(8) 上船过程中支架的变位导致的拱肋变形必须在容许的范围内。

(9) 驳船滑道高程的稳定问题，这是拱肋上船的最重要问题。驳船滑道高程受到多个因素的影响，如拱肋上船牵引速度、潮水波动周期、驳船排水速度、分仓的综合影响等。在拱肋上船之前承包商根据水文气象资料对潮水水位变化情况进行了准确的计算，调整匹配了驳船的排水系统，安排了分仓抽水计划，相应地计算牵引速度，保证了 4 者的协调。

2. 滑移支架、滑道及上船准备工作

主拱肋中段的上船专用滑移支架共 4 个配成 2 对，作为上船时的支撑点，与拱肋之间均采用铰连接，下部为一多层铰支梁分配系统（图 3-185），每个滑移支架通过八块钢板在滑道上滑移，应力可以通过钢板均匀分配到滑道上。滑移支架用钢桁架横向连接成前、后组，前后两组滑移支架间用钢绞线相连，并在滑移前预拉收紧，使 4 个滑移支承支架成为一个整体同时移动。

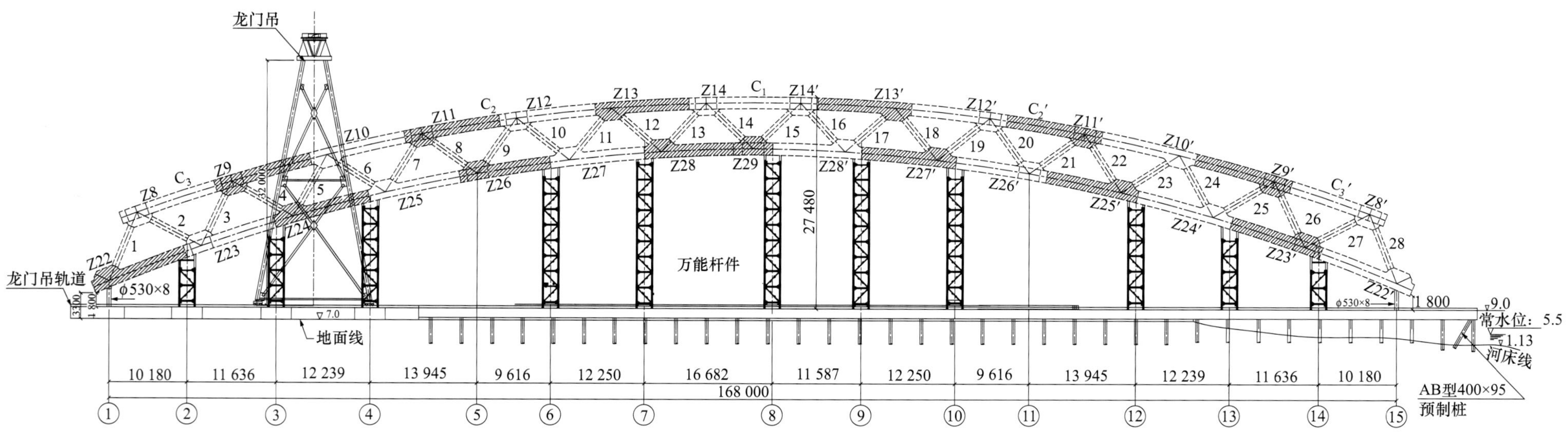

图3-181　主拱主跨中段拼装示意图（单位：mm）

图3-182　主跨主拱中段拱肋拼装实况（一）

图3-183　主跨主拱中段拱肋拼装实况（二）

图3-184　正在安装主跨主拱中段上船专用支架

码头上的滑道采用钢筋混凝土浇筑，滑道的混凝土面在浇筑时精确找平并用磨光机打磨光滑，铺设 10mm 厚钢板，涂抹黄油和四氟乙烯粉等润滑剂以减小滑动摩阻力。

半潜驳船的甲板上铺设两排长约 96m 由 20～32mm 厚的钢板焊接工字形的滑移轨道。过渡梁由 20～30mm 厚的钢板焊接成钢箱形式。

（1）滑移支架

由于拱肋中段自身质量达 2 850t，空间尺度大，而且要适应拱肋上船水平移动过程中潮水水位及船体高程的不断变化，滑移支架能否很好地克服船与码头的高差变化而顺利滑移关系到主拱肋上船的成败，因而对滑移支架的要求相当高，设计难度很大。经过多次反复研究，最终确定采用组合多层铰接梁式上船机构，构思巧妙。 上船机构的具体构造如图 3-186～图 3-191 所示。

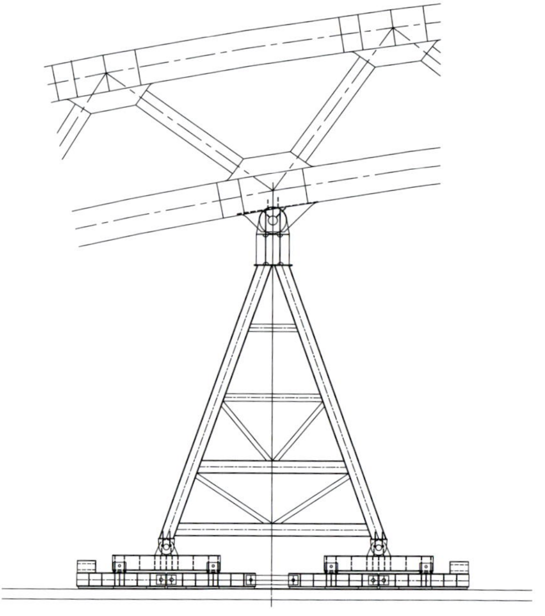
图3-185 主拱肋中段上船专用支架示意图

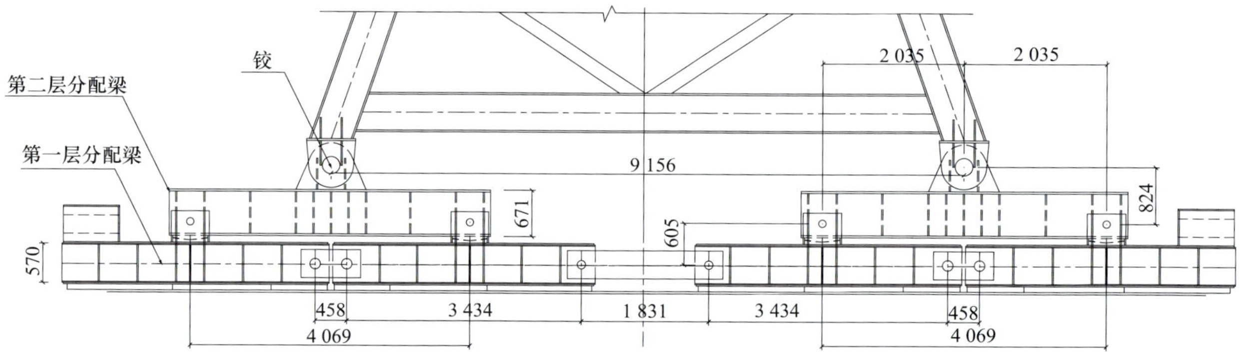

图3-186 主拱肋中段上船专用支架大样（单位：mm）

图3-187 主拱肋中段上船专用支架正在安装，下部采用了铰接分配梁作为行走机构

图3-188　主拱肋中段上船专用支架及分配梁安装完毕，临时系杆也进行了张拉，主拱中段准备上船

图3-189　滑移支架上节点

图3-190　上船滑移支架下节点构造

图3-191　支架分配梁节点

（2）滑道及过渡梁

半潜驳船甲板上铺设两排长约96m、厚20～32mm的钢板焊接成工字形的滑移轨道。过渡梁由20～30mm厚的钢板焊接成钢箱形式。过渡梁可以在拱肋缓慢移动上船时将拱肋的荷载逐渐加到驳船上，给驳船留出排水提供平衡浮力的时间，从而保证驳船滑道与码头滑道标高一致。

码头上的滑道采用钢筋混凝土浇筑，滑道的混凝土面在浇筑时精确找平并用磨光机打磨光滑，表面铺设10mm厚钢板，涂抹黄油和四氟乙烯粉等润滑剂以减小滑动摩阻力。过渡梁及滑道如图3-192～图3-194所示。

（3）上船准备工作

① 主拱肋上船前需先张拉部分临时系杆（图3-195），安装监控传感器系统。

② 验算驳船的甲板承载能力和验算驳船的抗倾覆能力。

③ 驳船改造、加固及配重。

④ 驳船上安装滑道和液压千斤顶及支座。

⑤ 驳船配置发电、排水设备。

⑥ 落实气象条件，联系封航事宜等。

3. 主拱中段的纵移牵引上船

承担本桥浮运任务的半潜驳船“重任 1 602”号主尺寸为 $L \times B \times D$=121.9m × 30.48m × 7.62m；排水量为 16 000t。上船方案如图 3-196 所示。

图3-192　过渡梁与岸上混凝土滑道的接驳

图3-193　主拱肋中段上船用工字型滑道（驳船上）

图3-194　正在安装过渡梁

图3-195　主拱肋上船前先张拉部分临时系杆

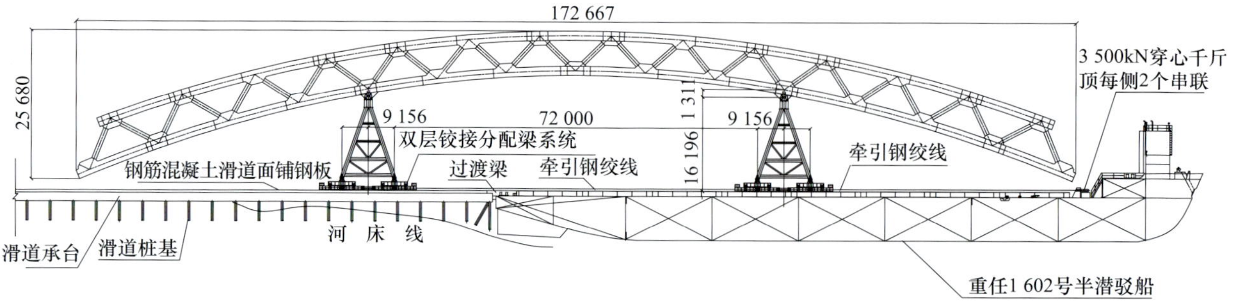

图3-196　新光大桥主拱中段牵引上船示意图（单位：mm）

由拖轮将驳船拖到拼装场码头，布锚靠泊，借助锚索的牵引，使船尾对着码头滑道，布设系固缆绳，驳船提前灌注与拱肋相同重量的水进行船舶的压载调节，使船上滑道和岸上滑道的顶部高程相同。调整后收紧船舶各锚缆和定位缆；在码头和驳船之间铺设过渡梁，在驳船上对应左、右幅轨道各布置两台 3 500kN 数控液压千斤顶，成串联反相运行，保证同步、连续牵引，利用动摩擦系数较小的特点只需要较小的牵引力、较快的上船速度保证前、后滑移支架组分别在一个潮水高潮期内及时上船。采用 31 束 7ϕ5mm 钢绞线作为纵移牵引索。为了减小静摩擦力便于启动，开始阶段钢板下垫有小块聚四氟乙烯板。

第一阶段在涨潮将近高潮时将主拱肋中段前滑移支架拉移上船。在此过程中，主拱肋前组滑移支架经过过渡梁逐渐移至驳船尾部，荷载也逐渐加到驳船尾，船尾部有下沉的趋势，此时启动驳船大功率水泵系统分仓排水，保持船体高度维持平衡，利用涨潮、排水的综合效果抵消拱肋的荷载，保证过渡梁、驳船轨道与码头滑道三者的高程在动态中保持一致。主拱肋前支架平滑牵引上船后，一直向船头拉移，直到后滑移支架接近上船位置。

第二阶段在下个涨潮时间将近高潮时将后滑移支架拉移上船。整个主拱中段从 2005 年 12 月 15 日上午 7 点开始正式牵引上船，至 16 日凌晨 3 点连续工作约 20h，完成了上船工作，牵引上船时间跨越两个潮水周期，每个支架上船时间连续进行约 3～4h。

主拱中段的上船实况如图 3-197～图 3-204 所示。

图3-197　每边两台千斤顶反相串连，交替加力，通过钢绞线连续不间断牵引主拱上船，保证拱肋与滑道处于动摩擦状态，驳船同时分仓排水提供相应的平衡浮力

图3-198　驳船上铺好了滑道，巨拱准备上船

图3-199　16 000t级的半潜驳船迎接巨拱上船

图3-200 主拱中段大节段准备整体上船，前支架上船前

图3-201 主拱中段大节段前支架已经上船（2005年12月15日）

图3-202　主拱肋前支撑架正在上船，其中前半部分已克服了驳船与码头的高差，顺利通过过渡梁

图3-203　支架滑移1m左右就吃入混凝土滑道，无法移动

图3-204　主拱肋中段上船时岸上滑道钢板的磨损情况

4．上船过程中出现的问题

主拱中段的上船并不是一帆风顺,其中也出现了一个插曲。因为前期重量较轻的主拱肋边段（单片质量 500t）的上船滑道采用了全钢筋混凝土滑道，并成功地完成了滑移上船任务，这使得我们忽略了滑道的摩擦介质问题。2005 年 12 月 6 日承包商在主拱中段第一次上船时尝试使用了全钢筋混凝土滑道。

由于主拱肋中段的重量远大于边段，导致滑板压强过大，加上前后支架之间的联系钢绞线数量较少，拱肋未能成功上船。具体表现为：为了减小静摩擦力，最初上船支架与混凝土滑道间垫有小块聚四氟乙烯板，当牵引油缸加力后前支架开始移动，并通过前后支架之间的联系钢绞线对后支架传递牵引力。而由于前后支架之间的联系钢绞线会发生伸长变形，后支架不会马上同步运动，滑动滞后。随着牵引力的继续增加，前后支架联系钢绞线变形继续加大，传递到后支架上的拉力也增大，最终后支架也跟着运动。在上船过程中当主拱肋中段支架滑移 1m 左右脱离了聚四氟乙烯板后就吃入混凝土滑道。加上滑移支架与混凝土的摩擦力过大而且连结前后支架的钢绞线数量较少，伸长变形量过大，前后滑移支架运动不能同步平稳滑移，后滑移支架在摩擦力的作用下滞后不动，绞线伸长量很大，储存了大量的弹性势能。而在继续加大牵引力时后支架突然克服了静摩擦力，前、后支架都在钢绞线的弹性力作用下发生剧烈的串动，并在拱肋惯性作用下前冲，随后钢绞线发生回缩松弛，牵引力完全丧失。当钢绞线弹性力减小后，支架在摩擦力的阻尼作用下又停了下来。牵引油缸再加力时又重复同样的弹簧阻尼运动，支架及拱肋的反复串动最终导致 2005 年 12 月 6 日的拱肋中段第一次上船行动失败。

其实，对于滑移支架来说，问题远不是那么简单。首先，它的质量已经增加到 2 850t，而且是一体量为 168m × 28.1m × 25.68m 的空间结构，横向横跨在距离 28.1m 的 2 条滑道上，纵向支架距离 81.156m，又为铰支，在这个阶段整个结构的刚度远远小于主拱肋边段的刚度。而前、后支架间仅仅通过钢绞线传递牵引力，形成了弹性连接，更加削弱了结构的整体刚度，这样的结构对摩擦力比较敏感。

在分析了问题的原因后，决定从以下两个方面解决问题：一是改善滑道的状况，减少滑动摩擦力；二是加强主拱肋中段前、后支架间连接刚度，减少钢绞线积蓄的势能，破坏形成弹簧阻尼震动的条件。

为此，承包商用千斤顶将整个滑移支架升起，在混凝土滑道上加铺了 10mm 厚钢板，用膨胀螺栓固定。另外，增加了连接前后滑移支架之间的钢绞线数量，加大前后支架之间的连接刚度，以减少前后滑移支架间的相对位移差。经过改进后，2005 年 12 月 15 日～16 日两天成功地将主拱肋中段平稳牵引上船。

5．主拱肋的固定、浮运与布锚就位

主拱肋中段滑移上船后，立即进行硬加固和软加固工作。硬加固采用型钢焊接将滑移支架固定在驳船的胎架和甲板上，软加固采用钢丝绳缆风索对主拱肋中段上弦进行绑扎，与驳船上的锚固件连接后用 5t 花篮螺丝收紧。在主拱肋中段加固完成后，采用 3 000kN 的浮吊安装主拱肋前端横撑 C3，同时穿挂、张拉临时系杆索，如图 3-205 所示。

重任 1602 号驳船在两提升塔之间就位时，船长方向与水流方向夹角约成 90°，根据水流力的计算结果，驳船需在两端各抛 2 个 14t 的霍尔锚，每个锚缆方向与船成约 45°，锚链长度约 150m。

2005 年 12 月 25 日上午 8 点整，航道开始封航，两艘早已整装待发的拖船立即在长鸣的汽笛声中启航，推动驳船向提升塔徐徐驶去。驳船接近提升塔时放出锚艇，将预先抛出的 4 个 14t 霍尔锚锚绳带到驳船上，由 4 台绞车初步收紧锚缆后再分别收紧、放松锚缆方法精确调整驳船就位，完成了浮运任务，如图 3-206 所示。

图3-205　拱肋上船后用3 000kN浮吊安装主拱肋前端横撑，进行拱肋固定，同时穿挂、张拉临时系杆索

五、主拱肋中段整体提升

1. 主拱中跨提升塔

主拱中跨提升塔是专门用于主拱中跨中段及边段垂直提升施工的辅助设施。提升塔采用三角形桁架式结构，按12.0m标准节制作，共分9段，主塔高108m，主提升塔立柱、支承横梁、吊具等构件采用Q345-B钢。钢管立柱为ϕ1 000mm×20mm和ϕ800mm×12mm；基础分别采用直径为ϕ2 600mm、ϕ1 400mm的冲孔灌注桩，钢护筒壁厚16mm、14mm，施工时将钢护筒打入河床下强风化层不小于1m，采用冲机成孔，嵌入弱风化岩深度不小于5.5m，然后下钢筋笼灌注水下混凝土，混凝土灌注至河床面。河床面以上至塔柱底与钢护筒形成钢管混凝土结构，在支撑横梁上设置砂箱，用于卸架。

为增加主提升塔纵向抗风稳定性，在两个提升塔顶间设有压塔索，共4束5-7ϕ5钢绞线。同时在每个塔顶设有4束25-7ϕ5钢绞线背索，以平衡压塔索和提升时产生的水平分力，如图3-207所示。

提升塔第一节段钢管立柱与桩基钢护筒用型钢进行焊接连接，同时浇筑混凝土，将立柱与桩基固结。第一、二节段采用浮吊安装完成后，安装万能杆件提升桁架，依靠下面已安装的提升塔节段按自升式塔吊原理利用千斤顶进行爬升，逐段安装提升塔（图3-208、图3-209）。提升塔各杆件采用焊接连接。主提升塔安装验收后，利用提升千斤顶、钢丝束、分配梁及预埋在提升塔桩基内的拉索进行预加载试验，以检验提升塔的性能。加载试验装置布置如图3-210所示。

江中两主提升塔塔身结构共用钢材2 045t，塔基础混凝土用量3 700m^3。提升塔全貌如图3-211、图3-212所示。

2. 提升设备及传感器布置

主拱中段结构质量2 850t。根据主拱中段的结构特点，共布置4个提升吊点，考虑吊具和临时系杆等重量，每个吊点的平均载荷约7 700kN，布置4台3 500kN提升液压千斤顶及配套的液

a）

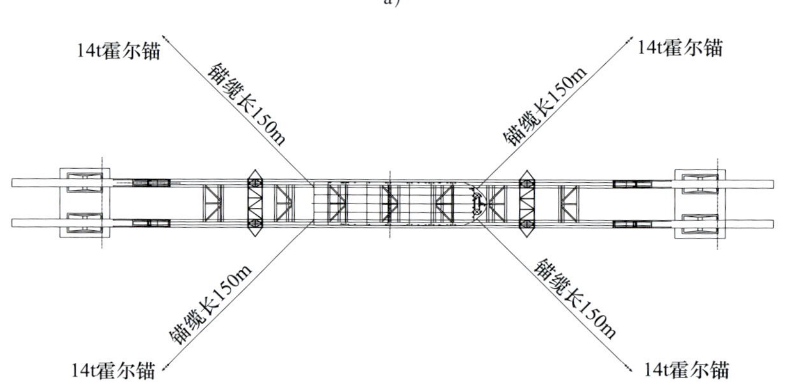

b）

图3-206　主拱就位示意图

a）主拱中段大节段整体在两艘拖轮的推动下向桥位进发，靠近桥位时拖船推动驳船调整姿势，并放出锚艇系住4只锚，利用4台绞盘分别收放锚缆牵引驳船就位；

b）驳船就位锚缆布置图

压泵站，提升速度可达 10m/h，如图 3-213 所示。吊索采用 4×4×31×7ϕ5mm 钢绞线束。本桥提升系统主控计算机通过传感器、智能模块采集现场信息。在每个吊点处安装 1 台长行程位移传感器测量拱肋结构各吊点的提升高度，在每个吊点安装 1 只压力传感器测量各点的荷载压力，在每个提升液压千斤顶上有油缸位置传感器测量油缸行程，与设定的数据比较，通过电磁阀和比例阀控制液压油缸形成闭合控制回路，并通过实时网络系统将数据传输给远处指挥台的控制计算机进行远程监控、指挥。

3．主拱中段提升安装

拱肋整体大节段提升的关键在于拱肋的离船脱架技术，要综合考虑保证拱肋在潮水位变化、半潜驳船的压排水影响、临时系杆索预张力变化、吊索提升力的变化等 4 个因素的共同作用下内

图3-207 提升塔的背索拉力通过数控液压千斤顶调整

图3-208 主拱中跨提升塔正在安装第一节段

图3-209 主拱中跨提升塔采用自升方式搭设（图中正在准备安装第三节段）

图3-210 图中红色箭头所指的是主拱中跨提升塔加载试验用分配梁，通过预埋钢绞线束固定在基础上

应力不致过大。为此在拱肋提升时采用了提升力为主和提升位移为辅的双控法，提升前精确计算了各种提升力和系杆预张力状态下拱肋的内应力范围，在拱肋可以承受的范围内，分级增加提升力和系杆张拉力，同时观察拱肋支撑点的位移，综合调控，保证了拱肋的顺利离船。

在提升中段过程中，吊索倾角由 3.2° 变为 15.4° ，故提升千斤顶张拉力也相应变化。为克服吊装时产生的水平力，分级张拉背索。同时，在拱肋吊点处设置了对拉钢绞线水平平衡索，提升前张拉以平衡吊索的水平分力。

主拱中段浮运至桥位后，抛锚定位驳船，等待低平潮时开始安装提升吊具，这样可以保证吊索不会因潮位下降导致吊索突然受力，连接吊具及提升索加力过程必须在涨潮过程中、落潮前基本完成，从而保证顺利进入拱肋提升施工阶段。

实际浮运、提升过程用了 52.5h，其中浮运就位耗时 8h，主拱肋的吊耳安装、系杆张拉共费时 6h。在落潮时提升力已达到设计提升力的 80%。脱架耗时 3.5h。在拱肋提升至临时系杆高出支架高度后，驳船撤离桥位，解除封航状态，恢复正常通航。浮运提升过程如图 3-214～图 3-218 所示。

图3-211　提升塔全貌

a）

b）

图3-212　提升塔局部

a）提升塔塔顶局部；b）提升塔塔脚局部

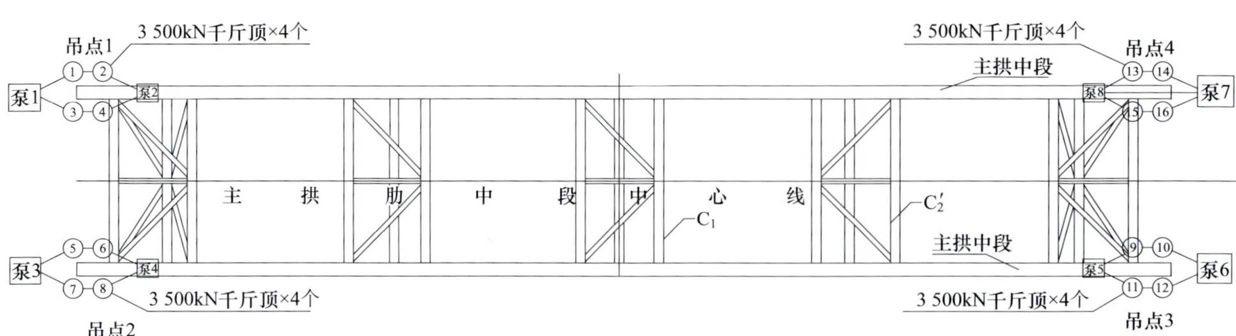

图3-213　主拱中段提升油缸、泵站布置图

六、合龙段安装

1. 主拱中段合龙段施工程序

待主拱中段提升初步到位后，通过提升液压千斤顶微调拱肋安装高程，精调拱肋平面位置、高程和线形后，对拱肋合龙段两端位移进行48h观测。全面测量整拱的线形，测量调整合格后，才能进行合龙段拼装、焊接。根据测量结果，得出合龙温度时合龙段精确长度，切割合龙段弦杆余量，安装合龙段弦杆就位，焊接切割余量端纵向加劲肋板，施拧另一端纵向加劲肋高强螺栓，完成瞬时合龙，随后对拱肋环缝同时对称施焊，完成拱圈合龙。对焊缝进行射线检查合格后，按照设计规定的加载程序释放临时系杆张力和卸架，合龙实况如图3-219～图3-222所示。

主拱中段有两个合龙口，每个合龙段杆件的安装顺序为：腹杆→上弦→下弦。

图3-214　主跨拱肋中段已经基本浮运就位，准备挂索

图3-215　主跨拱肋中段已经浮运就位、挂索，正切除上船支架横撑，留出系杆上升位置

图3-216　主跨拱肋中段已经顺利脱离驳船，拱肋荷载全部由吊索承担

图3-217　拱肋正在提升过程中

图3-218　拱肋正在提升过程中，驳船已撤离

图3-219　拱肋中段已经提升就位，正在进行合龙

图3-220　工人正在进行合龙作业，考虑温度变化调整拱肋长度而预留的两排备用孔不需要用

2. 合龙时间、温度的考虑

拱肋合龙控制应充分考虑温差影响，选择控制实际温度与设计合龙温度差在容许的范围内的最佳合龙时间。

3. 合龙精度

由于新光大桥控制精度很高，主拱的合龙非常成功。拱肋中段经初步调整后腹杆螺栓孔距合龙要求只差 20mm，在等待中午温度升高后，仅用冲钉就实现了主拱中段腹杆的合龙。弦杆合龙段按设计的切割余量切除约 20mm 余量后准确合龙。精度之高是缆索悬拼吊装等其他方法极难达到的。

图3-221　南岸端上游拱肋腹杆已经合龙

图3-222　主跨主拱中段提升就位，腹杆合龙后的全景

七、体系转换

主拱合龙后进行主拱吊杆横纵梁安装，永久系杆索安装。张拉第二阶段永久系杆后，即可进行主拱体系转换：释放临时系杆张力，解除中段和边段竖向支承。此时，拱的内力和轴线将发生变化，其内力和线型与相应阶段的设计内力和线形一致，顺利地完成合龙和体系转换。

八、拱肋大节段液压提升安装施工控制

边拱肋大节段液压提升安装施工控制主要包括以下三个方面：

(1) 液压提升的同步控制，包括提升塔结构应力监控监测整个提升系统提升油缸的动作同步控制，载荷均衡和位置同步控制。

(2) 拱肋结构在提升过程中的应力监控监测。

(3) 提升塔结构在提升过程中的应力监控监测。

对拱肋提升设施结构重点部位的观察，是确保提升安全、顺利进行的一个重要手段，因此在提升过程中，要对提升设施结构各主要部位的焊缝、结构变形、异响、障碍等异常情况进行观察，及时掌握实际情况，及时发现和解决问题。在南岸边拱提升过程中由于观察细致，及时发现三角刚架上的提升架背索锚固端局部强度不够导致变形异常，由于发现及时，及时采取加固措施，排除了隐患，避免了一场严重事故的发生。

第十一节　桥面系施工

一、主跨钢梁安装

主跨桥面系钢纵横梁施工实况如图 3-223～图 3-226 所示。

二、钢梁焊缝检测

钢梁焊缝检测如图 3-227 所示。

三、边跨主纵梁施工

刚性系杆（兼主纵梁）施工利用了边拱提升钢管支架作为模板支承体系，如图 3-228～图 3-229 所示。

四、边跨预应力混凝土横梁施工

边跨混凝土横梁采用吊模施工，利用刚性系杆（兼主纵梁）上的钢导轨支承贝雷架，通过精轧螺纹钢组成横梁吊模，多组吊模可以沿刚性系杆上的钢导轨整体移动，重复使用，如图 3-230 所示。

图3-223　主跨桥面系钢横梁安装施工俯视

图3-224　利用安装在主拱肋上的卷扬机吊装主跨桥面系钢横梁

图3-225　主跨对应边段拱肋区间桥面系钢纵横梁安装施工

图3-226　主跨靠三角刚架处桥面系钢纵横梁安装施工

图3-227　检测人员正对桥面系钢纵横梁焊缝进行超声波探伤

图3-228 南岸边跨刚性系杆（兼纵梁）施工利用边跨组拼支架作为模板支撑

图3-229 南岸边跨刚性系杆（兼纵梁）

五、边跨预制次纵梁安装

边跨预制次纵梁安装实况如图 3-231 所示。

图3-230 南岸边跨横梁吊模施工

图3-231 边跨预制次纵梁吊装后现浇接头混凝土与横梁联成整体

六、桥面板安装及路面施工

桥面板安装实况如图 3-232～图 3-236。桥面沥青铺装层施工如图 3-237 所示。

第十二节 引桥上部结构及桥面系施工

南北岸引桥 3×50m 连续箱梁均采用钢管支架支模，分两次现浇混凝土：第一次浇筑混凝土至腹板顶部，第二次浇筑箱梁面板混凝土，施工实况如图 3-238～图 3-242 所示。

图3-232 预制桥面板吊装

图3-233 钢纵横梁上铺设预制钢筋混凝土桥面板

图3-234 边跨预制桥面板安装

图3-236 预制桥面板间缝隙现浇钢纤维混凝土后，安装钢筋准备桥面板后浇层施工

图3-235 南岸边跨预制桥面板安装及湿接缝施工，混凝土预制桥面板吊装施工时采用顺桥向分幅吊装，以减小桥梁纵向的偏载

图3-237 沥青路面施工

图3-238　北岸引桥箱梁底板、腹板钢筋工程施工

图3-239　南岸引桥箱梁底板、腹板钢筋工程施工

图3-240　南岸引桥箱梁底板、腹板钢筋工程施工

图3-241　南岸引桥防撞栏及桥面后浇层钢筋工程

图3-242　南岸引桥防撞栏及桥面后浇层钢筋工程正在施工

第四章 工程实施阶段业主管理

Gongcheng Shishi Jieduan Yezhu Guanli

新光大桥建成时是广州中心城区最新、最复杂、技术含量最高的桥梁工程项目，建成时主跨跨径位居全国拱桥第三、世界第六。其巨大的水下基础、庞大的三角刚架主墩、大跨度钢拱浮运吊装，技术非常复杂、施工难度大。项目施工周期长达 3 年，总用钢量约 4.5 万吨，混凝土 10 万立方米，施工期间钢材等主要建材价格升幅非常大，工程承包风险很大。工程有大量高空水上作业，过往船舶约千艘 / 日，安全隐患大。针对项目的特点及背景，我们必须研究采取一整套有效的工程管理策略。

业主是工程建设的四大主体之一，负责项目的组织、策划、实施、资源管理、协调管理等工作，对项目的建设导向起着至关重要的作用。为了抓好新光大桥建设，我们坚持运用现代工程项目管理的先进理念，坚持科学管理、和谐管理和创新意识，努力建设精品工程。在项目策划阶段我们就制订了明确的质量、工期、投资控制及安全文明施工目标。整个工程建设管理过程都紧紧围绕上述目标展开，积极运用以系统工程原理、ISO 质量管理、安全管理理论等为基础的现代项目管理理论的方法和工具，提高工程管理的效率，抓好质量、安全、进度、投资等 4 大目标的控制与管理，预先考虑了可能发生的各种问题，提出了预防与解决措施，保证了工程的顺利实施。

第一节　业主的组织管理

业主对各参建单位的管理主要是通过合同进行管理，利用市场机制、经济杠杆和依靠法律制度推动工程建设，严格依据合同对各参建单位进行管理、奖罚，以实现 4 大控制目标、创“精品工程”。

一、组建精干的管理组织机构，实现工程建设管理的高效运作

新光快速路有限公司是由广州市建设投资发展有限公司、广州市番禺交通建设投资有限公司为了建设新光快速路专门合资成立的股份制项目公司，主要任务就是建设新光快速路。新光快速路项目投资巨大、周期长、涉及面广、规模庞大、参建单位多、参建人员素质参差不齐、管理条件复杂。为了保证工程建设的质量、安全、工期和投资控制，建立一个责、权一致、科学高效的项目管理机构是十分必要的。

新光大桥工程是新光快速路项目10个标段中最大、技术难度最高的工程。为了加强对大桥建设的管理，广州新光快速路有限公司专门成立了新光大桥建设指挥部，作为公司的派出机构全权负责大桥建设决策指挥、管理、组织、协调工作，以达到缩短管理链条，加大对大桥管理力度的目的，把质量第一落到实处，全面实现质量、安全、工期、投资控制目标。大桥建设指挥部指挥长由公司总经理亲自挂帅，聘请一位享受国务院津贴的桥梁专家、教授级高工担任常务副指挥长兼总工（在公司内的职务是董事长助理），主持日常工作；精选技术扎实、经验丰富、责任心强的管理人员，实行精干、高效组合。新光大桥建设指挥部常务工作人员仅5人，从指挥长、副指挥长、指挥长助理到2名工作成员，都是具有较高专业水平和管理水平的技术管理人才（见图4-1）。成员具有10～40年的工程管理经验，人员结构呈老、中、青相结合、多种专业人才相结合、高中级人才相结合的结构。工作中扬长避短、特长互补、责任到人、权责对称、配合默契，杜绝了内耗，形成了一个高效务实的项目管理团队。大桥指挥部成员分驻大桥南、北两岸现场办公，做到及时掌握第一手资料、听取各方面意见、发现问题，从实际出发抓住影响工程质量的关键环节，有效地发挥监理工程师、专家、监督工程师的作用，实行科学决策指挥。实践证明，新光大桥建设指挥部的组织策略是成功的。把指挥部建成了一个高效的指挥管理中心，可以有效地实施指挥协调、工程管理、技术决策，变更设计、事故处理、工期控制、计量支付、延期索赔等方面的问题，保证了工程的顺利进行，在新光快速路有限公司各业务部门的配合下成功地管理了新光大桥建设工程。图4-2为主要参建人员现场留影。

图4-1　新光大桥指挥部人员合影

（从右至左为：罗甲生指挥长、张健峰常务副指挥长、李跃指挥长助理、刘晓波工程师、郭欣高级工程师）

图4-2　主要参建人员在南岸边拱肋提升前合影

（左起：王兰文、覃杰、卢汝生、邓真明、罗甲生、张健峰、何志军、段美贵、张玉川、徐升桥、刘晓波、李跃）

二、通过合同组织项目实施

业主在建立了自身的组织机构后通过合同纽带作用构建了整个大桥工程的实施队伍，如图4-3所示。

三、充分利用专家资源，为大桥工程提供技术支持

新光大桥运用了多项现代桥梁技术，特别是拱肋大节段整体垂直提升施工技术，缺乏前人的经验可以借鉴，涉及的专业多，技术要求高。要对这样高难度的工程进行有效管理，势

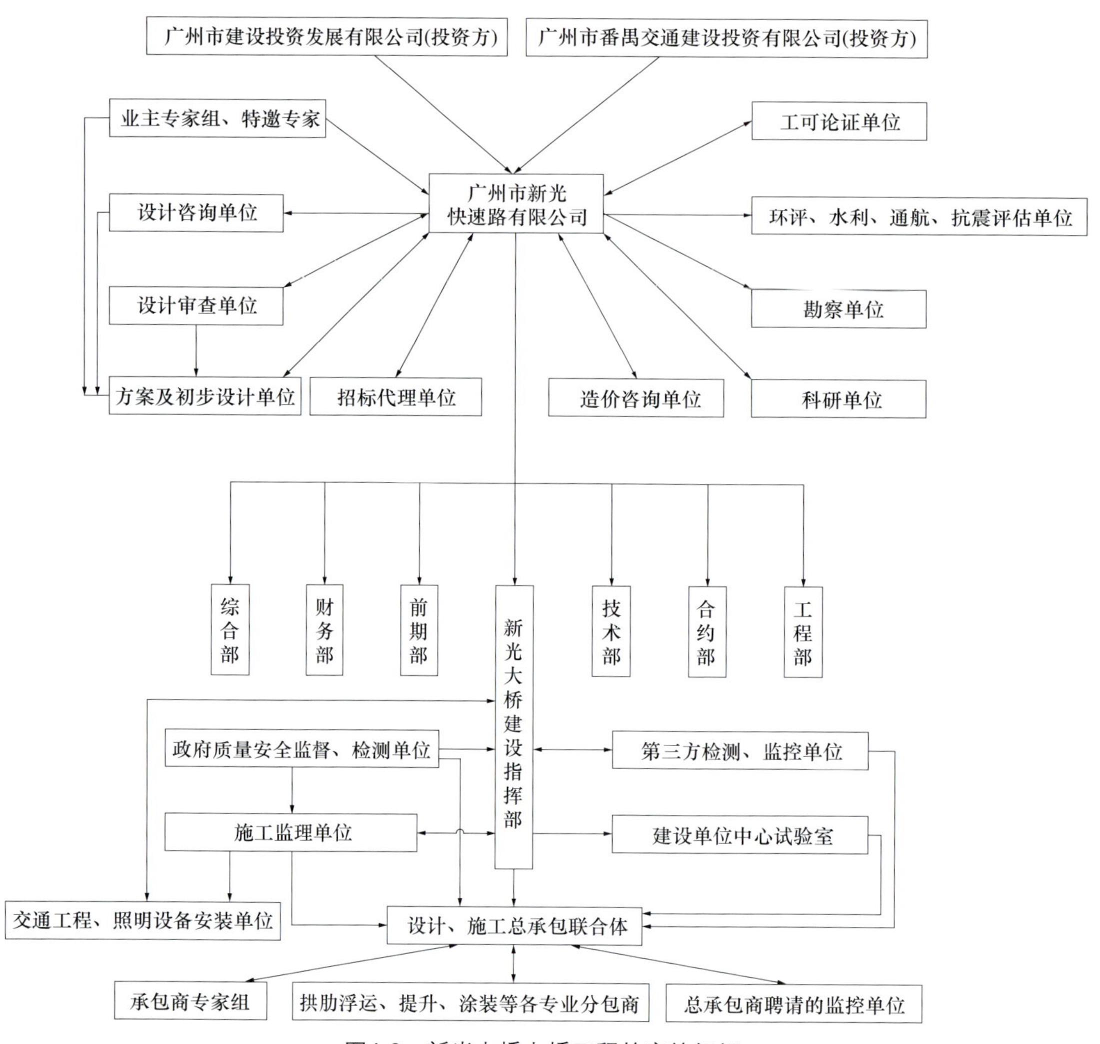

图4-3 新光大桥大桥工程的实施组织

必借助全国专家的力量。为此，在设计阶段我们就专门聘请了包括工程院院士在内的6名全国知名的桥梁设计、施工、管理、科研方面的专家、教授成立了业主的甲方专家组，参与大桥的各项重大决策的技术咨询工作。同时建议承包商聘请了9位有丰富施工和工程管理经验的专家，成立了新光大桥乙方专家组。同时我们还根据工程进展情况，随时特邀各专业领域的知名专家参与技术决策、专题会议。大桥建设过程中前后共邀请了上百位专家出谋划策。

设计阶段我们组织专家对初步方案进行了6次评审，提出了很多宝贵意见，逐步完善了设计方案，对施工图进行了2次专家评审，提出了具体修改意见，保证了施工图的质量。

在施工阶段，大桥建设指挥部多次组织关键施工工艺的专家评审会，认真研究处理工程的重点、难点问题，与会专家前后达200余人次，对钢板桩深水围堰、三角刚架施工方案、边拱提升方案和主跨拱肋组拼、大节段浮运、整体提升及合龙方案、高支模方案和焊接工艺进行了多次评审。仅主拱中段整体浮运提升方案就召开了4次专家评审会，听取到各方面专家的宝贵意见，优化完善了施工方案。

为新光大桥专门召开了新光大桥主体结构施工图设计中间检查会、新光大桥施工图设计协调会、新光大桥深化技术设计评审会、新光大桥主墩承台施工方案设计评审会、广州新光大桥主墩承台施工方案汇报会、新光大桥科研项目实施方案评审会、新光大桥主墩基础围堰施工情况汇报会等大型的专家评审会、汇报会，为新光大桥的设计和施工提供了技术支持和安全质量保证。大桥指挥部2005年4月22、23日在成都组织多名全国知名专家召开的主拱提升方案评审会（第四次会议），会议深入细致地审查了主拱提升方案，提出了很多建设性的意见，为彻底杜绝灾难性安全事故的发生起到了非常重要的作用，图4-4为会议实况。

图4-4　成都主拱提升方案专家评审会
（前右起为：郑皆连、徐公望、钟启宾、邵克华）

通过专家制度，可以广泛利用全社会的人力技术资源，听取到各方面、各专业专家的意见，集思广益，优化了设计和施工方案。实践证明，新光大桥的专家制度是十分成功的。

第二节　管理目标

一、质量目标

新光大桥由于其重要性，加上规模大、技术复杂、科技含量高，从一开始就受到广州市委、市政府领导的重视，也备受国内有关领导和专家的关心，具备很好的创优良样板工程的基础，新光快速路有限公司领导和上级领导一开始就提出要瞄准鲁班奖、詹天佑大奖、国家科学进步奖等高目标，以质量第一的准则，严格管理工程，建精品工程。

为此，新光快速路有限公司明确向承包商提出要确保创建广州市优良样板工程，争创鲁班奖、詹天佑大奖的质量目标。

二、工期目标

新光大桥在招标过程中提出的主体工程工期要求是21个月，按合同应于2004年1月1日开工，原计划主体工程完工时间是2005年9月30日(不包括桥面的沥青路面、交通工程、泛光照明工程等)。

由于新光大桥采用了设计施工总承包的管理模式，合同工期中包含了设计周期。对如此复杂的大桥来说，在实施过程中，事实证明对大桥的复杂性和难度是估计不足的，工期包括设计周期在内仅21个月是不尽合理的。同时，由于大桥主墩位置、主墩施工占用部分主航道，办理前期施工航道占用许可手续费时很长，直到2004年2月17日才拿到南岸水上施工许可证正式开工。大桥开工后又赶上全国性的桥梁特种钢供货紧张，加上施工期间多次遇到强风暴雨，大桥的实际进度滞后。因此承包商提出对原合同工期进行调整。

2005年5月份新光快速路有限公司在组织专家进行论证的基础上，批准了对合同工期进行调整，调整后的新工期计划目标为2006年8月30日前联合体必须完成合同内的工作，之后业主再穿插组织单独招标的沥青路面、交通、照明工程等施工，要求新光大桥在2006年10月30日达到通车条件，即主体工期目标调整为32个月，总工期目标调整为34个月。

三、安全文明目标

不发生重大伤亡事故，不死亡1人；获广州市安全文明双优样板工程。

四、工程投资控制目标

由于合同中规定当市场主材价格剧烈变动时，业主将按政策对超过报价105%的部分进行补差，因此合同金额实际上包含主材材差。工程完工后实际统计主材材差比合同金额增加4.01%。

五、目标管理的指导思想

新光大桥建设管理者运用了系统工程理论指导目标管理工作；运用博弈理论协调各方目标；运用控制论实行目标控制；运用激励理论提高各参建方的积极性。

1. 运用系统工程理论指导目标管理工作

（1）建立了以质量等四元目标为主体的多元目标管理系统

新光大桥是一个庞大的系统工程，业主首先按照全目标控制的思路，以质量、安全、工期、投资四元目标为中心，全面控制工程建设的全过程。实行全方位分解，纵向到底，横向到边，使整个工程系统按照统一的逻辑顺序有序地运行。

（2）妥善处理好质量与进度目标之间的关系

在大型基建工程的质量、安全、进度、投资4大控制目标中，质量与进度是一对主要矛盾之一，它们在施工的全过程中处于对立的统一之中，需要用系统工程理论和辩证唯物观点去协调处理。而在各参建方中，业主对这对矛盾的控制又处于主导地位。新光大桥指挥部的主导思想是："质量进度两手抓，坚持质量第一"。新光大桥原定主体工程完工日期是2005年9月30日，但由于受多种因素的影响，主拱合龙时间严重滞后。这时如果仍然坚持按原定的进度工期完工，势必要求承包商违反科学规律赶工，将会严重影响大桥质量。对此大桥指挥部积极向上级汇报解释合理工期的重要性和盲目赶工可能对质量造成的危害性。在公司的支持下，适时组织召开了专家会议，对进度工期问题进行了认真的讨论，本着事实求是的态度科学地调整了进度工期，并报上级认可。这对保证大桥的最终质量起了非常重要的作用。

2. 运用控制理论实行目标控制

（1）目标的全方位控制

在动态控制思想的指导下，对工程进行全员、全过程、全环节的控制。在工程实施过程中，新光公司、大桥指挥部定期对工程监理和设计施工联合体完成进度、质量、安全等主要目标情况进行节点检查与考评，综合定级和奖惩，以促进各阶段目标的顺利实现。同时根据工程的实际进度动态适时地调整个别节点目标，从而保证最终目标的实现。

（2）加强现场巡视，坚持例会制度，保证信息畅通

根据系统控制理论，对系统进行控制必不可少的是要收集准确的信息。大桥指挥部为此建立了巡视制度，指挥部的成员坚持在现场办公，并坚持每天至少保证有一人巡查大桥施工工地，及时检查、准确掌握了施工中的质量、进度、安全文明施工方面的真实信息。图 4-5、图 4-6 为现场巡视情况。

图4-5 常务副指挥长张健峰（左一）、指挥长助理李跃正在检查5号主墩承台施工质量

指挥部还建立了每周 5 方（业主、设计、监理、总包、钢结构制造）现场联席会议制度，尤其是在工程后期，各种矛盾积压，需适时解决时，业主方主要负责人均参加会议，保证在整个项目范围内各参与方间的信息流通，从而使各方对工程中出现的情况和问题能够及时掌握和解决。

（3）及时反馈信息，实行目标的动态控制

我们在进度管理中运用了甘特图、网络进度计划技术、梦龙软件等技术和工具，分析审核承包商的进度计划，紧紧抓住主墩、主拱施工的关键线路与关键节点进度不放，根据工程进展情况，定期比较了实际进度与计划进度的差异，找出问题的原因并及时采取各种措施加强控制，动态反馈，根据工程的实际情况，二次批准调整了主拱合龙的时间和总体进度计划。

同样，我们对质量、安全等主要目标也分阶段、节点及时总结、审查与考评，提出相应的调整措施，进行动态管理，以保证各阶段目标的顺利实现。

图4-6 张健峰（左二）、高级工程师郭欣（右）正在现场检查拱肋上船浮运准备工作

大桥指挥部对通过巡视、联席会议、抽样检验及第三方监控发现的质量隐患都及时分析、反馈，通过监理公司按施工规范要求进行了处理，以保证项目最终达到质量目标。

在主墩承台混凝土施工过程中，捣完第一层混凝土后，针对施工中出现的问题及时进行了总结，以便指导下一层的施工。比如 5 号墩混凝土浇筑顺序没按施工方案确定的施工顺序施工，混凝土捣完后没及时通冷却水且时断时续，没及时覆盖保温，抽水设备数量不足等问题都采取了相应的措施进行了及时的处理。

主墩三角刚架施工时，每浇筑完成一层混凝土后，都针对施工中出现的问题及时进行总结，同时结合施工监测数据及时采取相应措施。如北岸施工中监测单位及时发现了部分预应力索张拉不够的情况，指挥部及时组织会议讨论分析了问题的原因，要求承包商采取相应措施补张到位。

3．运用激励理论，提高工作积极性

新光公司从完成各项工程目标的角度出发，综合运用多种激励方式，把激励的手段和目的结合起来，有效地激励了各方的工作积极性。

在公司内部为调动员工工作积极性，根据各级的责任目标制定工作准则和奖惩制度，激励员工学习业务和做好工作的积极性。

为了有效激励各参建单位，新光快速路公司、大桥指挥部推出了质量奖、进度奖，开展综合考评活动，建立规范的奖惩制度，加大奖励比例，奖惩通过合同条款进行量化，考评后及时兑现。

第三节　工程管理模式

新光大桥采取了设计方案单独招标、施工图设计—施工总承包的工程管理模式实施工程，推行了设计图纸双重审查制度、施工过程的第三方监测、监控模式、第三方检测模式、生产与科研相结合的模式、重大方案专家会议决策制度、业主聘任专家制度等。

设计—施工总承包的项目管理包模式具有很多的优点，在国际上的复杂大型项目中应用比较多，具有较成熟的经验，同时也培育了一批具有足够实力的总承包牵头企业。而总承包模式在我国起步较晚，由于种种原因应用得并不多。为了探索、充分发挥这一模式的优点，为我国的工程建设服务，新光大桥的建设采用了施工图设计—施工联合体总承包模式，进行了有益的探索和成功的实践，并取得了一定的经济效益。

为了加强施工监控，除在总承包合同中规定承包商必须聘请专业监控单位进行施工监控外，还专门聘请了华南理工大学进行第三方施工监控，聘请了深圳神视检测公司负责大桥钢结构制造的第三方焊缝无损检测。

事实证明，第三方施工监测、监控单位达到了预期的监控效果，起到了业主眼睛的作用。如北岸三角刚架墩施工过程中由于临时系杆在施工过程中套管被振捣棒震破，造成漏浆，临时系杆张拉力传递受阻，通过监控及时发现，避免了三角刚架可能出现拉应力过大引起裂缝的重大质量问题。

第四节　抓住工程建设的主要矛盾

新光大桥工程涉及到规划、勘察、设计、施工、监理、监控、分包商、供货商、技术服务等几十家单位，是一个庞大的系统工程。高峰时期逾千建设大军云集施工现场，管理工作千头万绪。在工作中我们首先根据矛盾论和辩证法的思想，注意抓住工程的主要矛盾。

工程一开始，我们就全面分析了承包商、监理及工程本身和目前国内建筑市场现状的特点，重点抓工程主体各方管理人员的就位问题、监理管理、协调管理和计量审批 4 个主要方面问题；监理管理方面：重点督促监理抓好质量、进度、投资、安全几大问题；工程质量管理：则抓住主要难点如钢结构制造、主墩承台大体积混凝土施工、三角刚架施工和主拱提升施工的管理；进度方面：主要抓好主拱、主墩关键线路；安全方面：主要抓好主拱大节段整体浮运提升、深水围堰、高支模等的安全，防止灾难性事故的发生；投资方面：重点注意计量审批、变更管理工作。

新光大桥的关键工程之一是钢结构制造及安装。根据以往多座大型钢桥的建设管理经验，由于钢结构制造及安装处在关键线路上，且数量大、影响链长、影响因数多，不确定性很大，工程工期的拖延绝大部分都与钢结构制造有关。因此我们从工程一开始就注意抓钢结构制造进度。首先是抓钢结构设计进度，其次督促总承包选择有实力的钢结构分包商、涂料供应商及涂装施工队伍，及早签订钢结构分包合同。有实力的钢结构分包商是钢材的大用户，在材料采购、人员、设备、场地、资金方面有明显优势，为保证工程进度打下较好的基础。施工过程中我们多次派人赴设计单位、钢结构制造厂及钢拱拼装场检查、督促工程进度，利用业主的优势解决了钢拱拼装场地等问题，请上级领导亲临钢结构制造厂加强协调督促进度，有效推动了钢结构工程进展。

由于新光大桥建设期间面临全国性的桥梁用特种钢材紧缺，且钢材备料款数额达 8 千万元，厂家无法承担，故我公司发挥融资能力强的优势，采取了特殊的措施，在收取银行保函、保证资金安全的前提下提前拨付了全部钢材备料款，保证了钢结构厂及时备料，确保了大桥钢结构制造关键工序如期完成。

第五节　建立完善的质保与安全体系

为了抓好新光大桥工程建设，我们从工程一开始就建立健全了一套以业主为质保中心，以承包人为质保主体、“企业自检、监理把关、专家审查、业主管理、政府监督”的 5 级质量保证体系。

首先，要求承包商建立完善的项目质量保证体系、工程管理制度，如方案审批制度、原材料、设备进场前的审批制度、进场检验、过程检验制度、技术交底制度、持证上岗制度等 ，从源头控制施工质量。

其次，要求监理单位制定了严格的监理制度和监理规程，编制了详细的工程项目监理实施细则。

三是业主方面抽调了有经验的管理人员加强管理，重点抓好各种内部管理制度、工程管理办法的制定，严格按合同、建设工程管理程序办事。针对设计—施工联合体模式的特点，大桥指挥部建立了设计图纸三重审查制度（设计咨询、设计审查、专家审查制度）强化设计审查；制定了专家管理制度、业主巡视制度等、重大方案专家会议审查制度等，完善了内部管理。

同时业主配备了中心试验室，推行了施工过程的第三方监测、监控模式，聘请了第三方焊缝检测单位，提供满足工程需要的仪器设备，加强试验检测工作，确保试验检测频率，强化旁站监理工作，坚持生产与科研相结合，科研先行，依靠科学指导生产。

我们还加强与质量、安全监督站的联系，主动邀请质量监督、安全监督人员来现场检查指导工作，借助政府质量、安全监督部门的强制权力保证大桥工程质量、安全。

第六节　业主的质量管理工作

工程质量是工程的灵魂，质量管理是新光大桥一切工作的核心。新光大桥的工程质量的组织保证体系由以下三个层次构成：①监督层：政府主管部门和广州市质量监督站进行总体质量监控；②控制层：新光公司、新光大桥指挥部、设计咨询单位与监理单位进行质量监督与控制；③实施层：设计、施工单位以及钢结构制造分包单位等对各自的产品质量实行自检。

新光大桥指挥部把质量管理放在一切工作的首位，采取了一系列重要措施，重点抓好设计管理、监理管理、人员就位、质量管理体系完善，利用业主的主导地位和经济杠杆对承包商及各参建方作出了正确的导向。

一、抓好设计管理，确保设计质量

1．注重选择好的设计单位

我们通过公开招标选择了全国知名的设计单位作为总承包商的设计单位为新光大桥服务。实践证明所选的设计单位铁道专业设计院是一个优秀设计单位，他们工作认真负责，不搞设计分包和挂靠，坚持设计的科学性，既能密切配合施工，又能坚持原则。

2．实事求是保证质量

按实事求是的精神，给设计单位留合理的设计时间，不盲目抢进度，为此还将原工期目标进行了合理调整。同时，业主定期检查设计进展，保证了设计质量和进度。

3．采用设计监理机制

为了防止总承包商片面追求经济效益过度优化设计，导致大桥无法达到规定的使用寿命、功能和安全储备，我们建立了设计质量监理机制，选择铁道第二勘察设计院负责施工图设计的独立咨询、复核把关，另聘请了四川省交通厅公路规划勘察设计研究院负责施工图的设计审查，实行双重设计审查制度，增加设计质量保障，并组织专家组和特邀专家讨论施工图设计，为保证设计质量建立了第三重保障体系，最后施工图再通过业主审查。设计咨询、施工图审查单位在工程中认真负责，严格把关，确保了大桥设计的正确、安全。有效克服了设计 - 施工总承包模式有可能发生降低设计质量的主要弊端。

二、重点抓好对监理单位的管理，充分发挥监理的质量管理作用

一支好的监理队伍，以及良好的业主、监理间的关系，是搞好施工管理的根本保证。在大桥工程建设管理中，我们根据建设管理程序和招投标文件、监理合同，充分利用监理工程师的专业管理知识，发挥监理公司“三控制、两管理、一协调” 和安全管理的作用。

招标前我们十分注意做好监理招标文件的编制工作和对监理单位的调查了解，以选出最合适的监理单位。标后我们注意规范业主的管理行为，做到不干涉监理工程师的正常管理工作，而按照合同、规范和公司工程管理办法重点抓好督促监理人员的及时到位，加强对监理人员的管理，确保工程参与主体的到位，对人员不到位的违约行为进行重罚。

大桥指挥部要求监理工程师加强对施工单位的标后管理工作，严格监理程序，督促监理工程师有效地开展工作，加强隐蔽工程验收，关键、重点部位施工的旁站监督，部位（工序）工程质量验收，抓好工程的实物和资料质量，定期对监理工程师的工作进行检查、考评，根据其工作态度、成果进行奖罚，通过对监理的管理，间接完成对大桥工程的管理。灵活使用业主的资金审批权力支持监理开展质量、进度、安全管理工作，如出现承包商不按程序违章施工、出现质量问题拒不整改时，坚决支持监理采取罚款、暂停计量进度款等手段，迫使承包商及时整改。

由于新光大桥规模大，技术要求高，相比之下施工技术管理力量比较薄弱，因此更应该重视解决监理工程师的就位问题，督促监理工程师对其加强管理。

为了调动监理的积极性，大桥指挥部还起草了监理工程师安全文明先进个人评选奖励办法，以强化对监理工作的激励进作用。

三、深入细致地做好思想工作，同时充分利用经济杠杆的激励作用

大桥指挥部多次会同监理工程师就南、北岸施工管理处在质量、安全文明施工管理方面存在的问题召开座谈会，督促施工处加强内部管理。采取走出去请进来，组织施工单位的主要管理人员出去学习先进单位的优秀经验，参观样板工地，找到差距，树立品牌意识，调动施工管理人员积极性，消除质量安全隐患。

为了充分利用经济杠杆的激励作用，我们首先在合同条款中明确提出了质量目标。为保证达到广州市优良样板工程，争创鲁班奖的质量等级要求，在合同条款中明确了对监理、总承包单位的质量奖罚条款，实行优质优价，奖优罚劣，保证兑现，调动承包商、监理的创优积极性。如规定获得省优工程奖励合同总价的1%，获国家级奖项将奖励合同总价的3%，鼓励承包商增加创优的投入，提供工程质量创优的原动力。

为了保证大桥施工管理人员就位，我们在合同中规定每缺一位主要管理人员罚款100万元，发挥了经济杠杆的威慑力。

针对承包商在前期管理不严等可能严重影响大桥安全、质量的隐患，指挥部对承包商进行了罚款处罚，引起了非常大的震动，对违反工程管理程序问题起到了警示作用，承包商为此进行了严肃的整改，保证了后面主墩三角刚架安全顺利施工。

四、运用ISO质量管理体系

为了从根本上保证大桥质量，我们在质量管理中首先自觉按ISO质量管理体系的要求规范化业主自身的行为，同时要求、督促、协助承包商建立、健全、贯彻ISO质量保证体系，重点针对影响质量的各要素提出针对性的措施，强化工程质量管理。

1. 抓好人力资源要素，这是一切工作的出发点和基础

为此，业主聘请了自己的专家队伍进行技术咨询把关；在全国范围内公开招标选择优秀的监理队伍和设计施工总承包联合体；花大力气解决监理工程师和承包商项目经理、技术负责人等主要管理人员的就位问题，抓住管理人员的就位、考勤问题不放，制定了严格的违章处罚规定，我们依此定期检查、考勤、奖罚，取得了实效。

工程一开始大桥指挥部就严格按照合同条款要求承包商健全工程管理组织管理机构，安排管理人员就位，并组织监理工程师对照投标文件逐一检查，确保了主要工程管理人员的及时就位。在施工过程中则建立主要管理人员考勤制度，定期检查承包商管理人员的考勤情况，形成无形的压力，为建立完善的质量保证体系打下基础。

其次就是要求施工单位建立、保持完善的质量保证体系，设置合理的项目施工组织架构，各专业工种人员持证上岗，建立以项目为核心的责权利体系，明确各人的管理职责，确定管理层与作业层责任人员名单和岗位责任，各职能部门能各司其职，保证各施工班组严格按施工规范要求施工。大桥指挥部组织监理工程师定期进行检查考评，对工作不负责任屡教不改的人员要求施工单位将其清除出场。

由于措施得力，大桥项目部、南、北两岸施工处、监理的主要负责人和设计代表等都基本按投标承诺常驻现场，确保了工程主要管理人员的到位。

2. 重点抓好质量计划要素的管理

（1）严格编制与审批质量计划

为了保证大桥质量，对于关键工程我们要求承包商编制详细的施工方案，施工方案中要有切实可行的质量保证措施，同时制定施工组织设计实施细则，规定各工序的施工工艺、施工方法、质量

标准及检验手段，保证主体结构的强度、耐久性、表面观感等满足施工规范要求。

大桥指挥部要求业主自己、监理、总承包施工单位都必须按各自目标制定了创优规划。

由于大桥的施工方法独特、新颖，无前人的经验可以借鉴，我们打破常规，要求总承包联合体中的设计单位负责方案中重大、复杂的临时设施（如主墩钢板桩深水围堰支撑体系方案、主墩三角刚架大体积混凝土模板高支撑方案和主拱大段整体浮运提升方案等）的设计，并组织设计咨询、审查单位审核、审查，再组织专家会议对施工方案进行认真讨论审查，然后由监理审核，最后业主代表审批，通过五重审查措施保证了质量计划的正确、完善。

新光大桥指挥部组织各参建单位编制了专用技术、检评标准等一系列的技术管理制度、施工方案，主要有《新光大桥总体施工方案》、《新光大桥钢结构制造及验收规则》、《新光大桥钢结构制造焊接工艺规程》、《钢结构制造工艺方案》、《基坑钢板桩围堰支护专项方案》、《承台大体积混凝土专项施工方案》、《主墩 V 型刚架支模方案》、《提升塔施工方案》、《边跨拱肋组拼提升方案》、《主跨中段大节段组拼方案》、《主跨中段大节段整体上船、浮运专项方案》、《大节段整体提升专项方案》等。

（2）落实施工方案，把好工程质量关

大桥指挥部组织监理工程师认真审批了总体施工方案、总体进度计划和全部的单项施工方案。要求承包商组织施工技术交底，以便各施工管理人员、施工班组了解施工工艺、施工方法，明确施工目标。

为了落实质量计划，我们严格要求施工方案按建设管理程序审批，严格要求承包商按经监理批准的施工方案施工，修改方案后要重新审批，对违反建设程序擅自更改方案的现象进行重罚，以杜绝随意性。我们对重要的临时设施参照永久结构的验收方法，在施工过程中对主要临时设施进行阶段性设计、施工、监理、业主四方联合检查验收，不符合方案要求的部分返工，保证了主要临时设施严格按计划实施。

在 2 号墩承台围堰施工过程中，承包商没有严格按经批准的施工组织设计施工，围堰水平支撑不能满足受力要求，经我们检查发现后，要求施工单位拆除已安装完毕的水平支撑，重新按施工方案的要求施工，消除了安全隐患，保证了承台顺利施工完毕。

3．严格控制分供方要素，严格审查原材料生产厂家和分包资格

为了加强原材料进场前的质量控制，强制执行分供商的资格审查制度。

首先从合同上要求对于主材实行供货商资格审查制度，要求选用省优、部优以上名牌产品，优选供应商。监理、业主代表严格按合同要求进行资格评审，经监理审查生产厂家的营业执照、资质证书、质量保证体系、获奖证书、资质年审、业绩等符合要求后形成合格供应商名单，报业主批准，承包商必须从经批准的材料供应商名单内的供应商进货，从源头把好质量关，杜绝不合格材料进场，并重点抽查。

工程开工后在材料特别是主材订货前，要求承包人申报拟购原材料的材料性能试验报告和生产厂家，我们重点审查了新光大桥的主拱制造、提升分包商、预应力系统、钢材、混凝土、吊杆、系杆、油漆、支座供货商等的资格。

在大桥支座、伸缩缝供应商的确定过程中，总承包商未能提供一家供应商的足够资质材料，因此大桥指挥部明确表示不承认该分供商的资格，直至补充提供完善的申报材料后才进行审批。对承包商与一家合格供应商名单外单位签定的支座供货合同，监理和业主代表亦明确表示不予接受、不予付款，迫使承包商选择名单内的供应商重签合同，保证了所有主要产品均由合格供货商供货。

我们组织监理工程师依据招、投标文件对钢结构制造分包商进行了多方深入考察，最后批准业绩、信誉优良的中铁山桥集团公司作为新光大桥的钢结构制造分包商，为保证钢结构质量打下了良好的基础。事实证明大桥的钢结构分包商不负众望，在非常困难的材料供应和资金条件下克服困难，保证了钢结构制造质量和进度，保证了大桥关键工程的质量，为实现主拱肋高精度合龙奠定了基础。

为了确保原材料的供应质量，我们还对水泥、商品混凝土厂家进行了实地考察。我们组织承包商、监理对主墩承台所用的水泥厂家进行考察，检查水泥厂的生产设备、生产流程、质量保证体系、生产能力等，满足要求后才批准使用；同时我们还多次对混凝土搅拌站进行检查，考查其质量保证体系、生产流程、设备、混凝土供应能力、原材料的储备情况等能否满足施工要求，对其原材料进行了随机抽检。

五、联合验收制度

由于临时设施不是永久结构，施工质量往往缺乏有力的监管，非常容易出现质量问题，导致安全事故发生和影响工程质量，因此我们强化了临时设施的管理，对于事关大桥成败的重要临时设施，实行了临时设施的联合验收制度。大桥指挥部在施工过程中根据工程进度要求监理组织对主要临时设施如深水围堰、三角刚架大体积混凝土模板高支架、拱肋大段整体提升塔架等都进行了 4 方（业主、设计、施工、监理）阶段性联合检查验收，其中对边拱提升共 62 个检查项，主拱提升共 108 个检查项进行了清单式的全面检查，对发现的问题及时进行了整改，全部项目确认没有问题后才同意承包人提升。

六、样板先行制度

加强施工过程控制，样板先行。对清水混凝土桥墩、第一块预制板、预制梁、防撞栏要求必须先做样板，通过验收后才能批量施工。南北两岸现场共制作了 5 个样板墩，直到掌握工艺参数，使施工管理人员明确了具体的质量目标。钢结构分包商也进行了焊接样板的焊接工艺评定，经业主组织评定验收后才开始钢拱肋制造工作。图 4-7 为样板墩情况。

图4-7　南岸样板墩

七、第三方质量检测监督机制是确保工程施工质量的重要措施

第三方质量检测是受业主单位委托而对工程质量进行独立质量检测的一种方式，检测单位直接对业主负责，起到业主眼睛的作用，有利于帮助我们准确了解项目的质量、安全状况。为此我们专门聘请了大桥钢结构制造的第三方焊缝无损检测单位，对承包商的自检工作再进行随机抽样复检。桩基础抽芯试验也利用第三方进行独立抽检。同时，还与专业检测机构合作组建了中心试验室，负责常规建材的检验，加强建材的试验检测工作，确保试验检测频率。

八、充分利用政府监督的作用

新光大桥开工前，业主就向广州建设工程质量安全监督站申请安排对新光大桥进行质量安全监督，由广州建设工程质量安全监督站组建了现场监督小组，把政府对工程质量的监督工作落实到施工全过程。指挥部主动支持监督员的工作，满足监督工作要求，施工过程中多次邀请广州建设工程质量安全监督站对工地进行检查指导，及时邀请监督员到钢结构制造厂抽取材料试件，定期邀请监督员到工地进行安全、文明检查、指导文件档案整理工作等。新光大桥质量监督员在工作中认真负责，严把材料抽验关、工序交接关，核查承包人质保体系，并督促落实，在处理工程质量问题时，认真审查方案，检验与评定处治结果，现场质量监督工作的重点放到执法、检查、监督方面，依法监督各参建单位严格执行规范、法规、标准，按程序办事，有力地促进了工程管理工作。

九、主动增加资金投入

新光大桥施工过程中，业主从方便施工、保证工程质量考虑，接受专家、设计、施工、监理的合理化建议，严格按有关程序批准了几十项设计变更和工程变更。比较大的项目有增加主拱钢箱防腐蚀涂装厚度，改用低应力保护层吊杆、系杆等。实践证明，这些变更只花费有限的资金，却可以明显延长大桥的使用寿命，减少很多维护工作量和维护费用，收到了保证工程质量的效果。

十、认真把好原材料质量关

当前的建材市场鱼龙混杂，建材质量差异很大，严把施工原材料质量关是保证施工质量的关键。

（1）做好材料进场前的审批

每次进场前，要求承包商对进场材料的品种、数量、生产厂家进行申报，监理审查后报业主备案，业主代表重点抽查。

（2）做好材料进场后的质量检查

当材料运入现场后，组织监理工程师同承包人一起按规范进行外观检查，审核厂家提供的随车质量证明文件，合格的按照技术规范的检验频率进行监理见证取样，并送中心实验室试验，试验合格的才进入施工流程。

对于进场的建筑主材钢材严格监管，每一批进场的钢材都监督施工单位按要求送检，同时监督检查施工单位按要求送检钢筋接头，钢绞线、波纹管进场后由监理工程师检查外观质量合格并由承

包人提供正确的出厂质量保证书和试验资料后方可卸料。

钢拱肋超厚钢板因货源紧张，业主、监理工程师特批先进货再补充检验附加要求指标，钢板进厂后逐张作超声波探伤时发现900余吨厚板有夹层，全部不准许使用，钢结构分包商自觉更换了钢材供应商进行补充订货。

（3）施工过程中对材料随机抽检

在施工过程中，组织监理人员对各种材料随时进行随机抽样、试验检查，包括商品混凝土的水泥、砂、石、外加剂及钢筋焊接材料、焊接接头、机械连接接头等，发现问题及时纠正处理。

由于主墩承台结构等为大体积混凝土，对混凝土的强度、耐久性、流动性等各项性能要求很高，根据这一特点，在浇捣5、6号主墩大体积承台混凝土的过程中我们重点加强对混凝土搅拌站的管理、生产能力、原材料进行检查 ，监理部采用“旁站”形式对原材料、配合比、降温措施、混凝土的初终凝时间、混凝土出厂温度等进行监理和检验，对发现的少量进场温度偏高的商品混凝土采取了退货处理。

（4）全面实行见证取样制度

组织监理严格按照《监理见证取样制度》对全部的试验取样均坚持旁站进行见证，并送业主中心试验室进行检测，保证了试验数据的真实性。从原材料复验来看，质量情况良好，除约900余吨特厚钢板探伤发现夹层要求承包商重新订货外，全部主材均合格。

除了一般的监理见证取样外，大桥指挥部还特别注意配合政府监督抽检，专门从中铁山桥集团厂内分批随机抽取了15组钢板材试样带回广州送检，经检验全部合格。

十一、妥善解决处理施工中出现的质量隐患

我们的质量方针是“百年大计、质量第一”，对质量问题按“严肃对待、查清原因、科学处治、引以为戒”的原则处理。我们组织监理工程师全程跟踪检查工程质量事故，提出监理报告，审定处治方案，监督返工处治过程，验收处治结果，保证不留隐患。

1．主跨系杆保护层损坏的处理

由于施工方案不完善，施工人员经验不足，保护措施不够，加上少数工人野蛮施工，导致大桥主跨安装的第一根长357m的系杆在安装过程中保护层严重破坏。

系杆可以说是大桥的生命线。质量事故发生后业主及监理工程师立即责令承包商停止施工，严肃进行了处理，邀请监督员共同研究事故的原因和处理措施，要求承包商报废该根系杆，重新更换了一根新系杆。承包商在该次事故中多花费几十万元，受到了深刻的教育。

2．钢结构涂装施工

在工程初期，涂装分包商在杆件表面除锈处理施工中质量不够稳定，监理召集涂装分包商管理、技术人员分析原因，发现主要是在打砂过程中，未按《涂装施工组织设计》要求对矿砂进行筛选，反复使用导致涂装面粗糙度达不到设计要求。因此监理提出了要求油漆施工要严格按规程施工，增加涂装除锈设备，购置筛选机械对矿砂进行筛选的解决方案，并对粗造度达不到要求的杆件责令返工。

检修梯现场焊接损伤了成品钢结构油漆，承包商没有遵循监理工程师先焊接维修梯再进行涂装的指示，监理工程师专门发出监理通知，提出具体的拱肋钢结构油漆的产品保护处理意见。要求二次涂装要严格按规范制定措施方案，报监理审批、完工后专门组织验收，返工费用由承包商负责，确实保证大桥防腐性能及外观质量。

3．三角刚架混凝土外观质量

由于大桥拱座及三角刚架的尺寸太大，且混凝土标号分别为C40、C50，水化热影响非常大。为了减少水泥的水化热，设计采用了粉煤灰掺量很大的大体积低水化热混凝土配合比，防止温度应力的效果较好，但混凝土表面观感较差。对施工中出现的局部混凝土表面质量问题，专门补充制定了混凝土表面质量问题处罚规定，指挥部组织监理部加强对模板工艺的监督检查并收到一定的效果：承包人对因周转次数较多而影响三角刚架的混凝土外观质量的组合木模模板面板进行更换，后来三角刚架混凝土外观质量进一步提高。

十二、落实质量责任，抓好验收工作

新光大桥经动静载试验达到设计要求的技术指标和国家标准后，最终由广州市新光快速路有限公司、广州建筑工程质量监督站、四川铁科建设监理公司、设计—施工总承包商、工程地质勘察单位按规定的验收程序共同验收。

新光大桥建成通车以来，在近2年的营运过程中未出现任何大的质量问题，说明质量检评结论真实可靠，符合实际。这是各参建单位团结协作、重视工程质量管理取得的成果。

第七节　进度管理工作

新光快速路是广州市新中轴线上的主要通道，而新光大桥是决定新光快速路能否按时通车的关键控制点，如新光大桥工程不能完工，将造成新光快速路全线不能按时通车，对广州市交通组织影响很大。

一、计划进度

新光大桥工程于2004年1月1日开工，主体工程原合同工期21个月，原计划主体工程完工时间是2005年9月30日（不包括桥面的沥青路面、交通工程、泛光照明工程等单独招标部分）。

由于多种因素的影响，新光大桥的实际进度滞后。因此主体工程承包商提出对原合同工期进行调整。为了保证大桥的质量，2005年5月份新光快速路有限公司批准将主体工程合同工期调整为32个月，2006年8月31日前联合体必须完成主体工程合同内的工作。之后新光快速路有限公司再组织沥青路面、交通工程、泛光照明工程等单独招标的工程施工，争取在2006年10月30日达到通车条件（即总工期34个月）。

二、实际进度情况

1．土建工程进度

本工程合同开工日期为2004年1月1日。2003年12月8日举行新光快速路动工奠基典礼。2003年12月23日新光大桥举行象征性的开工仪式，开始基础施工准备。

2004年2月3日北岸第一根桩3号墩桩基开钻。2月8日北岸5号主墩第一根桩Z5-36号开始钢护筒的插打。2月17日南岸拿到水上施工许可证，2月18日关键工序南岸栈桥正式开始施工。2004年4月4日5号主墩浇筑第一根桩，7月上旬完成了全桥162根桩基约7 400m^{3}水下混凝土

的施工。

2004 年 6 月 23 日 5 号、6 号墩围堰钢板桩正式插打，7 月 21 日 6 号墩钢板桩围堰合龙，10 月 9 日 5 号墩围堰抽干浇筑第一块垫层混凝土，10 月 17 日 6 号墩围堰干封底浇筑第一块垫层混凝土，11 月 3 日 5 号承台浇筑首层混凝土，11 月 2 日 6 号承台浇筑首层混凝土。

经过艰苦奋斗，到 2004 年 11 月 26、27 日承包商分别完成了 5 号、6 号主墩承台混凝土工程。至此，大桥全部 10 个承台钢筋混凝土工程已经完成，共浇筑了约 24 000m^3 钢筋混凝土，大桥建设难度较大的水下工程施工阶段胜利完成。

水下工程完成后，承包商的工作转到桥墩施工和主拱拼装施工。下部构造于 2004 年 12 月 1 日开工，2005 年 7 月 31 日完工，其中最主要的是 5 号、6 号主墩三角刚架施工。过程中穿插主拱组拼、提升塔施工。

大桥上部构造于 2005 年 8 月 15 日开工，2005 年 9 月 14 日南岸边拱开始提升，9 月 21 日北岸边拱提升，12 月 25 日主拱开始浮运、提升，2006 年 1 月 25 日主拱合龙焊缝全部完工。

2006 年 6 月底主体工程基本完成，开始桥面铺装及附属工程施工，至 2006 年 10 月 10 日完成全桥桥面铺装，2006 年 11 月 22 日～27 日进行了大桥动静载试验。

历经 36 个月的艰苦建设，2007 年 1 月 16 日新光大桥通过工程交工验收。2007 年 1 月 20 日举行了通车典礼，新光大桥正式通车投入运营。考虑到总工期包括了半年的施工图设计阶段，与同类型大桥相比，建设工期是相当短的。

2．钢结构进度情况

2004 年 8 月 10 日大桥指挥部收到钢结构正式施工设计图，9 月 9 日钢材开始进厂，10 月底钢结构制造规则已经编制完成，11 月 5 日腹杆已具备开工条件并开始加工，钢结构于 11 月 15 日正式开工制造，2005 年 11 月 30 日完成全部钢结构制造。

为了落实保证新光大桥的工期，在设计 3 次变化的不利情况下，中铁山桥集团领导层及广大职工做出了艰苦的努力，克服了种种困难，在钢材供应十分困难的情况下想方设法配置钢材资源，最终在 2005 年 4 月底配齐了新光大桥所需的全部钢材，解决了影响钢拱制造进度的主要矛盾，安排了 4 条生产线，全力以赴生产新光大桥的钢结构件，使得厂内新光大桥钢结构制造得以顺利进行。

2005 年 4 月 5 日，主拱肋预埋段已制造完毕，等待装船发运。2005 年 5 月 15 日北岸三角刚架上拱脚段预埋段第一节段安装就位；5 月 28 日 900t 主拱肋预埋段已全部吊装就位。

3．实际进度与计划进度的比较

从实际进度与计划进度的比较来看，大桥主墩、主拱施工的关键线路上的几个主要高难度项目延期：

(1) 围堰施工滞后，由于钢板桩的刚度低，围堰的支撑系统工程量庞大，施工安装进度比较缓慢，造成进度滞后，共耗费 106 天，比计划的 45 天大大增加。

(2) 主墩三角刚架施工难度远超过预想，原计划工期 90 天，实际施工 191 天。

(3) 大桥钢结构制造工期由于受全国性的钢材供应紧缺、设计变化等多种因素影响从原计划的 180 天延长到 264 天。

(4) 主拱提升塔制造完成的时间也从 2004 年 9 月 18 日延迟到 2005 年 5 月 17 日。

4．实际进度与计划进度的比较图

新光大桥实际进度与计划进度的比较如图 4-8 所示。

标识号	任务名称	工期	开始时间	完成时间
1	开工前期准备工作	60 天	2004年1月1日	2004年3月1日
2	主拱中段提升塔制造	194 天	2004年10月28日	2005年5月10日
3	5号墩水上工作平台及栈桥	50 天	2004年1月27日	2004年3月17日
4	5号墩桩基础	109 天	2004年3月11日	2004年6月28日
5	5号墩钢板桩围堰	105 天	2004年6月23日	2004年10月6日
6	5号墩承台	54 天	2004年10月3日	2004年11月26日
7	5号墩拱座	45 天	2004年11月26日	2005年1月10日
8	5号墩三角刚架支架	120 天	2004年11月26日	2005年3月26日
9	5号墩三角刚架	190 天	2005年1月25日	2005年8月3日
10	5号墩刚架上提升架	116 天	2005年7月10日	2005年11月3日
11				
12	6号墩水上工作平台及栈桥	50 天	2004年2月20日	2004年4月10日
13	6号墩桩基础	93 天	2004年3月26日	2004年6月27日
14	6号墩钢板桩围堰	106 天	2004年6月23日	2004年10月7日
15	6号墩承台	53 天	2004年10月5日	2004年11月27日
16	6号墩拱座	42 天	2004年11月28日	2005年1月9日
17	6号墩三角刚架	191 天	2005年1月19日	2005年7月29日
18	6号墩刚架上提升架	61 天	2005年9月1日	2005年11月1日
19				
20	主拱中段提升塔基础	135 天	2004年10月5日	2005年2月17日
21	主拱中段提升塔安装	228 天	2005年3月18日	2005年11月1日
22	主拱提升塔中段提升加载试验	10 天	2005年12月1日	2005年12月11日
23	4号墩桩基础	130 天	2004年3月1日	2004年7月9日
24	4号墩承台	45 天	2004年8月8日	2004年9月22日
25	4号墩墩柱帽梁	89 天	2005年2月5日	2005年5月5日
26	4号墩处提升塔施工	137 天	2005年5月6日	2005年9月20日
27				
28	7号墩桩基础	125 天	2004年3月1日	2004年7月4日
29	7号墩承台	60 天	2004年7月24日	2004年9月22日
30	7号墩墩柱帽梁	85 天	2005年2月5日	2005年5月1日
31	7号墩处提升塔施工	134 天	2005年5月2日	2005年9月13日
32	钢结构制造准备工作	126 天	2004年7月2日	2004年11月5日
33	边拱肋钢结构制造	235 天	2004年11月5日	2005年6月28日
34	主拱肋钢结构制造	268 天	2004年11月5日	2005年7月31日
35	钢横纵梁制造涂装	191 天	2005年4月10日	2005年10月18日
36	钢结构海运	310 天	2005年4月28日	2006年3月4日
37				
38	北岸边拱组拼支架施工	132 天	2005年3月20日	2005年7月30日
39	北岸边拱肋组拼	90 天	2005年6月17日	2005年9月15日
40	北岸边拱肋提升就位	5 天	2005年9月21日	2005年9月26日
41	北岸边拱肋合龙	3 天	2005年9月26日	2005年9月29日
42	北岸边跨系杆现浇及三角刚架上横梁施工	51 天	2005年10月5日	2005年11月25日
43	北岸边跨吊杆安装	49 天	2005年12月10日	2006年1月28日
44	北岸边跨纵横梁及三角刚架横撑施工	83 天	2006年2月1日	2006年4月25日
45	北岸桥面板预制	273 天	2005年9月1日	2006年6月1日
46	北岸边跨桥面板安装	59 天	2006年5月10日	2006年7月8日
47	北岸边跨防护栏、桥面铺装、伸缩缝	95 天	2006年7月12日	2006年10月15日
48				
49	南岸边拱支架	90 天	2005年5月1日	2005年7月30日
50	南岸边拱组拼	90 天	2005年6月17日	2005年9月15日
51	南岸边拱肋提升就位	5 天	2005年9月14日	2005年9月19日
52	南岸边拱肋合龙	6 天	2005年9月19日	2005年9月25日
53	南岸边跨系杆及三角刚架上横梁施工	50 天	2005年10月1日	2005年11月20日
54	南岸边跨吊杆安装	16 天	2005年11月24日	2005年12月10日
55	南岸边跨纵横梁及三角刚架横撑施工	90 天	2006年1月20日	2006年4月20日
56	南岸桥面板预制	273 天	2005年9月1日	2006年6月1日
57	南岸边跨桥面板安装	52 天	2006年5月10日	2006年7月1日
58	南岸边跨防护栏、桥面铺装、伸缩缝	101 天	2006年7月1日	2006年10月10日
59				
60	主拱肋组拼支架	91 天	2005年4月5日	2005年7月5日
61	主拱肋边段组拼	62 天	2005年7月10日	2005年9月10日
62	北岸主拱边段浮运提升就位及合龙	16 天	2005年10月24日	2005年11月9日
63	南岸主拱边段浮运提升就位及合龙	22 天	2005年10月13日	2005年11月4日
64				
65	主拱中段组拼	111 天	2005年8月1日	2005年11月20日
66	主拱中段上船	10 天	2005年12月6日	2005年12月16日
67	主拱中段浮运、提升及合龙	31 天	2005年12月25日	2006年1月25日
68	主拱吊杆、横梁安装	78 天	2006年2月1日	2006年4月20日
69	主拱纵梁及人行道梁安装，高程调整	41 天	2006年3月10日	2006年4月20日
70	钢横纵梁面漆涂装	15 天	2006年4月20日	2006年5月5日
71	边拱肋面漆涂装	75 天	2006年8月1日	2006年10月15日
72	主拱肋面漆涂装	71 天	2006年8月10日	2006年10月20日
73	主拱系杆安装/张拉	75 天	2006年4月6日	2006年6月20日
74	主拱卸架及主拱提升塔拆除	80 天	2006年5月1日	2006年7月20日
75	主跨桥面板\护栏及人行道板安装	81 天	2006年4月30日	2006年7月20日
76	主跨桥面铺装、伸缩缝	80 天	2006年8月1日	2006年10月20日
77	清理现场交工验收	22 天	2006年10月10日	2006年11月1日
78	动静载试验	6 天	2006年11月22日	2006年11月28日
79	举行通车典礼	1 天	2007年1月20日	2007年1月21日

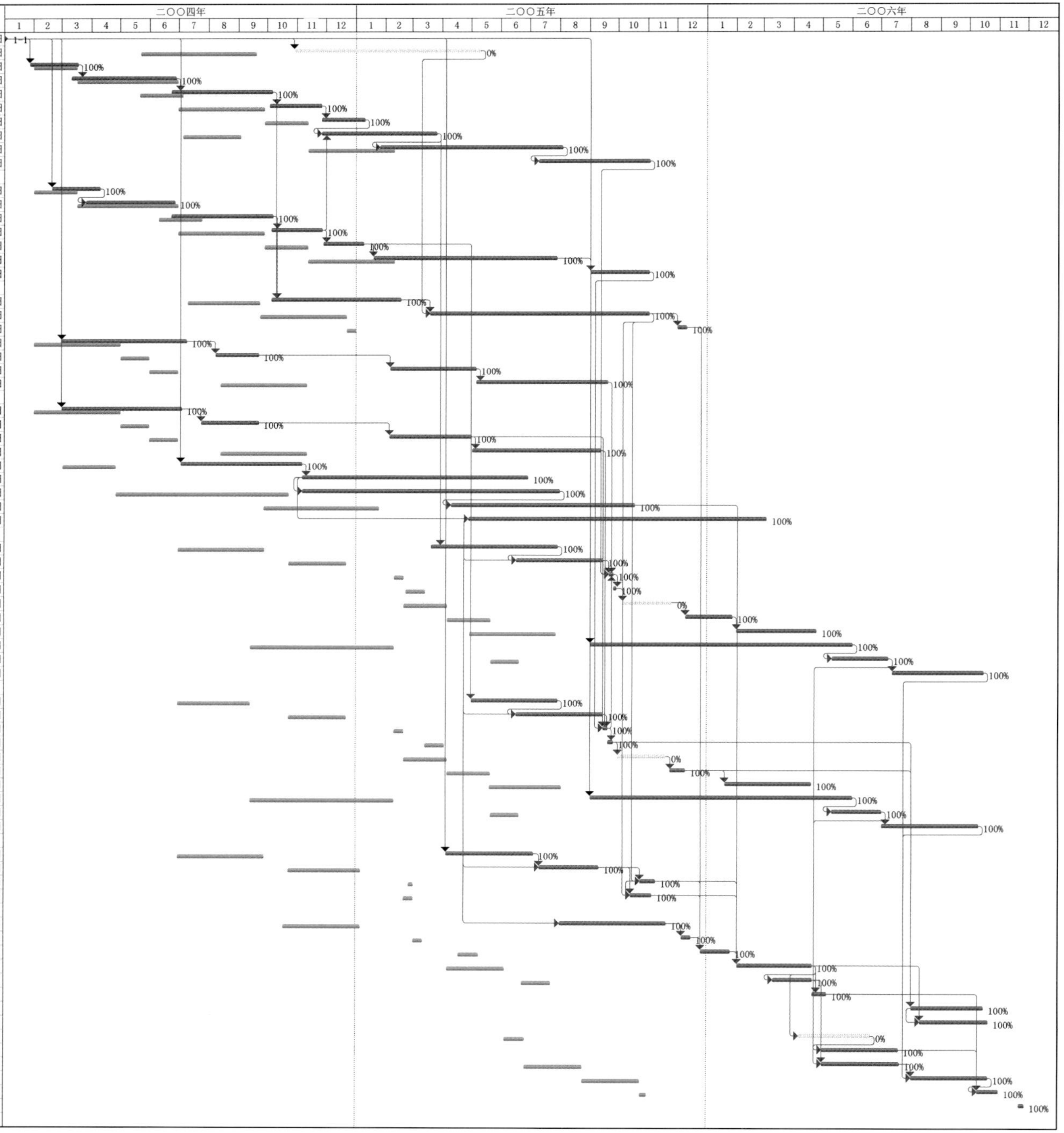

图4-8　实际进度与计划进度的比较图

三、新光大桥主体工程大事记

新光大桥主体工程大事记见表4-1所列。

新光大桥工程大事记　　表4-1

时　间	事　件　及　过　程
2003.12.8	新光快速路全线举行开工典礼
2003.12.23	新光大桥举行开工仪式
2003.12.23	上午10：00，2号墩栈桥开始搭建施工，插打第一根钢管桩
2004.1.27	上午，5号主墩搭建栈桥，第一根钢管桩开始插打施工
2004.2.15	下午，第一根桩基Z3-5#验收，准许进行混凝土灌注，13：45开盘，15：57结束
2004.2.17	拿到南岸水上施工许可证
2004.2.18	关键工序南岸栈桥开工
2004.2.19～20	新光大桥主体结构施工图设计中间检查会（北京）
2004.3.11	5号墩第一根桩基开孔，Z5-35#放样，经对钢护筒复测，准许开始冲孔
2004.3.13	新光大桥施工图设计协调会（成都）
2004.3.19	HPC专题交流会召开，下午铁专院、业主代表、监理单位、施工单位在项目部会议室召开关于HPC配合比专题交流会
2004.4.4	5号墩浇筑第一根桩（样板）验收合格后，市质监站、业主、监理、施工在北岸会议室召开“样板验收会议”，一致通过同意进行混凝土浇筑。14：20开盘，23：10结束
2004. 4.22～23	“广州市新光大桥深化技术设计评审会” 在广州丽江明珠酒店召开
2004.4.25～27	对山桥集团工厂进行考察，提出考察意见，签订《钢结构分包合同》
2004.4.30	超声波检测桩基Z3-5，抽芯检测Z3-5合格
2004.6.23	5号围堰钢板桩正式插打
2004.6.24	6号墩最后一根桩基Z6-11#验收，同意进行混凝土灌注，6号墩桩基全部完工
2004.6.28	5号墩最后一根桩基Z5-36#验收，同意进行混凝土灌注，5号墩桩基全部完工
2004.6.28	6号围堰钢板桩正式插打
2004.6.28～29	新光大桥主墩承台施工方案设计评审会（番禺）
2004.7.2	收到修改后的《施工设计图》
2004.7.8	桩基工程顺利完工
2004.7.23	开始承台混凝土浇筑： 3号承台左幅钢筋、模板验收，同意进行混凝土灌注
2004.8.3	广州新光大桥主墩承台施工方案汇报会（番禺）
2004.8.10	收到钢结构正式《施工设计图》
2004.8.16	提交《新光大桥钢结构工程制造及安装监理实施细则》（草稿）
2004.8.31	新光大桥常务副指挥长张健峰主持在山桥召开钢结构设计图纸交底会
2004.9.9	钢料开始进山桥集团工厂
2004.9.20～21	召开新光大桥科研项目实施方案评审会（番禺）
2004.10.9	5号围堰干封底浇筑第一块混凝土
2004.10.12	主拱肋用钢板开始探伤，$\delta=50$mm板探两块均有局部夹层不合格
2004.10.13	新光大桥主墩基础围堰施工情况汇报会（番禺）

续上表

时间	事件及过程
2004.10.17	6号围堰浇筑第一块混凝土
2004.10.28	广州市委书记林树森莅临新光大桥工地，视察安全生产、文明施工
2004.11.2	5号承台底层钢筋制作及模板通过验收。11月3日凌晨2点开始浇筑5号承台浇筑首层混凝土
2004.11.2	6号承台浇筑首层混凝土
2004.11.5	腹杆已具备开工条件并开始加工，钢拱肋开始制造
2004.11.16	主拱提升塔基础施打钢护筒
2004.11.26	5号承台第四层混凝土浇筑完毕（全部）
2004.11.27	6号承台第四层混凝土浇筑完毕（全部）
2004.12.5	5号拱座混凝土浇筑（左幅第一层）
2004.12.6	6号拱座混凝土浇筑（右幅第一层）
2004. 12.23	涂装单位海维公司开始筹备涂装工作
2005.3.25	在番禺丽江明珠酒店召开了新光大桥科研进度汇报会，各项科研课题理论分析基本完成
2005.4.2～3	三角刚架模型试验在西南交通大学完成，发现系梁锚固端应力集中问题，提出了处理意见
2005.4.15	主跨钢混过渡结构模型在西南交大结构实验室加载试验顺利完成
2005.4.22～23	主拱提升方案评审会（成都第4次会议）
2005.4.28	第一批主拱肋预埋段28件849吨在秦皇岛装船完毕发运
2005.4.29	边跨钢混过渡结构模型在湖南大学桥梁结构实验室加载试验顺利完成
2005.5.5	晚：第一船8个钢拱肋预埋节段安全运抵桥址工地
2005.5.15	北岸三角刚架上拱脚段预埋段第一节段由300吨的南天马号浮吊吊装就位
2005.5.16～17	山桥集团在广州工地进行电焊工上岗考试；参加考试焊工30人，通过率100%
2005.5.22～28	5号拱脚预埋段安装完毕后，开始微调就位
2005.6.8	南岸提升塔空载运行、试吊后吊装提升塔第二节段
2005.6.9	4号墩系梁混凝土浇筑完成，标志着交界墩下部结构施工全部完成
2005.6.17	广州地区质量安全监督站到山桥厂内进行焊缝超声波探伤抽检共计713.5m
2005.6.20	业主、监理、联合体三方验收北岸边拱支架
2005.6.25	工地钢结构焊接和高强度螺栓施工（北岸边拱）开始
2005.7.6	第三方抽检（深圳神视）第一次工地焊缝探伤
2005.7.19	北岸边拱肋第一节段上弦杆安装就位
2005.7.26	钢结构组拼场地拼装支架验收
2005.7.27	山桥厂内钢横梁组焊开工
2005.7.27	全桥钢结构拱肋部分杆件加工全部完成
2005.7.29	南岸三角刚架混凝土施工完成标志着南岸下构施工完成
2005.8.3	桥面系杆件预拼开始
2005.8.18～19	新光大桥边拱拱肋提升方案评审会在丽江明珠召开，会期2天
2005.9.9	第九批钢结构杆件发运，全桥钢结构拱肋部分杆件发运完成
2005.9.14	南岸边拱肋提升开始

续上表

时　间	事　件　及　过　程
2005.9.23	北岸边拱肋提升开始
2005.9.25	南岸边拱肋合龙段安装焊接完成
2005.9.26	新光大桥主拱拱肋提升方案评审会召开，会期2天
2005.10.6	桥面系钢横梁杆件最后一批报验合格，标志着全桥钢结构杆件制造全部结束
2005.10.13	主拱（南岸）边段下游拱肋滑移上船
2005.10.15	主拱（南岸）边段下游拱肋低位提升
2005.10.18	钢结构杆件山桥厂内加工和涂装全部完成
2005.10.24	主拱（北岸）边段上游拱肋滑移上船
2005.10.30	主拱（北岸）边段下游拱肋低位提升就位
2005.11.4	主拱（南岸）边段拱肋提升就位
2005.11.9	主拱（北岸）边段拱肋提升就位
2005.11.9	召开新光大桥泛光照明工程——连接件设计交底会
2005.11.16	召开新光大桥主拱提升封航施工联席会议
2005.12.16	主拱中段拱肋顺利完成拖移上船
2005.12.25	主拱中段拱肋提升开始
2005.12.27	主拱中段拱肋提升就位
2006.1.15	主拱中段南岸合龙段安装焊接完成，主跨主拱肋全部合龙完成
2006.2.21	主拱中段提升吊点拆除
2006.3.4	主拱最后一船桥面系钢结构杆件运至工地，钢结构厂内加工杆件全部发运完
2006.3.10	北岸会议室召开关于引桥箱梁涨模问题的质量分析专题会议
2006.4.30	施工、建设、监理联合进行全桥安全质量检查，在北岸召开检查讨论会议
2006.5.1	主拱顺利卸架
2006.6.5	业主召开专题会议研究观光通道和人行栏杆的装修方案
2006.6.27	新光大桥桥面全线铺通
2006.6.28	业主组织了一个小型的全线贯通仪式
2006.8.1	桥面铺装开始施工
2006.10.10	完成全桥桥面铺装施工
2006.11.1	新光公司组织交工预验收
2006.11.22～27	为期六天的大桥静动载试验开始
2007.1.20	举行新光大桥通车典礼，新光大桥通车
2007.2.10	新光大桥正式收费营运

四、影响新光大桥工期的主要因素

与国内其他规模相当的桥梁工程相比较，新光大桥工期包含了施工图设计时间，加上技术含量高，施工难度非常大，原主体工程的总承包合同工期的确相对偏短。

影响新光大桥建设的因素非常之多：工程的前期由于办理施工许可手续费时较多、要等待施工图设计、设计咨询、设计审查，进度还受到拆迁、地铁车辆段施工对大桥施工便道占用等的影响；受全国性钢材供应紧张导致钢材订货困难的影响、中期钢结构涂装、运输受风砂、台风等不利气候制约、工艺要求时间限制、主拱提升需要避开台风季节施工和等待主拱浮运所需的船舶调遣和封航审批等多种因素的影响造成工程工期进度一度滞后；还有很多承包商、业主难以控制的客观因素也影响了大桥工程进度。大桥主墩围堰、三角刚架墩、主拱的组拼、提升等关键工序的难度非常之大，远远超出最初的设想，也直接导致了工程实际进度落后于计划进度。

五、进度管理措施

在工程进度管理工作中，作为工程建设管理部门的大桥指挥部面对众多的困难和影响因素，首先必须认真研究困难，抓好施工前期准备，充分发挥业主协调管理的职能，多方协调有关各部门，创造协调环境，通过采取组织措施保证施工力量的到位，科学制定进度计划，加快计量支付，保证建设资金及时到位，完善奖罚制度，充分发挥、利用经济杠杆的激励作用，通过科学管理，加强协调检查等各种方法，组织承包商、监理经过不懈努力，克服了一个又一个困难，促进工程进度。到2005年12月25日，主拱中段开始提升。2006年春节前夕，经过整整两年的艰苦奋斗，大桥主拱全部合龙，这是新光大桥工程从被动到主动的转折点，标志着新光大桥建设进入了一个新阶段。

1．发挥业主的协调作用，创造有利的建设环境

为了加快工程的进度，大桥指挥部充分发挥业主协调管理的职能，利用业主的主导地位积极主动地协调建设有关各方的关系，创造良好和谐有利的周边施工环境，在合同范围和业主能力范围内积极主动地协助承包商解决承包商靠自身力量难以解决的问题，保证工程顺利进行。我们及时为承包商排忧解难，协助施工单位解决临时施工用地的借地、接驳施工用电、环保、航道、海事、城管及与周围其他项目施工单位的关系协调等问题，为开展施工铺平了道路。如承包商原计划的主拱钢结构拼装场地设在汕头南澳岛钢结构分包商的基地处，通过我们及时协调，帮助承包商借用到桥位附近距离不到400 m靠码头的理想主拱拼装场地，减少了主拱大段长途运输的巨大风险和费用，也缩短了关键线路时间，有利于加快工程进度。

2．抓好工程前期准备工作

（1）大桥开工之前，首先要重点解决工程的报建、报监、航道改移等各项工程开工手续，协调好航道监测、维护等工作。为此大桥指挥部和新光快速路有限公司积极与港务、海事部门勾通，协助承包商办理了海事报批、航道使用手续。2004年7月下旬业主组织召开了航道拓宽验收会议，请海测大队对改移的航道进行了复测。8月初请广州海事局主持召开了《新光大桥第二施工阶段通航安全论证会议》、《新光大桥第二施工阶段占用航道安全协调会》等有关会议。

（2）积极解决征地拆签问题，抓紧解决了北岸搅拌站、五金厂拆迁，保证了4号墩的施工。

（3）要求承包商尽早做好各项前期施工准备工作，包括施工便道、三通一平、栈桥施工、施工用房等后勤保障工作；开展混凝土配合比试验及钢材供应等材料保证工作；督促加快施工设计图及施工交底、设计代表进场、编制实施方案等技术保证工作，使承包人进场后便能形成规模生产，连续作业。

3．落实组织措施

（1）首先是督促承包商及时组织施工队伍进场，建立考勤制度，保证建设主体的到位。其次是督促总承包商选择有实力的大型企业作钢结构分包商。

（2）要求承包商加强项目的管理力量，强化项目部的管理指挥职能，统一指挥管理两岸施工处，

严肃纪律性，安排有足够管理经验的管理骨干加强施工处管理，杜绝各种质量、安全事故的苗头。

(3) 要求承包商充分发挥乙方专家组的咨询作用，弥补技术力量的不足。

(4) 为了促进工程进度，多次发涵、约谈总承包商的法人代表，敦促承包商及时安排充足的人力资源，配备足够的设备，拿出部分流动资金，加强经理部的内部管理，按计划组织完成各个节点工期。

(5) 要求新光大桥项目部主要管理人员必须常驻施工现场办公，保证项目主要管理人员特别是主要技术负责人在现场办公的时间，要求联合体将其考勤结果按月报监理工程师和业主代表，规定施工中项目部主要领导成员离开工地应向监理工程师请假并经过批准后才能离开，保证项目主要技术负责人真正到位，认真指导编制、审查主要技术方案，搞好技术交底和图纸会审，督促落实施工方案。

(6) 督促监理单位安排充足的监理人员及时开展监理工作，加快工程步伐。

4．加快计量支付，保证建设资金及时到位

新光大桥施工过程中在因计量支付程序滞后，或承包人计量审核报表不规范，监理审核计量报表不及时等原因，使建设资金不能及时到承包人账户上时，指挥部及时敦促监理加强计量审核，及时根据工程完成情况、支付建设资金。这对保证建设工期是至关重要的。

为了解决资金问题，业主还采取了在收取银行保函，保证建设资金安全的前提下适当加大预付款的比例，提前拨付主拱钢材备料款，有利于施工企业备料；为缓解施工单位的资金压力，业主同意部分大型临时设施如主拱提升塔钢结构仿照主体结构的钢结构分阶段计量；及时支付材料价差；分期支付一部分质量、安全奖，如果竣工时不能达到质量、安全的既定目标，再从保留金中扣回；大桥指挥部还补充制定了技术管理制度，对变更进行分类，小的变更直接审批，以缩短审批时间。

5．完善奖罚激励制度，充分利用经济杠杆的作用

新光大桥指挥部研究制定了节点工期进度具体的奖罚激励办法，将奖励费用落实到关键节点上，组织监理工程师对该计划节点进度完成情况进行考核及奖惩，采用经济奖罚手段促进生产进度，要求承包商在保证施工质量安全前提下，充分挖掘潜力，尽量减少工期的延误，保证每个节点时间目标，最终保证总体工期目标的实现。施工过程中，业主也根据合同对承包商的进度进行了相应的经济处罚。

6．通过科学方法调整进度计划加快工程建设

指挥部从工程一开始就积极抓工程进度，要求承包商组织项目部科学安排进度计划，运用网络技术编制详细的实施性施工总体进度计划，根据竣工时间倒排工期，做好进度计划的落实，穿插施工，科学、合理安排工期，提出关键节点，缩短总工期，针对网络计划中的每个关键节点、每项关键工作提出保证措施，安排得力的管理人员和增大设备、人员投入，具体加以落实，尽全力推动关键线路工程的进展，狠抓钢结构制造协调，同时抓好拼装、运输准备工作，采取有效措施全面推进大桥施工。大桥指挥部多次组织监理部、承包商对照合同规定的关门工期及进度计划网络图的关键节点计划与实际完成时间的差异，研究分析影响工期滞后的真正原因，对症下药，及时、主动解决生产过程中出现的争议、问题，研究加快进度的措施 ，在此基础上及时调整施工进度计划网络图。

7．加强协调检查，推动关键线路进程

为了促进工程进度，我们紧紧抓住关键线路上的5、6号主墩桩基础、承台、三角刚架墩、钢拱肋制造、安装、主桥桥面系等分项、分部工程和工序。

根据多座大桥的经验，钢结构制造的延误是总工期拖延的重要原因之一。为了加强对钢结构制造的管理工作，自大桥工程一开始，大桥指挥部就想方设法采取了多种措施，注意防止钢结构关键节点进度滞后这一通病，采取了提前抓钢结构制造的特殊措施。大桥指挥部前后10次派人赴设计单位、钢结构制造厂，并经常到钢拱拼装场，检查、督促钢拱制造工程进度，加大协调力度，协助承包人解决资金困难问题和协调总承包、钢结构分包商关系，在关键阶段及时赴厂检查产品质量等。

指挥部要求联合体法人及高层领导要对工期问题引起高度重视，亲自过问，切实注意进度滞后的严重性和总工期的严肃性，组织得力人员采取积极的措施与钢结构分包商高层领导协商，督促山桥集团制定赶工计划和具体的措施，优先安排多条生产线、配备足够的设备和人力资源，制订满足分包合同又实际可行的钢结构进度计划，采取实际有效的行动，改善进度管理，通过各种努力采取各方面的措施按期完成履行钢结构分包合同。另外，通过加强对钢结构加工、涂装的管理，减小涂装返工率，督促山桥厂增加预拼场地，加快了进度。此外，还督促承包人采取提前配置材料、设备、稳定充实施工力量、优化施工方案等多种进度措施。

8．利用联席会议建立工程进度综合协调机制

联席会议由新光公司总经理、大桥指挥部指挥长主持，公司各部门负责人、承包商项目部负责人、总监理工程师、主要分包商负责人、监控负责人等有关人员参加，能拍板的问题当场拍板，不能当场拍板的则提出时间要求，落实到人限期解决，有力协调了公司各部门、建设各方的工作，减少了因为资金问题、变更问题引起的扯皮现象。

9．妥善处理好进度与质量、安全文明施工的矛盾问题

质量、安全与进度的必然有突出矛盾，它们是互相依存又互相矛盾的三个方面。协调处理得当，三者可以互相促进，协调处理不当，管理失控，或者顾此失彼，或者互相制约，都会影响工程效益，造成不良的社会影响。

台风、暴雨等不利自然气候的影响对大桥工期的影响比较大。所以必须在施工技术管理层中牢固树立“预防为主、安全第一”、“管生产必须管安全”的安全管理理念，通过科学管理加快工程进度，避免盲目抢工期，处理好工期与质量、安全的矛盾。

六、对工期进行合理调整

由于影响大桥建设工期的因素复杂，很多因素都超出了承包商和业主的控制范围，大桥进度计划需按工程的客观规律实事求是地进行调整，如果工程合同工期不进行调整会带来很多不利影响：

（1）为了避免无法按合同工期完工可能导致的业主罚款，承包商可能牺牲质量赶工期。

（2）为了赶工期可能强逼工人加班加点疲劳工作，忽略安全防护措施，在大量水上高空作业的情况下增加发生人身伤亡事故的风险。

（3）由于关键工序主墩、主拱施工作业面狭窄，为了赶工期可能造成多处上下交叉作业，带来严重的事故隐患。

（4）为了赶进度可能不顾临时设施的质量，留下重大隐患。

（5）承包商可能采用冒险的施工方法施工。

（6）设备带病工作，缺乏时间进行维修保养，带来很大安全隐患。

为此承包商根据实际进度情况，向业主提出新光大桥工期计划调整的报告。

大桥指挥部对工期高度重视，根据与国内其他桥梁对比，结合承包商的实际施工能力、资源及资金情况，分析研究了承包商提出的重新调整后的总体进度计划，同监理及承包商进行了沟通，于2005年3月28日召集专家会议讨论了承包商提出的调整进度计划，认为为了保证新光大桥的质量安全，工期应综合考虑避开台风季节高空吊装施工、合理的工期需要等因素，并考虑到承包商的实力实际情况，实事求是地进行调整。大桥指挥部根据专家意见调整与优化了进度目标，确定了2005

年10月31日主拱合龙，2006年4月10日完成主体工程的总工期目标。承包商按此重新修订了进度计划。

由于2006年4、5月份番禺地区又连续不断地遇到多次暴雨，加上资金缺口的影响，大桥进度还是受到进一步的影响，新光快速路公司根据实际情况再次批复了进度调整计划，同意联合体在2006年8月30日前完成主体结构合同内工作。

经过多方的不懈努力，承包商在2006年6月底基本完成了合同内大桥的主体结构工程。2006年6月28日业主组织了全线贯通仪式。随后业主组织了单独招标的沥青路面、灯光照明、交通工程等的施工。

第八节 投资管理

一、新光大桥实际工程产值完成情况

图4-9为新光大桥投资完成曲线。

二、投资变化情况

1. 合同模式

新光大桥采用了设计图—施工总承包管理模式，并且主体工程采用了带清单的总价合同，合同总金额4.12亿元，其中包含5%的预留金及680万元施工图设计费（此合同价不包括单独招标的沥青路面、灯光照明、交通工程等费用）。合同条款考虑还规定各种风险都包含在合同总价中。全桥工程造价包括沥青路面、灯光照明、交通工程等费用后约为4.5亿元（不包括防撞墩）。

从工程实施的过程来看，总的投资控制得比较好，变更较少。防撞墩因2004年设计规范修改而造成较大的变更另签了补充合同。

2. 清单调整

由于本项目采用了施工图设计—施工总承包的工程管理模式，投标时施工图尚没有完成，投标清单比较粗糙，加上出于投标策略的考虑，承包商采取了不平衡报价。待施工图设计完成后我们要求承包商按照总价不变的原则及时对清单进行了调整，在监理、业主审批完成后，作为工程进度款的付款依据。

3. 材差补偿

由于新光大桥建设期间正值全国性的钢材涨价高峰，钢材价格大幅度飙升，按合同规定业主应按政策对超出清单钢材报价105%的部分给予承包商材差补偿，该部分资金总额达合同金额的4.01%。

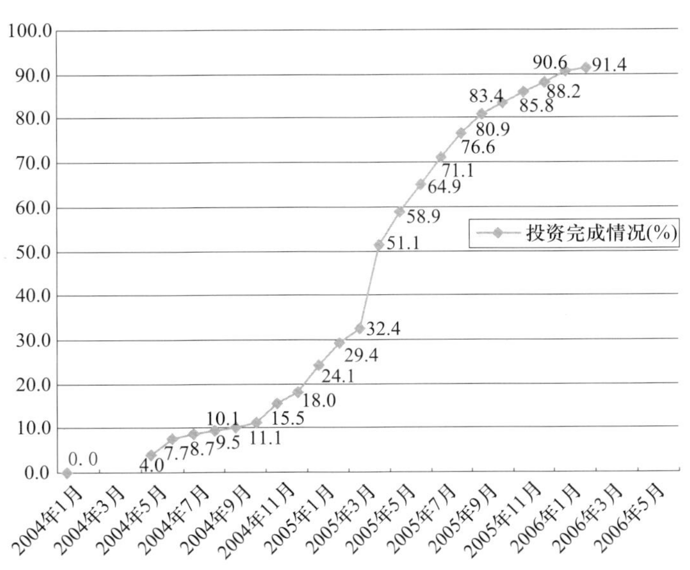

图4-9 新光大桥累计投资完成进度百分比曲线图

4．工程及设计变更管理

新光大桥项目受外界因素的影响较大，加上采用了初步设计进行招标，招标时很多影响因素尚未确定，不可避免地会产生各种变更、费用的增减。

新光大桥的主要变更有：①钢结构的涂装加厚；②业主根据专家建议要求吊杆及系杆采用低应力保护层拉索引起的投资增加；③业主要求对观光通道（梯间及电梯间）进行了大幅度的调整，造成投资增加。④由于防撞墩设计规范在 2004 年进行了更新，对防撞墩抵抗力的要求大幅度提高，导致防撞墩要按新规范重新设计，投资大幅度增加。

业主委托专项临时设施设计引起的投资增加：认为为了保证项目的成功，有必要将关系新光大桥成败的特别复杂、重要的主墩深水围堰结构、主墩三角刚架墩身支模系统、主拱提升塔设计这三项高风险的临时设施单独委托一家有钢结构专业设计资格的设计单位负责承担设计，并按永久结构设计审批程序进行设计咨询、审查、审批。这三项工作是业主明确提出的，超出了一般施工图设计的范畴和总承包合同规定的范围，因此业主对此项设计费用按补充合同给予了相应的补偿。

三、投资控制措施

(1) 在资金方面严格按程序审查计量把关，指挥部严格按合同、程序、政策实事求是地处理变更、索赔工作，从工程一开始就特别注意反索赔工作，认真熟悉、深入理解合同条款，杜绝业主的疏忽可能造成的索赔机会，确保建设资金全部用在实处，取得了明显的效果。

(2) 主动加大前期资金的投入。由于钢结构工期长，钢材用量大，为了保证工期进行钢材大批量采购造成钢结构分包商的资金耗用量过于庞大，承包商无法全部负担。因此业主主动对钢结构工程计量按分段计量的办法处理，加快支付速度。

(3) 抓紧计量工程款的审批，及时发放。

(4) 抓紧工作量清单的调整，在保证资金安全的条件下将已完成的临时设施的措施费及时发放，保证施工单位有足够的资金采购材料，变被动为主动。

(5) 对大宗变更及时组织专家论证，及时处理合理的变更，保证工程的资金供应。

第九节　业主对监理的管理

一、监理概况

新光大桥工程监理通过公开招标选定了广州珠江工程建设监理公司—四川铁科建设监理公司组成的监理联合体实施，该监理标实际负责 2 个施工标段的监理，其中四川铁科建设监理公司负责新光大桥部分（新光快速路施工第 3 标段），广州珠江工程建设监理公司负责新光快速路施工第 4 标段的监理。

经招标所选择的监理单位是实力较强的甲级监理单位，具有监理特大型桥梁工程施工监理业绩和丰富的经验。经业主批准的总监、副总监、高监大多是参加过大型钢拱桥建设的监理工程师或研究员。

根据监理合同，组建了“新光大桥工程施工监理部”，监理部下设南、北岸监理站和一个驻厂钢结构监理站，对新光大桥工程施工进行全面质量、进度、投资控制。因此，监理管理是大桥指挥部最主要的工作之一，指挥部通过监理部完成对大桥工程的管理。

实际全桥常驻监理人员维持在 15 人左右，根据工程进展不断调整相应的专业监理工程师。新光大桥驻地监理工程师长期坚持在施工现场，承担了施工组织审查、计划审批、重大施工工序及隐蔽工程旁站监理、工序检查验收、工程量审核、质量检查把关，以及对施工单位人员资质、自检体系、设备、试验成果检查、进度控制、计量支付审核等大量工作，做到了坚持监理程序，实现监理工作制度化、程序化、标准化管理，在三大控制中发挥了重要作用，特别是在质量管理方面起到了不可替代的作用。

二、加强管理，充分发挥监理在工程管理中的作用

业主与监理的关系坚持按“依靠、督促、配合、帮助”原则。

依靠：按合同规定赋予监理相应的足够的权力，信任和依靠监理，充分发挥监理的积极性，业主既不可以越俎代庖，也不能放任自流。

督促：督促监理履约守约，坚守一线岗位，防止监理回避矛盾，更不能容许监理与承包商串通一气，共同对付业主。

配合：业主与监理应建立默契的配合关系，职责明晰，共同面对和协同处理施工中出现的各种问题。

帮助：按照合同向监理提供必要的帮助；保证监理的费率，并明确工期延长阶段的监理取费问题。

为了充分调动监理工程师的积极性实现 4 大控制目标，充分发挥监理的作用，帮助和督促监理单位全面履行监理服务合同，指挥部在监理工作管理方面主要从以下几个方面采取措施。

1．各负其责

在工作关系上，指挥部按照“各负其责，独立工作，相互尊重，密切配合”的原则，不干预监理工程师在监理授权和监理程序范围内依法进行的工程监督和管理工作。维护和尊重监理工程师下达的正确指令。按合同为监理工程师创造良好的工作、生活条件，及时解决监理提出的各种问题。

2．支持监理工作，维护和树立监理权威

监理在工程施工监督和管理工作中面临的第一个问题是树立监理权威，取得监理工作主动权，得到承包人的信任。开工初期，由于承包人习惯的工程管理体系与新光大桥施工监理管理模式之间差异较大；承包人和监理各自对工程重点、难点、施工方法等关键技术问题理解深度不同；以及在涉及各自的利益关系、工作职责时，曾出现个别承包商施工人员不执行监理指令的情况。这种情况下就需要指挥部利用业主职能，做好协调工作，明确支持监理工程师的正确决定。此外，指挥部还通过表彰先进监理工程师等方法来维护和树立监理权威。

3．建立健全监理管理制度

为了督促监理单位全面履行监理服务合同，使工程管理走向制度化，新光大桥建立健全了监理管理制度，主要有：

(1) 总监、副总监、高监、副高监等高级监理工程师考勤和请假制度。

(2) 监理单位工作考核制度。

(3) 在新光大桥工程质量管理条例中明确监理单位及总监、副总监的质量管理职责，落实责任制。

(4) 先进监理工程师评比奖励制度等。

从工程施工开始，大桥指挥部就及时督促监理工程师针对本工程的具体情况，详细制定了相关的监理工作实施细则，使质量控制在工程开工时就步入程序化和标准化。

4．加强履约检查

大桥指挥部定期检查监理公司是否按合同规定配备足够的合格监理工程师，各工种专业监理工程师是否齐全，仪器、设备是否满足合同要求，监理工程师考勤检查等。如开始阶段总监迟迟不能到位，经我们多次通知、协调后克服困难到位，全面履行监理服务合同。

5．发挥经济杠杆激励作用

大桥指挥部开展以确保安全文明施工，争获鲁班奖为目标的创优活动，每两个月按新光快速路监理管理办法进行考评，由公司监理综合考评工作组对监理单位在人力资源投入、设备投入、工程质量、工程进度、安全生产、文明施工、工程资料、综合治理等8项管理工作情况进行创优综合考评、奖励或处罚，同时，还设立了监理先进个人奖。指挥部组织监理单位进行了多次先进个人评比，审核先进个人名单后进行奖励。

通过质量奖、先进奖有效地调动了监理企业、监理工程师个人的积极性。

6．定期检查监理公司对施工质量的监控管理情况

检查监理公司对施工质量的监控管理情况主要从以下几个方面检查：

(1) 材料试验见证与报验。

(2) 分部分项工程、各工序报验与验收。

(3) 对质量缺陷（隐患）处理情况。

(4) 对施工质量保证体系运作的核查与整改核查情况。

(5) 旁站监理检查。

(6) 安全与文明施工管理检查。

(7) 信息管理考评检查。

(8) 每两个月按新光快速路监理管理办法进行考评，并根据考评结果按公司管理办法进行奖励或处罚。

根据监理规范要求，对重点部位、关键工序的施工必须进行24h旁站监理，如在施工过程中有质量隐患、安全隐患的施工行为应立即纠正，必要时按照监理权限下达停工令。为了保证旁站的有效实施，大桥指挥部成员经常不定期检查监理对原材料取样复验、物理性能试验、焊缝无损探伤等各环节进行旁站的情况，保证了旁站的到位。

第十节　安全及文明施工管理

业主、承包商十分重视文明施工管理，图4-10是整洁的项目部现场办公室。

一、业主导向

业主是建设主体之一，对安全生产和文明施工的态度对承包商有很大的导向作用，甚至是决定性的影响。

新光大桥的跨度大、高度高、作业面小，既有深水围堰基础施工，又有大量高空水上作业，大重量的构件水上运输、吊装，特别是高达近百米的大节段垂直提升施工，安全风险很大。大桥建设指挥部坚持以人为本的理念，从大桥工程一开始就高度重视大桥建设者的人身安全工作，把它放在与质量、进度同等高度，安排了经验丰富的专职安全工程师。指挥部内部建立了安全生产责任体系，将安全责任分片分解落实到指挥部每个人，做到人人有责、层层检查监督落实，同时通过加强安全工作的软件

建设，以弥补安全硬件投入的不足。

由于一开始就充分认识到大桥的高风险性，新光大桥指挥部全体人员系统地运用安全管理理论，采取了一切可以利用的手段和力量，做了大量工作，包括深入细致的思想工作、精神表彰、物质奖励、经济处罚、行政处理等手段，开展安全教育、安全宣传（安全标牌、标语等）、安全检查，落实安全措施（防撞墩、安全围拦、安全网、用电等、安全防护用品）、消防器材，提高每一位施工人员的安全素质，督促监理、承包商建立完善的安全管理机制，以预防为主，避免安全事故的发生。

图4-10　整洁的南岸项目部现场办公室

2005 年新光大桥施工全面进入高强度、高风险阶段。大桥的 10 个墩柱、主拱提升塔架、边拱支架、引桥支架、主拱拼装等全面进入施工阶段，大部分工作均在高空、水上进行。现场参建人员已近 800 人，实行 24h 施工，由此带来各种安全隐患，施工安全管理工作的难度激增。

对此，大桥指挥部积极采取预防对策，组织监理、施工单位齐抓共管，付出了巨大努力。大桥指挥部要求监理安排了专职安全监理工程师，业主专职安全工程师坚持每日巡视一次施工现场。大桥指挥部采取了多种措施来提高施工人员的安全意识，形成了一套可行、适用的安全生产、文明施工宣传、教育、防护措施、检查监督、奖励、处罚体制，并贯彻实施。

经过大家的努力，承包商在工地安全文明施工硬件投入比较充足，软件建设加强，现场整洁有序，并基本能长期保持。安全文明施工管理都达到了预期的目标，取得了成效，整个工地基本做到按广州市安全文明施工规定进行施工，消除了施工中存在的各种安全隐患和潜在危险，整个工程施工过程未发生一起重伤或死亡的安全事故，安全生产 36 个月，取得了良好的安全业绩。

二、建立完善安全文明管理机构、管理制度、加强安全意识

承包商即使属于国营大企业，实际上在管理体制、管理人员配置、管理制度的健全、特别是主要管理人员的安全意识方面仍需要大力改进和提高，尤其是不少管理人员中存在重生产轻安全的思想，加之项目部与民工队伍间“以包代管”现象严重，往往是安全事故发生的根源。

针对这一问题，在大桥施工初期，我们就重点要求、督促监理与承包商建立和完善项目安全生产组织管理机构，成立安全生产与文明施工领导小组，配备足够的专职安全管理人员，将安全责任分解到人，实实在在落实安全责任制，明确每个人的安全责任区，做到安全工作处处有人管、人人都要管安全。

三、解决工程管理人员的安全意识教育问题

为了保证安全生产，首先从解决人的思想问题出发。我们首先督促监理、承包商的主要领导和管理人员加强安全宣传、学习，认真总结以往的经验教训，深入查找认识上的不足和管理上的漏洞，树立“预防为主，安全第一”、“管生产必须管安全”的指导思想，使工程的安全工作从管理层面上得到保证。

大桥施工的主要施工人员均是来自不同的地方的民工，他们普遍存在的问题是安全意识淡薄，缺乏基本的自我保护意识和安全意识。加之施工中人员变动频繁，很多安全事故都是由于施工人员缺乏必要的安全知识和操作技能而引起的，因此加强对施工人员的安全教育，提高安全意识，消除施工人员的不安全行为，杜绝违章操作等措施是减少安全事故发生所必须的和最有效的手段。

为此大桥指挥部除了加强自身每个成员的安全意识及知识外，还深入细致地组织监理、承包商开展各级管理人员和民工的安全教育与培训，方法灵活多样，讲究实效，真正落实，不搞形式主义，不走过场。督促承包商建立有效的安全教育制度，利用各种手段对施工人员进行安全教育。除刚进场人员必须进行的三级教育以外，施工单位逐渐建立起了以下几种较完善的安全管理和教育制度：①每个施工阶段、每道工序基本都有安全技术交底，由技术人员和班组长交底到个人；②每周有班组的安全会议；③每天开工前半小时列队，由工种主管施工员进行班前安全教育和工作分配；④举办专题安全知识教育，如安全用电知识教育培训和考试、水中作业专题安全教育、救护知识教育等；⑤利用电视、宣传栏等手段进行安全知识教育；⑥建立遵章守纪、遵守安全规章的评比活动，对优秀班组进行奖励；⑦建立工资和安全施工挂钩，工资中包含一定比例的安全工资。

随着上述这些安全制度和措施的设立，施工人员的安全素质都有了不同程度的提高，自我保护意识大大加强，违章操作现象减少，逐步从“要我安全”向“我要安全”转变。图 4-11～图 4-14为部分现场安全措施。

图4-11　安全宣传标语牌（一）

图4-12　安全宣传标语牌（二）

图4-13　桩孔防护措施

图4-14　临时防撞墩

四、消除物的不安全状态

消除物的不安全状态，就是要消除施工中设备、设施、措施上的安全隐患，减少由此而引起的安全事故。

（1）工程建设初期重点抓了施工临时用电的安装，在线路的敷设、电箱安置、用电机具的安全防护等方面都较严格地遵守有关施工用电安全方面的规范和施工方案的要求，严格执行“三相五线制、三级配置二级保护”和“一机、一闸、一漏、一箱”等有关标准，从根本上保证施工用电安全。在施工过程中针对用电中存在的问题，进行过二次用电安全专项检查；同时还分层次编写了用电安全常识经验材料，对施工管理人员、特种作业人员及普通施工人员进行用电安全知识教育，收到了较好的成效。

（2）建立了进场设备检查验收制度，加大对进场的施工设备、机具的检查、验收力度，一定程度上减少了因设备本身缺陷带来的不安全因素。

五、通过制度保证施工过程安全

开工后大桥指挥部马上制定健全了各项管理细则、奖罚制度，用制度保证安全，要求监理监督承包商开展安全教育、宣传、检查、整改工作，并督促承包商在施工中严格贯彻执行各项安全制度。

为了消除人的不安全行为，我们坚持持证上岗制度，电工、特种工种持证上岗、上岗前考核制度等。

1．四方联检制度

新光大桥的每一步施工都有完善的施工方案，有监理把关，关键施工步骤的施工方案都是经过专家会议多次论证，施工的安全在理论和措施上有了基本的保障。如何监督承包商把这些完善的施工方案付诸实施，达到施工方案的要求，保证大桥每一步施工步骤的安全，是安全管理工作的一个重点。

主墩承台基础施工中的钢板桩围堰支撑体系、主墩三角刚架施工中模板支撑体系的的施工质量直接关系到主墩承台、三角刚架施工的成败。我们除了督促承包商严格按施工方案施工、建立并落实自检制度和可追溯记录制度外，还实施了承包商（包括施工、设计）、监理、业主四方联合检查验收制度，对每一个细节、每一条焊缝都进行严格的检查，验收合格后才可进行下一道工序，从而消除了物的不安全因素，保证了大桥主墩施工的顺利完成。

对施工临时设施建立并实施了的联合检查验收制度，多了一道检查监督环节，安全就多了一层保障。承包商搭设的重要临时设施（如围堰支撑、提升架等）都须经业主、监理、承包商进行联合检查验收合格后，才可投入使用。

2．业主巡视、定期检查与专项检查制度

大桥指挥部坚持业主代表现场巡视制度，及时发现问题，督促监理通过口头提醒、通知单等形式组织承包商整改。指挥部成员分工负责每天对南北岸施工现场进行的巡视，既可以掌握第一手情况又可以及时发现施工中的安全隐患，制止违章操作、违章指挥。这种做法对保证施工安全进行起到了积极作用。

同时，大桥指挥部组织监理督促承包商每周自检一次，每月月底组织监理对南北岸施工现场进行一次安全生产、文明施工大检查，发现问题及时整改并复检。定期召开总结会，交流安全管理经验，取长补短，不同程度上提高了安全管理人员的管理水平。

大桥指挥部还根据工程的进展情况组织了多次专项检查。如 2004 年 4 月中对施工用电设施进行专项检查；2004 年 9 月底进行水上施工安全用电专项检查，2005 年上半年又组织了 10 余次专项检查和中间检查等，督促监理单位组织施工单位逐一进行了整改。

3．高空、水上作业安全防护制度

针对大桥施工高空、水上作业多的情况，2005 年上半年重点抓了高空、水上作业安全防护工作，要求施工单位严格执行高空、水上作业安全防护制度，采取了严格的水上作业安全措施，如对每位进场进行高空作业施工的人员进行上岗体检，完善安全网、工人着安全鞋、安全带、高空作业人员裤腿绑扎、安全员全天巡视、加强工人违章处罚等，收到了较好的成效。

六、充分发挥监理工程师的作用

大桥指挥部按照合同要求和公司工程管理办法要求监理工程师开展对施工单位的标后管理工作，将安全工作与监理考核挂钩，认真组织监理检查安全工作的落实情况，特别是持证上岗、安全用电、个人安全用品的佩戴、水上作业安全管理情况等，抓好工程的安全文明施工整改工作，及时整改，对施工人员的违章及时公示、处罚，同时重点追究管理人员的责任，毫不留情。改变了重质量轻安全的思想，始终保持良好的文明施工状态。

七、利用经济杠杆的激励作用

对安全方面的问题实行以安全教育为主，辅以奖励、重罚，绝不手软，力求杜绝严重违章。

针对投标价较低，承包商在投入安全措施费方面存在明显不足的情况，我们加大奖罚力度，对违章情况在拍照片取证后及时公示、兑现违章处罚，提高承包商的安全违章成本，用经济手段促使承包商改善安全措施。仅2004年指挥部直接对出现的安全问题就罚款数万元。经过整顿安全状况大为好转。2005年上半年仅罚款5次，金额4 500元。

为了鼓励承包商安全、文明施工，我们在合同中规定整个建设期如未发生安全事故且未受到通报批评将奖励合同总价的1%，以鼓励承包商增加安全、文明施工措施投入。同时合同规定如出现重大伤亡安全事故将按合同总价的1%进行处罚。这些措施有效地起到了对安全、文明施工的导向作用。

另外业主专门设立安全文明施工先进个人和先进班组奖，由业主拨20万元专款分期对承包商生产第一线的优秀施工管理人员直接进行安全生产奖励、表彰，成本不高，但效果很好。通过加强安全软件的管理，取得了较好的成效。

2005年4月，新光大桥施工已全面进入一个高强度、高风险施工阶段，大部分工作均在高空、水上进行，天气炎热，而且进入雨季施工，由此带来各种安全隐患，施工安全管理工作的难度激增。大桥指挥部积极采取预防对策，强化激励、处罚机制。从2005年起，组织了安全生产先进评选表彰奖励活动7次，奖励先进班组7个，先进个人73人次。

通过这些措施传达的信息是：大桥指挥部决不会姑息安全隐患，决心提高违章操作的成本，任何人都将要对他们管理中的安全隐患付出相应的代价，违章无法节约费用，做好安全措施有奖。这些措施起到较好的激励作用，强化了安全管理。

八、督促承包商编制专项安全方案

抓好施工方案的审查、落实工作，可以防止因方案错误导致垮塌群死群伤的安全事故发生，重点施工方案全部要按程序通过设计咨询单位、设计审查单位、专家审查和监理、业主5级审查后才准许施工，浇注大体积混凝土或主拱提升前临时设施要经过工程4方联合检查合格后才准许下个工序施工。

新光大桥承包商编制了钢板围堰施工安全专项方案、模板支撑专项方案、水上作业专项安全方案、施工用电专项方案、消防专项方案、龙门吊安装拆卸专项方案、文明施工专项方案、主拱提升安全专项方案等多项专项安全方案。大桥指挥部组织多名全国知名专家，召开了多次施工方案评审会，反复严格审查，保证了安全。

九、落实安全设施

我们从工程一开始就注意抓好落实具体的安全措施，如落实一机一闸一漏电开关、三相五线制、洞口防护、安全网、安全帽、安全带、救生衣、警示灯、防撞岛、警戒船等。定期检查保证漏电开关齐全有效。不能因节约成本而降低安全方面的投入。

十、积极借助安全监督的权力

积极借助于政府安全监督部门的强制权力，在关键时侯邀请安全监督站对现场进行检查整改。

随着工程的进展，管理制度逐步得到健全和贯彻落实，管理人员的安全意识有了很大的提高，基本形成了“生产必须安全”和“人人重视安全”的氛围。工程技术人员在指挥和安排产生的同时，时时不忘安全，违章指挥、冒险蛮干的现象大大减少，使工程的安全工作从管理层面上得到保证。

由于多方面的努力，新光大桥的安全管理取得了巨大的成绩。施工单位取得了千余人的工地在长达 3 年的整个施工期间无任何重伤、死亡安全事故的优秀业绩。

第十一节　经验、教训与体会

通过对新光大桥近 3 年的建设管理工作的实践，我们在克服各种困难的过程中学习、摸索，有经验，更有不少教训。对于管理模式的问题有了进一步的认识与体会。

一、新光大桥成功建成的原因

(1) 一个工程项目主要涉及 4 个工程建设主体。所以一个成功的项目必须有 4 个优秀的建设主体单位。其中业主的导向作用非常重要。

就新光大桥来说，首先是业主本身从一开始就树立了牢固的质量观念，始终把大桥的质量放在第一位。业主首先从工程项目的源头抓起，从我做起，配备了强有力的业主管理队伍，抓好制度建设，练好内功，科学管理，这是大桥建设成功的最重要的条件。

(2) 精心挑选优秀的设计单位、承包商、监理单位。联合体成员贵州省桥梁工程总公司、铁道专业设计院与监理单位这 3 支经过招标优选出的队伍曾在修建广州丫髻沙大桥工程中有过成功的合作，三支队伍都具有修建特大型桥梁的强大实力，这是顺利建成新光大桥的强有力的保证。

(3) 建立了良好的组织管理机构。新光公司为强化管理，专门组建了新光大桥建设工程指挥部，并采取指挥部人员深入现场一线指挥，与公司各部门密切配合，以缩短管理链。事实证明这种管理模式是成功的。

(4) 科学的管理。业主在选择联合体时除了重点考虑设计方的业绩和信誉外，还采用了专家咨询评审制度，采用了设计审查、设计咨询、监理、业主代表对施工图进行多重审查的制度，对强化大桥设计及施工管理起到了很好的作用，保证了设计质量，有效避免了设计的过度优化。

(5) 选用了合适的工程管理模式。新光大桥建设采用了施工图设计—施工总承包的模式。通过招标选择了贵州省桥梁工程总公司—铁道专业设计院联合体承担大桥的建设任务。大桥的顺利建成证明这种模式是成功的。

采用联合体总承包模式需要在业主对联合体各方以往的表现都有比较深入的了解，联合体内部各方都是管理比较规范化，且过往有多次的成功合作经验的情况，对联合体各方都设置比较高的门栏、且项目规模大、技术复杂难度大、投资压缩潜力大，设计单位有较丰厚的利润、施工方影响相对较小情况下才比较适合，新光大桥正是属于这种情况，所以才取得了成功。

(6) 业主与承包商对工程质量问题取得共识，高度重视大桥钢结构的制造及施工质量。经过综合考评、慎重比选，挑选了有足够资质与信誉保证的中铁山桥集团公司作为钢结构分包商。这使得大桥工程质量、工期都有了基本保证。

(7) 新光大桥业主新光快速路有限公司对大桥工程高度重视。公司领导倾全公司之力予以支持大桥建设，在资金上大力支持。公司的两大股东——广州市建设投资发展有限公司、广州市番禺交通建设投资有限公司均给予了强有力的支持，真正做到了兵马未动，粮草先行，保证了大桥建设资金源源不断地供给，创造了良好的建设环境。

二、设计—施工总承包模式适用性

1. 优越性

(1) 有利于发挥承包商的主观能动性，承包商可最大限度优化设计

设计和施工由一家有共同经济利益的联合体承包商承担，承包商会要求属下的设计人员尽量优化设计，以达到设计最优、节省造价的效果，降低工程造价的激励作用最大。新光大桥采用了设计—施工总承包的工程建设管理模式，在方案设计确定后通过招投标将大桥主体工程以施工图设计—施工总承包的形式委托给中标的设计—施工联合体进行总承包，承包商负责建筑材料的采购。投标人利用自身的技术优势对大桥工程结构进行了优化，将方案设计时的钢箱系杆改为边跨采用预应力混凝土系杆和主跨采用柔性系杆，不但较好地解决了刚性系杆的温度应力过大的问题和边跨、主跨重量平衡的问题，而且与初步设计相比节约了约 6 000t 钢材，节约成本约 3 000 万元，造价得到最大限度的优化，取得了显著的经济效益。这样一来使得投标人可以以较低的报价投标。如果仅采用施工总承包的模式，承包商只能够通过强化施工管理、利用先进的施工技术等方面来减低成本，降低成本的空间是非常有限的。相比较之下，通过总承包的方式可以利用设计手段降低成本，降低成本的空间相对较大，增加了承包商的竞争优势。

(2) 有利于缩短工期

承包商可以分段设计、施工，有利于缩短建设周期。大桥基础施工图完成后便开始进行基础施工。由于采用了总承包模式，新光大桥建设周期比同类型、规模的大桥缩短了建设周期半年左右。

(3) 充分发挥设计方的优势，提高临时设施的设计能力

目前，我国相当多的施工企业即使有很强的施工人员队伍，也普遍缺乏有经验的设计人员。其重大施工专项方案一般无力独立完成，而需要外委他人完成。对这些施工专项方案设计（包括重要的临时结构设计）的质量（包括专项方案设计单位及人员的资质等）是业主极为担心的问题。若采用设计与施工总承包模式，总承包联合体中的设计单位可以介入到临时设施的设计，有利于以先进施工技术方案来保证质量、降低工程成本、缩短建设周期，可以解决很多施工单位难以单独解决的复杂临时结构设计的难题，例如围堰、提升塔等安全性要求很高的临时结构设计，通过联合体施工、设计方的共同研究，设计都得以妥善解决，而且临时设施计算比较准确，既节省了费用又保证了安全。

(4) 减小业主的协调管理工作量

设计－施工合同由一个承包商完成设计、施工的全部工作，联合体的设计、施工方基于共同的利益与风险考虑，相互积极配合，避免了设计与施工时常发生的大量矛盾；不需要业主介入设计、施工部门之间进行协调，总承包联合体的牵头单位会充分发挥作用，积极协调内部关系。由于设计与施工的联系非常紧密，设计单位必须及时配合施工单位优化设计，才能保证联合体顺利完成整个

工程，变更成为设计单位的应尽职责之一，也减少了业主的协调管理工作。例如原设计5、6号主墩承台底高程很低，为了减少水下围堰施工的风险，在充分听取专家的意见后，总承包联合体的施工单位向联合体的设计单位提出将承台底高程提高1 m。经监理工程师和业主审查同意后设计单位很快就对设计进行了修改，既大幅度降低了施工风险又节约了大笔围堰费用。

（5）提高了投标门槛

由于投标前要做大量施工图设计工作，投入一定量的资金，而且不一定有回报，不是任何一个承包商都有能力与胆量组成联合体参加投标的。这样实际上提高了承包商的投标门槛，有利于防止实力较差的施工队伍介入，可以让业主有可能选择更有实力，更具良好信誉的施工企业承担施工任务，也在一定程度上避免了以往工程招标中可能存在的挂靠等现象。

（6）法律关系更加明确

一旦工程出现重大问题，不管是设计原因还是施工原因造成的，总承包联合体都责无旁贷，无法推脱责任。

（7）较适合于技术含量高，优化潜力大的工程项目

设计－施工联合体通过强强联合，既充分发挥各自在设计、施工方面的技术、管理特长，又能相互沟通，相互渗透，最大限度地发掘了工程建设中的技术潜能，能够以较低的成本解决复杂的工程问题，设计—施工总承包的这一优势在新光大桥建设中都得以充分发挥和体现。

2. 应特别注意的问题

（1）存在降低设计质量的潜在隐患

当总承包商为了片面追求利润最大化时，很有可能导致降低设计标准和设计的过分优化，即可能牺牲产品的部分安全储备、功能、质量而留下隐患。特别是在目前我国的信用机制不够完善的情况下，承包商在过度竞争的压力下为了生存，往往采用低价中标的策略。中标后作为一种补救措施，总承包商有可能要求联合体的伙伴设计方在设计中以降低安全储备、降低工程质量标准等手法减少工程量、压缩费用。这是在采用设计—施工总承包模式时必须高度防范的潜在隐患之一。

（2）业主无法同时选择最优秀的设计单位与施工单位

联合体方式的设计—施工总承包由于是设计、施工单位的自由组合，设计、施工方选择难以做到同时最优，不能保证该项设计任务是由最好的设计人员来完成，限制了业主的选择，比较难做到优—优联合。

（3）设计变更存在扩大化的可能

当由于业主或外部的原因等发生工程或设计变更时，承包商会要求设计人员配合推波助澜，做大变更工程量，取得更多的收入。不合理的变更往往会产生巨额费用，给业主造成很大的压力和负担。

（4）对业主及监理的要求高

设计—施工联合体总承包模式对业主与监理的经验与管理水平是一个巨大的挑战。联合体越强，履约保障能力就越强，同时也可能越难以驾驭，对业主与监理的要求越高。要做到“高手过招”，要求业主在高层次管理上下工夫才行。

如果联合体实力较弱，则需要业主与监理增加很多日常工作量去“补台”。

（5）风险的转嫁问题

由于总承包项目影响因素要比设计或施工等单项承包要复杂得多，也增大了风险。

大型桥梁工期较长（一般都超过3年），期间物价、国家的经济情况都有可能发生很大的变化，承包风险很大。

在采用设计—施工总承包模式的大型工程中，承包时间还要包括施工图设计时间、设计审查时间，总工期更长，遇到材料价格波动的机会比较大。而目前我国的期货市场不完善，难以锁定材料

费风险。新光大桥总承包商中标后在设计阶段就遇到了全国性的特种钢材大涨价，承包商无法承担材料涨价造成的资金风险，一度想退出工程。后期工程资金短缺进度严重受影响，质量控制亦非常困难。有的风险甚至可能超出承包商的承受能力，这对于项目的建设是十分不利的。

从表面看，总承包方式在一定程度上转嫁了业主的风险，实际上承包商为了规避风险，就可能提高报价。如果无法提高价格，或为了低价中标，承包商就有可能通过牺牲工期、质量、安全来平衡收支，最终风险仍然在业主身上。

按公平合理、责、权、利平衡原则分担项目风险，业主、承包商各自承担自己最有能力承担的那部分风险对整个项目推进才是最有利的。这方面的教训有很多，还有待于积累和总结经验，形成可操作性的做法。

（6）我国的总承包市场发育尚待完善

设计—施工总承包模式在我国尚处于初期发展阶段，目前我国还缺乏真正合格的总承包商，总承包市场不够发育，还未形成完善的市场运行机制，因此很难进行充分的竞争。很多外部条件尚不够成熟，配套政策也不完善，相应的法制不完善，管理制度、经验不多，真正有总承包能力的承包商非常少，工程总承包专业管理人才队伍不足，人们的思想意识没有相应的适应，缺乏相应的企业信誉评估、银行担保、税收制度等。

目前我国采用的往往是设计—施工联合体总承包模式。由两家独立的设计、施工单位为追求共同利益而组织在一起的临时性联合组织，利益、目标各不相同，缺乏磨合，往往各自为政，短期行为严重，会产生很多问题。如设计失误引起的损失如何承担、设计单位不愿意满足施工单位盲目降低质量标准的要求而引起的冲突等。加上我国的现实情况是挂靠严重，信用机制不完善，法律、合同意识比较淡漠，一旦联合体双方利益不一致又无法协调，联合体即面临解体，责任很难分清，最后是业主蒙受损失。

我国的总承包市场发育可能还要经历一个不短的成长期，通过实践，逐渐走向完善。

三、招标工作的教训

1．评标制度有待改善

创建优质工程、精品工程，择优选定承包商是前提，这是业主的首要任务。选择承包商的水平实际上反映了一个业主的管理水平问题。承包商选得好就奠定了成功的基础，可以起到事半功倍的效果，反之亦然。在这方面，我国目前的评标制度还存在一些问题。事实上对新光大桥这样投资达4亿余元的复杂、大型的项目，随机抽出的专家评委们在短短几天的时间内根本就不可能对来自全国的众多的施工队伍的能力、业绩、施工方案的优缺点、投标报价的合理性进行详细的了解、判断，严重影响了业主对承包商实力及应变能力的准确认识和判断，导致了中标单位报价低于成本，造成履约时非常困难，教训很深刻。因此我们认为要重点加强对潜在投标人的前期调查了解，适当降低报价所占评分比例，研究改善评标办法。

2．承包商的门槛选择与资审

由于招标时对承包商的门槛要求仍不够高（相对大桥的高难度和资金实力而言），投标前对投标候选人的信用状况、资金实力、技术人员实力、设备实力、管理能力、业绩了解不全面，听到“过五关”的功绩多，“走麦城”的败绩少。对承包商的资格审查不够细致、深入。因此选择出的承包商有可能得以以低于成本的低价中标，把报价正常的投标者挤出局。后果是造成业主管理非常困难。为此对新光大桥这样高难度的项目我们应该通过尽可能提高门槛，减低报价占的分值、编制标底设置下限 、详细审查投标书杜绝大的漏项等手段，把过于低价的投标人排除。

3．深入分析投标人的投标报价

对漏项工程（如电梯等）没有通过调整后比较，对措施费没有认真调查分析核实，被投标人的不平衡报价误导（如施工措施费明显偏低，投标时仅占6.10 %，中标后按总价不变原则调整清单时又要求调整到总价的15.38 %），导致造价偏低，工程费用不足，工程后期资金跟不上，无法保持工程进度，承包商极为困难，业主也非常被动。

四、工程管理人员的就位问题

由于我国建筑市场普遍竞争激烈，导致严重的价格战，低价竞争导致承包商、监理单位信用普遍存在缺失。新光大桥我们就面临了比较特殊的情况：前期监理部主要负责人长期缺位，项目部技术负责人也有时不在现场。大桥的难度很大，技术复杂，施工管理、监理人员的全员素质与工程技术复杂性不成比例，难以满足大桥的要求。

当施工管理人员缺位时缺乏处罚依据。在目前市场条件下，工程项目越来越多，承包商、监理队伍为了生存和发展，往往超过自身能力大量揽活，造成工程管理人员数量与质量都跟不上业务规模的扩展。同时为了节省费用，往往导致工程管理人员无法充分就位。

新光大桥合同对承包商、监理主要管理人员的就位条款不够具体，导致承包商管理人员缺位时却难以进行处罚。为此应制订具体详细的要求，如对哪一级管理人员每月必须在现场办公，保持多少天（可按国家规定的22天）的现场出勤率，缺勤一天处罚多少、对兼职情况、更换管理人员的处罚等。

五、加强对监理的管理问题

1．监理的合理选择

监理是建设工程的4方主体之一，在工程管理中起到非常重要的作用。监理又是一种高层次的技术服务，其质量的好坏很大程度上取决于监理人员的素质，特别是与总监的素质、管理、协调能力关系很大。但我国目前的评标制度很难对监理队伍进行比较深入的考察。招投标市场化以后，为了保证中标，监理单位投标时往往拿自己的王牌监理工程师的资质来投标，中标后再找各种理由更换总监或高级监理工程师。评标专家组评标时往往不能对来自全国各地的监理单位的总监或高级监理人员的状况进行详细的调查，也不知其目前的工作量是否饱满，能否及时调往新中标工程任职，更加无法准确了解总监个人的工作能力、身体状况、性格等，只能“隔山买牛”。结果往往是导致中标后投标承诺的总监或高监迟迟不能就位，或者更换的监理人员工作能力不足、人员不配套，难以及时形成强有力的管理团队。

2．保证合适的监理费

监理市场的过度竞争使得监理费过低也是导致监理质量下降的一个重要因素。监理费用占工程总投资的比例非常小，但对工程管理质量的影响非常大，因此对新光大桥这样的高技术项目的监理服务不能过分强调费用。应该保证合理而适度偏高的监理费率，重视监理单位实际监理人员配置、技术管理能力、协调能力、履约能力等条件的要求和审查，在监理过程抓好监理履约管理等。

与大桥的高技术难度不匹配，新光大桥的监理费率定得太低，监理工程师工资降低，导致监理工程师工作积极性下降，留不住有能力的监理工程师。

3．监理合同应逐渐完善

监理合同对监理人员的要求不具体，对监理人员变更的制约条款订得不够细。监理单位为降低成本或当有经验的人员严重缺员时，只能安排刚离学校不久的年轻人员凑数。监理单位违反投标文件的承诺、任意变换监理人员时，业主处罚却缺少依据。

在监理合同中对工程质量的奖罚条款不明确，因此监理对抓好工程质量积极性不够。建议将监理费分解为两个部分：基本费率和质量、安全奖。基本费率可按国家有关规定取低限，加大奖励的比例，在合同中明确规定，并应保证奖金真正落实到现场一线人员，真正起到激励作用。

4．监理联合体的形式有待改进

新光大桥中标监理联合体的组成，是地方监理公司与外地有较强实力的监理公司的联合，双方各有所图。但是，这样的做法有待商榷。监理联合体并未达到强强联合，优势互补的目的，反而造成权责不清，工作互相推诿，办事效率低下，管理困难。

六、强化激励机制的问题

由于招标文件和合同规定，工程要拿到质量奖后才能给承包商兑现奖金，质量、进度、安全文明施工奖没有按工期进行分解，在工程实施过程中无法及时兑现，对设计、施工、监理人员来讲显得过于遥远，激励的作用不明显。另外，没有设置进度奖，只有罚款条款，奖罚不对称，在激励方面存在缺陷。为此我们补充制定了各种奖励办法，把进度、质量、安全奖分解到各阶段分期考核、发放一部分。但由于合同的限制，奖励的力度有限，实际操作起来比较困难，承包商、监理创优的积极性难以完全调动起来。

在合同中加大质量奖、罚比例，把奖励规范化、合法化、合同化，将质量、进度奖励在合同中明确规定、分解细化、在施工过程中分期发放，将给业主提供有力的经济杠杆手段，对促进质量、进度将会起到真正的激励、约束作用。

七、弥补合同缺陷问题

业主与承包商的关系就是合同关系。合同是工程建设中处理双方关系的最高准则和依据。从新光大桥的管理来看，今后在合同条款的制定上要弥补几点缺陷：

(1) 合同条款要留有一定的余地，不可定得太死。因为在工程实践中影响工程的因素非常之多，不可能一次就全部考虑清楚。如果合同订得太死，等于自己绑住自己的手脚，很多投标、签约时的漏项、必须的变更也难于处理；或者处理手续过于繁琐，在相当程度上影响工程的进展。

(2) 对承包商主要管理人员的就位条款应详细具体。对技术管理难度很高的工程来说，主要管理人员不到位或提前离场就意味着给工程带来巨大的质量、安全风险。为此应制订具体详细的要求，如管理人员特别是项目总工、副总工必须在现场办公，全身心投入项目的工程管理，对缺勤、兼职如何处罚等。

(3) 合同中风险分担条款应尽可能合理。单纯从业主的角度出发，在招标阶段业主当然希望承包商承担大部分风险。表现为合同中对承包商的要求与其享受的权利不对等，合同条款规定“风险费——由于地质条件、地下或水下构筑物状况、外界环境变化、管线资料不准确、地面构筑物资料不准确、交通疏解以及因施工图设计变更……等各种原因引起的一切后果而需增加的费用。此费用已含在合同相关价格中，在合同实施过程中不再调整”。为了承接工程，在签订合同时承包商不得不接受这类霸王条款。随着项目建设的推进，各种风险不断出现，而承包商承担风险的能力是有限的。当承包商最终无法承受风险时，就可能造成承包商无法按进度完成项目建设或者以牺牲质量、工期来弥补风险损失，此时后果最终仍要由业主承担，而且可能成本更高。我们认为按照博弈理论，合理分担风险，风险分担满足帕累托最优（双赢），建设项目的各方各自承担自己最有能力承担的风险的原则、从整体利益出发发挥、调动各方最大积极性、共同承担风险和责任原则来制定合同才是比较合理的合同，公平合理的风险分担对项目整体来说是最有利的。

八、特大型工程一定要避免低价中标

目前的评标规则投标报价占的分数过高，投标结果受报价影响太大，加上承包商投标时对措施费的不平衡报价策略，客观上导致新光大桥项目低价中标。

由于大桥工程监管严格，很难从数量上达到减低造价的目的，所以承包商只能期待中标后再与业主讨价还价或通过索赔增加造价。如果承包商中标后无法通过合理索赔取得部分补偿，就会想方设法降低投入，降低成本。就有可能导致以下减少投入降低成本的局面出现：通过设计减少工程量、降低工程的安全系数、降低工程设计标准、在永久工程质量上向低标准看齐，材料选择最便宜的，采用简陋的设备施工，雇用低素质的工人，分包选择报价最低的等手法压缩费用，索赔则向高标准看齐或者干脆以工期要挟业主增加投资等等。其后果是，承包商要在质量、造价的矛盾中备受煎熬，业主要花很大的力气去防止承包商走得太远，造成监理、业主对工程的管理难度极大；质量、进度还难以保证，给工程带来很大的风险。

由于低价中标，加上施工期间正赶上全国钢材价格剧升，导致了很大的资金缺口。随着工程的进展，资金缺口问题越来越突出，新光大桥的承包商的资金缺口最大时达 4 000 余万，严重影响到工程建设的进度，甚至一度短期停工，否则，大桥工程还可以更快竣工。

这种事实上的低价中标的事例不是个别的，其危害性及带来的质量、安全、工期的风险是不言自明的。造成这种局面的原因是多方面的。甚至可以说，这是在建筑市场的竞争机制还不完善的初期阶段，在一定时期内必然出现的一种恶性竞争的后果。我们的任务是认真研究建筑市场的运行规律，在重大工程项目的招、投标环节上下工夫，一定要避免低价中标，从源头上规避质量、安全的重大风险。

第五章 材料及工程质量检测

CaiLiao ji Gongcheng zhiliang Jiance

第一节　检测项目概况

根据广州市新光快速路有限公司“穗新工监纪〔2004〕1号”文件的规定，新光大桥取样频率为：承包人60%，监理35%，质监站5%（后期施工中质监站监督抽检频率增加至10%，超额抽检5%）。

为了保证工程施工的质量与安全，业主组织建立了中心试验室，对主要建材全面进行检验。组织专业检测单位对桩基础全面进行埋管超声波检测，对部分桩抽芯检测完整性和混凝土抗压强度。

新光大桥建设指挥部除了督促材料供应商、承包商、监理单位按照国家或交通部规定进行材料质量抽验、工程质量检测之外，在承包商全面自检和质量监督站抽检的基础上还委托第三方进行了重要材料及隐蔽工程质量检测、工程竣工质量检测，聘请第三方焊缝检测单位对大桥主拱的焊缝进行了大比例的超声波探伤抽检，严格按钢结构的检测验收规范进行验收。有关试验或检测项目汇总列于表5-1。

材料及工程质量检测项目汇总表　　表5-1

项　　目	试验检测单位
钢筋、混凝土基本材性检测	业主中心试验室
桩基超声波检测	广州穗监工程质量安全检测中心
桩基抽芯检测	广州建设工程质量安全检测中心
承包商聘请的施工监控	重庆交通科研设计院
业主聘请的第三方施工监控	华南理工大学
钢结构焊缝第三方超声波探伤抽检	深圳神视检测有限公司
钢结构焊缝监督X射线探伤抽检	广州市建筑材料工业研究所有限公司
锚具抽检	广州穗监工程质量安全检测中心
系杆加载试验	柳州欧维姆机械股份有限公司
政府监督抽检	广州穗监工程质量安全检测中心
全桥动静载试验	广州市市政园林工程质量检测中心

第二节　基础部位质量检测情况

一、材料检验

根据实际检验情况，新光大桥桩基和承台的材料试验，承包人、监理、质监站取样频率均超过规定频率。试验结果全部合格，具体情况见表 5-2 所列。

基础部分材料检验汇总表　　表5-2

项　目	进场数量	应检总数	实检总数	承包人自检		监理抽检		监督抽检	
				自检数	自检率	抽检数	抽检率	抽检数	抽检率
桩基混凝土	24 524m^3	598	681	409	68%	230	38%	38	6%
承台混凝土	23 980m^3	150	186	110	73%	63	42%	13	9%
钢筋原材	3 951.8t	143	153	88	62%	52	36%	13	9%
钢筋连接	52 620个	116	148	86	74%	50	43%	12	10%

混凝土试件强度评定严格按照《市政桥梁工程质量检验评定标准》(CJJ 2—90）的要求进行评定，结果满足规范要求。

二、桩基检测

桩基检测方案经建设、勘察、设计、施工、监理单位共同确定并报质监站备案，检测严格按照检测方案执行。

新光大桥桩基检验按总数的 10% 进行钻孔抽芯检验，主墩桩基 100% 利用超声波透射法进行检验，其他墩的桩 50% 利用超声波透射法进行检验，50% 采用应力波反射法进行检验。桩基检测方案经建设、勘察、设计、施工、监理单位共同确定并报质监站备案，检测严格按照检测方案执行。

新光大桥桩基超声波检测由广州穗监工程质量安全检测中心进行，检测结果：Ⅰ类桩 157 根，占工程总量的 97%；Ⅱ类桩 5 根，占工程总量的 3%；无 III 类桩。桩基钻芯检测由广州建筑工程质量安全检测中心进行，共取样 18 根，全部合格。

三、基础部位各工序质量评定

基础部位共评定 8 项工序，其中钢筋加工 96.8 分，钢筋焊接 97.0 分，机械连接 96.7 分，钢筋成形与安装 97.3 分，基坑开挖 99.3 分，构造物垫层 94.0 分，灌注桩 100.0 分，水泥混凝土构筑物（承台）99.7 分，基础部位平均分为 97.6 分。

四、评估意见及结论

根据《公路桥涵施工技术规范》(JTJ 041—2000)、《市政桥梁工程质量检验评定标准》(CJJ 2—90)、《公路工程质量检验评定标准》(JTJ 071—98）等规范与标准，经对工程实体、外观及质保资料进行审查，综合评定认为：新光大桥工程基础部位施工质量满足设计要求，符合施工规范及国家强制性验收标准，质量等级评定为优良。

第三节　全桥材料抽样试验情况

钢筋、钢绞线等原材料生产厂家选择的是具有ISO9002认证，获省优、国优称号的产品，在经监理、业主审批同意的合格供应商名单范围内采购材料，确保了入场材料的质量稳定。所使用的材料均有出厂合格证、标识标牌齐全，并且检验合格。根据实际情况，承包局、监理、质监站对新光大桥材料试验取样频率均超过规定频率。试验结果全部合格，试验成果汇总见表5-3所列。

全桥材料抽样试验汇总表　　表5-3

试验项目	应检（组）	实际抽检（组）	有见证试验（组）	监督检验（组）	合格率
桩基混凝土	598	662	639	23	100%
承台混凝土	150	186	173	13	100%
拱座混凝土	90	113	107	6	100%
三角刚架，横撑	245	342	327	15	100%
1～4号，7～10号墩柱混凝土	160	210	200	10	100%
北岸（引桥箱梁、边拱系杆、横梁、次纵梁）	159	159	143	16	100%
南岸（引桥箱梁、边拱系杆、横梁、次纵梁）	188	188	171	17	100%
北岸桥面板、边拱后浇层	151	151	135	16	100%
湿接缝	80	80	72	8	100%
北岸引桥后浇层	5	5	4	1	100%
北岸防撞墙	13	13	11	2	100%
南岸防撞墙	75	75	67	8	100%
南岸桥面板、后浇层	182	182	163	19	100%
人行道板	80	80	72	8	100%
钢筋原材	528	538	468	70	100%
钢绞线	6	6	5	1	100%
钢筋机械连接	174	209	193	16	100%
钢筋焊接	111	138	94	44	100%
锚具	43	56	46	10	100%
夹片	170	170	155	15	100%
波纹管	8	9	7	2	100%
钢绞线	29	29	27	2	100%
静载锚固性能	5	5	—	5	100%
桥板	154	169	154	15	100%
圆钢	2	2	2	—	100%

续上表

试验项目	应检（组）	实际抽检（组）	有见证试验（组）	监督检验（组）	合格率
无缝钢管	2	2	2	—	100%
焊材	30	30	30	—	100%
焊钉	40	40	40	—	100%
高强度螺栓副	72	84	72	12	100%
抗滑移试板	7	7	7	—	100%
涂料指标检验	15	15	15	—	100%
焊接工艺评定	207	207	207	—	100%
焰切	5	5	5	—	100%
产品试板	12	12	12	—	100%
厂内超声波探伤	14 271m	14985m	14271m	713.5m	100%
现场超声波探伤	2 679m	3 174m	1 997m	1 177m	100%
厂内X射线探伤	36张	36张	36张	—	100%
现场X射线探伤	168张	168张	—	168张	100%

钢结构厂内加工焊缝探伤监督检验部分，由监督站进行，广州地区质量安全监督站派检测人员到山海关山桥厂内进行焊缝无损检验抽检，其中超声波探伤抽检焊缝长度共计 713.5m，全部合格。

主拱系杆张拉试验见图 5-1 所示。

图5-1　主拱系杆出厂前张拉试验

第四节　全桥混凝土构件抗压强度控制概况

全桥混凝土试件强度评定严格按《混凝土强度检验评定标准》（GBJ107—87）的要求进行评定，结果见表5-4，满足规范要求。

全桥混凝土强度情况统计汇总表　　表5-4

工程部位	设计强度（MPa）	混凝土抗压强度代表值（MPa）	评定结果	备　注
桩基	C30	51.3	合格	标养
承台	C40	60.2	合格	标养
1～4号墩柱	C40	46.7	合格	标养
5号拱座	HPC40	46.0	合格	标养
5号墩三角刚架、系梁、横撑4号墩盖梁	C50	49.1	合格	标养
6号拱座	HPC40	52.1	合格	标养
6号墩三角刚架、系梁、横撑7号墩盖梁	C50	50.7	合格	标养
7～10号墩柱	C40	53.3	合格	标养
北岸（引桥箱梁、边拱系杆、横梁、次纵梁）	C50	65．5	合格	标养
南岸（引桥箱梁、边拱系杆、横梁、次纵梁）	C50	64.9	合格	标养
引桥箱梁、边拱系杆、横梁、次纵梁	C50	71.8	合格	同养
北岸湿接缝	C50钢纤	64.4	合格	标养
北岸桥面板、边拱后浇层	C50	65.9	合格	标养
北岸引桥后浇层	C40	57.3	合格	标养
北岸防撞墙	C40	56.8	合格	标养
南岸桥面板、后浇层	C50	64.9	合格	标养
南岸防撞墙	C40	55.6	合格	标养
人行道板	C30	55.4	合格	标养
防撞墙	C40	59.9	合格	同养
桥面板、后浇层	C50	75.1	合格	同养
南岸湿接缝	C50钢纤	64.7	合格	同养
人行道板	C30	58.5	合格	同养

第五节　钢结构安装质量检验实况

钢结构安装质量检验情况如图5-2～图5-7所示。

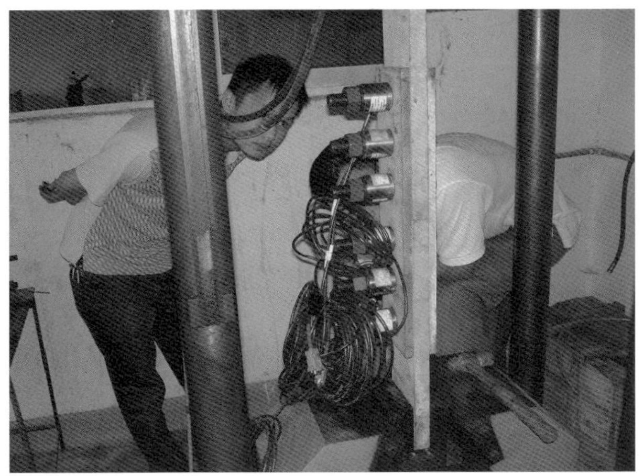
图5-2　摩擦面抗滑移系数检验

图5-3　螺母垫圈硬度检验

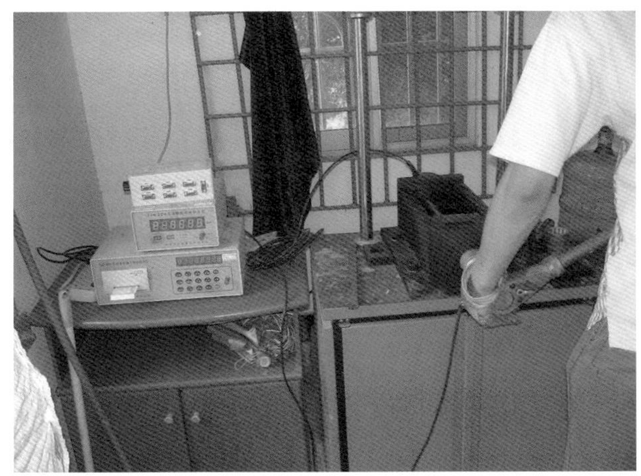
图5-4　高强螺栓连接副扭矩系数实验

图5-5　高强螺栓楔负载检验、螺母保证载荷检验

图5-6　技术质检人员高强螺栓施工前设备检验

图5-7　桥面系钢纵横梁焊缝进行x射线探伤

第六章 施工监控

Shigong Jiankong

第一节 第三方监控

一、综述

考虑到新光大桥施工方法独特，缺乏可以借鉴的资料，因而业主要求承包商按合同聘请了专业单位进行施工监控，在施工中需对重要的结构设计参数和状态参数进行监测。

为保证大桥施工质量和施工的绝对安全，业主还通过邀请招标确定由华南理工大学城市建设研究中心负责承台以上三角刚架主墩及主桥上部结构施工的独立第三方监控任务，重点放在监控业主最关心的大桥本身结构的内力及变形状态，为业主提供一套完整的、客观真实的监测数据，为大桥建成运营后的健康监测奠定良好的基础。

接到委托后华南理工大学监测小组于 2004 年 9 月开始新光大桥施工监测的前期准备工作，2004 年 12 月进驻工地现场，首先完成了施工过程中和成桥状态下各种荷载工况的仿真分析，获得了监测监控的理论数据，并据此制定了施工过程的内力及几何变形监测方案，于 2006 年 8 月顺利完成大桥的施工监测工作，历时两年。

二、施工过程的仿真分析

1．施工过程仿真分析

新光大桥施工过程仿真分析的目的是通过利用有限元程序模拟整个施工过程，从而获取大桥整个建设过程的内力历程及变形历程等方面的信息，以作为指导施工、监测的理论依据。

施工过程仿真分析模型包括主体结构与辅助施工结构。

主体下部结构的三角刚架主墩采用了分层浇筑的方法施工，对其单独进行施工过程的仿真分析需要按其分层情况进行精细的剖分。同时考虑南、北岸三角刚架的架设方法不完全相同，因此分别单独建模。

主桥整体仿真分析是模拟三角刚架施工完毕至主桥整体施工完毕这一段施工过程。在这个阶段建模时只需把三角刚架作为一个整体构件，采用的块体单元不用单独分析时那么精细。

2．三角刚架施工过程仿真分析

三角刚架主体结构部分由钢筋混凝土斜腿和预应力混凝土系梁两部分组成，其中斜腿与拱座相连，每条系梁内设置有 34 束 31-7ϕ5 预应力钢绞线。

施工辅助结构由临时水平拉杆和施工支架组成，其中临时水平拉杆分 4 层布置，采用低松弛高强钢绞线 31-7ϕ5，施工支架包括斜腿内劲性骨架、落地钢管支架和现浇系梁用的三角形桁架。

三角刚架有限元建模时需根据主体混凝土结构、预应力系统以及辅助施工系统三个部分的不同特点分别考虑。

（1）三角刚架主体结构有限元建模

三角刚架斜腿的高跨比较大（约 1/4），其变形已不完全符合梁的变形特点，为提高计算精度，同时考虑混凝土的三向受力情况，三角刚架主体结构采用块体单元（20 节点 Hexa20 单元）模拟，块体单元的边长为 1m 左右，局部网格划分加密。

（2）预应力系统有限元建模

三角刚架系梁预应力索建模时，先按照索的实际坐标建立节点，再根据节点建立拉伸单元（2 节点 Truss 单元），然后将每根预应力索的各分段 Truss 单元定义为一个 Stringgroup 组，以保证同根预应索各段 Truss 单元的拉力保持一致，最后通过主从约束单元（Link 单元）将 Truss 单元节点与最近的系梁块体单元节点耦合。

（3）辅助施工结构有限元建模

临时水平拉杆由低松弛高强钢绞线 31-7ϕ5 组成，一旦张拉完毕锚固后，在被动受力期间，其伸长量将随三角刚架斜腿的变形而发生变化，即其刚度将对三角刚架的刚度产生影响。但经过计算发现在拉杆被动受力阶段，三角刚架两侧斜腿在张拉点处产生的最大相对位移只是拉杆主动张拉时伸长量的 5.6%，临时拉杆的预应力在后续施工过程中变化不大，可采用施加节点力的形式来模拟临时拉杆对结构的作用，无需设置单元来模拟拉杆。

由于三角刚架斜腿的刚度远远大于施工支架的刚度，通过计算可知在同一荷载作用下，有支架模型与无支架模型的控制点应力水平相差不超过 5%。为了简化计算可忽略施工支架。

（4）仿真分析的计算

根据以上方法建立的三角刚架有限元模型共有 59 845 个节点，11 829 个块体单元，164 个 Truss 单元，198 个 Link 单元。

① 计算工况

三角刚架整个施工过程分为 9 大步，主要包括浇筑 9 次混凝土和加卸 4 道临时拉杆预应力，如图 6-1 所示。三角刚架施工过程在仿真分析时可分为 20 个工况，见表 6-1 所列。

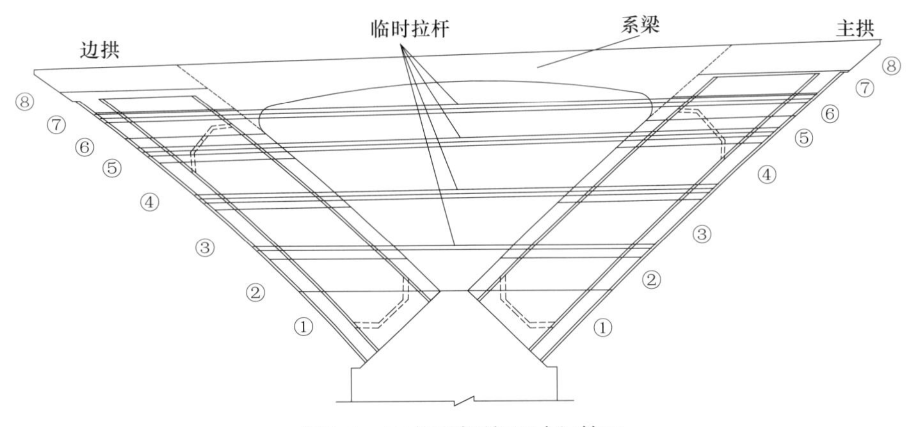

图6-1　三角刚架施工过程简图

三角刚架施工工况　　表6-1

工　况	工　况　说　明	工　况	工　况　说　明
1	浇筑第1层混凝土	11	卸完第1道拉杆拉力
2	浇筑第2层混凝土	12	浇筑第7层混凝土
3	浇筑第3层混凝土	13	张拉第4道拉杆（拉力为20 000kN）
4	张拉第1道拉杆（拉力为15 000kN）	14	卸完第2道拉杆拉力
5	浇筑第4层混凝土	15	浇筑第8层混凝土
6	浇筑第5层混凝土	16	浇筑系梁混凝土
7	张拉第2道拉杆（拉力为20 000kN）	17	拆除系梁模板
8	卸一半第1道拉杆拉力	18	加系梁预应力（拉力为200 000kN × 0.7）
9	浇筑第6层混凝土	19	卸完第3道拉杆拉力
10	张拉第3道拉杆（拉力为22 000kN）	20	卸完第4道拉杆拉力

② 斜腿根部仿真应力

图 6-2 给出了应力控制断面边拱侧斜腿根部截面正应力在三角刚架施工过程中的变化情况，图中横坐标为工况号。在整个施工过程中，斜腿根部的上下缘均不同程度地出现过拉应力，但都不超过 2MPa。当三角刚架施工完毕，整个斜腿根部截面正应力均为压应力。斜腿根部截面最大拉压应力均出现在第 13 个工况（张拉第 4 道拉杆）后，此工况下的三角刚架纵桥向正应力云图如图 6-3 所示。

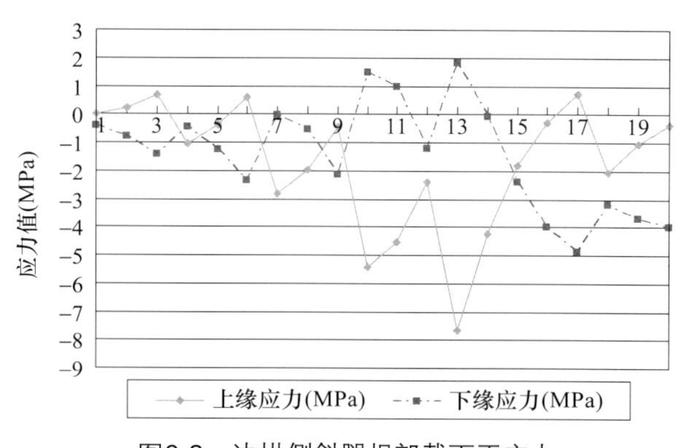

图6-2　边拱侧斜腿根部截面正应力
（拉应力为正，压应力为负）

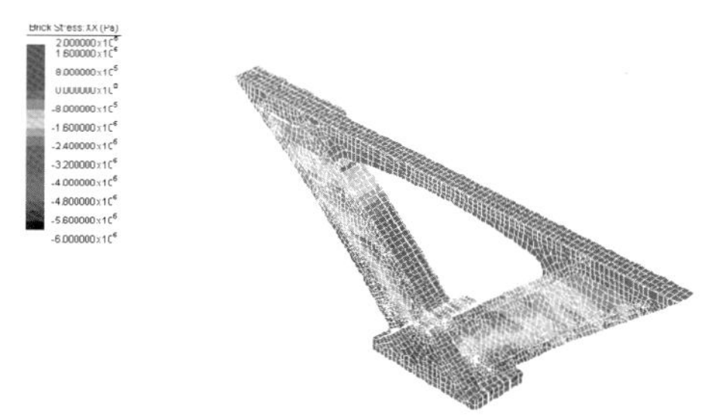

图6-3　张拉第4道拉杆后三角刚架应力云图

③ 系梁中部仿真应力

三角刚架系梁中部截面也是整个施工过程的应力控制断面。由图 6-4（图中横坐标为工况号，见表 6-1）可见，系梁中部截面拉应力的最大值与压应力的最大值分别出现在第 17 个工况（卸载系梁模板）和第 18 个工况（施加系梁预应力）后，这两个工况下三角刚架的纵桥向正应力云图如图 6-5、图 6-6 所示。

④ 三角刚架施工完毕后的仿真应力

三角刚架施工完毕后的纵桥向正应力云图如图 6-7 所示。

由图 6-7 可知，整个三角刚架斜腿以受压为主，大部分区域的压应力在 −3MPa 左右；斜腿根部截面上缘未出现拉应力，下缘压应力为 −4MPa。系梁中部截面上缘压应力为 −6MPa，下缘压应力为 −4.4MPa；系梁根部截面下缘压应力为 −3.2MPa，上缘压应力为 −6MPa。因此整个三角刚架的应力均在安全范围内。

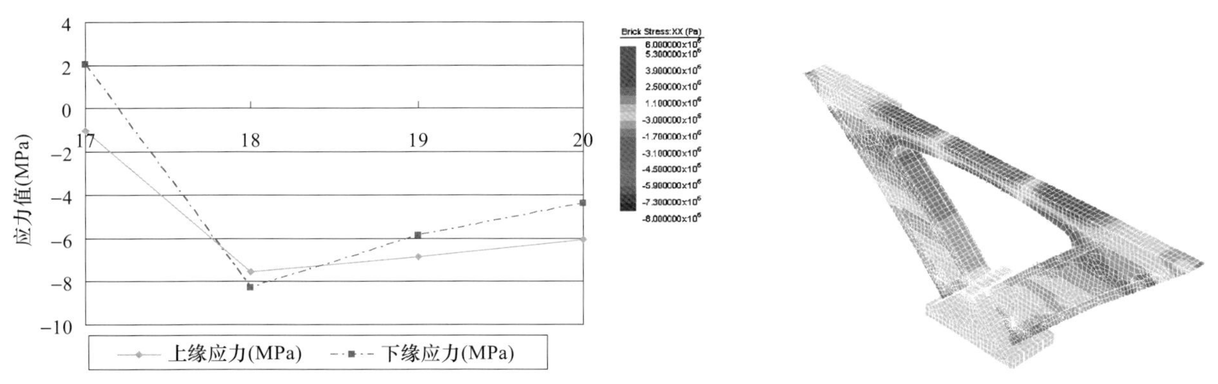

图6-4　系梁中部截面应力变化过程　　　图6-5　卸载系梁模板后三角刚架应力云图

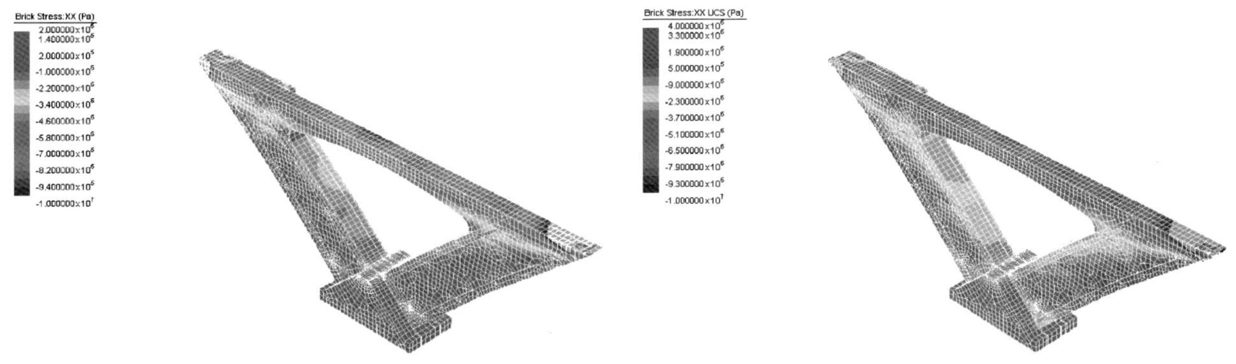

图6-6　施加系梁预应力后三角刚架应力云图　　　图6-7　三角刚架施工完毕后应力云图

由此可见在整个施工过程中，三角刚架除斜腿根部外其他部位均未出现拉应力，压应力控制在10MPa以内，但斜腿根部截面下缘在张拉第3道和第4道临时拉杆时分别出现了拉应力，尽管没有超过2MPa，但施工时要严格控制临时拉杆张拉力，并进行根部应力实时监测。

⑤ 仿真变形计算结果

第4道拉杆锚固点最大水平位移为10.8mm，即两个锚固点间的相对位移为21.6mm，而该拉杆在主动张拉时的伸长量为382mm，也就是说拉杆被动变形量只占主动伸长量的5.6%，拉杆被动变形时的拉力变化不大，这也验证了建模时可以以直接加力方法代替实际拉杆。

3．主桥整体施工过程仿真分析

（1）有限元建模

① 主体结构建模

新光大桥整体有限元模型是首先将主体结构（三角刚架、边拱、主拱）和辅助施工结构（临时提升支架、临时提升塔）单独建立有限元模型，然后通过程序合并成整体，最终形成全桥有限元模型。新光大桥主体结构可分为三角刚架、拱肋、系杆、吊杆与桥面系5大部分。

三角刚架采用块体单元（20节点Hexa20单元）模拟，块体单元的边长为3m左右，比三角刚架单独仿真分析时（1m左右）为粗。建成后的三角刚架有限元模型如图6-8所示。

拱肋上下弦杆为箱形杆件，腹杆为“H”形杆件，在有限元模型中两者均采用空间梁单元（2节点Beam2单元）模拟。图6-9与图6-10分别表示主拱、边拱的有限元模型。

主拱系杆为199-ϕ7平行钢丝索，在有限元模型中采用空间索单元（2节点Truss单元）模拟。边拱系杆为预应力混凝土结构，在有限元模型中采用空间梁单元模拟。

吊杆为镀锌高强低松弛钢丝束，在有限元模型中采用空间索单元（Truss）模拟。

桥面系包括横纵梁和桥面板。主跨与边跨的横纵梁分别为钢与预应力混凝土结构，两者均采用空间梁单元 Beam2 模拟。桥面板为钢筋混凝土结构，采用空间板壳单元（8 节点 Plate/Shell 单元）模拟。图 6-11 和图 6-12 分别显示局部桥面系横纵梁和桥面板的有限元模型。

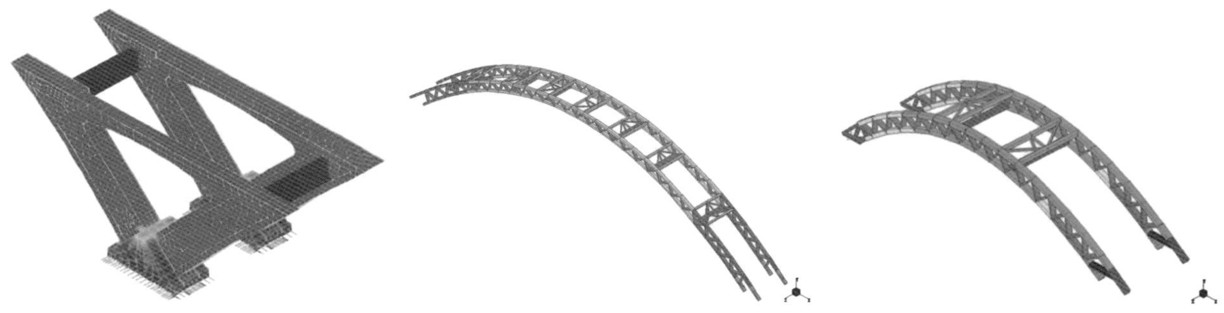

图6-8　三角刚架有限元模型　　图6-9　主拱拱肋有限元模型　　图6-10　边拱拱肋有限元模型

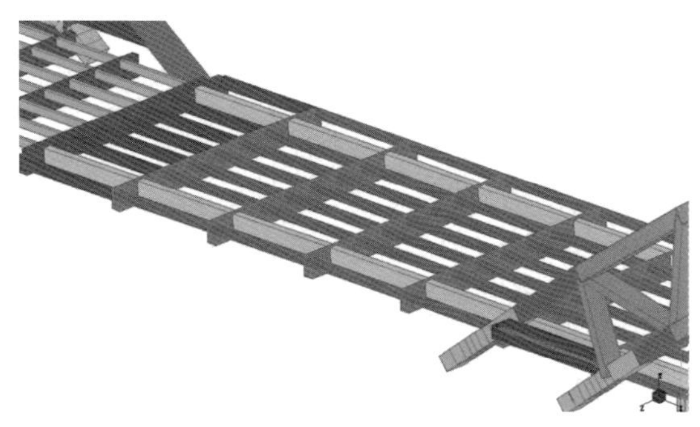

图6-11　局部桥面系横纵梁有限元模型

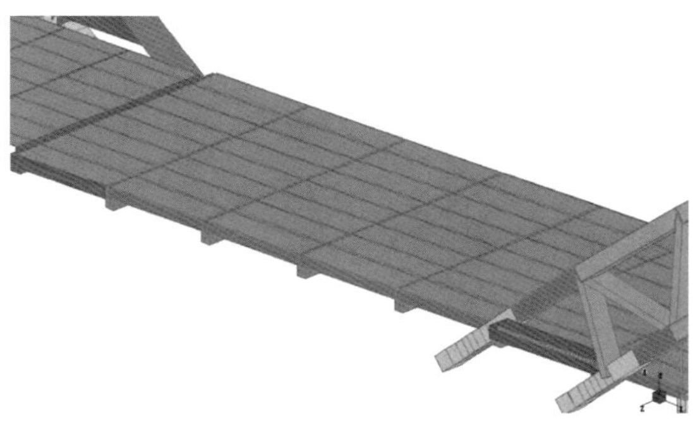

图6-12　局部桥面系桥面板有限元模型

② 辅助施工结构的有限元建模

辅助施工结构包括主拱提升塔与在三角刚架上的主边拱提升支架，结构中的钢梁与钢丝索分别采用空间梁单元与空间索单元模拟。

③ 全桥整体有限元模型

在各部分有限元模型单独建立完毕后，通过主从约束单元（Link 单元）将拱肋、边拱系杆和桥面系横梁伸入三角刚架部分的梁单元节点与最近的三角刚架块体单元节点耦合，将它们合并在一起形成整体模型。

拱肋与三角刚架的节点耦合，是通过将拱脚与三角刚架连接段分为 5 小段，每小段的梁单元节点与最近的三角刚架块体单元节点通过 Link 单元耦合 XYZ 向位移，达到传力的效果。

桥面系与三角刚架的节点耦合是将与三角刚架相交的梁单元节点通过 Link 单元与最近的三角刚架块体单元节点耦合，边跨混凝土横梁耦合 XYZ 向位移，而主跨钢横梁则耦合 YZ 向位移。

根据以上方法建立的新光大桥整体有限元模型如图 6-13 所示。整个模型共包含 63 389 个节点，4 888 个梁索单元，616 个板壳单元，11 536 个块体单元，322 个 Link 单元。

（2）仿真分析的计算

根据新光大桥施工方案，主桥整体施工过程分为 37 个工况，部分重要工况见表 6-2 所列。

主桥整体施工过程模拟计算过程如下：

① 建立一个包含所有部分的模型。

② 在当前工况下，对于已建成部分和在建部分的单元赋予真实的刚度及其他属性。

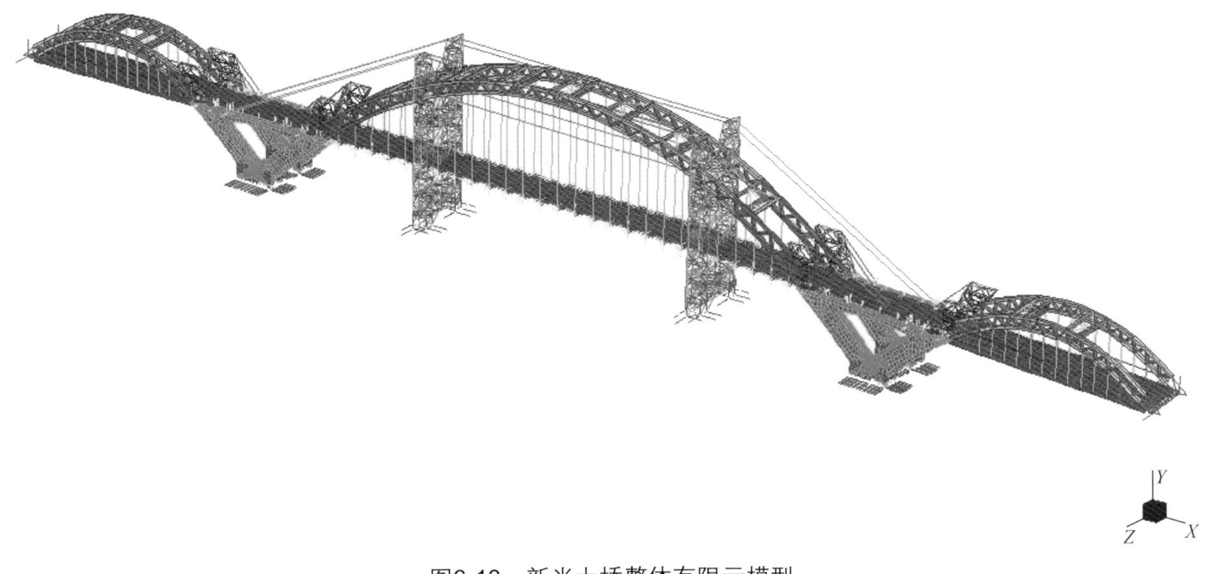

图6-13　新光大桥整体有限元模型

主桥整体部分施工工况　　表6-2

工况号	工 况 内 容	工况号	工 况 内 容
1	三角刚架施工完毕	20	吊装主拱大节段b（吊完）
3	吊装边主拱拱脚	21	在主拱提升塔上拼装主拱合龙段
4	张拉边拱临时拉杆拉力	23	安装主拱吊杆与主拱横纵梁
5	提升边拱大节段拱肋	24	第一次张拉主拱系杆10 000kN拉力
6	施工完毕主拱临时提升塔	25	卸完主拱临时拉杆拉力
7	提升主拱边节段拱肋	27	拆除主拱在主拱提升塔上的边支点
9	拆除边拱在边拱提升支架上的吊点	28	浇筑边拱及三角刚架横纵梁混凝土
11	第一次施加边拱系杆预应力	30	铺装主拱桥面预制板
12	卸完边拱临时拉杆拉力	31	第三次张拉主拱系杆10 000kN拉力
15	拆边拱系杆支架，张拉边拱吊杆拉力	32	浇筑边拱及三角刚架桥面后浇层
17	平移主拱大节段至驳船	37	铺装二期桥面沥青恒载
19	吊装主拱大节段a（起吊）		

③ 未建部分的单元则仍保持为无刚度，同时锁死其节点。

④ 施加当前工况荷载，完成所有增量模型文件。

⑤ 计算当前工况下结构内力和变形，获得增量结果。

⑥ 将各工况的增量结果叠加，得到当前工况下总量结果，然后返回第②步，计算下一个工况。

（3）大桥施工全过程三角刚构斜腿应力部分仿真分析结果

仿真分析结果如图 6-14、图 6-15 所示。

（4）拱肋应力仿真分析部分结果

主拱肋成桥状态纵桥向应力云图如图 6-9 所示，边拱肋成桥状态纵桥向应力云图如图 6-10 所示。

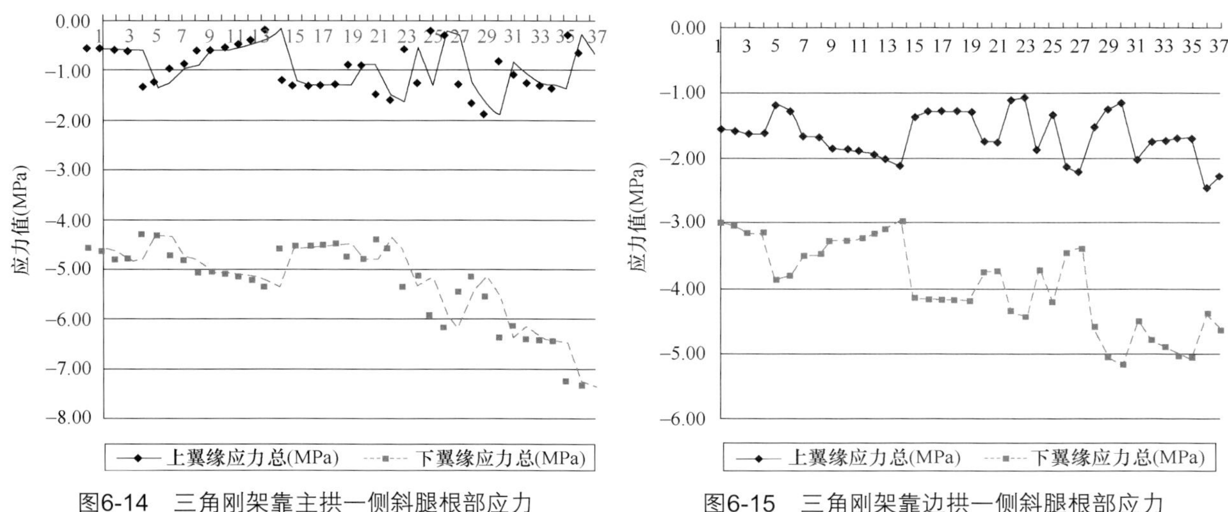

图6-14　三角刚架靠主拱一侧斜腿根部应力　　图6-15　三角刚架靠边拱一侧斜腿根部应力

三、施工过程的内力测量

1．内力测量内容

内力测量有三角刚架、拱肋、边拱刚性系杆应力、主拱系杆及全桥吊杆索力测量等。

图 6-16 中上半部分图为北岸上游侧的监测断面图，下半部分图为北岸下游侧监测断面图。除 4、5 号断面外，新光大桥南、北岸应力及温度监测断面完全对称。测量时尽量统一选择清晨作为测量的时间，避免混入局部温差引起的温度应力。由于施工期较长，传感器的布设要充分考虑施工期间可能造成传感器、线路破坏的因素，提前做好防范。

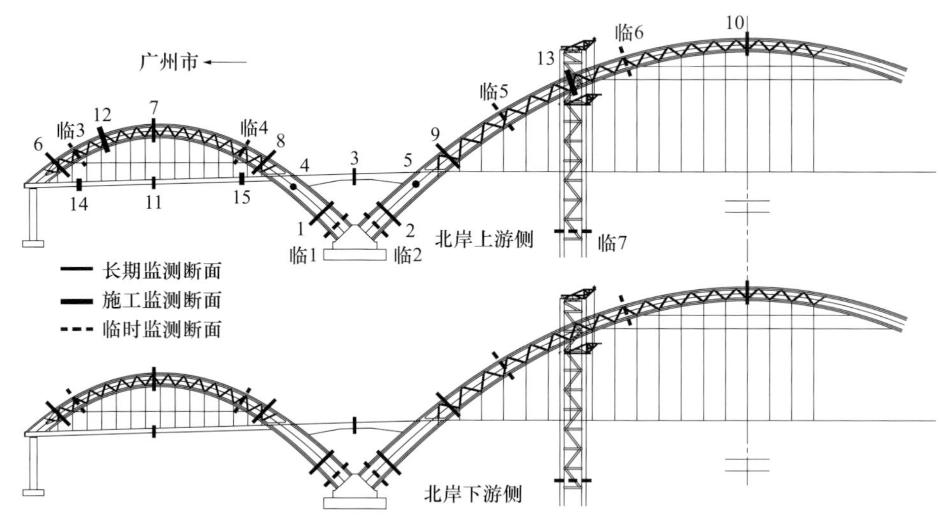

图6-16　新光大桥应力及温度监测断面总体布置图

通过应变传感器可测出的混凝土应变是总应变，由于混凝土总应变中包含相当一部分的非应力应变，因此混凝土应变应按图 6-17 方法分离出收缩应变和徐变应变，求出实际应力。

2．三角刚架应力测量

三角刚架斜腿每浇一层混凝土、每一层临时拉索张拉前后都监测相应位置的应力、应变变化情况，有效控制了三角刚架各关键截面的应力。

三角刚架的应力监测采用钢弦式应变传感器，稳定性与准确度较高，且不依赖于某一特定的采集仪器，可满足持续时间长量测过程，测点受损后容易恢复，较适合施工现场。

测量截面是根据三角刚架施工全过程的包络线找到的最危险截面。两岸的截面对称。

为了克服离散性，每个断面的上下翼缘均布置三个传感器。1、2 号断面的测点布置如图 6-18a）所示，3 号断面的测点布置如图 6-18b）所示。

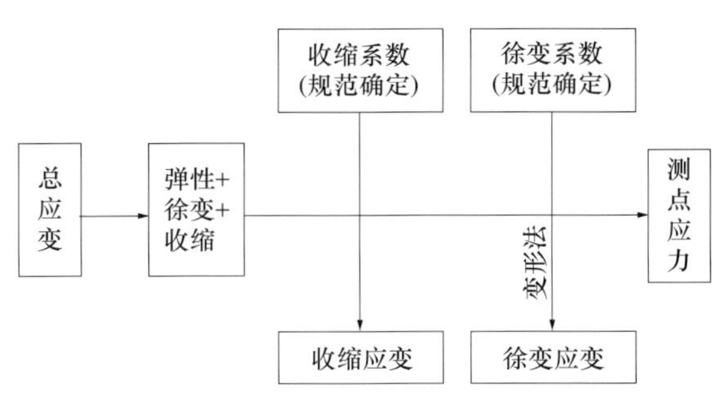

图6-17　三角刚架实测应力的计算方法

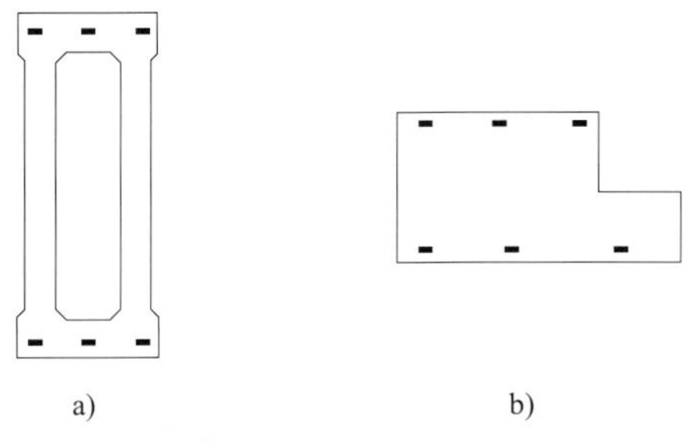

图6-18　三角刚架测点布置图

a）1号、2号断面；b）3号断面

南岸上游侧三角刚架斜腿根部的 1 号、2 号断面实测与计算应力结果分别见表 6-3 及图 6-19、图 6-20 所示。系梁中部的 3 号断面由于出现的时间较晚，只有最后一个工况有数值，其上翼缘和下翼缘的实测值分别为 −7.70MPa 和 −4.23MPa，计算值分别为 −6.07MPa 和 −4.39MPa。

南岸上游侧三角刚架施工过程1号、2号断面实测应力与计算应力对比（MPa）　　表6-3

工况号	工　况　名	1号断面上翼缘		1号断面下翼缘		2号断面上翼缘		2号断面下翼缘	
		实测	计算	实测	计算	实测	计算	实测	计算
1	浇筑第1层混凝土	0.00	0.00	−0.60	−0.40	0.00	0.00	−0.46	−0.53
2	浇筑第2层混凝土	−0.7	0.23	−1.07	−0.80	−0.65	−0.28	−0.98	−1.03
3	浇筑第3层混凝土	−0.34	0.69	−1.65	−1.40	−0.06	0.82	−1.81	−1.77
4	张拉第1道预应力	−1.15	−1.04	−0.81	−0.45	−0.84	−0.89	−0.91	−0.75
5	浇筑第4层混凝土	−0.95	−0.37	−1.59	−1.25	−0.62	−0.10	−1.74	−1.74
6	浇筑第5层混凝土	−0.11	0.58	−2.33	−2.35	0.42	1.03	−2.73	−3.08
7	加第2道预应力	−1.23	−1.96	−0.89	−0.55	−0.61	−1.56	−1.35	−1.09
8	浇筑第6层混凝土	−0.46	−0.46	−2.01	−2.15	0.21	0.26	−2.77	−3.18
9	张拉第3道预应力	−1.18	−4.55	−0.71	1.00	−0.88	−3.95	−1.11	0.31
10	浇筑第7层混凝土	−0.40	−2.41	−2.72	−1.2	−0.26	−1.64	−2.78	−2.28
11	张拉第4道预应力	−0.80	−4.26	−2.02	−0.07	−0.97	−3.56	−1.93	−0.39
12	浇筑第8层混凝土	−0.10	−1.78	−3.18	−2.37	−0.05	−0.88	−4.42	−3.28
13	浇筑系杆混凝土	1.06	−0.28	−3.96	−3.97	0.68	0.36	−4.34	−5.35
14	张拉系杆预应力，卸系杆支	−0.56	−0.37	−3.74	−4.01	−0.71	−0.44	−4.68	−5.39

注：图表中拉应力为正；压应力为负号，下同。

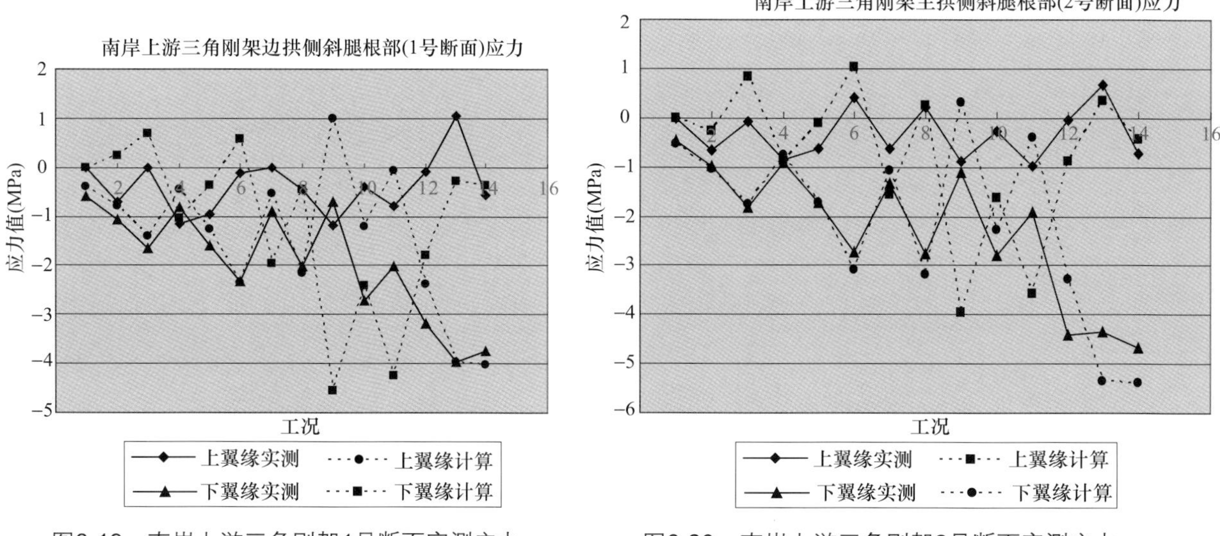

图6-19　南岸上游三角刚架1号断面实测应力　　图6-20　南岸上游三角刚架2号断面实测应力

成桥后南北岸三角刚架应力实测值列于表 6-4 中。由表中可见，成桥后三角刚架各应力测量断面的压应力值控制在 5MPa 以内，没有出现拉应力，基本满足设计要求。但南、北岸三角刚架斜腿根部下缘应力储备偏小。

成桥后三角刚架应力实测值（MPa）　表6-4

断面号	北岸				南岸			
	上游侧		下游侧		上游侧		下游侧	
	上缘	下缘	上缘	下缘	上缘	下缘	上缘	下缘
1	−3.73	−1.05	−5.51	−0.76	−2.13	−1.69	−3.00	−0.86
2	−1.86	−3.23	−3.92	−4.42	−2.94	−2.02	−3.06	−3.77
3	−4.44	−0.78	−3.50	−1.83	−2.57	−2.95	−4.27	−4.09

3．拱肋及系杆应力测量

一般工况下拱肋及系杆的应力测量采用手动方式，而拱肋整体提升时，则采用无线测量方式实时测量控制断面应力。监测断面上布设钢弦式应变传感器。

（1）截面以及布点的确定

考虑拱肋及系杆施工全过程中的包络线和两岸的截面对称，选取了主边拱根部和跨中、系杆跨中共 10 个断面（编号 6～15）进行应力监测。应力测试断面布置如图 6-16 所示。每个断面的上下翼缘均布置 2～3 个传感器。6、7、8、9、10 号断面的测点为钢箱内表面式测点，其布置如图 6-21a）所示；11 号断面的测点为系杆混凝土埋入式测点，其布置如图 6-21b）所示。

拱肋传感器安装与导线走线如图 6-22 所示。

混凝土系杆的应力则需要分离收缩徐变等非应力应变，继而求出断面上、下缘实际应力。

（2）实测结果

① 主拱边段拱肋提升过程中

主拱南边段拱肋提升过程中节段中临 5 号断面应力实测值与计算值见表 6-5 及图 6-23 所示，图中的横坐标代表表 6-5 中拱肋提升过程中的工况号。

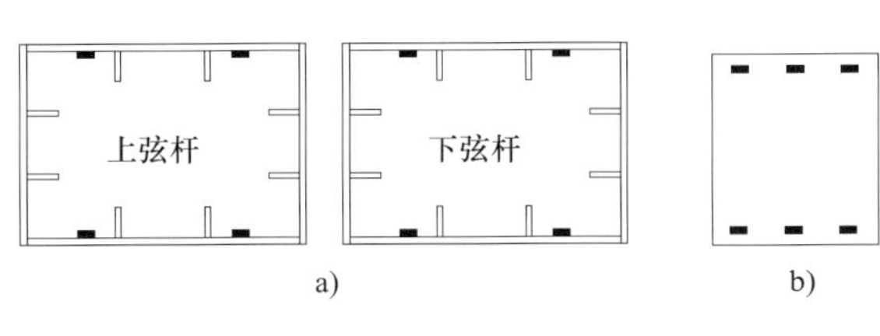

图6-21 测点布置图

a）6号、7号、8号、9号、10号断面；b）11号断面

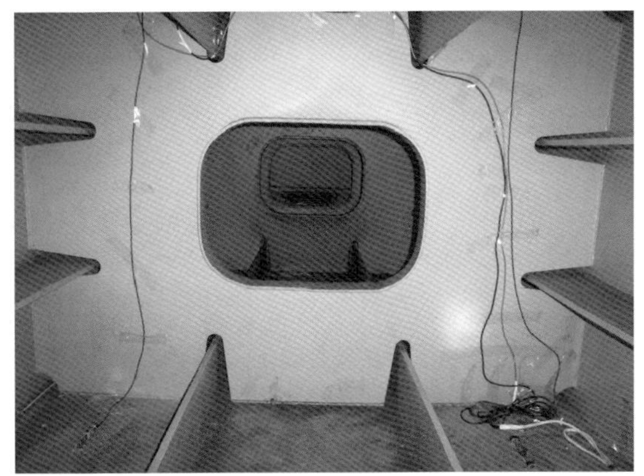

图6-22 拱肋安装传感器及钢箱内导线走线

主拱南岸边段拱肋提升过程中节段中临5号断面应力实测值与计算值（MPa） 表6-5

工况序号	日　期	时　间	工　况	上弦杆		下弦杆	
				实　测	计　算	实　测	计　算
1	2005.10.19	15：00	脱架成两支点	−11.99	−17.75	9.34	15.20
2	2005.11.2	17：00	开始脱架	−15.65	−17.75	13.48	15.20
3	2005.11.2	19：44	脱架完毕	−22.87	−17.75	17.66	15.20
4	2005.11.3	19：45	提升1m	−22.50	−17.75	18.55	15.20
5	2005.11.3	12：24	提升10m	−22.02	−17.75	17.67	15.20
6	2005.11.3	14：15	提升20m	−20.54	−17.75	18.36	15.20
7	2005.11.3	15：35	提升25m	−19.98	−17.75	19.08	15.20
8	2005.11.3	17：30	提升32m	−19.82	−17.75	18.31	15.20
9	2005.11.3	18：00	提升38.5m	−19.76	−17.75	17.73	15.20
10	2005.11.3	21：30	提升48m	−21.04	−17.75	17.01	15.20
11	2005-11-3	23：30	提升60m	−21.54	−17.75	16.73	15.20
12	2005.11.4	10：15	提升70m	−19.19	−17.75	15.88	15.20
13	2005.11.4	12：15	提升80m	−18.58	−17.75	15.59	15.20
14	2005.11.5	18：50	提升到位	−20.71	−17.75	17.44	15.20

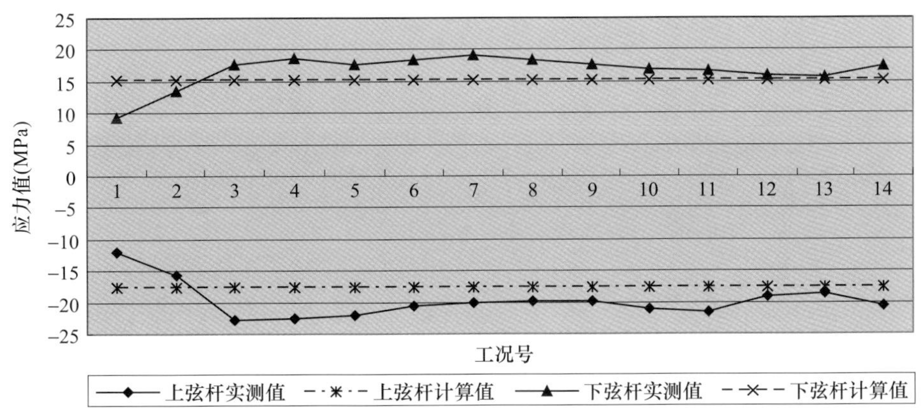

图6-23 主拱边段拱肋提升过程临5号断面应力实测值与计算值

② 主拱中段拱肋施工过程（包括提升过程）

主拱拱肋中段施工过程中 10 号断面实测与计算结果见表 6-6 及图 6-24 所示。图表中拉应力为正号，压应力为负号。从图表中可知整个施工过程实测值与计算值都是比较接近的。

主拱拱肋中段施工过程中10号断面应力变化（MPa） 表6-6

工况号	说　明	上弦杆		下弦杆	
		实　测	计　算	实　测	计　算
1	多支点脱架至两支点	5.6	24.3	−23.0	27.5
2	临时索初张拉，平移上船	50.5	50.4	−66.8	−60.6
3	临时拉索第二次张拉	79.9	82.7	−90.9	−103.9
4	第一次张拉临时拉杆	35.0	35.4	−70.2	-74.8
5	支点部分脱架	−3.5	−11.9	−40.9	−45.6
6	支点完全脱架	−31.8	−35.6	−17.8	−31.0
7	第二次张拉临时拉杆	−22.3	−35.6	−33.2	−31.0
8	主拱中段提升到位	−30.7	−35.6	−24.5	−31.1
9	主拱中段吊点释放	−32.2	−37.4	−27.6	−38.3
10	主拱横梁安装完毕	−37.4	−51.5	−36.8	−40.5
11	主拱系杆张拉完毕第一批预应力	−40.3	−51.8	−38.7	−41.2
13	释放完毕临时拉索	−46.9	−64.8	−14.7	−5.2
14	主拱系杆张拉完第二批预应力，主拱脱离支架	−43.9	−55.3	−32.1	−29.8
15	全桥桥面后浇层浇筑完毕，主拱系杆张拉完毕	−75.4	−95.3	−58.1	−57.4

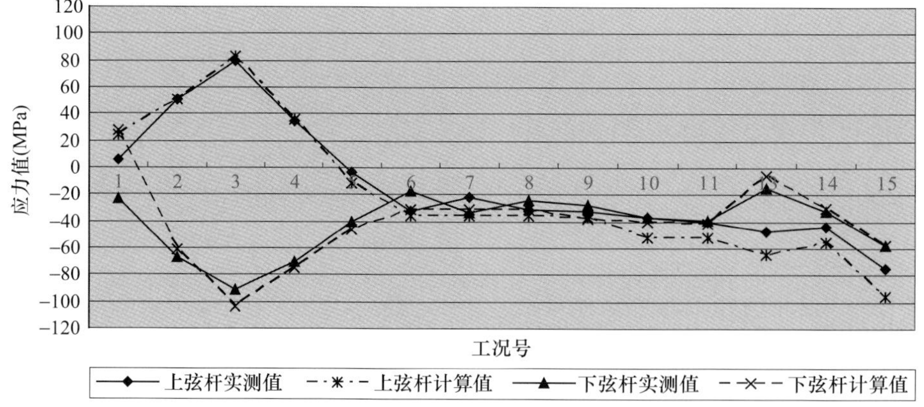

图6-24　主拱中段拱肋施工过程跨中10号断面实测应力（包括提升过程）

③ 边拱拱肋施工过程

南岸上游边拱拱肋 7 号、8 号断面实测与计算结果见表 6-7 及图 6-25、图 6-26 所示。从图表中可以看出，在施工过程中，主拱拱肋的应力控制在 100MPa 以内，边拱拱肋的应力控制在 60MPa 以内，各段拱肋最终受力较为合理，应力变化规律基本一致。

南岸上游侧边拱肋施工过程7号、8号断面实测应力与计算应力对比（MPa）　　表6-7

工况号	工况名	7号断面				8号断面			
		上弦杆		下弦杆		上弦杆		下弦杆	
		实测	计算	实测	计算	实测	计算	实测	计算
1	提升边拱大节段	−66.54	−68.08	75.04	65.42	—	—	—	—
2	张拉边拱临时拉杆	−22.30	−22.29	8.11	5.04	—	—	—	—
3	边拱吊点释放	−21.68	−21.18	−4.11	−4.68	−7.97	−9.46	−8.63	−7.20
4	边拱系杆张拉第一批预应力	−11.79	−11.97	−30.20	−19.79	−32.41	−25.71	4.70	2.52
5	张拉完边拱第一次吊杆	−27.51	−23.57	−43.71	−29.54	−41.66	−30.71	−18.82	−12.68
6	拆除系杆临时支架	−43.36	−39.30	−49.55	−35.09	−44.24	−39.72	−33.49	−25.51
7	主拱中段吊点释放	−47.45	−39.44	−52.87	−35.26	−52.84	−41.47	−39.43	−24.18
8	边拱横梁安装完毕	−49.76	−61.00	−61.89	−47.80	−59.25	−53.43	−36.36	−45.60
9	主拱系杆张拉第一次预应力	−60.79	−60.80	−61.51	−47.56	−55.38	−50.93	−42.45	−47.51
10	边拱系杆张拉第二批预应力、边拱纵梁及预制桥面板吊装	−67.70	−69.94	−71.18	−52.80	−66.73	−55.93	−48.33	−56.69
11	全桥桥面后浇层浇筑完毕，主拱系杆张拉完毕	−82.84	−79.29	−77.59	−51.14	−67.84	−49.61	−61.14	−78.34

注：“—”表示传感器未出现。

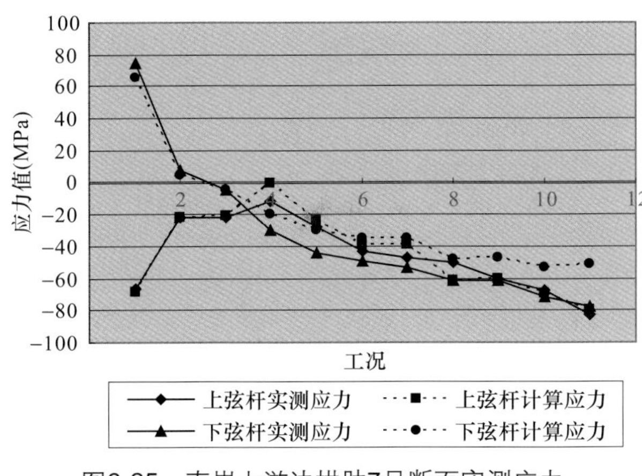

图6-25　南岸上游边拱肋7号断面实测应力

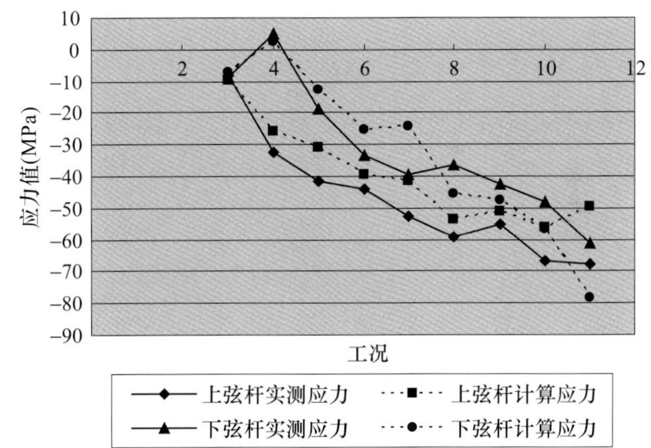

图6-26　南岸上游边拱肋8号断面实测应力

综上所述，无论是边拱拱肋还是主拱拱肋，在整个提升过程中其应力实测值与计算值都是比较接近的。当拱肋完全脱架后，应力实测值与计算值吻合得更好。

④ 成桥后拱肋应力

成桥后主拱肋应力实测值列于表6-8中，各断面的压应力在120MPa内，满足设计要求。

成桥后南、北岸边拱拱肋应力实测值列于表6-9。各断面的压应力控制在110MPa以内。

⑤ 边拱系杆

边拱系杆跨中11号断面应力实测值见表6-10及图6-27所示。

成桥后南北岸边拱系杆应力实测值列于表6-11中。由表中可见，成桥后边拱系杆各应力测量断面的压应力值控制在10MPa以内，没有出现拉应力，基本满足设计要求，但南北岸边拱系杆上游侧下缘压应力储备偏小。

成桥后主拱拱肋应实测值（MPa） 表6-8

断面号	弦　杆	南　　岸				北　　岸			
		上游侧		下游侧		上游侧		下游侧	
		上缘	下缘	上缘	下缘	上缘	下缘	上缘	下缘
9	上	−75.33	−85.86	−49.37	−54．45	−68.99	−58.59	−69.60	−55.70
	下	−83.10	−73.05	−103.08	−82．86	−93.89	−84.59	−88.47	−70.66
10	上	—	—	—	—	−94.01	−99.82	−90.18	−77.12
	下	—	—	—	—	−77.07	−49.14	−75.41	−57.78
13	上	−100.63	−86.90	—	—	−117.18	−97.95	—	—
	下	−113.77	−75.73	—	—	−76.55	−85.98	—	—

成桥后南、北岸边拱拱肋应力实测值（MPa） 表6-9

断面号	弦　杆	南　　岸				北　　岸			
		上游侧		下游侧		上游侧		下游侧	
		上缘	下缘	上缘	下缘	上缘	下缘	上缘	下缘
6	上	−90.88	−92.73	−107.11	−83.02	−83.45	−87.88	−87.49	−83.34
	下	−98.11	−50.46	−77.51	−55.32	−82.91	−54.28	−58.49	−70.90
7	上	−85.64	−86.70	−85.65	−74.87	−80.86	−78.14	−66.67	−59.31
	下	−77.89	−76.31	−72.82	−80.54	−83.50	−45.72	−93.88	−83.48
8	上	−53.08	−66.02	−82.37	−59.87	−80.42	−93.86	−89.93	−66.06
	下	−83.51	−81.34	−80.59	−77.69	−73.52	−75.62	−71.86	−62.06
12	上	−79.56	−82.65	—	—	−70.84	−72.13	—	—
	下	−92.37	−81.13	—	—	−78.90	−73.92	—	—

边拱系杆11号断面实测应力与计算应力对比（MPa） 表6-10

工况	工　况　名	上翼缘		下翼缘	
		实测	计算	实测	计算
1	边拱系杆张拉完毕第一批预应力	−10.18	−10.76	−11.03	−11.36
2	张拉完边拱第一次吊杆	−9.69	−10.46	−11.71	−10.08
3	拆除系杆临时支架	−8.20	−10.24	−9.79	−8.33
4	边拱横梁安装完毕	−6.44	−9.72	−8.72	−5.97
5	主拱系杆张拉完毕第一次预应力	−6.85	−9.76	−8.12	−5.97
6	边拱系杆张拉完毕第二批预应力、边拱纵梁及预制桥面板吊装完毕	−9.04	−13.15	−9.97	−8.76
7	全桥桥面后浇层浇筑完，主拱系杆张拉完毕	−8.07	−13.19	−7.08	−8.61

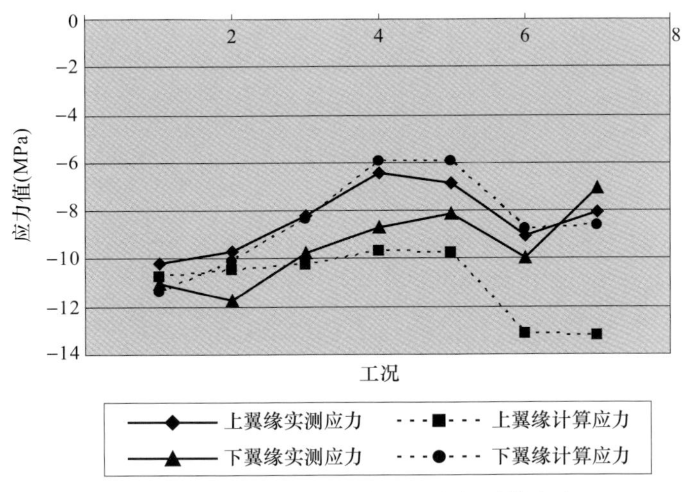

图6-27　系杆11号断面实测应力与计算应力

成桥后边拱系杆应力实测值（MPa）　　表6-11

断面号	北岸				南岸			
	上游侧		下游侧		上游侧		下游侧	
	上缘	下缘	上缘	下缘	上缘	下缘	上缘	下缘
11	−8.59	−1.00	−9.85	−3.64	−4.66	−1.19	−4.81	−3.86
14	−4.98	−7.42	—	—	−1.85	−3.92	—	—
15	−3.23	−7.39	—	—	−2.80	−6.96	—	—

4．索力测量

新光大桥共包含拉索 130 根，其中边拱吊索为 60 根，主拱吊索为 54 根，主拱系杆为 16 根。这些拉索是新光大桥的上部结构与桥面系的主要传力部件，选择频率法测试索力。

（1）测量方案

① 索力、频率关系的确定

频率法测索力分以下 3 步进行：

a．通过理论分析（有限元法）与现场标定，获取索力与振动固有频率之间的对应关系。

b．在环境激励下利用加速度传感器拾取索的随机振动信号，通过频域分析获取索的频谱图识别出索的各阶振动固有频率。

c．根据实测频率计算得到实测索力。

在索力与频率之间关系的研究方面，我们采用通过有限元法求出拉索在给定索力下的固有频率，然后使用样条拟合技术描述索力、频率关系的方法。

② 索力、频率关系的样条拟合

利用解析法的实用公式初步估计测试的索力范围，在此范围内取 m 个端索力 T_t^j （j=1，2，…，m），利用有限元方法求出各个端索力作用下拉索的各阶固有频率 f_i^j （i=1，2，…，n；j=1，2，…，m）。

对于第 i 阶固有频率，利用 m 个数据对（T_t^j，f_i^j）及样条拟合技术可以得到 T_t 与第 i 阶固有频率的关系如下：

$$T_t=T_i(f_i)\quad(i=1,2,\cdots,n)$$

③ 由实测频率求实测索力

由斜拉索各阶实测频率即可求得索端实测索力。由于各种因素的影响，各阶频率下得到的索力未必完全一致，因此实测索力取平均值，即：

$$T_{t测}=\frac{1}{n}\sum_{i=1}^{n}T_i(f_{i测})$$

频率法测试索力的流程如下：加速度计—电荷放大器—数据采集卡—计算机求频率—频率索力关系—实测索力。

（2）测量的仪器设备

新光大桥的索力测量主要测量仪器如图6-28、图6-29及表6-12所示。

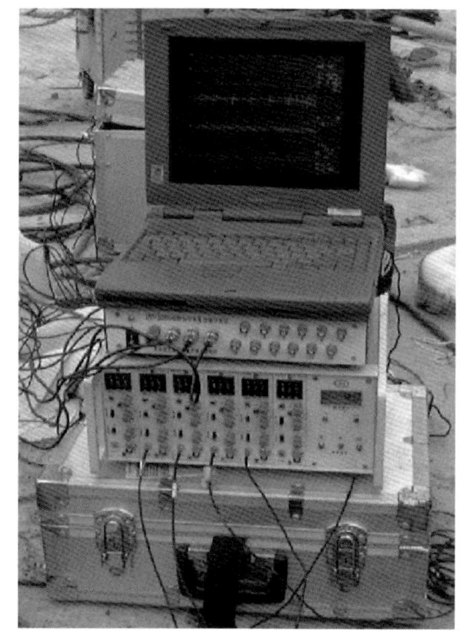

图6-28　频率及动载试验仪器

图6-29　索力测量传感器的连接

索力测量及动载试验仪器　　表6-12

仪器名称	型　号
加速度传感器	891-1
信号放大器	LF-2
数据采集仪	INV-306D
分析软件（DASP）	V6.5
笔记本电脑	2520CDT

（3）新光大桥的索力测量

① 吊杆的有限元模型。新光大桥吊杆由平行钢丝束组成，采用HDPE热挤护套防护，长度从6.135～67.2m不等。模型中索的边界条件为固支，索的抗弯刚度取为0.37倍的全截面抗弯刚度。建立这些索的结构模型，对模型进行模态分析，可以得到索力与频率的关系。

② 主拱系杆的有限元模型。主拱系杆材料与吊杆相同，单根全长为356.688m，纵桥向带有一定的坡度。模型中索的边界条件是两端为固支，中间每隔12m有一个沿索走向的法向支承点，索的抗弯刚度取为0.37倍的全截面抗弯刚度。

③ 频率测量参数的选择。新光大桥索选择用自然激振，频率测量中滤波频率为30Hz，采样频

率为 150Hz，采样时间为 3min，并采用重叠技术提高统计精度。如果遇到信号噪声比较大时适当延长采样时间。索力测量中频域分析只使用了矩形窗、细化 FFT 技术，细化后索的频率分辨率提高到 0.001Hz 以上。

5．实测结果

（1）吊杆索力实测结果

大桥边拱拱肋 15 根吊杆的编号按设计图定义，由边墩侧向三角刚架侧依次顺序定义为 D1、D2、D3…D15。全桥桥面铺装完毕边拱实测索力结果见表 6-13 所列，索力较为均匀。

新光大桥成桥边拱吊杆实测恒载索力（kN）　　表6-13

索　号	南岸实测索力		北岸实测索力		设计恒载	设计活载
	上　游	下　游	上　游	下　游		
D1	1 765	1 843	1 755	1 767	3 016	904
D2	2 965	2 990	3 016	3 035	3 016	904
D3	2 419	2 369	2 429	2 398	3 016	904
D4	2 642	2 646	2 708	2 677	3 016	904
D5	2 757	2 773	2 762	2 808	3 016	904
D6	2 824	2 857	2 872	2 840	3 016	904
D7	2 877	2 854	2 875	2 873	3 016	904
D8	2 874	2 793	2 862	2 791	3 016	904
D9	2 831	2 860	2 870	2 799	3 016	904
D10	2 876	2 817	2 874	2 874	3 016	904
D11	2 819	2 827	2 834	2 784	3 016	904
D12	2 697	2 646	2 613	2 698	3 016	904
D13	2 325	2 300	2 280	2 289	3 016	904
D14	2 873	2 916	2 852	2 867	3 016	904
D15	1 350	1 375	1 385	1 380	3 016	904

成桥后主拱吊杆索力实测值列于表 6-14 中。全桥吊杆索力实测值分布如图 6-30 所示。

成桥后新光大桥主拱吊杆实测恒载索力（kN）　　表6-14

索　号	南　岸		北　岸		设计恒载	设计活载
	上　游	下　游	上　游	下　游		
Z1	959	965	983	959	1 656	1 382
Z2	1 645	1 617	1 614	1 624	1 656	1 382
Z3	1 541	1 536	1 510	1 538	1 656	1 382
Z4	1 574	1 585	1 567	1 600	1 656	1 382
Z5	1 546	1 581	1 578	1 545	1 656	1 382
Z6	1 484	1 483	1 519	1 492	1 656	1 382
Z7	1 600	1 568	1 591	1 574	1 656	1 382
Z8	1 571	1 579	1 582	1 582	1 656	1 382
Z9	1 564	1 573	1 566	1 566	1 656	1 382

续上表

索　号	南　岸		北　岸		设计恒载	设计活载
	上　游	下　游	上　游	下　游		
Z10	1 571	1 559	1 553	1 568	1 656	1 382
Z11	1 555	1 553	1 549	1 569	1 656	1 382
Z12	1 542	1 555	1 542	1 575	1 656	1 382
Z13	1 558	1 547	1 547	1 547	1 656	1 382
Z14	1 546	1 576	—	—	1 656	1 382

注：主跨端、中吊杆分别采用镀锌高强低松弛 187ϕ7、139ϕ7 平行钢丝束，边拱端、中吊杆分别采用镀锌高强低松弛 313ϕ7、187ϕ7 钢丝束，靠每个拱脚的两根短吊杆索应力较低。

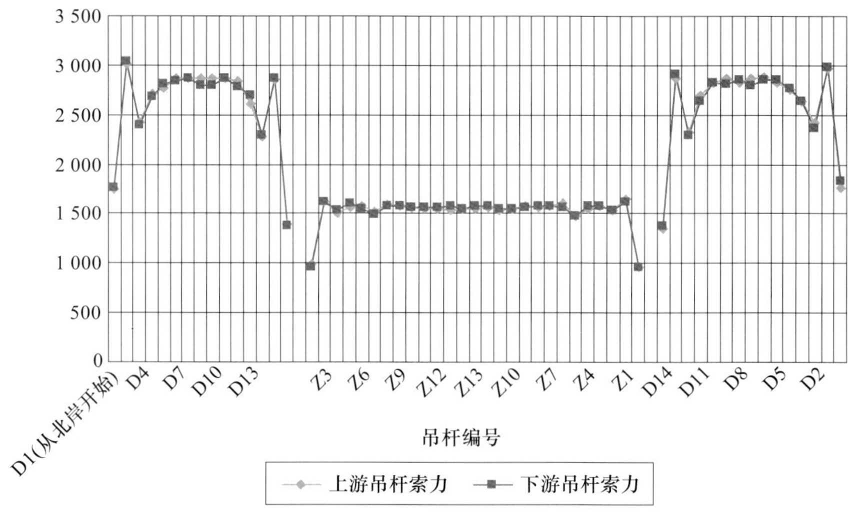

图6-30　吊杆索力实测值分布图（单位：kN）

（2）主拱系杆索力实测结果

新光大桥全桥的主拱系杆共 16 根索，上下游各 8 根，编号如图 6-31 所示。单根设计张拉力为 5 000kN。全桥桥面铺装完毕后主拱系杆的实测索力结果见表 6-15 所列。从表可以看出，新光大桥主拱系杆实测索力均匀，且与设计值较为接近。

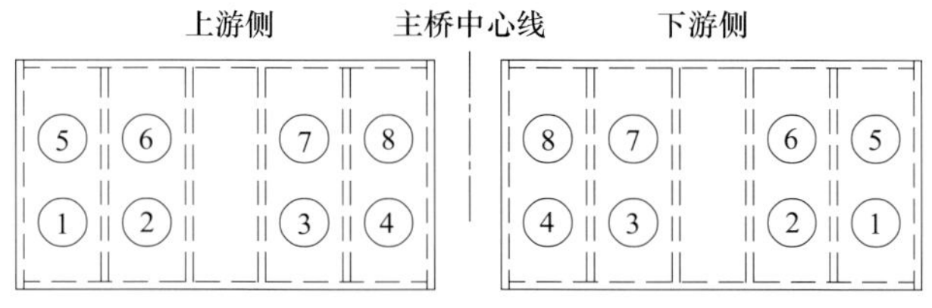

图6-31　新光大桥主拱系杆编号

新光大桥成桥主拱系杆实测索力（kN）　　表6-15

索　号	上　游	下　游	设 计 值
1	5 013	4 997	5 000
2	4 952	4 964	5 000
3	4 991	4 980	5 000
4	4 982	5 027	5 000
5	5 029	5 016	5 000
6	5 006	5 036	5 000
7	5 026	4 970	5 000
8	4 975	4 968	5 000

四、施工过程的几何变形测量

1．几何变形测量内容

新光大桥几何变形测量内容主要有北岸三角刚架施工支架沉降，5、6号主桥墩沉降，三角刚架变形与空间位置以及拱肋变形和空间位置。由于几何监测项目都是在施工现场完成，受外界环境的影响比较大，测试过程中需采取一定的措施来保证测量精度及数据可靠性。

2．监测控制网建设

在几何监测中，测量控制网布设是比较关键的。本桥布设一个高程控制网，一个平面控制网，两者布设同时进行，并统一联测平差。

高程控制网的两岸站点采用了跨河水准校准，以保证两岸高程的统一，控制网的基本网和加密网保持一致，复测精度与建网精度保持一致。

监控单位进场后首先收集现场施工方提供的施工测量资料，检查施工现场现有控制点的点位稳定性，复测现有控制网的边长和角度，对其精度和分布进行计算分析，找出保存好的测量控制点。

（1）平面、高程控制网

新光大桥定位坐标采用了广州城建坐标系统。大桥主桥根据实际地形、地貌及大桥平面位置实际情况，平面监测控制网布置为（TN—X03—X04—JH04）大地四边形控制网，该四边形同时兼为全桥施工放样控制点，大地四边形精度按四等导线点控制精度，4点相互通视，并保证夹角均在30°～120°之间。新光大桥的平面控制网如图6-32、图6-33所示。

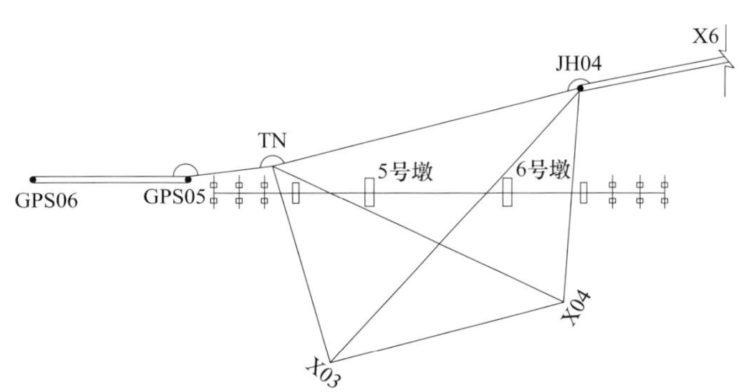

图6-32　第三方监控复核用平面控制网示意图

在平面控制网施测时，取大地四边形的一条基线边（TN—JH04）与广州城市勘测规划院提供的GPS06、GPS05、JH04—X6联测附合导线复测，附和导线按一级导线精度要求控制。

通过现场抽查控制网的角度和边长及独立计算施工单位施工控制网的复核数据来评判施工单位施工控制网的可靠性，平面控制网按边角网严密平差方式采用广州欧克地理信息公司研制的工程测量控制网微机平差程序进行计算，计算结果精度评定为：

① 单位权中误差（测角中误差）：μ=1.980″。

② 四边形最弱边边长测距精度估算

a．边长中误差：m_s=±3.199mm。

b．测距相对中误差：k=1/144 000。

跨河水准按照四等水准测量的要求实施，通过现场抽查和复核施工单位的实测数据来保证数据的准确性。跨河水准如图6-34所示。

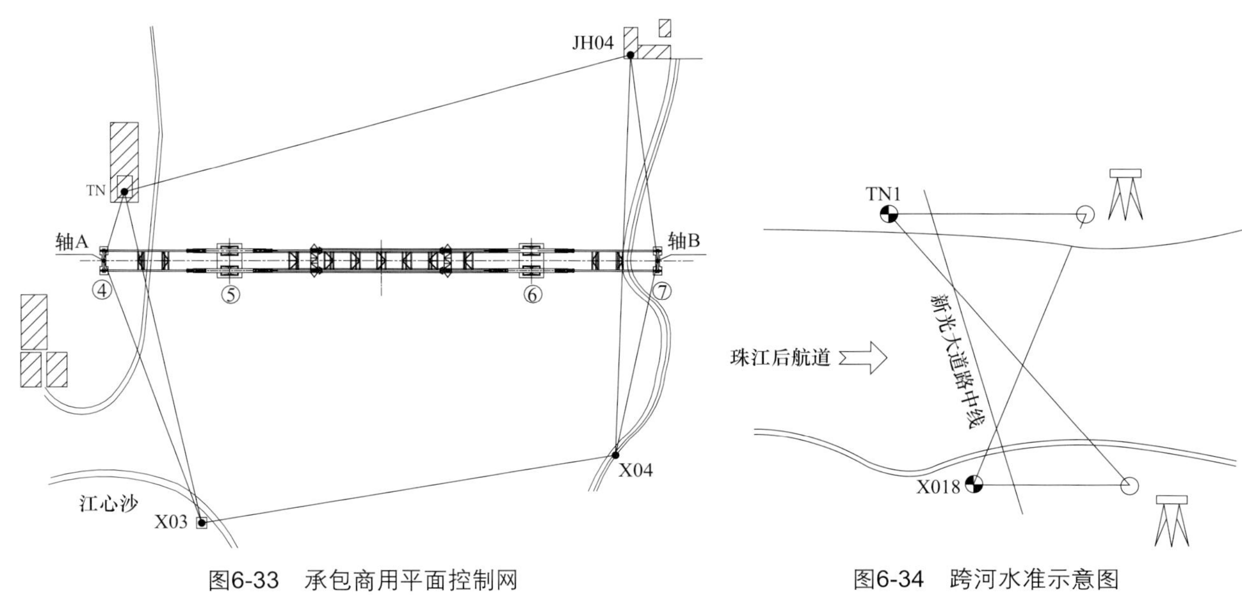

图6-33　承包商用平面控制网

图6-34　跨河水准示意图

（2）加密监测控制点

根据监测工作实际需要，在现场已有控制点的基础上采用全站仪角度距离交会法加密平面监测控制点和采用精密几何水准测量办法来增加高程控制工作基点。在整个施工监测工作过程中，共加密的临时监测控制点数为 3 个。

3．施工中线形变化类型及相应的监测措施

钢桁拱桥施工，拱肋线形的变化十分复杂，其变化可归纳为两种类型：一种类型是随外荷载变化，主要伴随施工工序而产生，如拱肋吊装、桥面系的施工等。这类变化速度比较快，主要是与工序进展的速度相关；第二种类型是随环境温度的改变，拱肋线形发生改变，其变化过程具有周期性，波动性大，变化幅度也大等特性。对于第一类线形变化，只需要在拱肋施工的各工序前后观测高程变化就可获得；第二类线形变化就比较复杂，线形观测中总会包含温差变化的影响成分。为使观测值具有与设计状态的可比性，监测过程采取以下两个措施来消除温度因素不利成分的影响：

① 采用回避法。即在线形测量时，尽量选择环境温度变化比较平稳，结构不受日照影响的时间段，如早上日出前，并且测量时间段要尽量短。

② 如无法回避时，就采用在桥梁结构中埋置温度传感器测取桥体温度，通过计算分析和现场实验确定温度对拱肋线形的影响量，并加以滤除，但这样做并不能完全消除温度的影响，因为传感器只能埋设有限的点位上，不可能对其温度场作出详细的评价。

主拱大节段位于胎架上时，其处于自由静止无约束状态，为验证温差与拱肋长度变化的关系，在不同外界温度下对钢拱肋伸缩量的变化进行了试验，外界温度分别在平均温度为 15℃、平均温度为 25℃、平均温度为 35℃下，大节段虽处于相同工况下，但大节段的伸缩量差值分别为 20.6cm 和 38.3cm。可见外界温差对主拱大节段本身长度的影响相当大。

4．监测仪器设备

考虑到本工程的重要性和特殊性以及施工监测的高精度、高速度要求，本次监测工作主要选用稳定性好，监测精度与效率高的瑞士徕卡仪器进行观测，见表 6-16。

主要仪器、设备一览表　　表6-16

仪器、设备	生产厂家	型　号	精　度
全站仪	瑞士徕卡	TC1800	测角：±1″，测距：±(lmm＋2PPm)
全站仪	瑞士徕卡	TC1600	测角：±1.5″，测距：±(2mm＋2PPm)
全站仪	瑞士徕卡	TC-605L	测角：±5″，测距：±(3mm＋3PPm)
精密水准仪	瑞士威特	N3	±0.3mm/km
精密水准仪	瑞士徕卡	NA2	±0.4mm/km
精密水准仪	日本拓普康	AT-G3	±1.0mm/km
精密铜瓦合金水准尺	瑞士徕卡	2m、3m	

5．监测点布设

几何变形监测点的布置如图 6-35 所示。

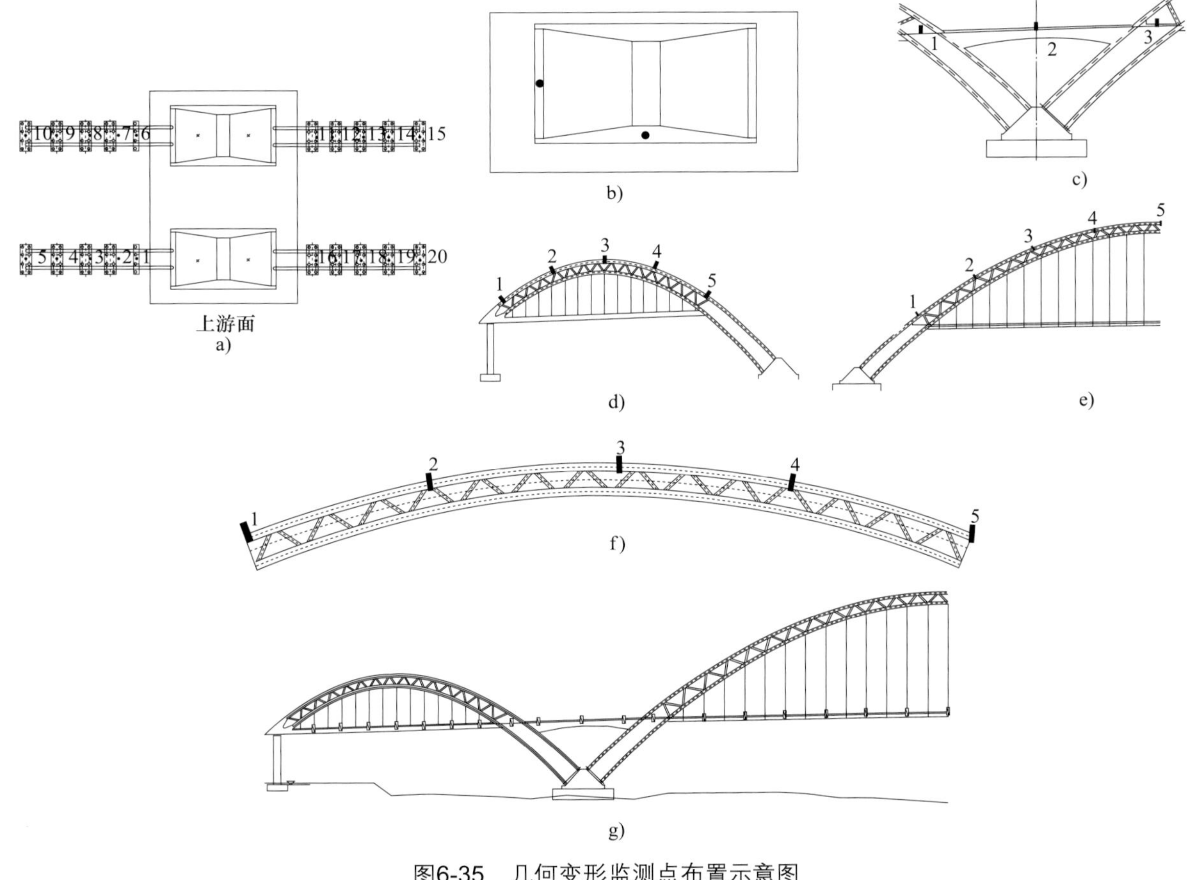

图6-35　几何变形监测点布置示意图

（1）三角刚架施工支架

在北岸三角刚架施工支架的 4 条边上各布置 5 个观测点共 20 个观测点，根据工况需要，采用几何水准法测定观测点的高程变化。如图 6-35a）所示。

（2）主桥基础

分别在主拱拱座5号墩和6号墩的4条边上布置4个观测点，根据工况需要，采用中间法测定观测点的高程变化。如图6-35b）所示。

（3）三角刚架

在三角刚架上、下游顶面上共布置6个观测点，6个观测点分别布置在三角刚架的4个角点及在顺桥方向的中间线上。根据工况需要，采用差分极坐标法测量监测点坐标的变化。如图6-35c）所示。

（4）边跨拱肋

提升时，在边跨钢拱肋的4个起吊点（拱肋拱脚）及中间截面布设6个观测点，监测相对高差和边长伸缩量变化。

施工张拉、支架拆除时，在边跨临时系杆张拉之后，采用差分极坐标法测定观测点的空间位置及几何量变化。如图6-35d）所示。

（5）主跨拱肋

主跨分主跨边段和主跨中段3次提升，在主跨边段提升时，在4个起吊点和主跨边段的1/2截面处共布设6个观测点，在主跨中段提升时，在4个起吊点和主跨中段的1/4截面处、1/2截面处和3/4截面处共布设10个观测点。合龙后，拆临时系杆及支架、分阶段张拉等工况，采用差分极坐标法测定已布设、固定在拱肋上的观测点坐标及几何量变化。如图6-35e）、图6-35f）所示。

（6）桥面施工过程中桥面、轴线的高程

除对上述重要构件在不同工况下进行监测外，同时根据现场实际情况和需要，对一些主要的且敏感的构件（桥面的高程）进行监测，并在桥面钢横纵梁上埋设永久性的高程观测点。如图6-35g）所示。

6．监测点制作与埋设

拱肋监测点用ϕ16不锈钢材料，按照反射棱镜的孔径大小，精密加工成棱镜支架，支架的长度为230mm，在需要监测前，将支架焊接在拱肋的外侧面，要求支架铅垂，并且焊接后的支架突出的净长度统一为190mm。三角刚架监测点采用同样的方法，制成棱镜支架，在监测前，将支架植入三角刚架混凝土内，要求植入后的支架处于铅垂，并且支架突出的净长度也统一为190mm。施工支架沉降监测点、桥面系高程测量点和临时基准点也采用ϕ16不锈钢材料，通过精密加工，在其顶面刻有合理宽度的“+”。

7．施工过程中的几何监测

在整个施工监测过程中，依据监测对象、监测精度要求和监测目的不同，分别采用了几何水准测量、全站仪中间法高程测量和简易差分法极坐标法测量。

8．实测结果

（1）施工支架沉降

在整个施工支架沉降监测中，根据工况发展需要，共监测了6次。沉降量最大的点为8号测点，最大沉降量为3.0mm。

（2）桥墩沉降

分别在5号墩和6号墩上分别布置了4个观测点，采用全站仪中间法高程测量办法，实测各观测点在不同工况下的沉降变化量，其中5号墩最大沉降量为3号点的3.8mm，6号墩最大沉降量为1号点的4.0mm。桥墩的沉降总量均较小，且趋于稳定。

（3）三角刚架变形

在新光大桥的南、北岸三角刚架上各布置了6个观测点，采用全站仪中间法高程测量与简易差分极坐标法，实测各观测点在不同工况下的三向位移变化量。从监测数据来看，南、北岸三角刚架观测结果比较接近，变形增量和总量在整个施工过程中都非常小，都在毫米级。

（4）施工过程边拱变形

在南岸边拱提升及后续施工过程中，分别在边拱拱肋的上下游侧各焊接了 5 个固定观测点，采用简易差分极坐标法，实测各观测点在不同工况下的三向位移变化量，部分变形数据见表 6-17、表 6-18 所列。

南岸上游边拱提升过程变形监测（mm） 表6-17

工况	上游拱肋			下游拱肋		
	1、5号测点间	1、3号测点	5、3号测点	1、5号测点间	2、3号测点	5、3号测点
初始数据	0	0	0	0	0	0
加载1 000kN	+20	−30	+16	—	—	—
加载3 500kN	+61	−148	−36	—	—	—
脱离支架后	+63	−144	−69	+11	−76	−42
初次张拉	+53	−92	−12	+7	−28	−40
合龙	+17	−57	−2	+2	−15	−1

注：① 水平伸缩量："+" 表示伸长，"−" 表示缩短；
② 相对垂直位移："+" 表示变长，"−" 表示变短。

南岸边拱施工过程变形监测 表6-18

施工过程	上游边拱1号与5号测点	下游边拱2号与5号测点	备注
张拉2束预应力筋	94.906	69.390	
张拉12束预应力筋	94.879，增量−27，∑−27	69.382，增量−8，∑−8	
吊杆第一次张拉	94.871，增量−8，∑−35	69.377，增量−5，∑−13	
边拱系梁支架拆除	94.870，增量−1，∑−36	69.372，增量−5，∑−18	
边拱系梁全部张拉完	—	—	
全桥施工完成	—	69.382，增量+10，∑−8	

注：① 水平伸缩量："+" 表示伸长，"−" 表示缩短；
② 相对垂直位移："+" 表示变长，"−" 表示变短。

（5）拱肋变形情况

在主拱提升及后续施工过程中，分别在主拱拱肋的上下游侧各焊接了 5 个固定观测点，采用简易差分极坐标法，实测各观测点在不同工况下的三向位移变化量。实测与计算结果详见表 6-19、图 6-36～图 6-47 所示。

（6）主桥成桥后几何测量数据

主拱拱肋测点位置如图 6-48 所示，拱肋实际线形与设计值的差异如图 6-49、图 6-50 所示。

桥面系高程实测值列于表 6-20、表 6-21 及图 6-51～图 6-54。

主拱中段施工过程相对变形监测

表6-19

工况	上游拱肋			下游拱肋		
	1、5号测点水平长度及伸缩 m/mm	1号与3号测点相对垂直位移 m/mm	5号与3号测点相对垂直位移 m/mm	1、5号测点水平长度及伸缩 m/mm	1号与3号测点相对垂直位移 m/mm	5号与3号测点相对垂直位移 m/mm
初始数据	137.084	10.464	10.457	137.086	10.470	10.458
多支点转为两支点	137.030，−54	10.640，+176	10.615，+158	137.029，−57，∑−57	10.623，+153，∑+153	10.603，+145，∑+145
提升加载完成	136.948，−82，∑−136	10.491，−149，∑+27	10.377，−238，∑−80	136.767，−262，∑−319	10.553，−70，∑+83	10.417，−186，∑−41
12月26日12点40分停顿观测	136.931，−17，∑−153	10.496，+5，∑+32	10.445，+68，∑−12			
12月26日13点30分停顿观测	136.933，+2，∑−151	10.520，+24，∑+56	10.438，−7，∑−19			
12月27日10点25分停顿观测	136.955，+22，∑−129	10.490，−30，∑+26	10.450，+12，∑−7			
12月27日13点00分停顿观测	136.959，+4，∑−125	10.542，+52，∑+78	10.398，−52，∑−59			
中段合龙	137.076，+117，∑−8	10.465，−77，∑+1	10.395，−3，∑−62	137.064，+297，∑−22	10.492，−61，∑+22	10.398，−19，∑−60
拆除主拱在提升塔上的吊点	137.070，−6，∑−14	10.453，−12，∑−11	10.363，−32，∑−94	137.062，−2，∑−24	10.475，−17，∑+5	10.368，−30，∑−90
系杆张拉2根	137.069，−1，∑−15	10.460，+7，∑−4	10.371，+8，∑−86	137.057，−5，∑−29	10.476，+1，∑+6	10.376，+8，∑−82
系杆张拉4根	137.078，+9，∑−6	10.456，−4，∑−8	10.363，−8，∑−94	137.069，+12，∑−17	10.452，−24，∑−18	10.377，+1，∑−81
南岸边拱系梁张拉	137.084，+6，∑0	10.455，−1，∑−9	10.353，−10，∑−104	137.072，+3，∑−14	10.417，−35，∑−53	10.380，+3，∑−78
全桥施工完成	137.070，−14，∑−14	10.420，−35，∑−44	10.321，−32，∑−136	137.025，−47，∑−61	10.411，−6，∑−59	10.334，−46，∑−124

注：① 水平伸缩量："+"表示伸长，"−"表示缩短；

② 相对垂直位移："+"表示变长，"−"表示变短；

③ ∑表示累计变形，单位为mm。

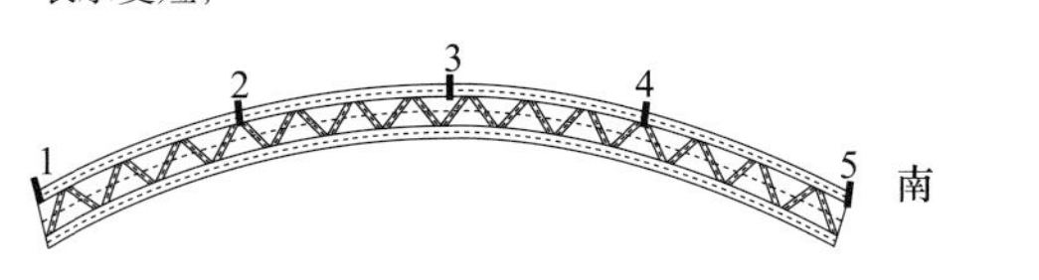

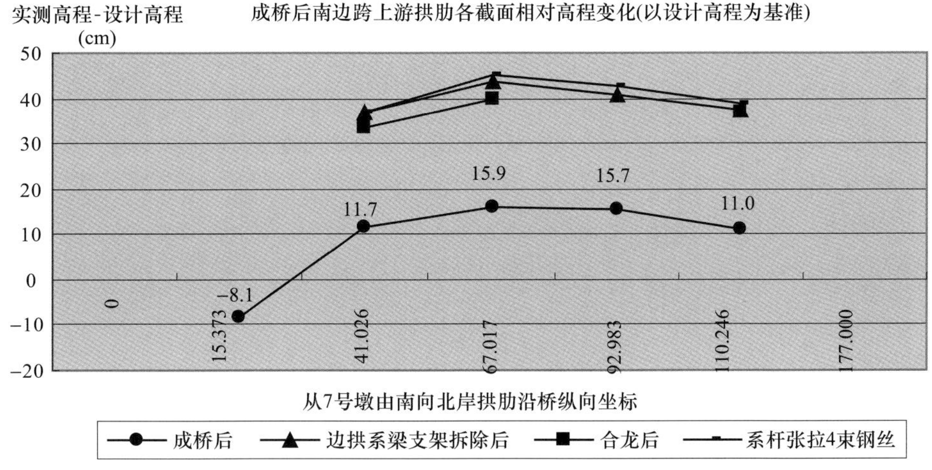

图6-36　施工阶段南边跨上游拱肋相对高程变化

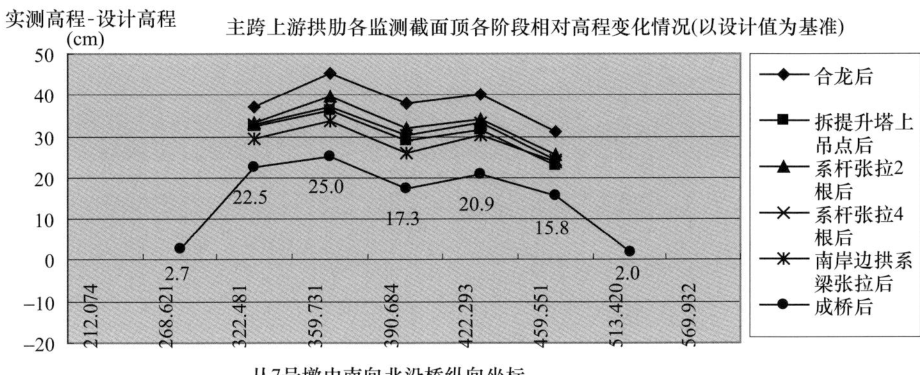

图6-37　施工阶段主跨上游拱肋相对高程变化

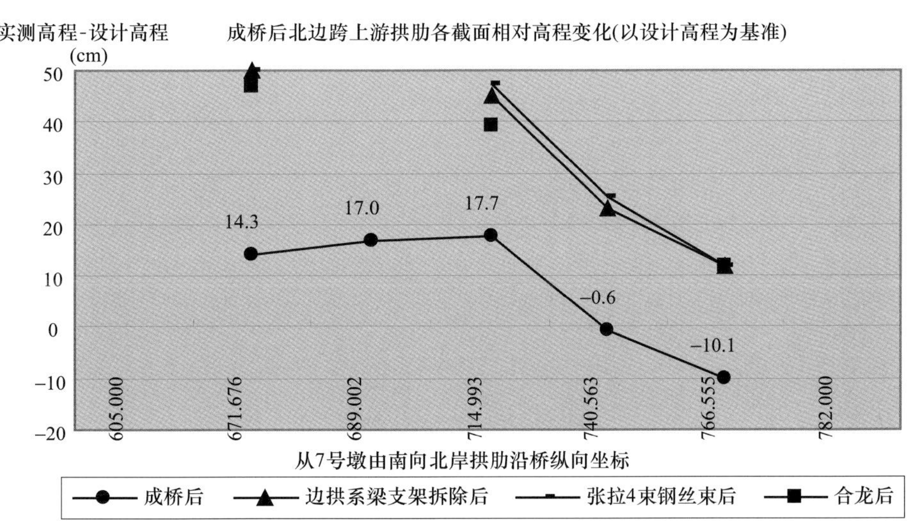

图6-38　施工阶段北边跨上游拱肋相对高程变化

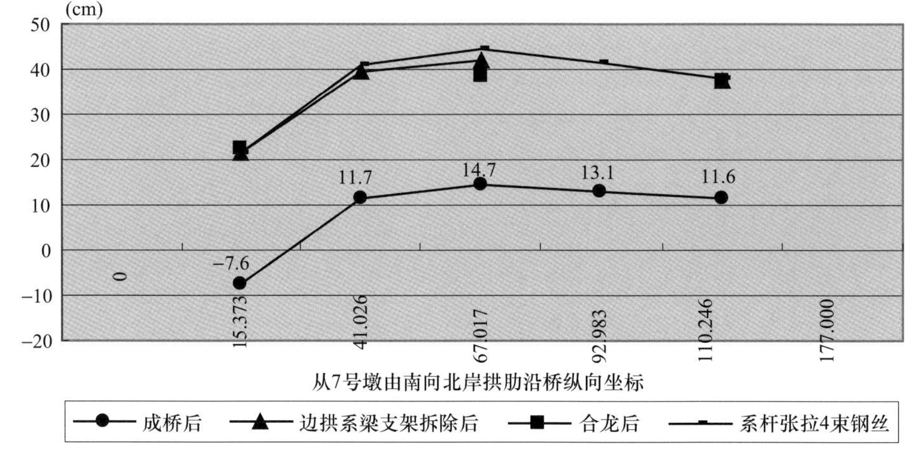

图6-39 施工阶段南边跨下游拱肋相对高程变化

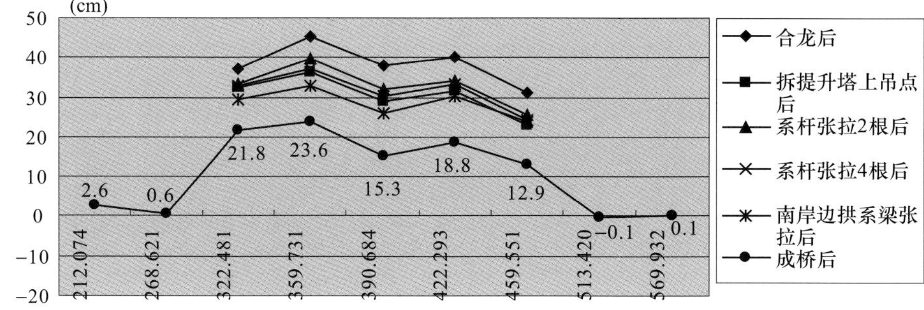

图6-40 施工阶段主跨下游拱肋相对高程变化

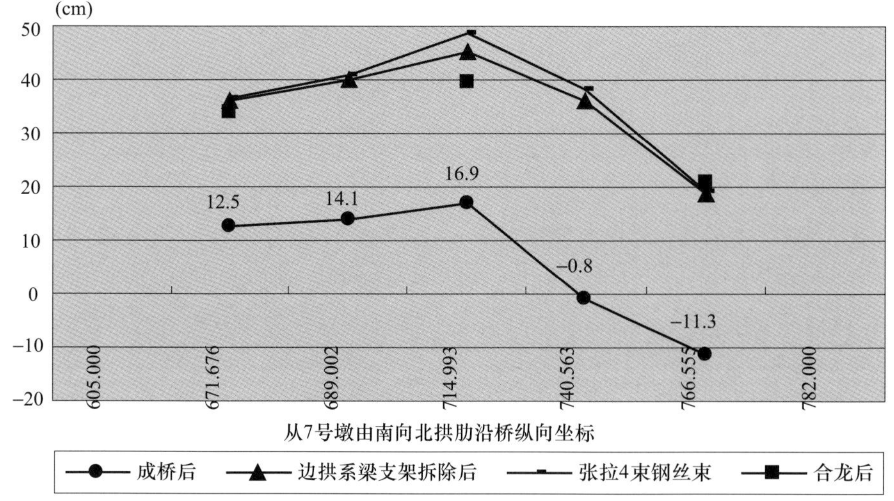

图6-41 施工阶段北边跨下游拱肋相对高程变化

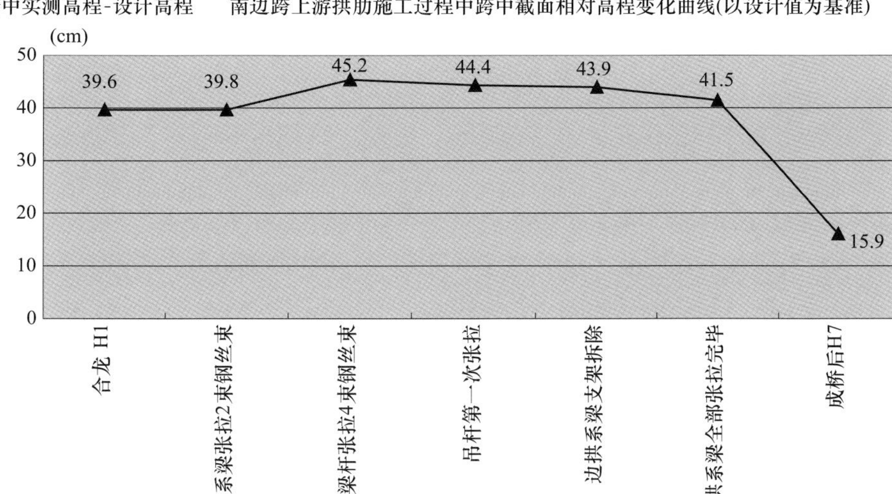

图6-42 施工过程南边跨上游拱肋跨中截面相对高程变化

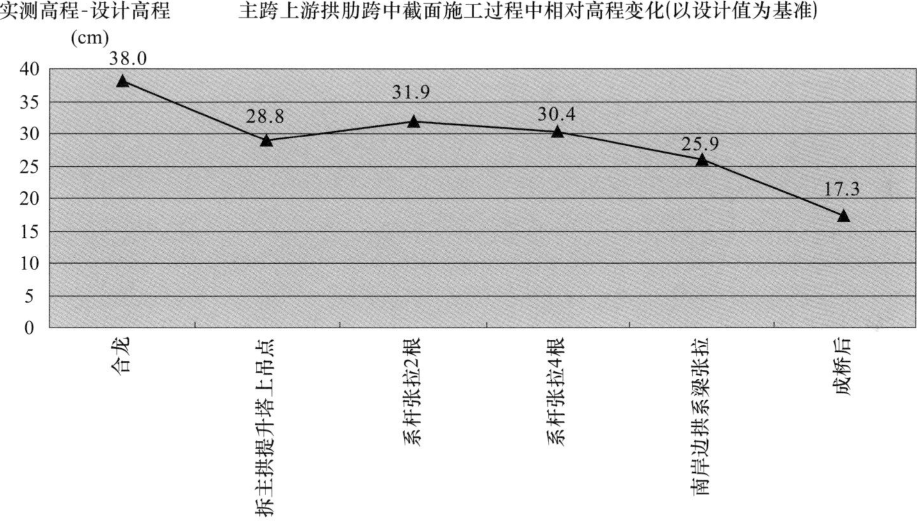

图6-43 施工过程主跨上游拱肋跨中截面相对高程变化

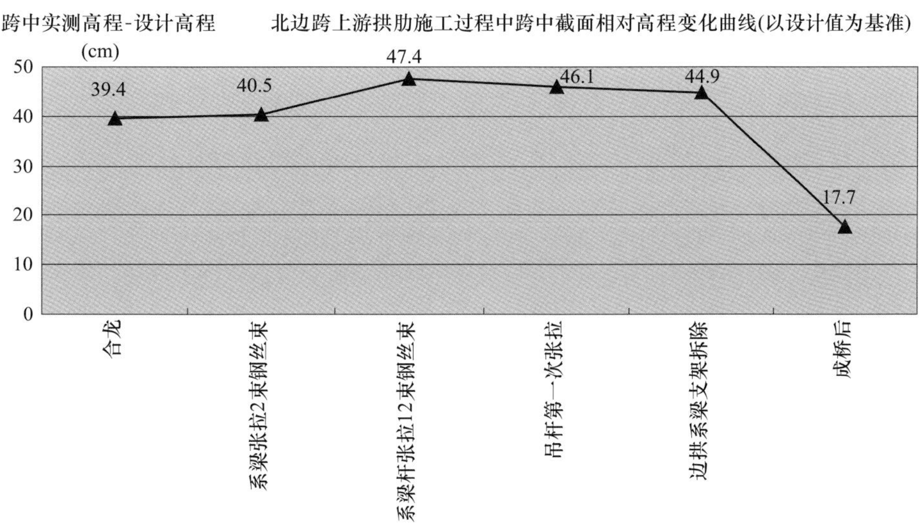

图6-44 施工过程北边跨上游拱肋跨中截面相对高程变化

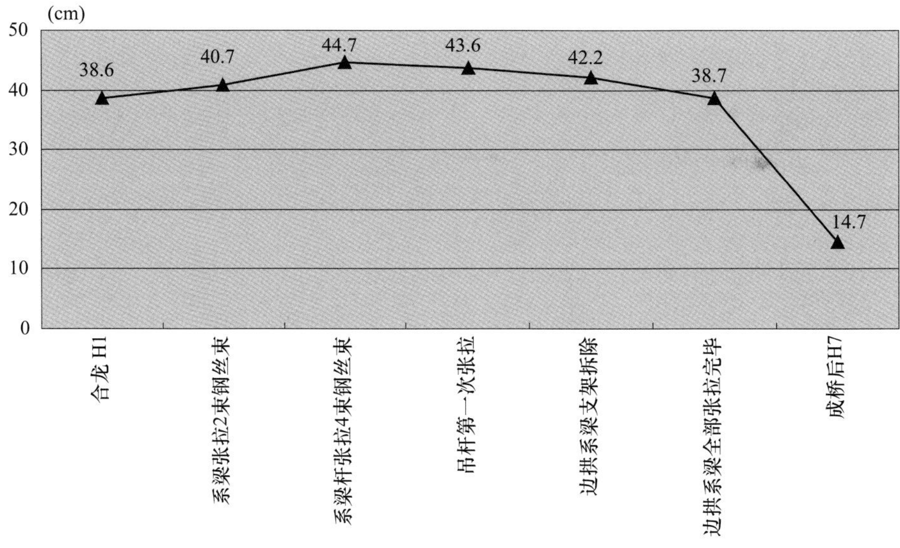

图6-45　施工过程南边跨下游拱肋跨中截面相对高程变化

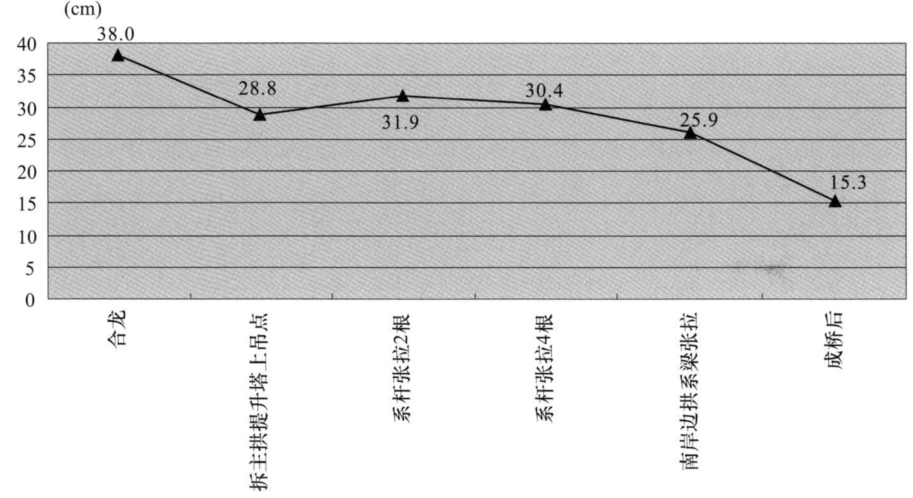

图6-46　施工过程主跨下游拱肋跨截面相对高程变化

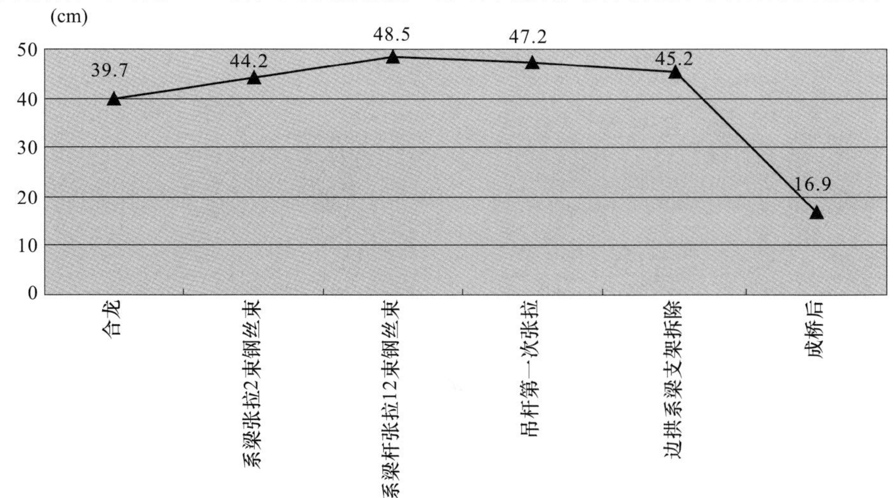

图6-47　施工过程北边跨下游拱肋跨中截面相对高程变化

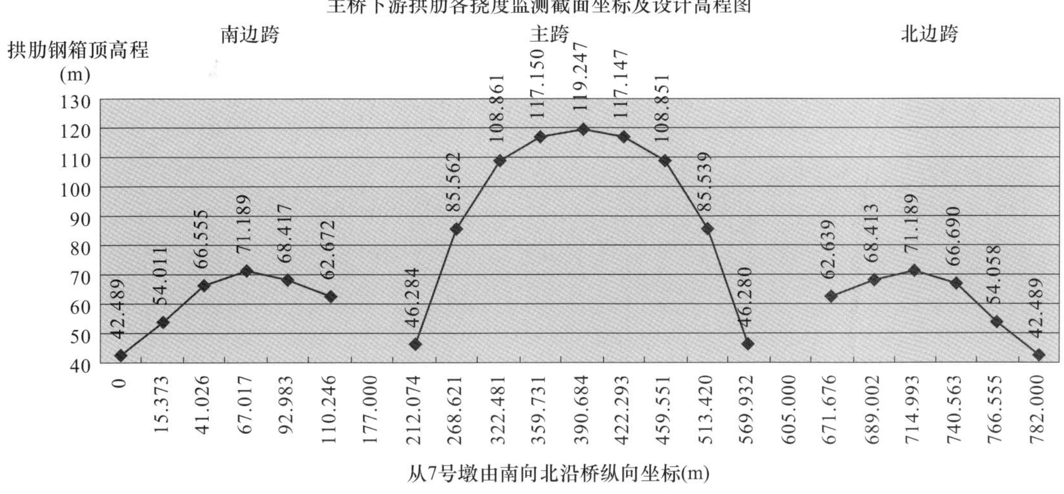

图6-48　下游拱肋挠度监测点坐标及高程

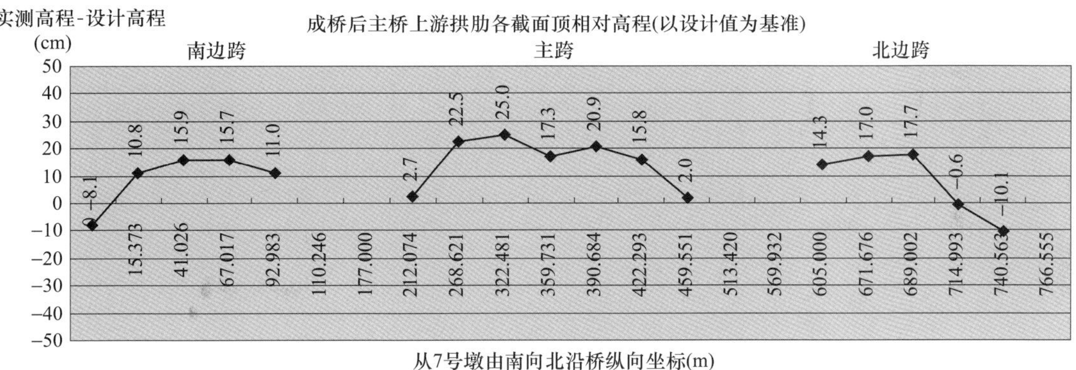

图6-49　成桥后上游拱肋线形实测相对高程（以设计高程为基准，未作温度调整）

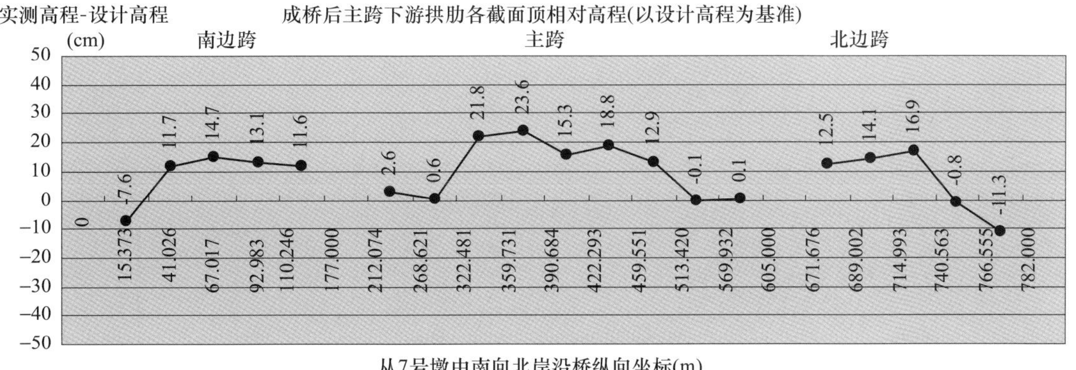

图6-50　成桥后下游拱肋线形实测相对高程（以设计高程为基准，未作温度调整）

成桥后南岸边拱系梁桥面高程实测结果　表6-20

上游侧测点号	设计高程(m)	测点高程(m)	设计–实测高程(mm)	下游侧测点号	设计高程(m)	测点高程(m)	设计–实测高程(mm)
1	39.393	39.431 2	−38.2	8	42.273	42.307	−34.0
2	39.873	39.895 3	−22.3	9	41.793	41.838	−45.0
3	40.353	40.353 0	0	10	41.313	41.353	−40.0
4	40.833	40.860 4	−27.4	11	40.833	40.862	−29.0
5	41.313	41.324 1	−11.1	12	40.353	40.359	−6.0
6	41.793	41.802 6	−9.6	13	39.873	39.877	−4.0
7	42.273	42.351 2	−78.2	14	39.393	39.421	−28.0

成桥后主拱钢横梁桥面高程实测结果　表6-21

上游测点	设计高程(m)	实测高程(m)	设计高程–实测高程(mm)	下游测点	设计高程(m)	实测高程(m)	设计高程–实测高程(mm)
1	45.752	45.672	80.0	15	45.752	45.682	70.0
2	46.328	46.266	62.0	16	46.328	46.278	50.0
3	46.808	46.737	71.0	17	46.808	46.733	75.0
4	47.192	47.190	2.0	18	47.192	47.186	6.0
5	47.480	47.527	−47.0	19	47.48	47.512	−32.0
6	47.672	47.735	−63.0	20	47.672	47.718	−46.0
7	47.768	47.855	−87.0	21	47.768	47.844	−76.0
8	47.768	47.846	−78.0	22	47.768	47.857	−89.0
9	47.672	47.707	−35.0	23	47.672	47.727	−55.0
10	47.480	47.483	−3.0	24	47.48	47.503	−23.0
11	47.192	47.171	21.0	25	47.192	47.181	11.0
12	46.808	46.742	66.0	26	46.808	46.749	59.0
13	46.328	46.243	85.0	27	46.328	46.267	61.0
14	45.752	45.663	89.0	28	45.752	45.667	85.0

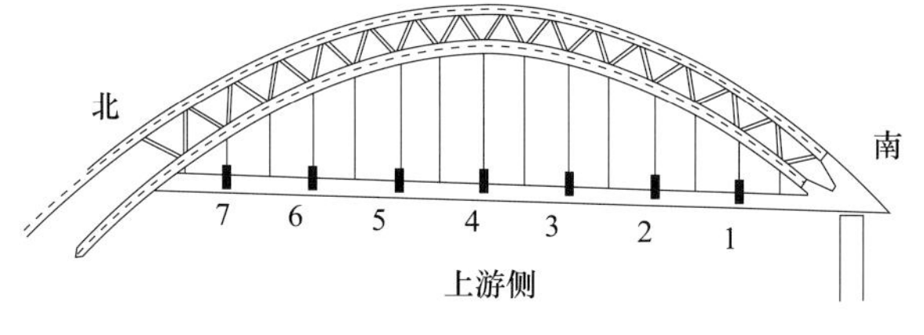

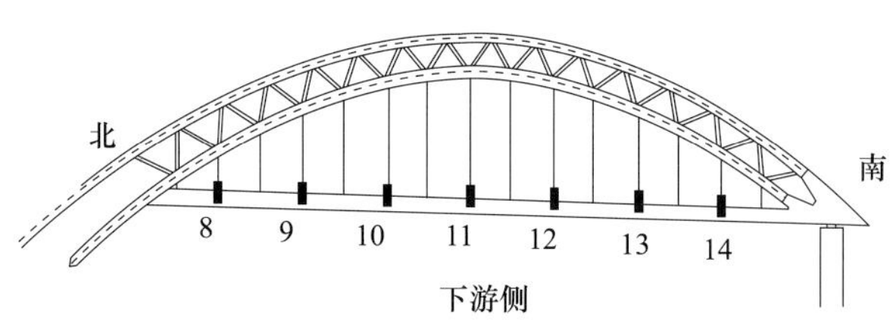

图6-51　南岸测点编号

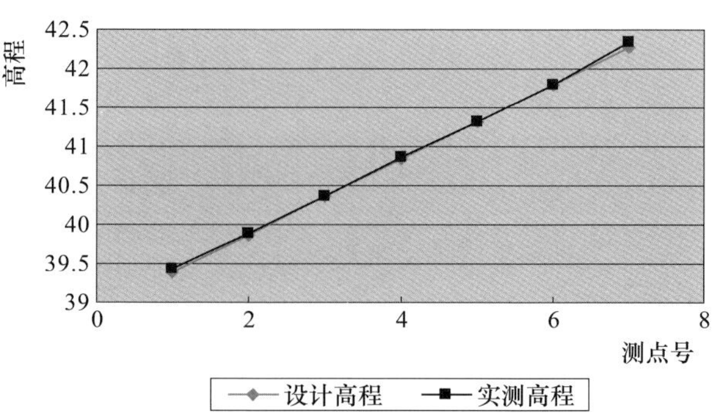

图6-52　南岸边跨上游系梁面实测高程

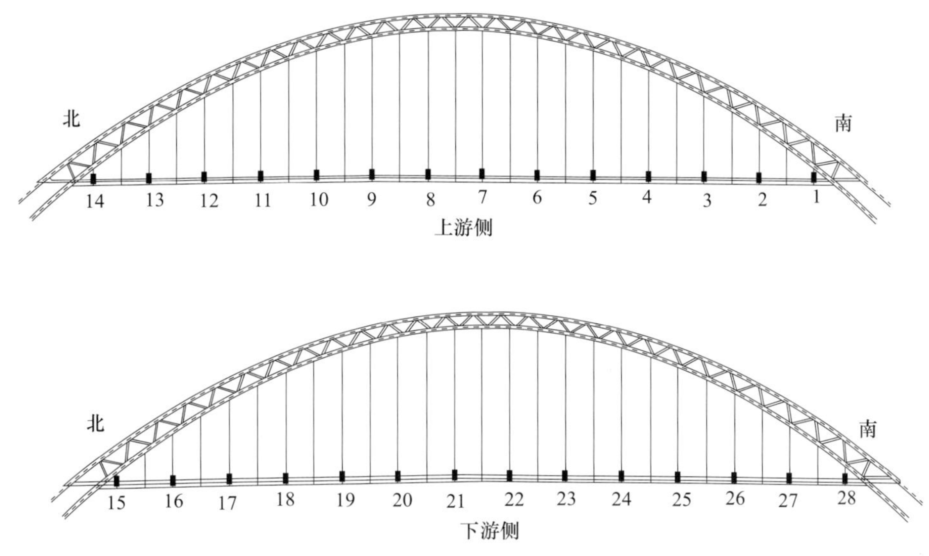

图6-53 主拱钢横梁面高程测点编号

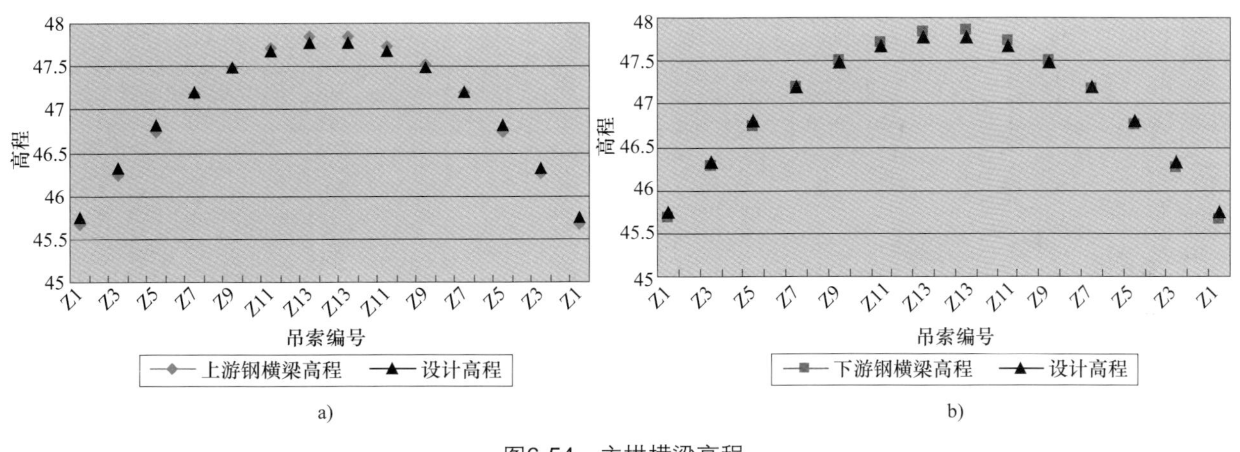

图6-54 主拱横梁高程

a）上游；b）下游

五、新技术在施工监测中的应用

1．API在新光大桥施工过程有限元仿真分析的应用

（1）仿真分析中的新技术

近20年来，随着计算机软硬件技术的飞速发展，桥梁结构计算成本大大降低，全桥结构仿真分析技术逐渐发展。这种计算方法所采用的结构模型必须准确、详尽、全面，它较传统的结构计算模型有实质性的改善。该法可以针对各种条件和要求，构造各种结构体系的桥梁，模拟相应的荷载工况进行分析。而全桥结构施工过程仿真分析则是采用有限元法在计算机上模拟全桥整个建设过程，获取建设过程的内力历程及变形历程等方面的信息，以作为指导施工的理论依据。

由于全桥结构仿真分析所采用的结构模型要求更为精细，因此，在整个施工过程仿真分析中涉及对计算模型进行批量操作，如梁单元与块体单元的耦合、施工过程中构件材料属性的改变以及后处理中读取构件的应力与变形等。如果按照常规办法进行手动操作，则效率低，易出错，直接影响仿真分析的计算效率与准确度。因此在新光大桥全桥结构施工过程仿真分析中，采用了Strand7有限元平台，并利用其特有的API技术，成功地解决了上述重复操作的问题，取得了良好的效果。

（2）Strand7 API在新光大桥施工过程有限元仿真分析的应用

Strand7是由澳大利亚G+D Computing公司研究开发的大型有限元分析软件系统。API的全称为Application Programming Interface。

Strand7 API模块是应用程序与Strand7之间的功能接口。科研与设计人员可以在不了解Strand7核心程序的情况下，借用其功能对各种复杂分析进行规划设计，编制更符合实际需求的计算程序。基于API技术，可以通过编制外部程序调用DLL文件以间接操作Strand7，从而方便地利用外界程序处理较复杂的模型修改、读取结果等重复性工作，以提高工作效率，满足计算需求。

根据新光大桥的施工流程，共分37个工况对新光大桥施工过程进行有限元仿真计算。对于每个工况，根据当前结构状态修改模型并施加当前工况的荷载，计算各个工况下已建结构的应力与位移增量，最后通过叠加即可得到各构件在整个施工过程中的内力与变形的变化情况。

① API技术在仿真分析前处理中的应用

在新光大桥有限元模型建立过程中各个部分模型之间的连接是十分关键的。只有当边拱与主拱的拱肋、横梁和系杆与三角刚架连接后，全桥仿真分析模型才算建立。采用Strand7中的Link单元实现这种连接。边拱与主拱采用梁单元，需连接的节点较容易查找，而三角刚架块体单元则剖分较密，查找与上述梁单元连接节点相接近的块体单元节点的难度较大。如果手工操作，则容易出错且效率很低。因此监控单位在Dephi6平台上，利用API技术，编制了一段连接程序，只要知道梁上需连接节点坐标以及连接方式，即可方便快捷地将块体单元节点与梁单元节点连接，从而完成各个部分的合成，最终建成全桥模型。

② API技术在施工过程模拟计算中的应用

由于施工工况达37个之多，新光大桥施工过程模拟计算中需不断地改变模型单元及节点的属性。如果采用传统人工手动方法操作极不方便。为此，利用API技术，将新光大桥模型分成很多个组，如边拱、主拱、三角刚架等。在更改新光大桥结构模型属性时，利用编制的API程序，通过自定义的组与材料名称来选定单元，并对其属性进行更改。这种不直接在有限元软件上操作的修改模型方法，使得全桥施工过程模拟计算出错率大大降低，同时极大地提高了工作效率。

③ API技术在仿真分析后处理中的应用

在新光大桥施工过程仿真分析中，需要频繁地读取各工况下的计算结果，并对它们进行统计分析，为指导施工提供理论数据，这就是有限元仿真分析的后处理部分。

新光大桥施工过程仿真分析通过增量法实现。当需要知道某个构件单个工况下的内力或变形时，可直接打开结果文件读取结果，而当需了解某个构件整个施工过程的内力或变形历程时，则需读取所有施工工况的结果，并对结果进行叠加。

如果采用常规方法读取某构件结果，需要重复37次“打开文件—选择构件—读取结果”的过程，这种重复操作对于分析人员来说无疑是十分繁琐的。利用API程序自动完成结果的读取，只需输入构件属性、读取内容以及结果文件名即可得到所有工况的结果，从而大大提高了计算效率。

2．拨号连接无线传输技术在拱肋提升应力监测中的应用

在新光大桥大段拱肋提升施工过程中，需要对拱肋的应力状况进行实时监测，由于被提升的拱肋跨度大，重量重，为保证施工安全，在拱肋提升过程中，拱肋提升现场指挥中心设在离提升现场有一定距离的岸边。传统的有线采集测试方法的导线用量大，导线在拱肋提升过程中的保护问题也较难解决。因此，在新光大桥提升应力监测过程中引入无线传输技术对拱肋的应力进行实时监测，采用了 DataTaker615 智能可编程数据采集器（DT615）。DT615 含有 10～30 个模拟通道以及 7 个数字和计数器通道，支持振弦式传感器以及提供可测电阻应变片、温度、电压、电流等万用通道。DT615 通过导线或传感器连接自动切换系统与传感器连接并实现数据采集，如图 6-55 所示。DT615 接收电脑的指令及将采集的数据传输至电脑这个过程是通过数据传输系统实现的，如图 6-56 所示，数据无线传输技术如图 6-56 虚线框内所示部分。

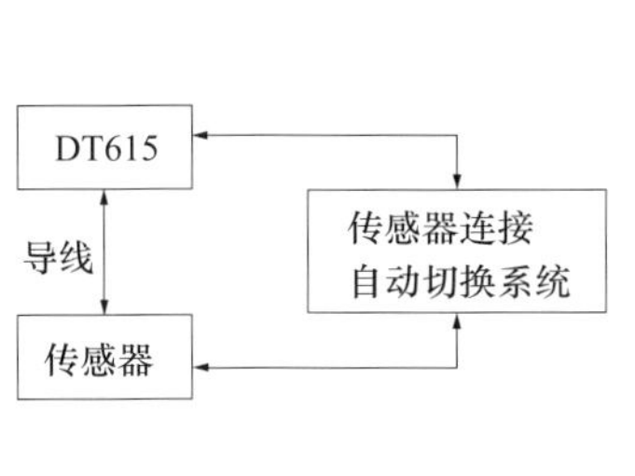

图6-55　数据采集系统

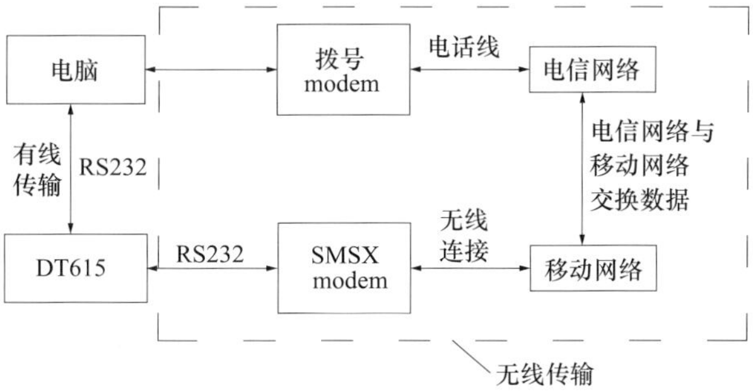

电脑
拨号
modem
电话线
电信网络
有线
传输
RS232
电信网络与
移动网络
交换数据
DT615
RS232
SMSX
modem
无线
连接
移动网络
无线传输

图6-56　数据传输系统

基于拨号连接的数据无线传输方法需要配备两台用于点对点拨号的 Modem，即调制解调器。其中一台 Modem 是人们家庭常用的有线拨号 Modem，它的一端与电脑相连，另一端则与中国电信公司的电话线接口相连；另一台是 DataTaker 生产的 SMSX Modem，它的一端通过 RS232 数据线与 DT615 相连，另一端连接微型发射天线。在 SMSX Modem 内部还需放置一张中国移动通信公司的 SIM 卡。

电脑通过拨号 Modem 拨通放置在 SMSX Modem 内的 SIM 卡号码，使电脑与 DT615 实现实时相连。电脑发出指令后，指令通过电信网络传至移动网络，SMSX Modem 接收后再将指令通过 RS232 传至 DT615，这样 DT615 就可根据指令采集传感器数据，并将数据通过移动网络与电信网络实时传输回电脑。

3．短信息无线传输技术在拱肋提升应力监测中的应用

DT615 通过导线或传感器连接自动切换系统与传感器连接并实现数据采集，DT615 接收电脑的指令及将采集的数据传输至电脑，如图 6-57 所示，数据无线传输技术如图 6-57 虚线框内所示部分。

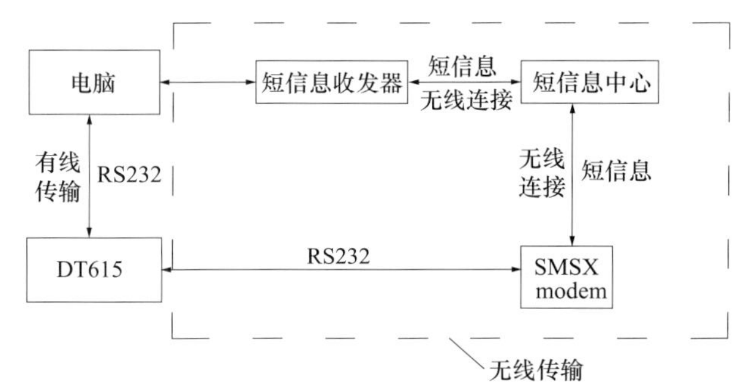

图6-57　基于短信息的数据传输系统

电脑通过短信息收发器发出采集指令，移动公司短信息中心收到短信息后发至 SMSX Modem，SMSX Modem 接收后再将指令通过 RS232 数据线传至 DT615，这样 DT615 就可根据指令按指定程序采集传感器数据。数据采集完毕后，通过 SMSX Modem，DT615 根据程序按指定格式将数据用短信息的方式发至短信息中心，再由短信息收发器将数据接收至监测电脑中。可见，这种数据传输方式相当于两台手机之间互相收发短信息，工作原理简单，费用低廉。

第二节　5、6号桥墩承台钢板桩围堰监测

为保证5、6号桥墩承台钢板桩围堰施工的安全，承包商委托华南理工大学对围堰钢板桩桩身的变形、支撑轴力、围堰内外水位、河床面高程等进行了一系列专项监测，为围堰的施工提供了依据。

一、监测内容及方案

桩身的变形采用测斜管、测斜仪监测，在围堰横桥向方向每边布置3个观测点，顺桥向方向每边的中点布置1个观测点，每个围堰布置8个观测点，共计16个观测点，如图6-58、图6-59所示。

钢支撑轴力采用与钢支撑材质相同的测杆、数显卡尺测量，在每个监测的支撑中各选取1个竖向断面，每个断面的1～4道支撑均在同一竖向位置布置轴力观测点，每个支撑布置4个观测点，

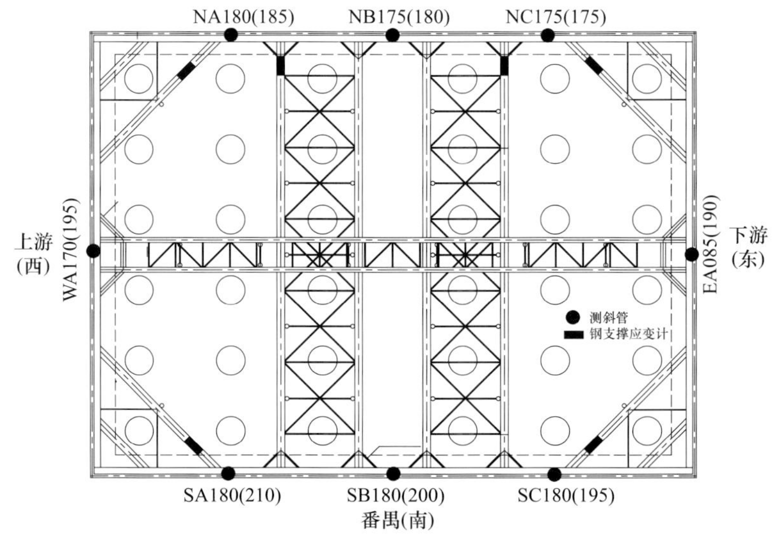

图6-58　5号墩测斜管与应变计布置图
（括号内为6号墩点号）

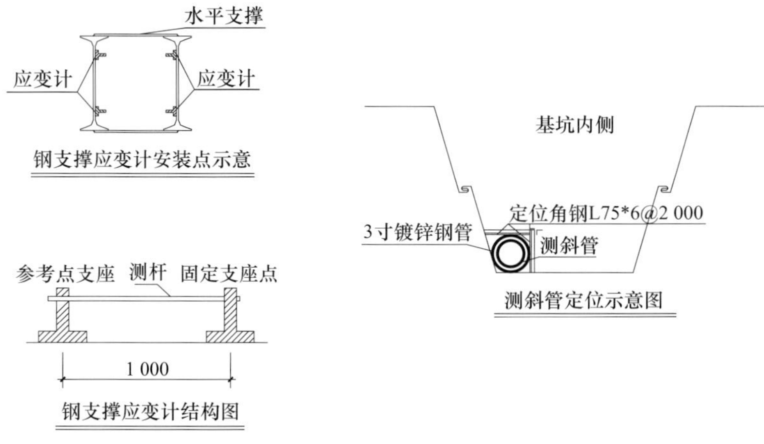

图6-59　应变计与测斜管大样

每个围堰布置 32 个观测点，共计 64 个观测点。

围堰内抽水前测读初始数据。在围堰内开始抽水至第三道支撑设置完毕期间，由于此阶段围堰内外水位差及围堰体系受力相对较小，因此每 3 天监测 1 次；在第三道支撑设置完毕开始继续抽水至浇筑垫层完毕期间，由于围堰体系受力较大，且垫层施工对土体产生扰动，围堰体系内力、变形相对较大，因此每天监测 1 次，如有测点数据接近预警值，则对该部分测点每天监测 2 次。

二、测试仪器设备

测试的仪器设备主要有：①加拿大 RST 公司 IC35000 型数字式测斜仪一套；②测斜管 400m；③日本三丰公司 Mitutoyo Serial 500 数显卡尺一套；④钢支撑应变计 64 个。

三、钢板桩围堰结构体系的计算

经对围堰结构体系、抗渗稳定计算，钢板桩结构符合规范要求。围堰支撑体系在第二道支撑安装后，抽水至 +1.1m，准备安装第三道支撑时最为不利。因此在第三道支撑安装完成前，密切监测钢板桩变形和支撑应力、应变变化情况，加强监测频率。实测钢板桩应力为 84MPa（计算 135MPa）。

四、支撑轴力监测结果汇总

6 号墩围堰支撑实测轴力见表 6-22 所列。随着围堰内抽水深度不断加深，第一层对撑逐渐由受压转为受拉，最大拉力为 −194kN，其余 2I56 a 支撑受到的最大轴力为 2 267kN，均小于容许轴力(3 489kN)，由于钢板桩围堰的支撑体系是一个多次超静定结构，又是临时设施，安装条件差，支撑安装时围堰内外的水位高度又在不断变化，安装的初应力差异也较大，随深度增加围堰支撑结构体系也在不断变化，造成杆件受力不均匀现象严重，与计算结果相差较大。所以计算时应留出较大的安全储备并加强监测。

五、 钢板桩变形监测

5 号、6 号主墩围堰钢板桩位移监测数据见表 6-23～表 6-25 及图 6-60～图 6-63 所示。

从表 6-23～表 6-25 提供出的测斜数据可以看到，5 号墩钢板桩最大位移发生在孔 5SCl80，位移为 308mm，曲率为 0.197，6 号墩最大位移发生在 6NA185，位移为 300mm，曲率为 0.021 1，出现局部塑性变形，其余部分均处在比例限值附近，处于弹性工作状态。产生过大位移的主要原因：一是在第一道支撑安装后没有及时回填石粉至设计河床高程（−2.54m）即开始向下抽水，局部水深较大处钢板桩产生较大位移增量；二是由于两根钢板桩接驳位置正好处于河床底附近，受力较大，且接驳未按等强度接长，卡口部位未能焊接而该处存在应力集中，导致焊缝开裂，刚度降低。按照设计，安装好第四层支撑，抽水至承台设计基底以下能够进行承台垫层施工时是最危险工况。为此承包商及时采取了在围堰内回填石粉的措施，并重点加强观察变形过大部位。从 10 月 11 日新监测数据知，钢板桩变形限于局部位置，并倾于稳定，没有继续增大的趋势。在承台垫层施工阶段，通过监测知道围堰结构是安全的，但从围堰的安全性考虑，该工况持续时间越短越好，因此，承包商加快了施工承台混凝土进度。

6号墩围堰支撑实测轴力汇总表

表6-22

时间（月–日）	水位(m)			第一层轴力(kN)		第二层轴力(kN)		第三层轴力(kN)						第四层轴力(kN)					
								角撑				对撑		角撑				对撑	
	堰外	堰内	高差	角撑	对撑	角撑	对撑	NW	NE	SE	SW	NW	SE	NW	NE	SE	SW	NW	SE
9–2	4.8	4.5	0.3																
9–13	4.5	2.3	2.2	1 377	239														
9–26	4.8	1.1	3.7	364	127	1 097	1 343												
9–27	5.5	0.7	4.8	793	92	230	1 424												
9–29	5.9	0.8	5.1	552	–101	1 260	1 533												
10–2	4.8	–0.8	5.6	659	–115	867	1 126	479	354	597	650	366	248						
10–3	5.3	–1.1	6.4	336	–194	1 205	1 208	652	707	732	624	719	138						
10–5	4.8	–1.4	6.2	457	–75	1 639	2 267	816	1 032	434	624	407	275						
10–6	5.3	–1.3	6.6	577	65	1 476	1 288	530	1 059	542	542	475	165						
10–11	6	–2.5	8.5	793	192	1 584	1 329	613	1 251	1085	677	543	110						
10–12	4.9	–2.5	7.4											108	379	380	520	582	405

主墩围堰钢板桩位移最大值汇总表 表6-23

墩 号	测点号	监测时间	水 位 (m)			位移增量		曲 率	
			堰外	堰内	水位差	最大值 (mm)	高程 (m)	最大值 (m^{-1})	高程 (m)
5号墩	5SA180	2004.10.11	6	−2.6	8.6	−149	−2.1	−0.009 3	−2.6
	5SC180	2004.10.12	5.7	−2.5	8.2	−308	−2.2	−0.019 7	−2.7
	5EA085	2004.10.7	5.3	−2.5	7.8	−178	−2.7	−0.005 3	0.2
	5NA180	2004.10.10	5.8	−2.6	8.4	−158	−2.4	−0.012 9	−2.4
	5NB175	2004.10.10	5.8	−2.6	8.4	−151	−3.1	−0.013 6	−3.1
	5NC175	2004.10.10	5.8	−2.6	8.4	−61	−2.8	−0.007 7	−1.8
	5WA170	2004.10.10	5.9	−2.6	8.5	−126	−2.6	−0.009	−2.1
6号墩	6SA210	2004.10.11	5.9	−2.5	8.4	−106	−2.1	−0.001	−2.1
	6SB200	2004.10.11	5.9	−2.5	8.4	−135	−2.3	−0.012	−2.3
	6SC195	2004.10.11	6	−2.5	8.5	−148	−1.7	−0.013	−1.7
	6NA185	2004.10.11	5.8	−2.5	8.3	−300	−1.1	−0.021 1	−1.1
	6NB180	2004.10.11	5.7	−2.5	8.2	−199	−1.1	−0.013 5	−1.1
	6NC175	2004.10.11	5.7	−2.5	8.2	−203	−1.3	−0.016 3	−0.8
	6EA190	2004.10.11	5.6	−2.5	8.1	−205	−1.9	−0.017	−1.9
	6WA195	2004.10.11	5.8	−2.5	8.3	−214	−1.5	−0.021	−2

5号墩围堰5SC180测点最大位移表 表6-24

测 次	监测时间	水 位 (m)			位移增量		曲 率	
		堰外	堰内	水位差	最大值 (mm)	高程 (m)	最大值 (m^{-1})	高程 (m)
1	2004.9.2	4.8	4.3	0.5				
2	2004.9.4	5.5	4.2	1.3	−127	−0.7	−0.005	0.3
3	2004.9.24	5.9	0.2	5.7	−216	−1.7	−0.014	−1.7
4	2004.9.25	6.1	0.1	6	−268	−1.7	−0.015	−2.2
5	2004.9.26	6.4	−0.7	7.1	−291	−2.2	−0.019 5	−2.2
6	2004.9.28	6.3	−0.6	6.9	−295	−2.2	−0.019 1	−2.2
7	2004.9.29	6.3	−0.6	6.9	−299	−2.2	−0.019 8	−2.2
8	2004.9.30	4.3	−0.7	5	−290	−2.2	−0.019 9	−2.2
9	2004.10.1	5.8	−0.7	7.5	−299	−2.2	−0.020 3	−2.2
10	2004.10.2	5.6	−0.8	6.4	−298	−2.2	−0.020 5	−2.2
11	2004.10.3	4.7	−0.8	5.5	−298	−2.2	−0.020 9	−2.2
12	2004.10.4	5.7	−1.9	7.6	−302	−2.2	−0.020 9	−1.1
13	2004.10.5	4.9	−1.9	6.8	−304	−2.2	−0.021 1	−2.7
14	2004.10.6	4.8	−2	6.8	−303	−2.2	−0.021 2	−2.7
15	2004.10.7	5.6	−2.2	7.8	−304	−2.2	−0.021 1	−1.1
16	2004.10.10	5.8	−2.6	8.4	−307	−2.2	−0.019 7	−2.7
17	2004.10.11	5.8	−2.7	8.5	−307	−2.2	−0.019 7	−2.7
18	2004.10.12	5.7	−2.5	8.2	−308	−2.2	−0.019 7	−2.7

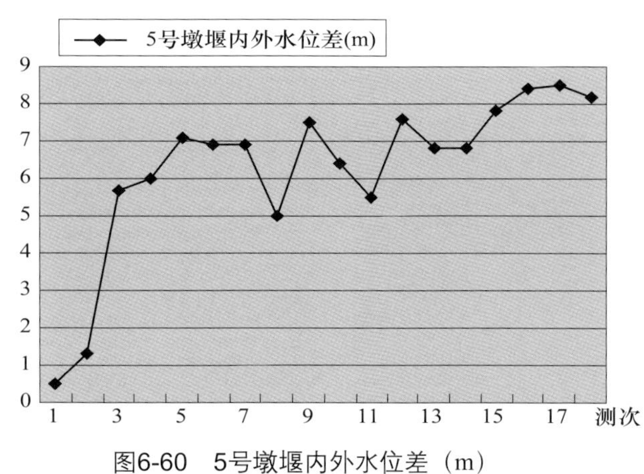

图6-60 5号墩堰内外水位差（m）

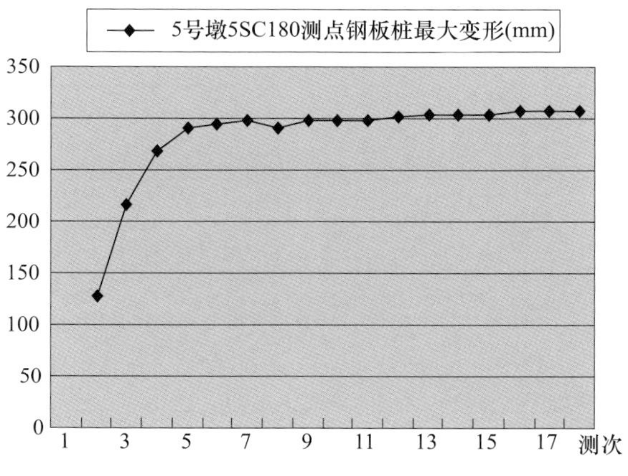

图6-61 5号墩5SC180测点钢板桩最大变形（mm）

6号墩围堰6NA185测点最大位移表 表6-25

测 次	监测时间	水 位（m）			位移增量		曲 率	
		堰外	堰内	水位差	最大值（mm）	高程（m）	最大值（m^{-1}）	高程（m）
1	2004.9.2	4.8	4.3	0.5				
2	2004.9.4	5.6	4.5	1.1	−78	−0.6	−0.005	−0.6
3	2004.9.24	5.9	5.2	0.7	−221	−0.6	−0.014	−0.6
4	2004.9.24A	4.8	2.8	2	−231	−0.6	−0.015	−0.6
5	2004.9.27	6.3	0.5	5.8	−274	−0.6	−0.019 5	−0.6
6	2004.9.28	5.5	0.7	4.8	−270	−0.6	−0.019 1	−0.6
7	2004.9.29	5.9	0.8	5.1	−278	−0.6	−0.019 8	−0.6
8	2004.9.30	5.9	0.2	5.7	−278	−0.6	−0.019 9	−0.6
9	2004.10.1	5.7	−0.5	6.2	−283	−1.1	−0.020 3	−1.1
10	2004.10.2A	4.2	−1.2	5.4	−282	−1.1	−0.02	−1.1
11	2004.10.2	5.6	−1	6.6	−285	−1.1	−0.020 5	−1.1
12	2004.10.3	5.2	−1.2	6.4	−288	−1.1	−0.020 9	−1.1
13	2004.10.4	4.6	−1.4	6	−289	−1.1	−0.020 9	−1.1
14	2004.10.5	5.4	−1.2	6.6	−291	−1.1	−0.021 1	−1.1
15	2004.10.6	5.4	−1.2	6.6	−292	−1.1	−0.021 2	−1.1
16	2004.10.7	4.3	−1.7	6	−290	−1.1	−0.021 1	−1.1
17	2004.10.11	5.8	−2.5	8.3	−300	−1.1	−0.021 1	−1.1
18	2004.10.12	6	−2.5	8.5	−299	−1.1	−0.021	−1.1

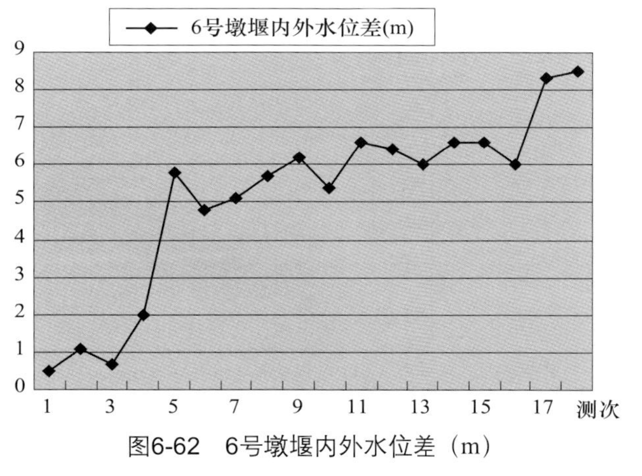

图6-62 6号墩堰内外水位差（m）

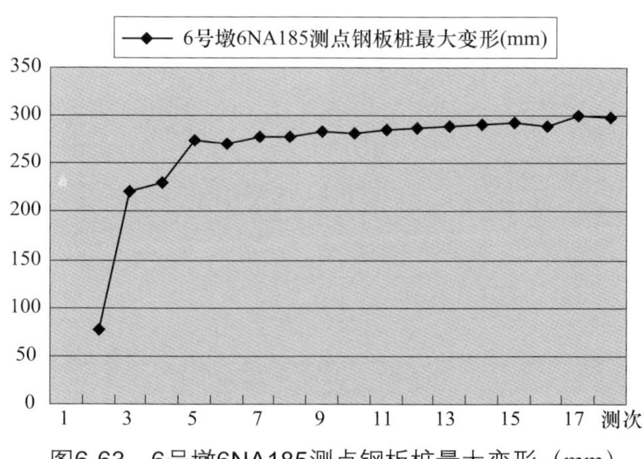

图6-63 6号墩6NA185测点钢板桩最大变形（mm）

第三节　5、6号墩承台大体积混凝土施工温度监控

一、大体积混凝土水化热温度计算

5、6 号墩承台大体积混凝土配合比见表 6-26 所示。

混凝土配合比表　　表6-26

试验混凝土配合比C40	水泥PO42.5R	粉煤灰（I级）	砂	碎石（5～16）	碎石（5～25）	外加剂	水
	300	130	690	225	865	8.17	135

配合比现场控制指标：混凝土至现场坍落度 150+20mm，初凝时间 16+2h，混凝土 28 天强度≥46MPa。

计算条件按水温：早上 28℃，中午 29℃，晚上 28℃，地温：±23℃，气温：早上 26℃，中午 32℃，晚上 28℃。入模温度：30℃。通水管直径 ϕ48mm，壁厚 3.5mm。

计算分混凝土内埋设水管循环冷却和不考虑水管循环冷却两类。其中埋设水管循环冷却时，每根冷却管出水量按 0.5m/s 计算，泵出温水引至混凝土顶面蓄水 10cm 保温养护。不考虑水管循环冷却时，混凝土顶面则与空气接触，按热物性考虑其 3 边条件的相当厚度纳入计算。

由表 6-27 中数据可以看出：承台施工时每隔 10 天浇筑 1.5m 厚度混凝土，共分 4 次浇完，并采用混凝土内埋设水管循环通水冷却，可控制 25℃以内。这种程度的温差表明大体积混凝土水化热温度控制是成功的。使用各种参数变化的计算分析表明，采取的措施中，以下的两个措施是相当有效的：一是控制了水泥用量为 300kg/m^3，使其计算的绝热温升控制在 50℃左右；二是采用混凝土内埋设水管循环通水冷却，大大减少了承台内外温差。计算时每根冷却管泵出水量是保守地按 0.5m/s 估计，若有必要时有控制的加大冷却管泵出水量，可进一步缩小承台内外温差。

承台温度场的计算结果　　表6-27

情　况	状　况	承台内部最高温度			该时刻承台底面温度	该时刻承台顶面温度	承台内外计算温差
		温度值	发生时刻	至台顶面距			
每隔10天浇筑1.5m厚混凝土，共分4次浇完	冷却	55.7℃	第32天	1.0m	32.3℃	38.4℃	17.3℃～23.4℃

二、主墩承台大体积混凝土浇筑温度监测

根据主墩承台混凝土温差控制方案（分 4 层浇筑；层间留 10 天间歇期；设置冷却水管；采用水泥用量适度的混凝土配合比；控制混凝土入模温度不高于 30℃；温水养护等）进行了相关热工计算，计算结果显示，按此方案执行，混凝土内外最大温差为 17.3℃～23.4℃，小于 25℃，上述温差是在假定冷却管水流速度为 0.5m/s 时的计算结果。为验证理论计算结果，对承台混凝土温度进行

了实测，测点布置如图 6-64、图 6-65 所示。“核心区”布设 9 个测点，以监测混凝土内部最高温度；侧表面布置 8 个测点，以监测混凝土侧表面最低温度；底部、顶部的 6 个测点用来监测混凝土底部及上表面温度。混凝土浇筑完毕即开始测量，至冷却水停用且内外温差稳定小于 25℃时停止测量。温度值出现极值前 2h 测量一次；此后 4h 测量一次，持续 5 天；最后每 6h 测量一次直至停止测量。

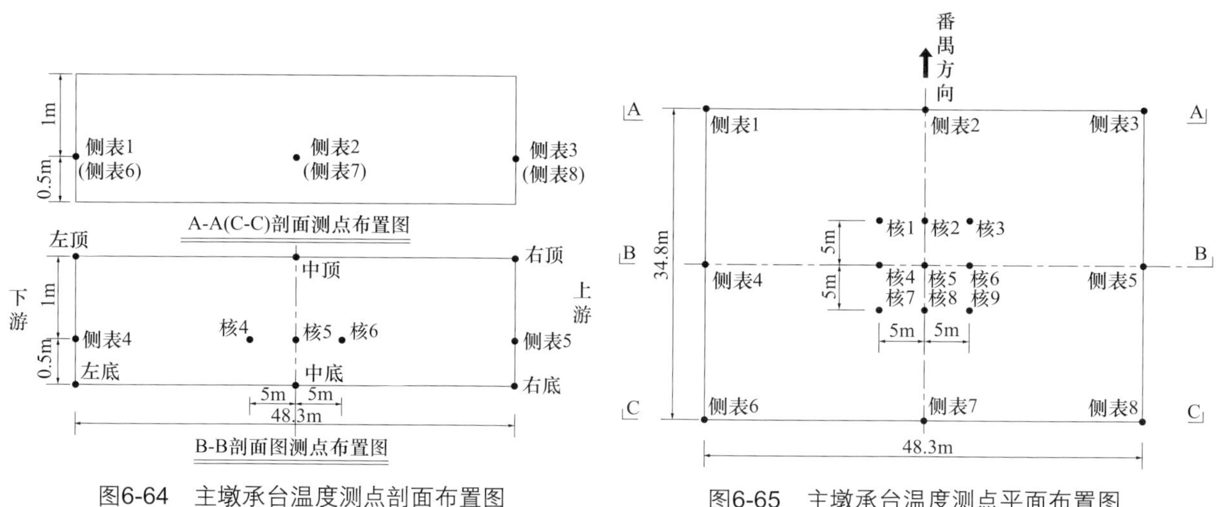

图6-64　主墩承台温度测点剖面布置图

图6-65　主墩承台温度测点平面布置图

测温元件采用热惰性小、精度亦较高（0.3℃）的铜—镍铜热电耦；用精密电位差计（上海精密科学仪器公司生产的 UJ33a 型）读取相应电位差以换算温度。空气温度、冷却水进口温度、出口温度、混凝土入模温度直接用温度计测量。

6 号墩承台第一层混凝土浇筑时间为 2004 年 11 月 2 日 11 ：00～11 月 4 日 1 ：00；混凝土入模温度 29℃；混凝土灌注时大气温度 28℃；混凝土内部通冷却循环水，顶面麻袋覆盖洒水（湿垫），四周薄膜遮盖。冷却管通水时间为 11 月 3 日 2 ：00～11 月 10 日 20 ：00；测量从 11 月 4 日 10 ：00 开始；图 6-66 给出了 6 号墩部分承台测温点的实测数据。从 6 号墩承台第一层混凝土浇筑时监测的数据来看，承台核心混凝土温度与表面温度差基本上控制在 25℃左右。

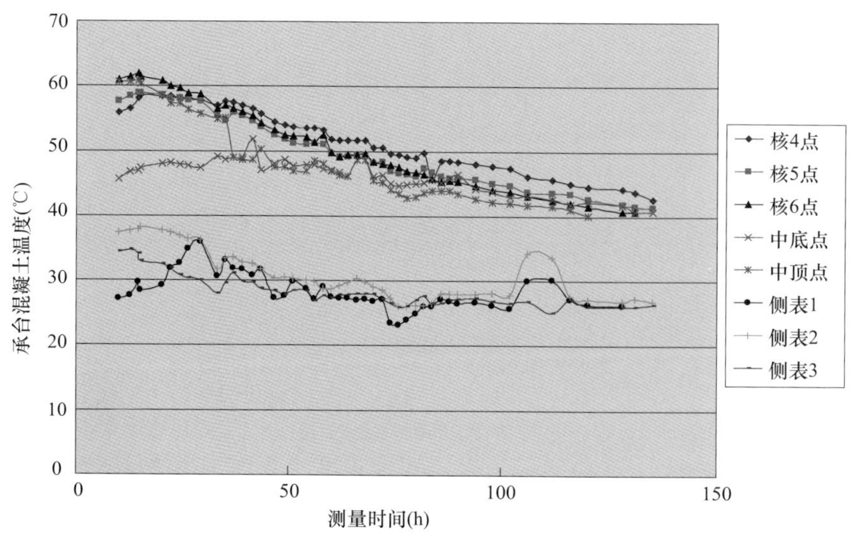

图6-66　6号墩承台浇筑第一层混凝土的时间-温度关系曲线

5、6 号墩承台完成第一、二、三层混凝土浇筑时，测温记录显示：混凝土最高温度 63℃，相对温差基本控制在 25℃以内。对承台外表观察也没有发现承台出现温度裂缝，达到控制目标。

第四节　承包商委托的施工监控

根据总承包合同要求，承包商必须委托有资格的独立专业施工监控单位对新光大桥的施工实施监控。承包商经考察后选择了重庆交通科研设计院承担拱座以上结构的施工监控任务。

重庆交通科研设计院对大桥进行了监控前复核计算，对于提升塔进行了模拟施工分析，复核整个结构在提升阶段的强度、整体稳定性和整体刚度，确定提升塔各监控杆件最大内力限值。

承包商委托的施工监控观测实施项目见表 6-28 所列。

观测实施项目表　　表6-28

结　构	构　件	观测位置			
拱肋结构	边拱	4、7号墩拱脚段	5、6号墩拱脚预埋段	边拱肋	
	主拱边段	5、6号墩拱脚预埋段	主拱边段主拱肋		
	主拱中段	主拱中段拱肋			
提升塔、架	边墩处提升架	4号墩处提升架	7号墩处提升架		
	三角刚架上提升架	5号墩边拱侧提升架	5号墩主拱侧提升架	6号墩边拱侧提升架	6号墩主拱侧提升架
	主提升塔	北岸侧主提升塔	南岸侧主提升塔		
三角刚架	三角刚架	5号墩三角刚架	6号墩三角刚架		
	拱座	5号墩拱座	6号墩拱座		
主拱拼装场码头		主拱边段滑移栈桥	主拱中段滑移栈桥		

承包商委托的施工监控除监测施工过程中大桥结构本身的应力等数据外，重点放在施工临时设施的监测上。本节重点介绍对临时设施的监控方案。

每个提升塔架的关键杆件布置应力测点，提升塔架的应力测点只是用于节段的提升，因此需要监控的施工过程很短，采用常规的应变片进行应力测试。测试仪器采用动态应变仪。

一、提升塔架顶部位移观测

因为主拱中段提升塔高度较大，在提升主拱肋中段时，提升拱肋的提升索水平力不断地增加，使得提升塔背索索力也要伴随提升索索力增加而增加，塔顶位移对两者水平分力反应较明显。为了减小塔身弯矩，使提升塔始终处于小偏心受压状态，就必须实时监控主提升塔的塔顶位移，以避免提升塔架顶部位移变形过大导致的结构失稳破坏。在塔架顶部设置一观测点，在每个提升塔顶安装 2 个棱镜，如图 6-67 所示，在主拱吊装过程中采用全站仪对观测点进行实时位移观测。一旦发现塔顶位移超过预期设定的限值（±5cm），则通知现场有关技术人员调整背索索力，使塔顶位移始终只能在小范围内变动，确保塔架的稳定性。

二、主拱中段提升塔内力监测

主拱中段提升塔由 8 根 ϕ1 000 × 20 和 2 根 ϕ800 × 12 钢管柱及型钢格构式腹杆组成桁架式提升塔。其有 2 个主要提升工况：①提升主拱边段；②在支撑主拱边段荷载下，提升主拱中段。整个荷载主要是由 10 根钢管柱承担，各个腹杆承担联系与传力作用，为了在拱肋提升过程中实时掌握钢管柱的内力大小和内力分布情况。在提升塔底部全截面设置 1 个内力监控断面。除底部上游侧 5 根立柱每根布置 2 个应变传感器外，其余立柱每根布置 1 个应变传感器，如图 6-68 所示。每个主拱中段提升塔布置 15 个应变传感器，全桥 2 个主拱中段提升塔共布置 30 个应变传感器。

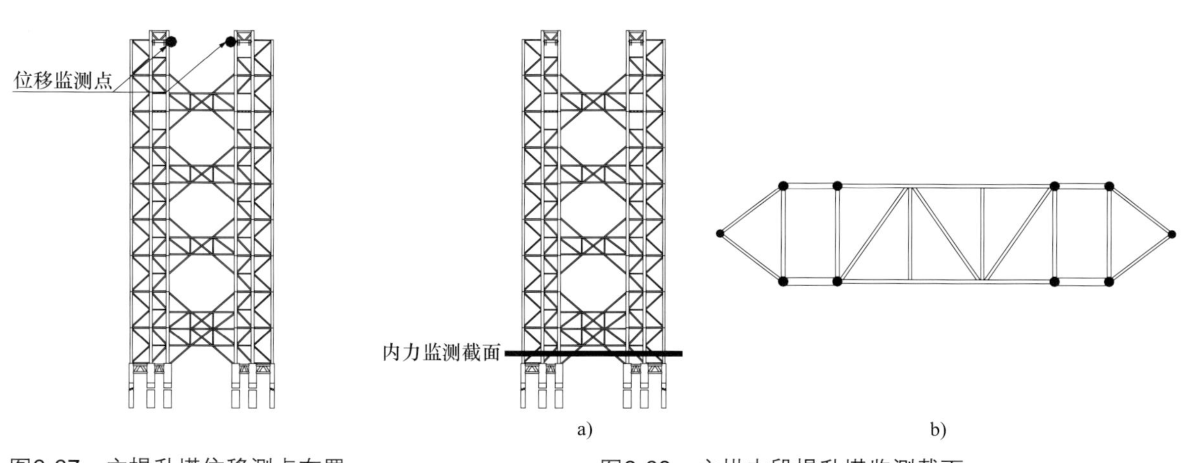

图6-67　主提升塔位移测点布置

图6-68　主拱中段提升塔监测截面

三、主拱边段及边拱提升架

主拱边段及边拱提升架内力监测断面选择在离三角刚架混凝土顶面 60cm 处，如图 6-69 所示。另外，对图中所示的阴影横梁应力也实施监测。前面两根立柱每根布置 2 个应变传感器，后面每根立柱布置 1 个应变传感器，横梁每个布置 2 个传感器。每个提升架布置 10 个，全桥 8 个主拱边段及边拱提升架共布置 80 个应变传感器。

四、边拱过渡墩处提升架

每个边拱过渡处提升架由 2 个三角形桁架式提升塔组成。由于内侧（偏向桥中心线方向）三角形提升塔架受力比外侧大，故监测重点放在内侧提升塔上。内力监控断面选在塔底部，如图 6-70 所示。每个钢管柱内力监测采用对称布置的 2 个应变计。通过计算分析：提升塔前端立柱与侧边立柱之间的水平腹杆所受的拉力较大，其中从上往下数第二根水平腹杆最大，所以在该杆件上安装一个传感器，观测轴向力在整个提升过程中的变化。每个塔共计 7 个应变测点，全桥 4 个边拱过渡处提升架共计 28 个应变测点。

五、拱肋应力监测

由于边拱拼装支架与提升边拱时利用的临时拉杆相互干扰，所以在提升边拱过程中，暂不安装

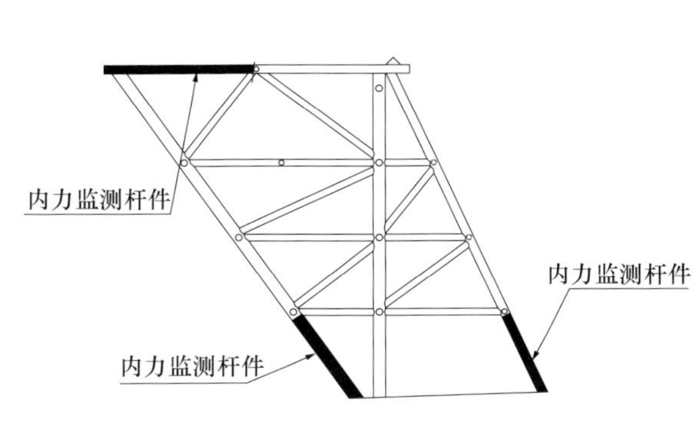

图6-69　主拱边段及边拱提升架监测截面

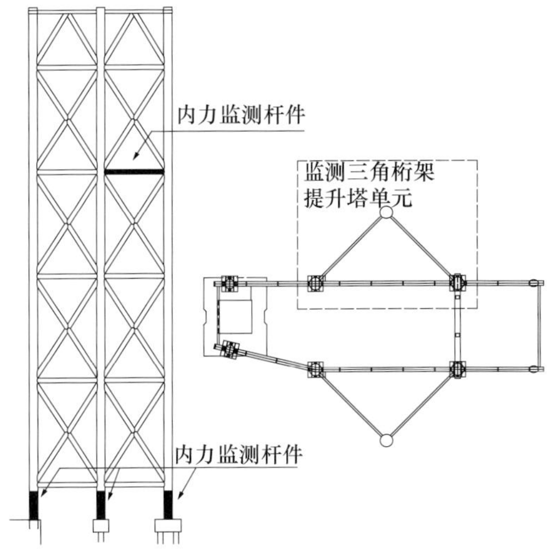

图6-70　边拱过渡处提升架监测截面

临时拉杆，边拱在提升过程中的受力模式相当于一个简支的曲梁，跨中弯矩最大，拱肋的应力监测重点放在跨中的上下弦上，每个弦杆布置 2 个应变传感器，共需要 8 个应变传感器。

主拱边段提升时的受力模式与边拱一致，应力监测重点放在边段跨中，共需要 8 个应变传感器进行应力监测。

主拱中段在提升时有临时拉杆张拉，使中段形成一个无推力的拱，故主拱中段的应力监测重点放在拱肋跨中和拱脚上，主拱中段需要 16 个应变传感器进行应力监测。

具体应力监测部位如图 6-71～图 6-73 所示。

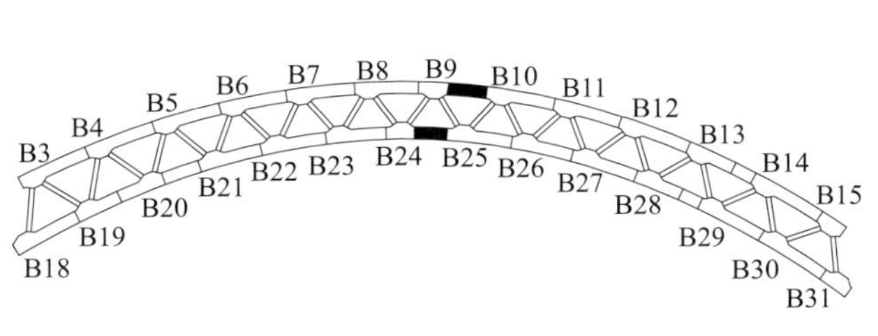

图6-71　边拱拱肋提升应力监测杆件

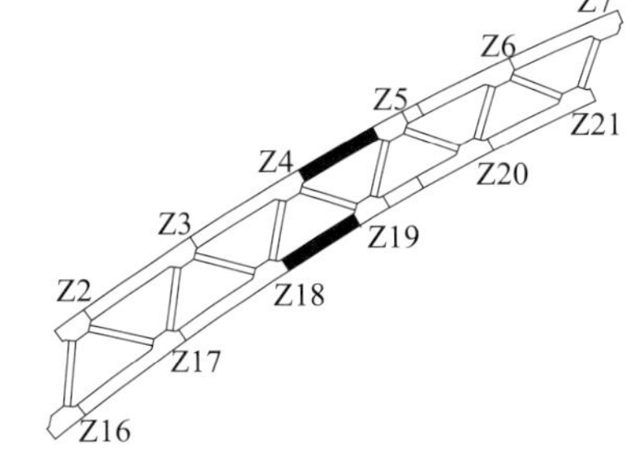

图6-72　主拱边段拱肋提升应力监测杆件

六、监测方法、仪器与设备

在提升主拱边段之前 3 天将全部监测设备安装调试完成。内力监测采用表贴式振弦应变传感器，采用无线遥测技术，全部测试数据均采用微机处理，可以进行实时监测。传感器安装完成后，在塔空载时，监测各个传感器的变化，掌握温度对测试系统的影响程度。

拱肋提升时，在拱肋离地后停顿20min左右，采集所有应变测点数据进行分析；同时进行塔顶位移观测、主提升塔基础沉降观测、现场焊缝、杆件局部变形等人工观测。

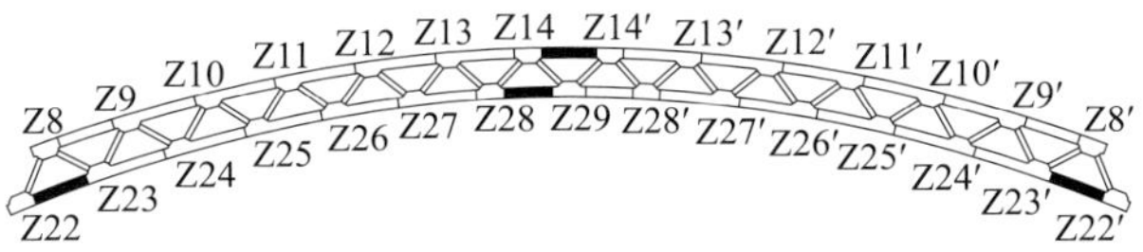

图6-73　主拱中段拱肋提升应力监测杆件

第七章 静动荷载试验

Jingdong Hezai Shiyan

第一节 概 述

2006 年 11 月 22～27 日，业主委托广州市市政园林工程质量检测中心对新光大桥进行了基本荷载静动载试验检测。检测前试验单位按竣工图计算了大桥相应试验加载状态的结构应力、挠度、固有频率等参数的理论值。进行静动载试验后，通过理论值与 20 种加载组合及 23 个断面的实测数据对比分析，证明大桥的各项技术指标可以满足设计要求和国家规范要求，结论是"该桥的承载能力满足城—A 级、汽车超—20 级、挂车—120 的设计荷载的要求，可以投入使用。"

一、试验荷载概况

根据《大跨径混凝土桥梁的试验方法》（以下简称《办法》）的要求，桥梁的静力试验按荷载效率 η 来确定试验的最大荷载。静力荷载效率 η 的计算公式为：

$$\eta = \frac{S_{stat}}{S^{*}\delta}$$

式中：S_{stat}——试验荷载作用下，检测部位变形或内力的计算值；

S^{*}——设计标准荷载作用下，检测部位变形或内力的计算值；

δ——设计取用的动力系数。

本次试验为基本荷载试验，荷载效率取值范围为 0.8～1.0。静载试验的内容如下：

（1）北岸边拱拱顶承受最大活载正弯矩能力的偏心加载；

（2）北岸边拱拱顶承受最大活载正弯矩能力的对称加载；

（3）北岸边拱靠三角刚架侧拱脚承受最大活载轴力能力的加载；

（4）北岸边拱靠边墩侧拱肋 1/4 处承受最大活载正弯矩能力的加载；

（5）北岸边拱跨中横梁承受最大活载正弯矩能力的加载；

（6）北岸边拱系杆承受最大活载正弯矩能力的加载；

（7）南岸边拱拱顶承受最大活载正弯矩能力的偏心加载；

（8）南岸边拱拱顶承受最大活载正弯矩能力的对称加载；

（9）南岸边拱靠三角刚架侧拱脚承受最大活载轴力能力的加载；

（10）南岸边拱靠边墩侧拱肋 1/4 处承受最大活载正弯矩能力的加载；

（11）南岸边拱跨中横梁承受最大活载正弯矩能力的加载；

(12) 南岸边拱系杆承受最大活载正弯矩能力的加载；
(13) 主拱拱顶承受最大活载正弯矩能力的偏心加载；
(14) 主拱拱顶承受最大活载正弯矩能力的对称加载；
(15) 主拱拱脚承受最大活载轴力能力的加载；
(16) 主拱拱肋 1/4 处承受最大活载正弯矩能力的加载；
(17) 主拱拱肋 1/8 处承受最大活载负弯矩能力的加载；
(18) 主拱跨中横梁承受最大活载正弯矩能力的加载；
(19) 北岸三角刚架系杆中部承受最大活载正弯矩能力的加载；
(20) 北岸三角刚架斜腿根部承受最大活载弯矩能力的加载。

二、控制断面选取

控制断面选取见表 7-1 所列。

整个桥梁动静载试验控制断面汇总　　表7-1

1 号断面：边拱拱顶	7 号断面：主拱拱肋1/4 处
2 号断面：边拱靠边墩侧拱肋1/4 处	8 号断面：主拱拱肋1/8 处
3 号断面：边拱靠三角刚架侧拱脚	9 号断面：主拱拱脚
4 号断面：边拱系杆中部	10 号断面：主拱横梁中部
5 号断面：边拱横梁中部	11 号断面：三角刚架系杆中部
6 号断面：主拱拱顶	12 号断面：三角刚架主拱侧斜腿根部

除三角刚架外，南岸控制断面位置与北岸对称。全桥试验控制断面位置如图 7-1 所示。

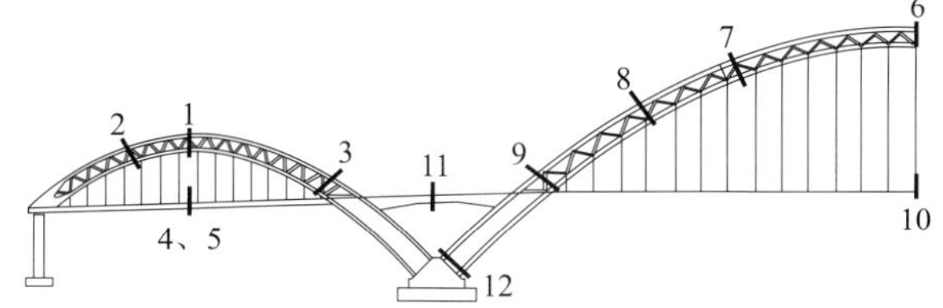

图7-1　全桥控制断面布置图

三、试验加载布置

根据新光大桥施工竣工图，计算出在汽车—超 20 级、挂车—120 荷载作用下，每个控制断面的最不利汽车活载设计值。然后根据内力等效原则，试验选用若干台 350kN 加载车辆（前轴 70.0kN，后轴 280.0kN)，可以计算出在该试验荷载作用下控制断面产生的试验值，通过调整车轴的加载位置，使试验值与设计最大值比值在 0.8～1.0 范围内，即满足《方法》的要求。

由于在 Midas 中建立的模型的三角刚架部分是用空间梁单元模拟的，与此处实际结构的大体积混凝土特性有一定的差别。为了提高计算的准确性，利用第三方监控单位的有限元程序 Strand7，采用块体单元模拟三角刚架的全桥有限元模型计算了本次试验的 11 个加载工况。经对比，Midas 和 Strand7 的计算结果比较接近，但是三角刚架部分应采用块体单元模更为合理，如图 7-2 所示，因此最终试验加载工况的理论值以 Strand7 的计算值为准。

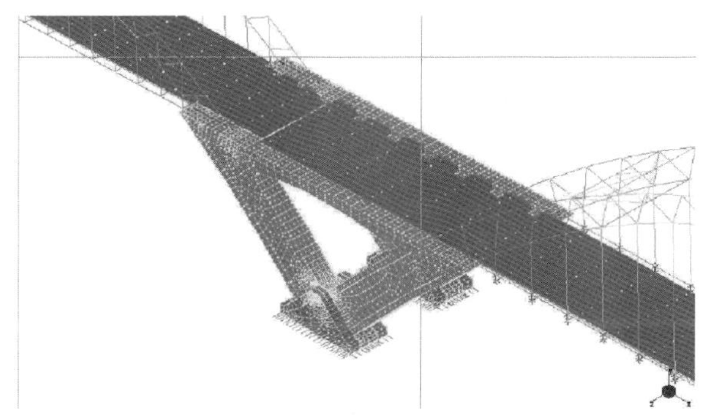
图7-2　Strand7 三角刚架块体模型示意图

控制断面的加载信息分别见表 7-2 及图 7-3～图 7-13 所示，南岸边拱参考北岸边拱的载位。

试验载位计算结果 表7-2

载位编号	车辆/载位	车载图号	控制断面	完成试验内容	控制断面说明	最不利轴力(kN)	最不利弯矩(kN·m)	试验荷载对应轴力(kN)	试验荷载对应弯矩(kN·m)	试验荷载效率η
1	7辆偏载	图7-3	1	边拱拱顶承受最大活载正弯矩能力的偏心加载	边拱拱顶（上弦杆）	−1 872	164	−1 844	182	0.985（轴力）
			4	边拱系杆承受最大活载正弯矩能力的加载	边拱系杆中部	—	2 886	—	2 838	0.983（弯矩）
2	10辆对称	图7-4	1	边拱拱顶承受最大活载正弯矩能力的对称加载	边拱拱顶（上弦杆）	−1 872	164	−1 710	173	0.914（轴力）
			5	边拱跨中横梁承受最大活载正弯矩能力的加载	边拱跨中横梁(中部)	—	4 058	—	3 881	0.956（弯矩）
3	10辆对称	图7-5	2	边拱边墩侧拱肋1/4处承受最大活载正弯矩能力的加载	边拱1/4 处（上弦杆）	−2 201	219	−2 011	196	0.913（轴力）
4	12辆偏载	图7-6	3	边拱靠三角刚架侧拱脚承受最大活载轴力能力的加载	边拱三角刚架侧拱脚（下弦杆）	−2 652	−1 177	−2 699	−905	0.937（轴力）
5	8辆偏载	图7-7	6	主拱拱顶承受最大活载正弯矩能力的偏心加载	主拱拱顶（上弦杆）	−5 076	548	−4 906	575	0.966（轴力）
6	12辆对称	图7-8	6	主拱拱顶承受最大活载正弯矩能力的对称加载	主拱拱顶（上弦杆）	−5 076	548	−4 729	564	0.931（轴力）
			10	主拱跨中横梁承受最大活载正弯矩能力的加载	主拱跨中横梁中部	—	5 799	—	5 520	0.952（弯矩）
7	12辆对称	图7-9	7	主拱拱肋1/4处承受最大活载正弯矩能力的加载	主拱1/4 处（上弦杆）	−5 600	578	−5 183	601	0.929（轴力）
8	14辆偏载	图7-10	8	主拱拱肋1/8处承受最大活载负弯矩能力的加载	主拱1/8 处（下弦杆）	−4 897	−307	−4 080	−288	0.833（轴力）
9	14辆偏载	图7-11	9	主拱拱脚承受最大活载轴力能力的加载	主拱拱脚（下弦杆）	−7 711	−2 243	−7 044	−2 086	0.911（轴力）
10	8辆对称	图7-12	11	北岸三角刚架系杆中部承受最大活载正弯矩能力的加载	北岸三角刚架系杆中部	—	4 378	—	4 246	0.972（弯矩）
11	14辆偏载	图7-13	12	北岸三角刚架斜腿根部承受最大活载弯矩能力的加载	北岸三角刚架主拱侧斜腿根部	—	−59 351	—	−47 736	0.804（弯矩）

注：南北岸边拱的试验布载是对称一致的，均按1～4 号载位布置。因此本次试验共有15 个载位。

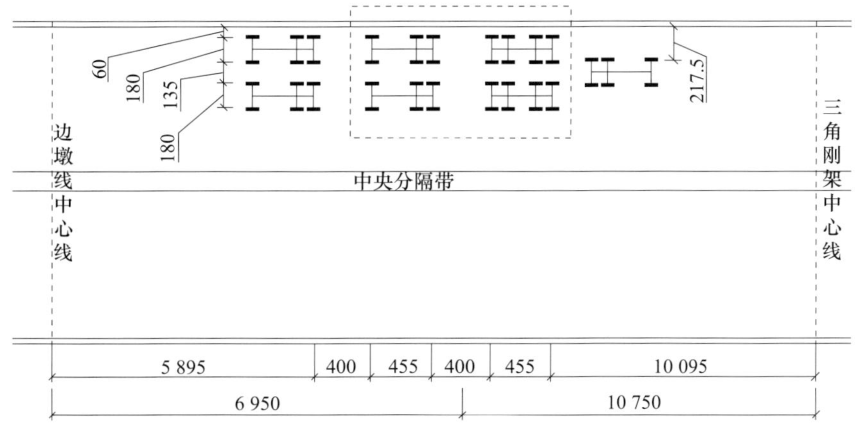

注：图中虚线所框车辆为二级加载时布置的车辆，单位：cm。

图7-3　加载载位1布置图（边拱顶偏载）

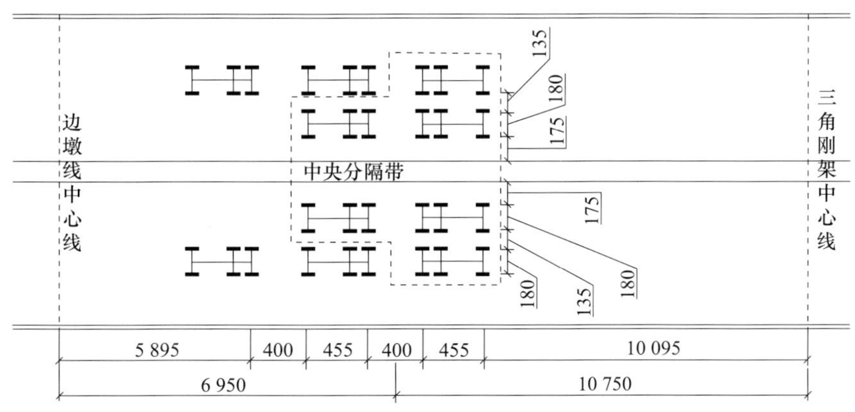

注：图中虚线所框车辆为二级加载时布置的车辆，单位：cm。

图7-4　加载载位2布置图（边拱顶及边跨中横梁对称）

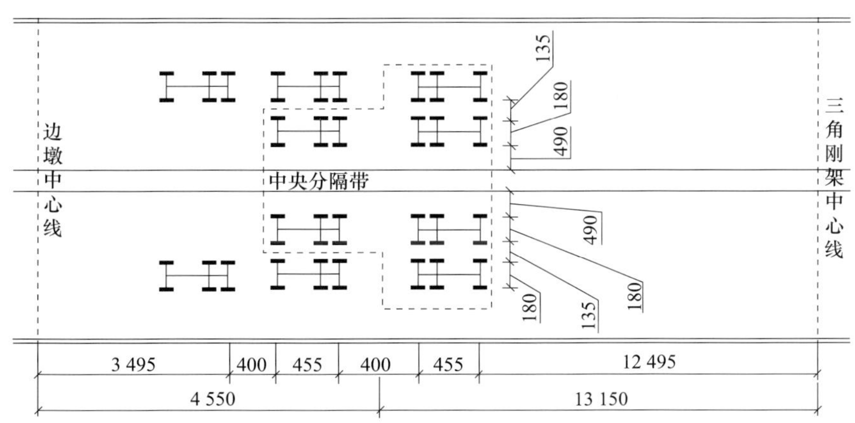

注：图中虚线所框车辆为二级加载时布置的车辆，单位：cm。

图7-5　加载载位3布置图（边墩侧1/4 边拱对称）

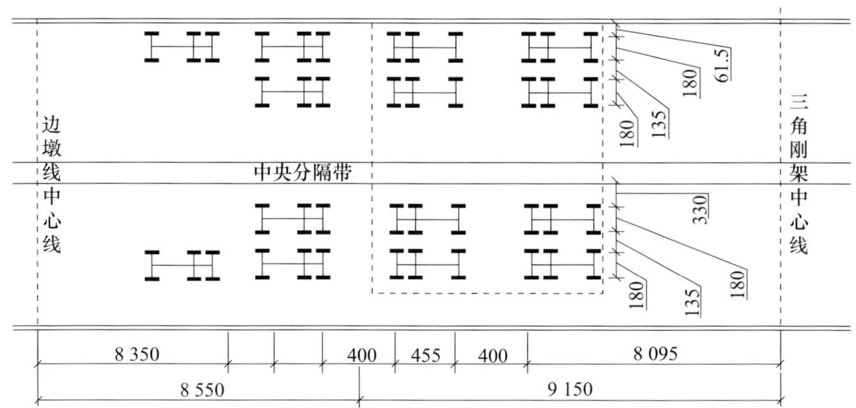

注：图中虚线所框车辆为二级加载时布置的车辆，单位：cm。

图7-6　加载载位4布置图（三角刚架侧边拱脚偏载）

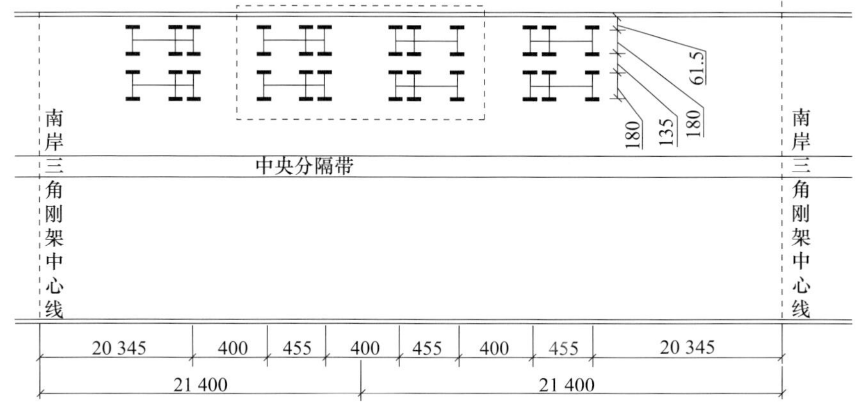

注：图中虚线所框车辆为二级加载时布置的车辆，单位：cm。

图7-7　加载载位5布置图（中拱顶偏载）

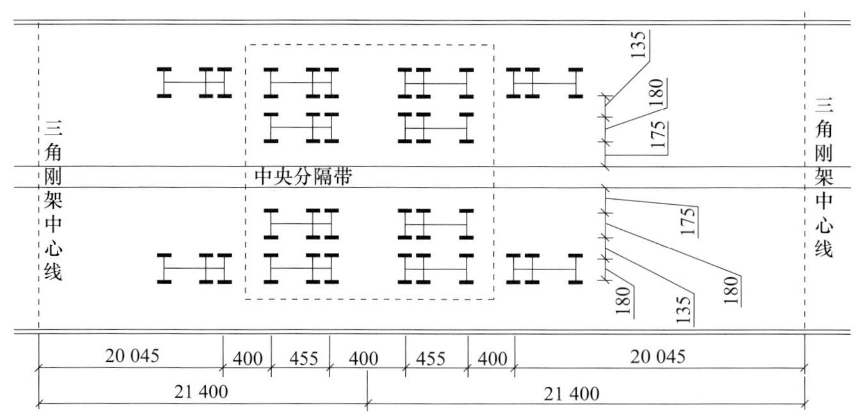

注：图中虚线所框车辆为二级加载时布置的车辆，单位：cm。

图7-8　加载载位6布置图（中拱顶及主跨中横梁对称）

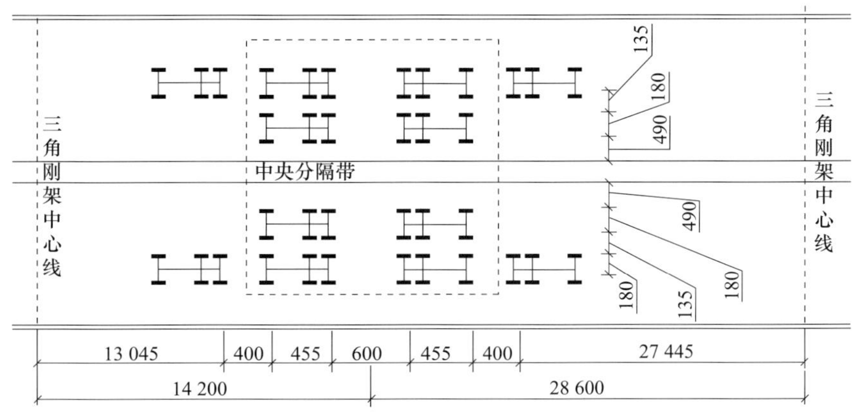

注：图中虚线所框车辆为二级加载时布置的车辆，单位：cm。

图7-9　加载载位7布置图（1/4 中拱顶）

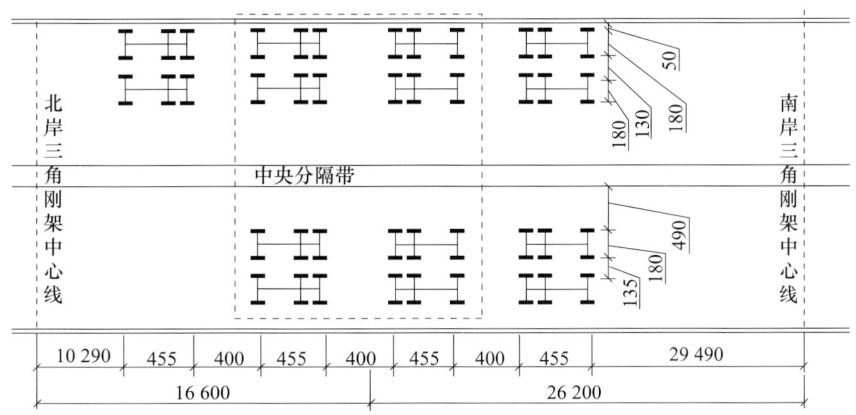

注：图中虚线所框车辆为二级加载时布置的车辆，单位：cm。

图7-10　加载载位8布置图（1/8 中拱偏载）

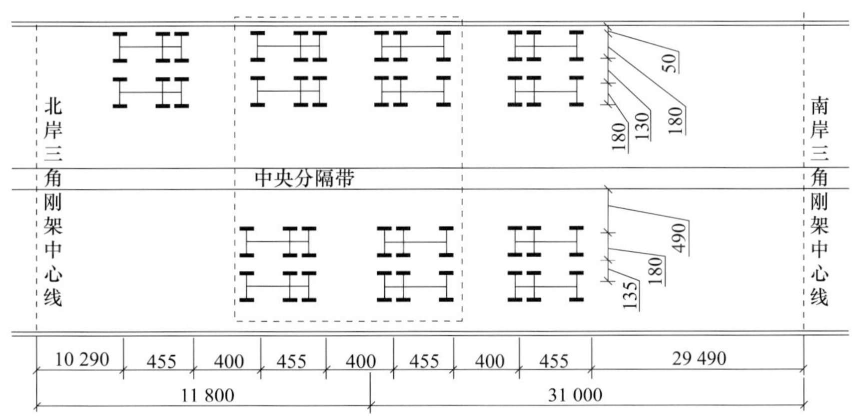

注：图中虚线所框车辆为二级加载时布置的车辆，单位：cm。

图7-11　加载载位9布置图（中拱脚偏载）

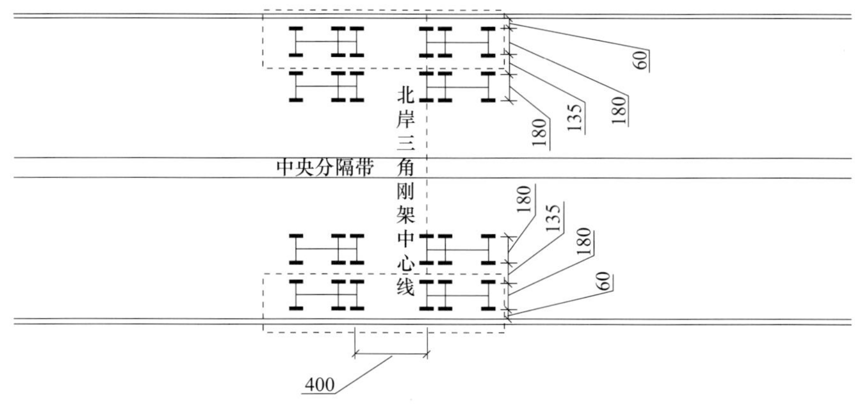

注：图中虚线所框车辆为二级加载时布置的车辆，单位：cm。

图7-12 加载载位10布置图（北岸三角刚架系杆中部偏载）

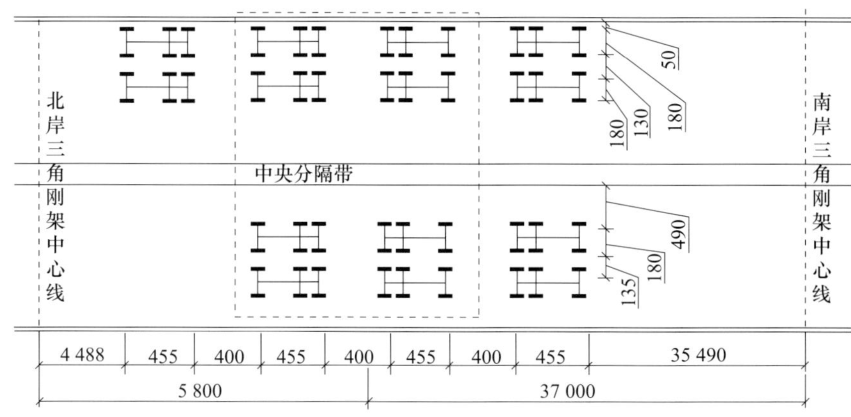

注：图中虚线所框车辆为二级加载时布置的车辆，单位：cm。

图7-13 加载载位11 布置图（三角刚架主拱侧斜腿根部偏载）

四、试验测点布置与测试方法

1．变形测点布置

根据现场条件以及《方法》的要求，本次动静载试验全桥变形测点共设 91 个，布置如图 7-14～图 7-16 所示。

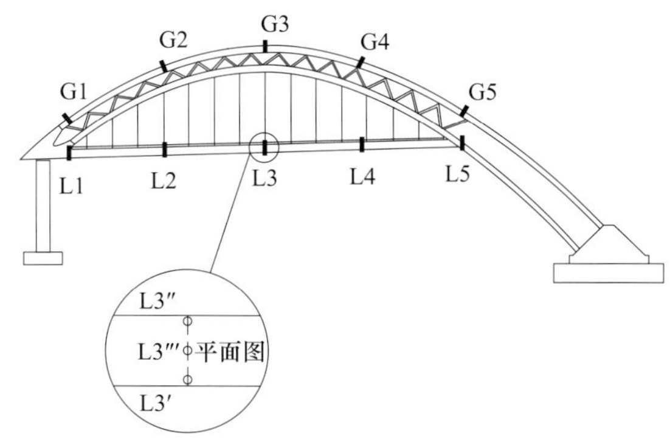

图7-14 边拱变形观测点布置图

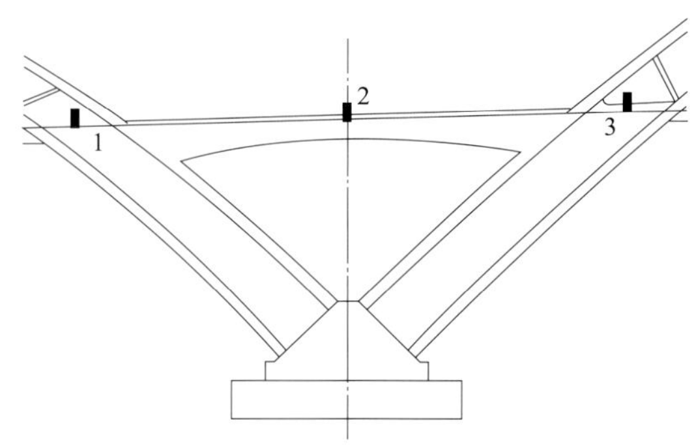

图7-15 三角刚架变形观测点布置立面图

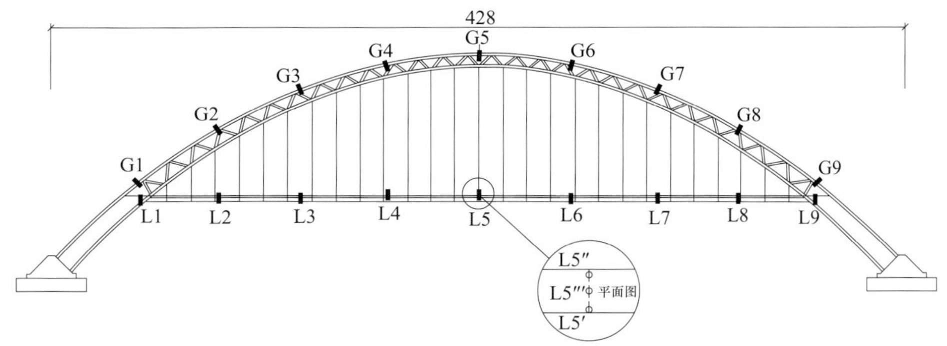

图7-16　主拱变形观测点布置图

变形测试方法及中横梁传感器安装如图 7-17、图 7-18 所示。

图7-17　拱肋变形测试方法（吊锤加百分表）

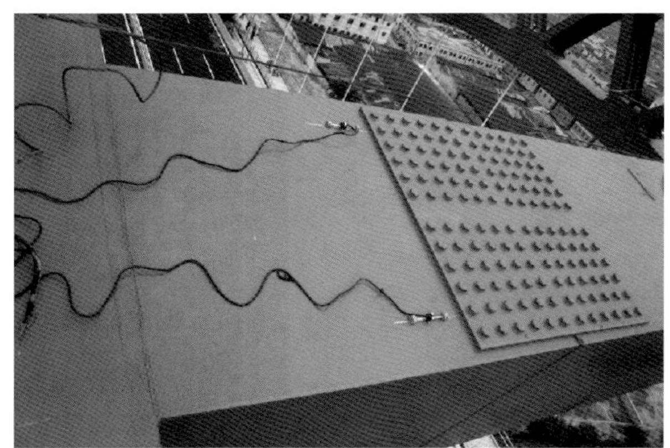

图7-18　安装中横梁传感器

2．应变测点布置

本次动静载试验全桥应变测点共设 309 个，布置如图 7-19～图 7-23 所示。图 7-19 中的测试位置编号与本桥第三方施工监控编排的编号一致。均采用振弦式应变传感器作为应变传感元件（实际测试中所使用的传感器大部分利用了第三方施工监控单位在施工监控中布置的，少部分为试验现场加装的），见表 7-3 所列。振弦传感器配用 Datataker615 测试仪。

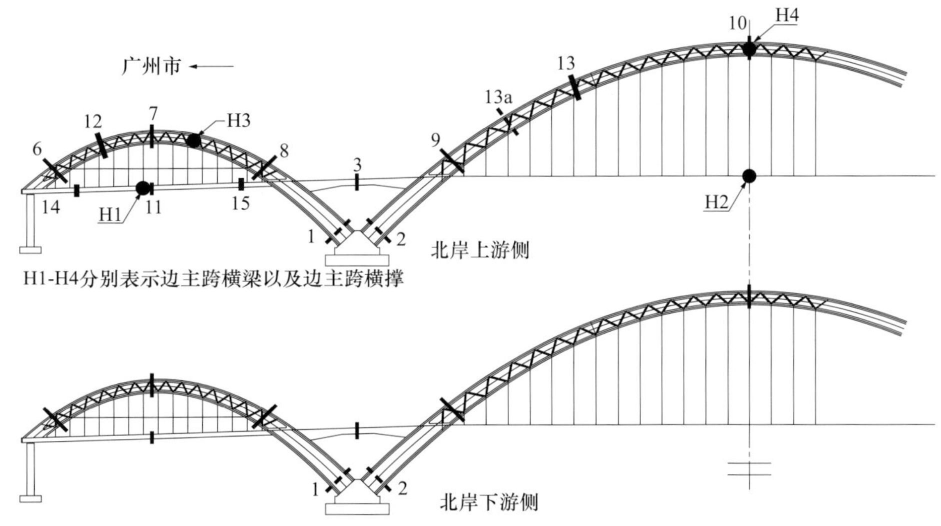

图7-19　全桥应变测点布置图（南北岸断面布置完全对称）

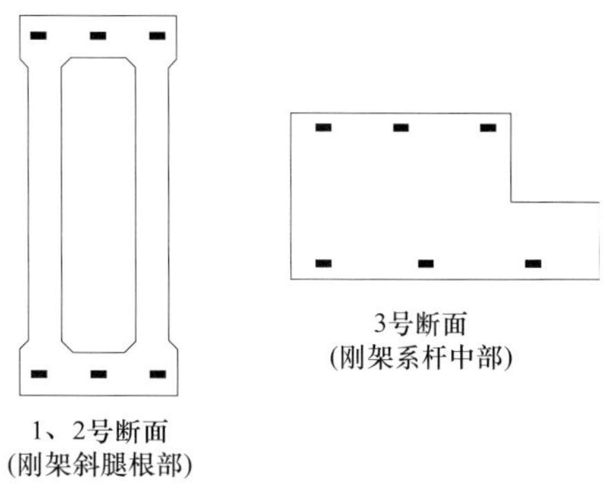

图7-20　三角刚架应变测试断面测点布置图

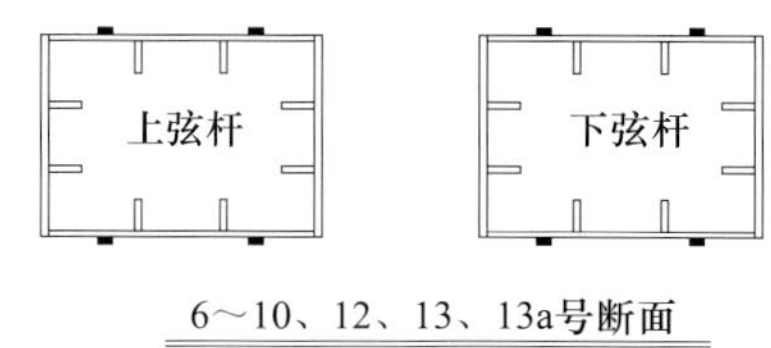

(6、8号断面：边拱拱脚)　(12号断面：边拱1/4处)
(　7号断面：边拱拱顶)　(13号断面：主拱1/4处)
(　9号断面：中拱拱脚)　(13a号断面：主拱1/8处)
(　10号断面：中拱拱顶)

图7-21　钢拱肋应变测试断面测点布置图

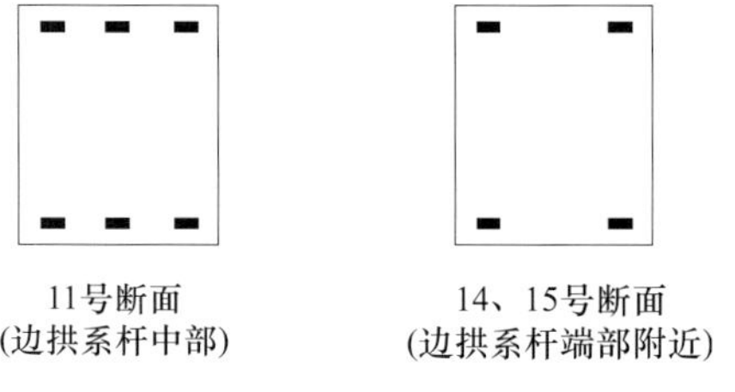

图7-22　边拱系杆应变测试断面测点布置图

图7-23　H1～H4 应变测试断面测点布置图

应变测试传感器　　表7-3

名　称	厂　家	安　装	分 辨 率	应 变 范 围
SM-5A	加拿大Roctest 公司	埋入式	0.1 $\mu\varepsilon$	3 300$\mu\varepsilon$
BGK-4000	基康仪器有限公司	表面式	0.3 $\mu\varepsilon$	3 000$\mu\varepsilon$
BGK-4200		埋入式	0.1 $\mu\varepsilon$	

五、试验程序

静载试验的加载试验的程序为：

(1) 将加载汽车过地磅称重后，排列于引桥上，距被测试桥跨 20m 以上。

(2) 正式加载前，6 辆加载车辆并排缓慢地来回二次对全桥进行预压，待一切工作安排就绪，各试验量测仪表读数调零，进行第一次空载读数，同时记录试验的气候温度。

(3) 正式实施试验加载，每个试验载位采用偏置进行加载。试验加载汽车布置的载位满载后，再进行移位对称。每个载位满载后，记录该时间的气候温度。

(4) 每级汽车荷载驶入指定的区域就位后，稳定 15min 记录加载后开始试验观测第一次读数，间隔 10min 再记录加载的第二次读数，两次读数差均小于前次读数增量的 10% 时，认为结构变形已趋稳定。此时所记录的数据为试验实测数据。

(5) 该桥试验的载位满载完成后进行一次卸载，稳定 20min 后观测应变数据，待应变数据稳定后，量测挠度。测量完成后，记录该时间的气候温度。

(6) 试验选择晚上温度比较稳定的时间。太阳升起气温升高后即停止试验。

第二节 动载试验内容与方法

一、试验目的与方法

动载试验主要用于综合了解结构自身的动力特性，以及结构抵抗受迫振动和突发荷载作用的能力，以判断结构的实际工作状态和实际承载能力，验证设计的正确性。同时也为运营阶段结构评估积累原始数据。

本桥动载试验通过脉动试验、行车试验、跳车试验和制动试验测定桥梁作为一个整体结构在动力荷载作用下的受迫振动特性和结构的自振特性，以评价大桥的最大动力响应，分析结构有无较大缺陷。动载试验是采用一辆重量约为 120kN 的汽车，按如下 4 种工况进行试验：

（1）在桥面上，汽车分别以 20km/h、30km/h 和 40km/h 的速度跑车行驶，使桥梁产生受迫振动，量测桥梁的振幅。

（2）在桥面上，汽车分别以 20km/h 和 30km/h 的速度跑车行驶，在桥跨中紧急制动刹车使桥梁产生受迫振动，量测桥梁的振幅。

（3）试验跨的跨中位置，汽车从约 15cm 高的垫木上后轮自由下落对桥梁进行的激励振动，量测桥梁的振幅、阻尼。

（4）在桥梁无车辆通行时，桥梁受环境自然激励，量测桥梁的固有振动频率。

二、跑车、跳车及制动测点

动载跑车、跳车、制动试验 1、2 和 3 号测点位置分别为 1/4*L*、跨中和 3/4*L*。

三、脉动测试

桥梁在自然环境中由于大地脉动和环境的振动，会引起振动响应，通过布置在桥上特殊位置的加速度传感器可以采集到桥跨的竖向和水平向自由振动的时域信号，通过 FFT 方法将时域信号转换成频域信号，由此分析出桥梁结构竖向和水平向的基本自振频率和相应振型。

由于新光大桥的主拱桥面系是半飘浮结构，大桥第一阶频率即纵漂频率只有 0.059Hz，无法采用动态法测试出来。因此本桥脉动测试的重点是获取主拱拱肋一阶对称侧弯与主拱拱肋与桥面一阶反对称竖弯的频率，为了达到以上目的，脉动测试布点如图 7-24 所示。

动载试验使用的主要仪器设备如图 6-28、图 6-29 所示。

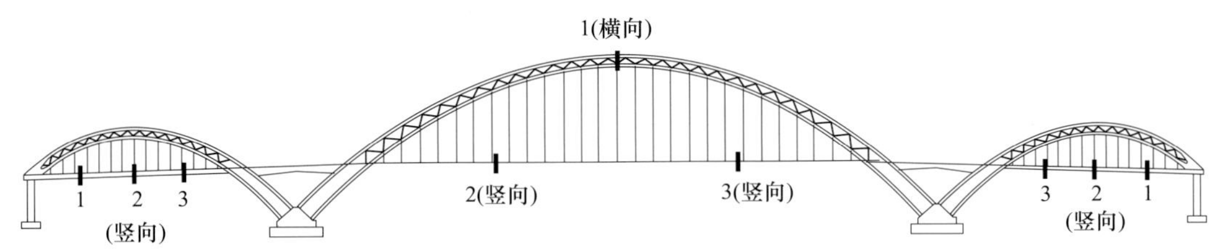

图7-24 脉动测试布点图

第三节 边拱试验结果

一、静载试验结果

1．北岸边跨应变

在试验载位 1 作用下，各个控制断面的应变实测值均小于理论值。见表 7-4 所列。

在试验载位 2 作用下，各个控制断面的应变实测值均小于理论值，见表 7-5 所列。边拱顶（上弦杆）的应变校验系数为 0.782，满足《方法》条件。边跨中横梁（下翼缘）应变校验系数是 0.521，小于《方法》的下限值 0.7，说明该桥的这个部位有较为充足的安全储备。

在试验载位 3 作用下北岸边拱各断面实测应变数据及其分析，见表 7-6 所列，各个控制断面的应变实测值均小于理论值。1/4 边拱（上弦杆）的应变校验系数分别为 0.783。

载位1（边拱顶偏载）**下实测应变**（单位：μ） **表7-4**

位　置	平　均				
	满载实测值	卸载实测值	满载理论值	校验系数	残余比
上游拱顶上弦杆	−30.2	−0.8	−37.2	0.789	0.028
上游拱顶下弦杆	−4.0	−0.7	—	—	—
下游拱顶上弦杆	−5.4	−1.0	−8.9	—	—
下游拱顶下弦杆	−2.0	0.0	—	—	—
中横梁下翼缘	23.2	4.9	46.9	—	—
横撑北	−3.6	−1.3	—	—	—
横撑南	−2.6	−0.9	—	—	—
上游系杆下翼缘	54.9	2.2	55.9	0.941	0.042
下游系杆下翼缘	10.3	0.4	16.2	—	—

载位2（边拱顶对称）**下实测应变**（单位：μ） **表7-5**

位　置	平　均				
	满载实测值	卸载实测值	满载理论值	校验系数	残余比
上游拱顶上弦杆	−27.5	−0.9	−34.1	0.782	0.033
上游拱顶下弦杆	−2.9	−0.4	—	—	—
下游拱顶上弦杆	−20.5	−2.8	−34.1	—	—
下游拱顶下弦杆	−3.9	0.6	—	—	—
中横梁下翼缘	87.9	9.3	150.7	0.521	0.118
横撑北	−5.8	−4.5	—	—	—
横撑南	−2.4	−3.8	—	—	—
上游系杆下翼缘	64.6	2.6	69.6	—	—
下游系杆下翼缘	36. 8	1.8	69.6	—	—

载位3（1/4边拱）下实测应变（单位：μ）　　表7-6

位　置	平　均				
	满载实测值	卸载实测值	满载理论值	校验系数	残余比
上游1/4上弦杆	−30.9	0.4	−39.5	0.783	0
上游1/4下弦杆	1.7	0.8	—	—	—
上游系杆下翼缘	−8.3	−0.6	22.0	—	—
下游系杆下翼缘	−7.8	−0.6	22.0	—	—

在试验载位4作用下，各个控制断面的应变实测值均小于理论值，见表7-7所列。边拱脚（下弦杆）的应变校验系数是0.549，小于《方法》的下限值0.7，说明该桥的这部位有较充足的安全储备。

载位4（边拱脚）下实测应变（单位：μ）　　表7-7

位　置	平　均				
	满载实测值	卸载实测值	满载理论值	校验系数	残余比
上游拱脚上弦杆	−7.4	−1.2	—	—	—
上游拱脚下弦杆	−20.5	1.7	−37.3	0.549	0
下游拱脚上弦杆	−9.9	−2.1	—	—	—
下游拱脚下弦杆	−23.6	1.9	−30.0	—	—
上游系杆下翼缘	22.9	−2.3	26.7	—	—
下游系杆下翼缘	25.9	−0.2	26.7	—	—

各载位下各个控制断面的应变残余比满足《方法》的条件。

2．南岸边跨应变主要结果

在试验载位1作用下，南岸边拱各个控制断面的应变实测值均小于理论值，见表7-8所列。边拱顶（上弦杆）的应变校验系数为0.751，满足《方法》条件。边跨系杆（中部下翼缘）的应变校验系数是0.693，略小于《方法》的下限值0.7，说明该桥的这个部位有较为充足的安全储备。另外，此载位下各个控制断面的应变残余比满足《方法》的条件。

南岸边跨载位1（边拱顶偏载）下实测应变（单位：μ）　　表7-8

位　置	平　均				
	满载实测值	卸载实测值	满载理论值	校验系数	残余比
上游拱顶上弦杆	29.0	−0.6	−37.8	0.751	0.020
上游拱顶下弦杆	−4.2	0.1	—	—	—
下游拱顶上弦杆	−6.6	−0.8	−8.7	—	—
下游拱顶下弦杆	−1.4	0.2	—	—	—
中横梁下翼	16.9	0.5	—	—	—
横撑北	−1.7	−1.4	—	—	—
横撑南	−3.1	−1.3	—	—	—
上游系杆下翼缘	40.1	1.4	55.9	0.693	0.035
下游系杆下翼缘	9.0	−0.6	0.6	—	—

在试验载位2作用下各个控制断面的应变实测值均小于理论值，见表7-9所列。边拱顶(上弦杆)

的应变校验系数为0.761，满足《方法》条件。边跨中横梁（下翼缘）应变校验系数是0.370，小于《方法》的下限值0.7，说明该桥的这个部位有较为充足的安全储备。

南岸边跨载位2（边拱顶对称）下实测应变（单位：μ） 表7-9

位　置	平　均				
	满载实测值	卸载实测值	满载理论值	校验系数	残余比
上游拱顶上弦杆	−26.3	−0.4	−34.1	0.761	0.014
上游拱顶下弦杆	−4.2	−0.7	—	—	—
下游拱顶上弦杆	−25.7	−0.3	−34.1	—	—
下游拱顶下弦杆	−4.3	0.2	—	—	—
中横梁下翼缘	61.1	5.4	150.7	0.370	0.097
横撑北	0.6	5.8	—	—	—
横撑南	0.5	7.8	—	—	—
上游系杆下翼缘	37.7	0.1	69.6	—	—
下游系杆下翼缘	34.4	−0.1	69.6	—	—

在试验载位3作用下，各个控制断面的应变实测值均小于理论值，见表7-10所列。1/4边拱（上弦杆）的应变校验系数分别为0.628，小于《方法》的下限值0.7，说明该桥的这个部位有较为充足的安全储备。

南岸边跨载位3（1/4边拱）下实测应变（单位：μ） 表7-10

位　置	平　均				
	满载实测值	卸载实测值	满载理论值	校验系数	残余比
上游1/4上弦杆	−26.0	−1.2	−39.5	0.628	0.049
上游系杆下翼缘	−5.6	−0.6	22.0	—	—
下游系杆下翼缘	−8.2	−0.8	22.0	—	—

在试验载位4作用下，各个控制断面的应变实测值均小于理论值，见表7-11所列。边拱脚（下弦杆）的应变校验系数是0.593，小于《方法》的下限值0.7，说明该桥的这个部位有较为充足的安全储备。

南岸边跨载位4（边拱脚）下实测应变（单位：μ） 表7-11

位　置	平　均				
	满载实测值	卸载实测值	满载理论值	校验系数	残余比
上游拱脚上弦杆	−9.0	−0.0	—	—	—
下游拱脚上弦杆	−7.5	−0.1	—	—	—
下游拱脚下弦杆	−18.4	−0.2	−30.0	—	—
上游系杆下翼缘	16.2	−0.1	26.7	—	—
下游系杆下翼缘	22.5	−1.0	26.7	—	—

3．北岸边跨挠度主要结果

控制载位下主梁实测挠度结果及曲线图分别见表7-12与图7-25～图7-27所示，拱肋实测挠度结果及曲线图分别见表7-13与图7-28～图7-30所示。本报告中的所有挠度值均以向下为负。

总体来说主梁与拱肋实测挠度与理论值比较接近。

在载位 1 作用下，主梁挠度最大弹性实测值（测点 L3'）为 −11.25mm，对应的校验系数为 0.945，残余比为 0.087。拱肋挠度最大弹性实测值（测点 G3'）为 −5.42mm，对应的校验系数为 0.980，残余比为 0.129。

北岸边跨主梁实测挠度结果（单位：mm） **表7-12**

载位说明	位置	测点号	实测				理论
			初值	二级	满载	卸载	满载
载位1（北岸，边拱顶偏载）	偏载侧（上游）	L1'	0.00	−0.15	−0.79	−0.24	−0.06
		L2'	0.00	−2.67	−5.29	−1.77	−3.59
		L3'	0.00	−7.80	−12.23	−0.98	−11.90
		L4'	0.00	−2.78	−4.75	−1.61	−3.06
		L5'	0.00	−0.59	−1.07	−0.53	−0.46
	非偏载侧（下游）	L1"	0.00	−0.51	−0.79	−0.91	−0.04
		L2"	0.00	−0.80	−2.33	−1.48	−0.96
		L3"	0.00	−3.48	−4.97	−1.82	−2.89
		L4"	0.00	−1.37	−2.37	−0.05	−1.03
		L5"	0.00	−0.59	−0.79	0.22	−0.39
	梁中点	L3'''	0.00	−6.01	−9.45	−1.66	−9.14
载位2（北岸，边拱顶对称）	非偏载侧（上游）	L1'	0.00	−0.51	−0.90	−0.79	−0.08
		L2'	0.00	−2.10	−3.52	−0.82	−3.26
		L3'	0.00	−7.78	−12.07	−0.85	−11.10
		L4'	0.00	−2.84	−2.85	0.07	−2.72
		L5'	0.00	−0.71	0.10	0.06	−0.58
	非偏载侧（下游）	L1"	0.00	0.68	−0.52	0.17	−0.08
		L2"	0.00	−0.53	−3.37	−0.01	−3.26
		L3"	0.00	−6.20	−10.93	−0.63	−11.11
		L4"	0.00	−2.07	−4.25	0.13	−2.72
		L5"	0.00	0.22	−1.90	−0.09	−0.58
	梁中点	L3'''	0.00	−9.60	−14.80	−0.99	−16.98
载位3（北岸，1/4 边拱）	非偏载侧（上游）	L1'	0.00	−1.21	−2.09	−0.13	−2.22
		L2'	0.00	−5.64	−9.98	−0.12	−10.30
		L3'	0.00	−4.13	−3.92	−0.06	−4.15
		L4'	0.00	−0.23	1.01	−0.55	1.00
		L5'	0.00	−0.29	0.01	−0.83	0.08
	非偏载侧（下游）	L1"	0.00	−1.47	−2.28	−0.01	−2.22
		L2"	0.00	−3.45	−10.06	0.23	−10.32
		L3"	0.00	−3.19	−4.55	0.17	−4.15
		L4"	0.00	0.60	1.03	0.12	1.00
		L5"	0.00	0.43	0.57	−0.28	0.08

北岸边跨拱肋实测挠度结果（单位：mm） 表7-13

载位说明	位置	测点号	实测				理论
			初值	二级	满载	卸载	满载
载位1（北岸，边拱顶偏载）	偏载侧（上游）	G1'	0.00	0.01	−0.53	−0.22	0.00
		G2'	0.00	−1.93	−3.49	−1.71	−2.19
		G3'	0.00	−3.93	−6.12	−0.70	−5.53
		G4'	0.00	−1.89	−3.22	−1.55	−2.10
		G5'	0.00	−0.55	−0.98	−0.53	−0.39
	非偏载侧（下游）	G1"	0.00	−0.47	−0.74	−0.89	−0.02
		G2"	0.00	−0.73	−1.94	−1.59	−0.62
		G3"	0.00	−2.63	−3.73	−1.75	−1.53
		G4"	0.00	−1.19	−2.04	−0.10	−0.81
		G5"	0.00	−0.61	−0.83	0.17	−0.37
载位2（北岸，边拱顶对称）	非偏载侧（上游）	G1'	0.00	−0.38	−0.89	−0.78	−0.02
		G2'	0.00	−1.41	−1.88	−0.82	−2.08
		G3'	0.00	−4.19	−6.44	−0.86	−5.19
		G4'	0.00	−2.00	−1.67	0.03	−2.00
		G5'	0.00	−0.71	0.12	0.05	−0.52
	非偏载侧（下游）	G1"	0.00	0.81	−0.30	0.15	−0.02
		G2"	0.00	0.19	−1.72	0.08	−2.08
		G3"	0.00	−2.71	−5.32	−0.49	−5.19
		G4"	0.00	−1.26	−3.20	0.18	−2.00
		G5"	0.00	0.24	−1.85	−0.04	−0.52
载位3（北岸，1/4边拱）	非偏载侧（上游）	G1'	0.00				
		G2'	0.00				
		G3'	0.00				
		G4'	0.00				
		G5'	0.00				
	非偏载侧（下游）	G1"	0.00				
		G2"	0.00				
		G3"	0.00				
		G4"	0.00				
		G5"	0.00				

在试验载位2作用下，主梁挠度最大弹性实测值（测点L3'）为−11.22mm，对应的校验系数为1.011，残余比为0.076。拱肋挠度最大弹性实测值（测点G3'）为−5.58mm，对应的校验系数为1.075，残余比为0.154。除上游侧的拱肋挠度校验系数稍大于《方法》条件外，其余指标均满足《方法》条件。

在试验载位3作用下，主梁挠度最大弹性实测值（测点L2'）为−9.86mm，对应的校验系数为0.957，残余比为0.012。拱肋挠度最大弹性实测值（测点G2'）为−5.54mm，对应的校验系数为0.939，残余比为0。

4．南岸边跨挠度

南岸边拱静载试验于2006年11月26～27日进行，历时约11h。静载试验荷载的偏载侧是上游幅。

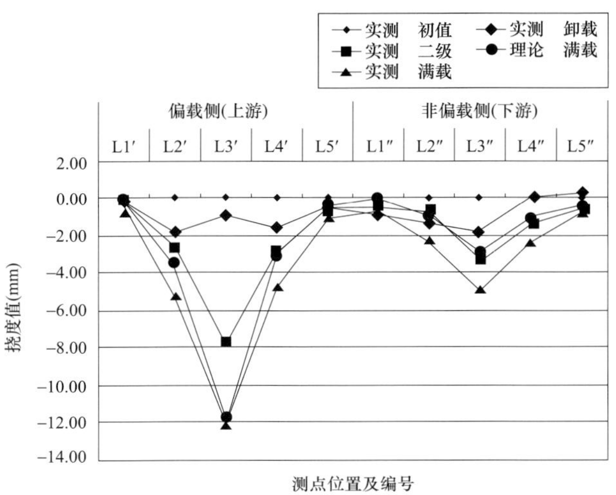

图7-25 载位1（边拱顶偏载）下主梁实测挠度曲线

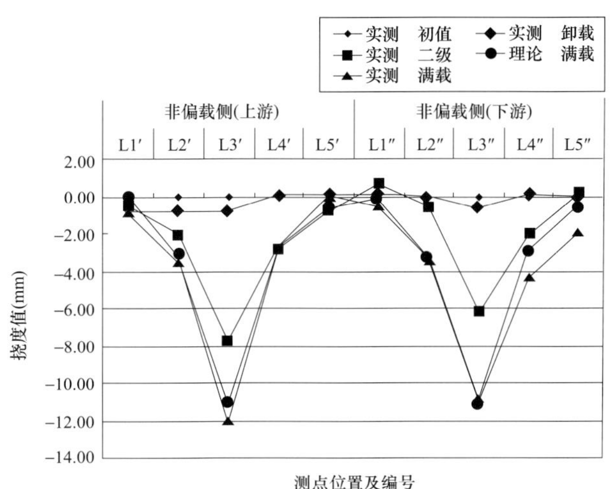

图7-26 载位2（边拱顶对称）下主梁实测挠度曲线

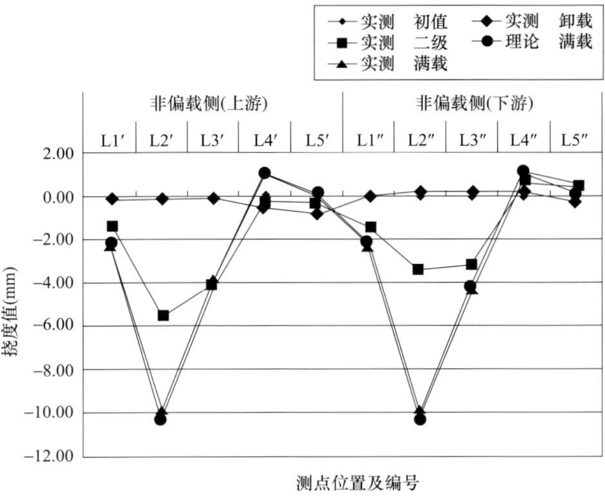

图7-27 载位3（1/4 边拱）下主梁实测挠度曲线

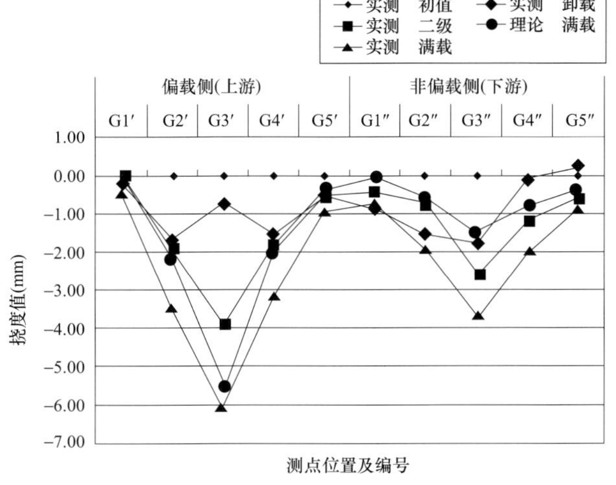

图7-28 载位1（边拱顶偏载）下拱肋实测挠度曲线

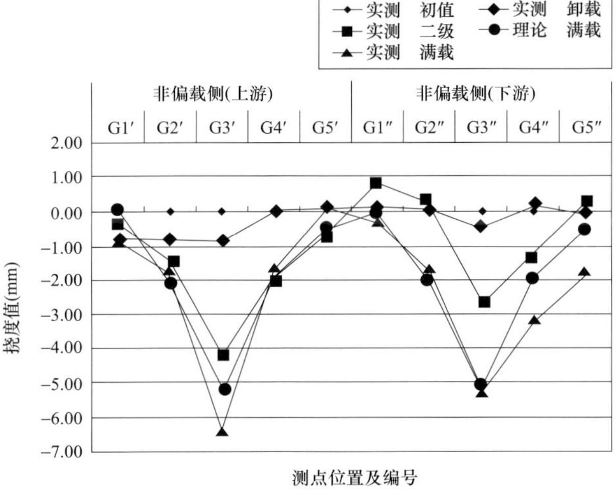

图7-29 载位2（边拱顶对称）下拱肋实测挠度曲线

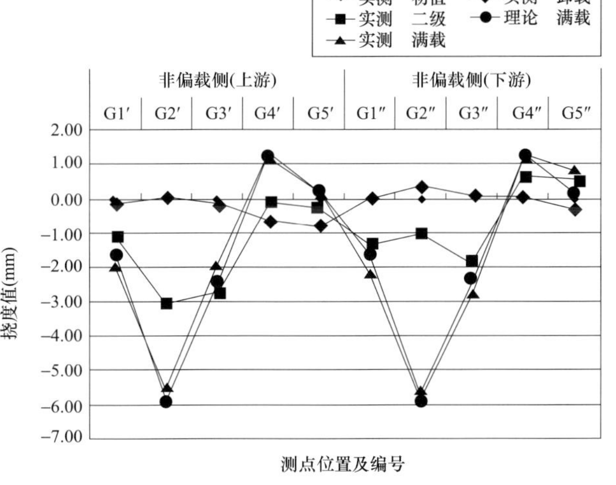

图7-30 载位3（1/4 边拱）下拱肋实测挠度曲线

南岸边拱在试验载位1作用下，控制载位下主梁实测挠度结果及曲线图分别见表7-14与图7-31所示，拱肋实测挠度结果及曲线图分别见表7-15与图7-34所示，主梁与拱肋实测挠度与理论值比较接近。主梁挠度最大弹性实测值（测点L3'）为−10.46mm，对应的校验系数为0.879。拱肋挠度最大弹性实测值（测点G3'）为−4.80mm，对应的校验系数为0.868。

南岸边拱下主梁实测挠度结果（单位：mm） 表7-14

载位说明	位置	测点号	实测				理论
			初值	二级	满载	卸载	满载
载位1（南岸，边拱顶偏载）	偏载侧（上游）	L1'	0.00	0.31	−0.15	−0.16	−0.06
		L2'	0.00	−1.75	−4.27	−0.45	−3.59
		L3'	0.00	−7.03	−10.93	−0.47	−11.9
		L4'	0.00	−1.99	−3.09	0.04	−3.06
		L5'	0.00	0.02	0.36	0.40	−0.46
	非偏载侧（下游）	L1"	0.00	−0.08	−0.31	−0.11	−0.04
		L2"	0.00	−0.23	−0.56	−0.40	−0.96
		L3"	0.00	−1.93	−3.00	−0.44	−2.89
		L4"	0.00	−0.97	−1.51	0.06	−1.03
		L5"	0.00	−0.41	−0.63	0.35	−0.39
	梁中点	L3'''	0.00	−0.48	−8.68	−0.59	−9.14
载位2（南岸，边拱顶对称）	非偏载侧（上游）	L1'	0.00	0.18	−0.17	−0.17	−0.08
		L2'	0.00	−2.67	−4.41	−0.81	−3.26
		L3'	0.00	−6.89	−11.38	−0.90	−11.10
		L4'	0.00	−1.65	−3.60	−0.37	−2.72
		L5'	0.00	−0.39	−0.80	−0.23	−0.58
	非偏载侧（下游）	L1"	0.00	−0.05	−0.10	−0.03	−0.08
		L2"	0.00	−1.53	−3.21	−0.29	−3.26
		L3"	0.00	−3.94	−9.47	0.26	−11.10
		L4"	0.00	−0.72	−1.57	0.73	−2.72
		L5"	0.00	−0.20	−0.33	−0.96	−0.58
	梁中点	L3'''	0.00	−9.50	−14.74	−1.07	−16.98
载位3（南岸，1/4边拱）	非偏载侧（上游）	L1'	0.00	−1.10	−1.58	0.16	−2.22
		L2'	0.00	−5.40	−9.92	−0.40	−10.32
		L3'	0.00	−2.02	−4.21	−0.14	−4.15
		L4'	0.00	0.75	1.26	0.17	1.00
		L5'	0.00	0.44	0.92	0.35	0.08
	非偏载侧（下游）	L1"	0.00	−0.42	−0.83	0.75	−2.22
		L2"	0.00	−5.10	−9.15	0.47	−10.32
		L3"	0.00	−1.80	−3.53	0.67	−4.15
		L4"	0.00	1.20	2.30	0.93	1.00
		L5"	0.00	0.82	1.60	0.47	0.08

在试验载位 2 作用下，主梁与拱肋实测挠度与理论值比较接近，如图 7-32、图 7-35 所示。主梁挠度最大弹性实测值（测点 L3'）为 −10.48mm，对应的校验系数为 0.944。拱肋挠度最大弹性实测值（测点 G3'）为 −4.99mm，对应的校验系数为 0.961。

在试验载位 3 作用下，主梁与拱肋实测挠度与理论值比较接近，如图 7-33、图 7-36 所示。主梁挠度最大弹性实测值（测点 L2'）为 −9.52mm，对应的校验系数为 0.924。拱肋挠度最大弹性实测值（测点 G2'）为 −5.24mm，对应的校验系数为 0.888。

南岸边拱拱肋实测挠度结果（单位：mm） **表7-15**

载位说明	位置	测点号	实测				理论
			初值	二级	满载	卸载	满载
载位1（南岸，边拱顶偏载）	偏载侧（上游）	G1'	0.00	0.55	0.20	−0.13	0.00
		G2'	0.00	−0.78	−2.49	−0.47	−2.19
		G3'	0.00	−3.13	−5.01	−0.21	−5.53
		G4'	0.00	−1.11	−1.48	0.13	−2.1
		G5'	0.00	0.08	0.45	0.59	−0.39
	非偏载侧（下游）	G1"	0.00	−0.04	−0.31	−0.09	−0.02
		G2"	0.00	−0.16	−0.17	−0.51	−0.62
		G3"	0.00	−1.08	−1.76	−0.37	−1.53
		G4"	0.00	−0.79	−1.18	0.01	−0.81
		G5"	0.00	−0.43	−0.67	0.30	−0.37
载位2（南岸，边拱顶对称）	非偏载侧（上游）	G1'	0.00	0.30	0.06	−0.14	−0.02
		G2'	0.00	−2.02	−2.66	−0.69	−2.08
		G3'	0.00	−3.50	−5.73	−0.74	−5.19
		G4'	0.00	−1.15	−2.68	−0.37	−2.00
		G5'	0.00	−0.37	−0.77	−0.18	−0.52
	非偏载侧（下游）	G1"	0.00	0.08	0.12	−0.05	−0.02
		G2"	0.00	−0.81	−1.56	−0.20	−2.08
		G3"	0.00	−0.45	−3.86	0.40	−5.19
		G4"	0.00	0.09	−0.52	0.78	−2.00
		G5"	0.00	−0.18	−0.28	−0.91	−0.52
载位3（南岸，1/4 边拱）	非偏载侧（上游）	G1'	0.00	−1.00	−1.41	0.21	−1.62
		G2'	0.00	−2.89	−5.40	−0.16	−5.90
		G3'	0.00	−0.59	−2.27	−0.22	−2.40
		G4'	0.00	0.67	1.88	−0.06	1.21
		G5'	0.00	0.56	1.12	0.31	0.16
	非偏载侧（下游）	G1"	0.00	−0.35	−0.73	0.73	−1.62
		G2"	0.00	−2.67	−4.85	0.56	−5.90
		G3"	0.00	−0.56	−1.73	0.56	−2.40
		G4"	0.00	1.25	2.55	0.83	1.21
		G5"	0.00	0.94	1.85	0.43	0.16

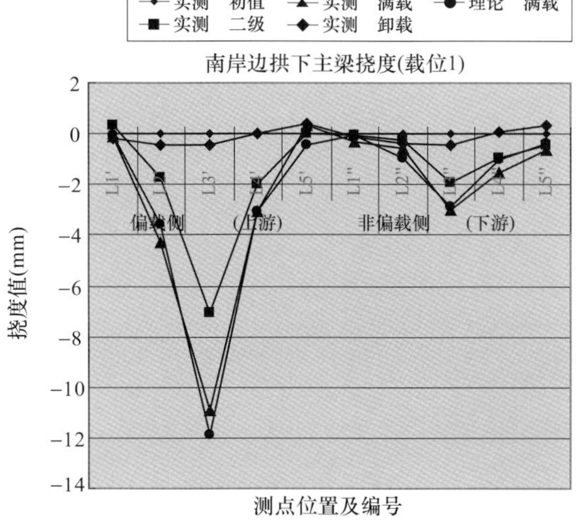

图7-31　载位1（边拱顶偏载）下主梁实测挠度曲线图

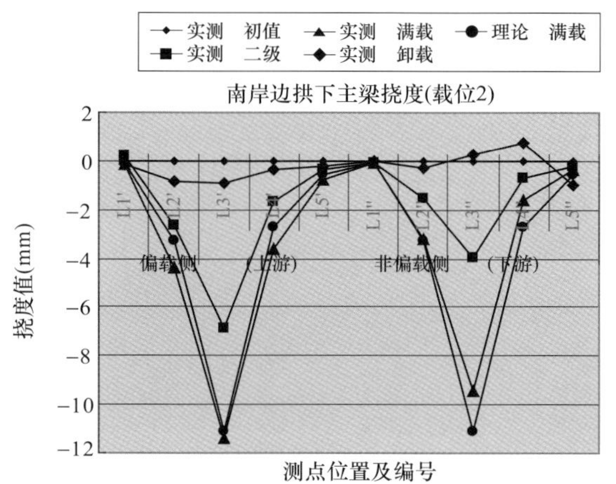

图7-32　载位2（边拱顶对称）下主梁实测挠度曲线图

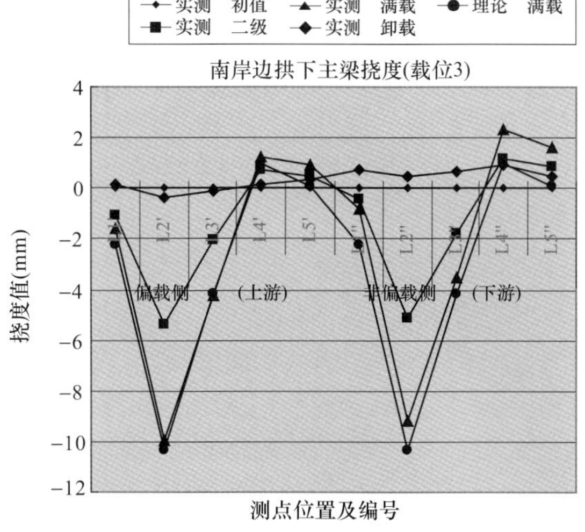

图7-33　载位3（1/4 边拱）下主梁实测挠度曲线图

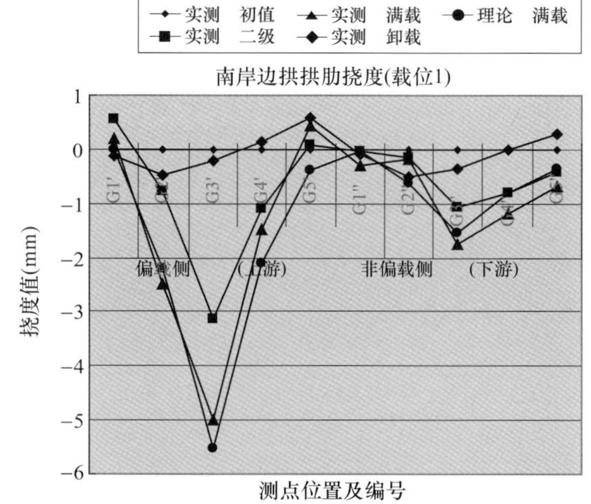

图7-34　载位1（边拱顶偏载）下拱肋实测挠度曲线图

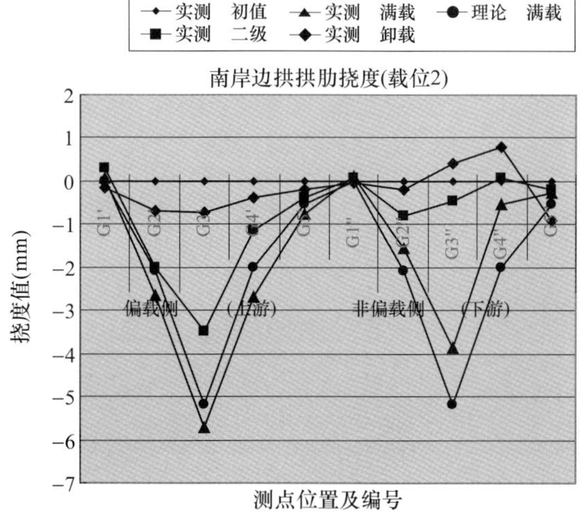

图7-35　载位2（边拱顶对称）下拱肋实测挠度曲线图

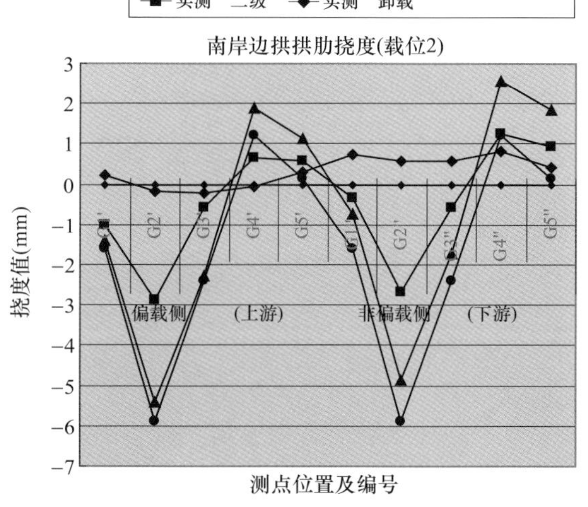

图7-36　载位3（1/4 边拱）下拱肋实测挠度曲线图

5．裂缝观测

试验前、试验过程中及试验后，各观测断面均未发现明显的裂缝。

二、动载试验结果

表 7-16 列出了边拱各种工况下的最大动挠度值及其冲击系数，各工况下的试验结果对应的图号也列于表 7-16 中。

边拱动载试验结果　　表7-16

工　况	边跨测点1		边跨测点2		边跨测点3		阻尼比(%)	对应图号
	动挠度(mm)	动力系数	动挠度(mm)	动力系数	动挠度(mm)	动力系数		
北岸边拱动载试验结果								
20km/h 跑车	0.028	1.05	0.050	1.07	0.038	1.07	—	
30km/h 跑车	0.045	1.08	0.078	1.12	0.063	1.11	—	图7-32
40km/h 跑车	0.033	1.06	0.026	1.04	0.034	1.06	—	图7-33
20km/h 刹车	0.038	1.06	0.075	1.11	0.051	1.09	—	
30km/h 刹车	0.062	1.11	0.101	1.15	0.100	1.17	—	图7-34
跳车	0.220	—	0.212	—	0.195	—	4.31	图7-35
自然脉动	以北岸边拱竖向振动为主的第一阶固有频率（Hz）：1.819							图7-37
南岸边拱动载试验结果								
20km/h 跑车	0.048	1.09	0.024	1.04	0.036	1.07	—	
30km/h 跑车	0.053	1.10	0.079	1.13	0.043	1.08	—	图7-38
40km/h 跑车	0.025	1.05	0.030	1.05	0.021	1.04	—	图7-39
20km/h 刹车	0.063	1.11	0.078	1.13	0.041	1.07	—	
30km/h 刹车	0.104	1.19	0.110	1.18	0.073	1.13	—	图7-40
跳车	0.198	—	0.213	—	0.220	—	4.13	图7-41
自然脉动	以南岸边拱竖向振动为主的第一阶固有频率（Hz）：1.855							图7-42

理论计算给出该桥以边拱拱肋与桥面竖向振动为主的第一阶固有频率为 1.465Hz。

北岸边拱：实测北岸边拱固有频率为 1.819Hz，比理论计算值大，表明实际桥梁结构整体刚度满足设计要求。该桥在跑车和刹车的各工况下，各测点的动力系数在 1.05～1.17 之间，其中高速刹车的动力系数较大。在跳车工况下，该桥的实测阻尼比为 4.31%。

南岸边拱：实测边拱固有频率为 1.855Hz，比理论计算值大，表明实际桥梁结构整体刚度满足设计要求。该桥在跑车和刹车的各工况下，各测点的动力系数在 1.04～1.19 之间，其中高速刹车的动力系数较大。实测阻尼比为 4.13%。

图 7-37～图 7-42 为北岸边拱部分动载试验图形曲线。

图 7-43～图 7-48 为南岸边拱部分动载试验图形曲线。

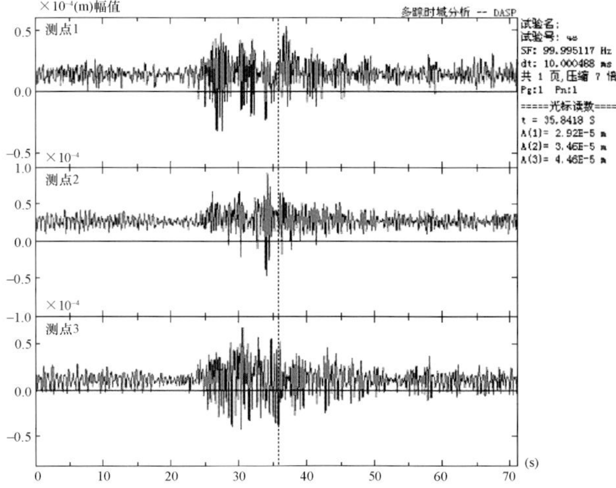

图7-37　30km/h 跑车测点动挠度时程曲线

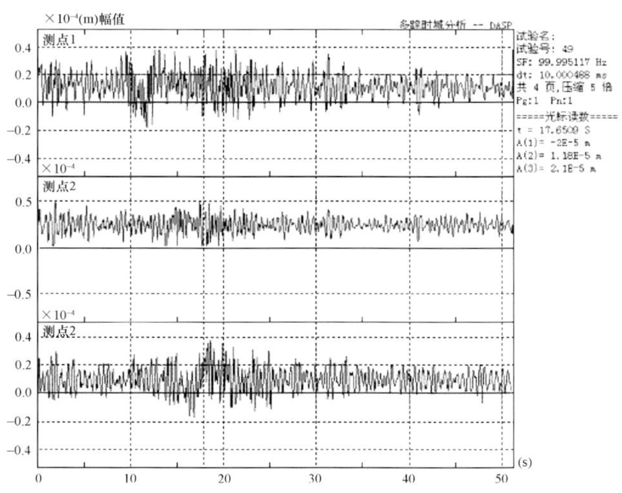

图7-38　40km/h 跑车测点动挠度时程曲线

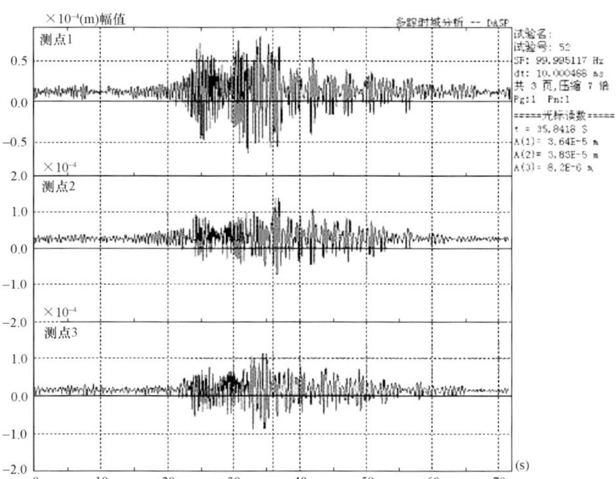

图7-39　30km/h 刹车测点动挠度时程曲线

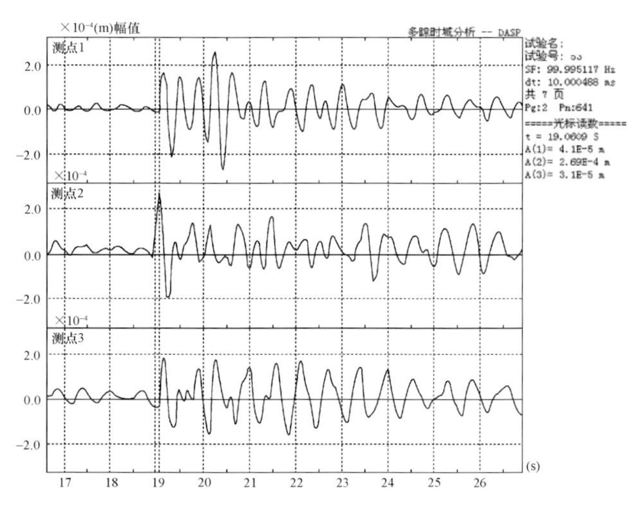

图7-40　跳车测点动挠度时程曲线

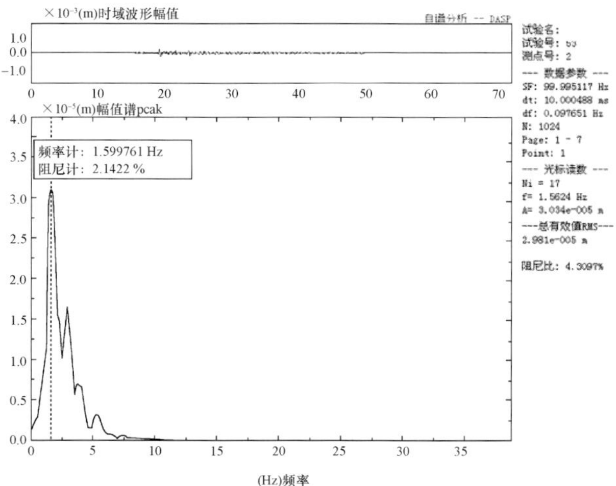

图7-41　跳车工况实测阻尼

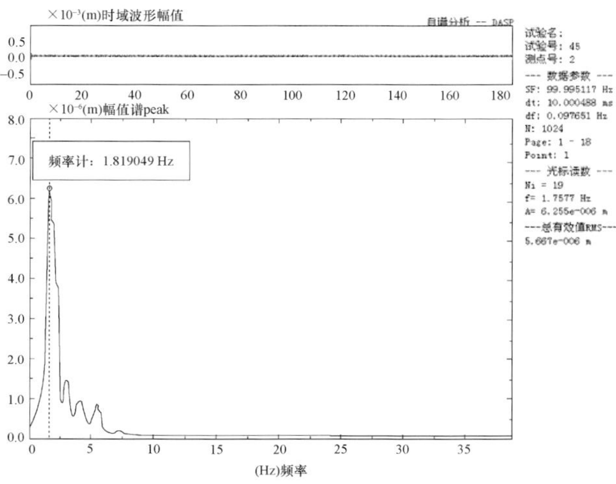

图7-42　脉动频谱图

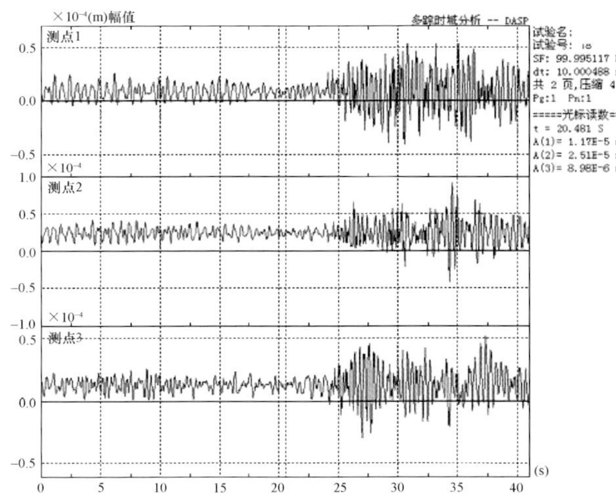

图7-43　30km/h 跑车测点动挠度时程曲线

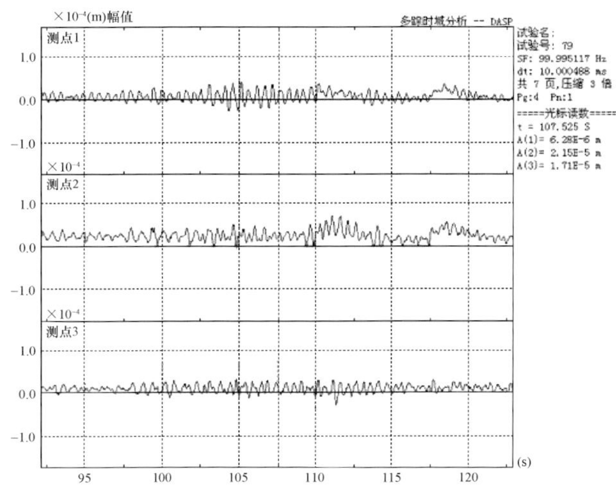

图7-44　40km/h 跑车测点动挠度时程曲线

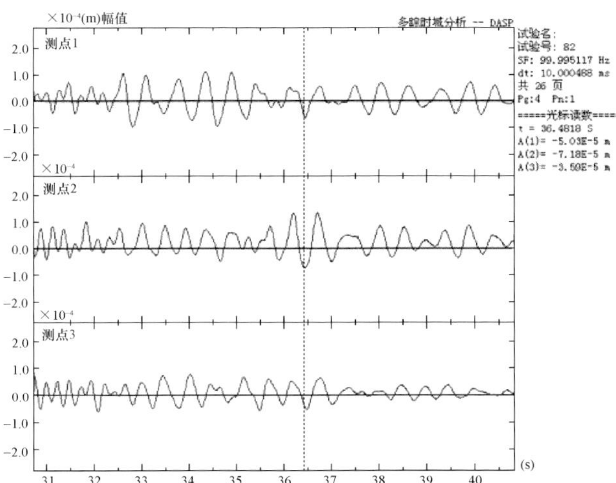

图7-45　30km/h 刹车测点动挠度时程曲线

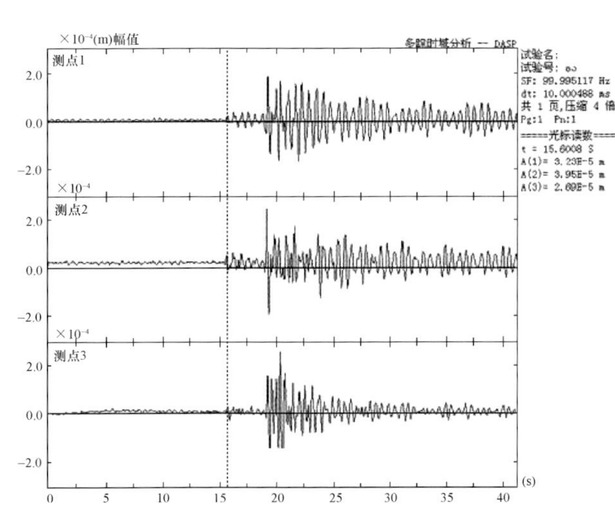

图7-46　跳车测点动挠度时程曲线

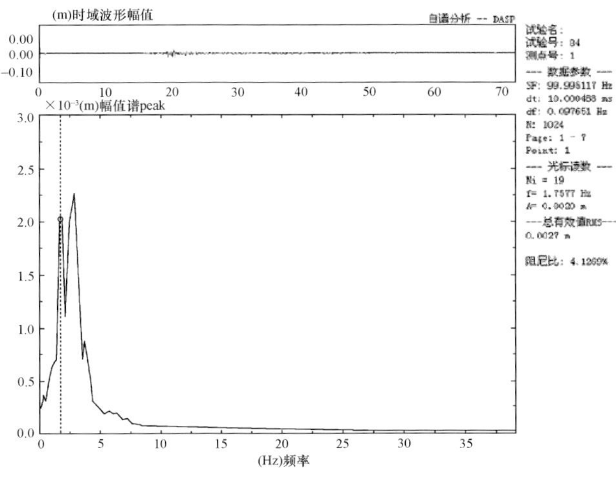

图7-47　跳车工况实测阻尼

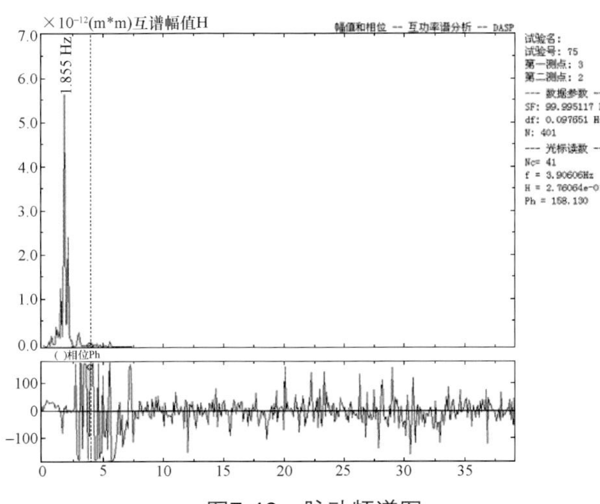

图7-48　脉动频谱图

第四节　主拱试验结果

一、静载试验结果及分析

1．挠度主要结果及分析

在试验载位5作用下，控制载位下主梁实测挠度结果及曲线图分别见表7-17与图7-49所示，拱肋实测挠度结果及曲线图分别见表7-18与图7-50所示。

主梁与拱肋实测挠度与理论值比较接近。主梁挠度最大弹性实测值（测点L5'）为−69.63mm，对应的校验系数为0.836，残余比为0.073。拱肋挠度最大弹性实测值（测点G5'）为−32.23mm，对应的校验系数为0.818，残余比为0.164。

在试验载位6作用下，主梁与拱肋实测挠度与理论值比较接近，如表7-19、表7-20、图7-51～图7-56所示。主梁挠度最大弹性实测值（测点L5'）为−64.34mm，对应的校验系数为0.847，残余比为0.074。拱肋挠度最大弹性实测值（测点G5'）为−32.50mm，对应的校验系数为0.867，残余比为0.141。

载位5（主拱顶偏载）下主梁实测挠度结果（单位：mm）　　表7-17

位　置	测点号	实　测				理　论
		初值	二级	满载	卸载	满载
偏载侧（上游）	L1'	0.00	0.16	0.90	−1.12	1.91
	L2'	0.00	2.66	5.89	−1.87	7.43
	L3'	0.00	−2.91	3.01	−2.98	4.29
	L4'	0.00	−8.30	−16.01	−2.95	−25.68
	L5'	0.00	−42.40	−74.68	−5.05	−83.30
	L6'	0.00	−9.68	−14.59	−2.05	−25.68
	L7'	0.00	−0.70	−0.90	−2.87	−1.00
	L8'	0.00	3.42	5.45	−2.75	7.42
	L9'	0.00	0.21	0.75	−1.08	1.91
非偏载侧（下游）	L1"	0.00	0.20	0.54	−0.21	0.87
	L2"	0.00	1.50	2.50	−1.59	3.05
	L3"	0.00	−0.43	1.20	−2.99	2.00
	L4"	0.00	−3.85	−6.65	−2.82	−9.96
	L5"	0.00	−14.74	−19.36	−3.54	−21.56
	L6"	0.00	−3.37	−7.41	−2.35	−9.97
	L7"	0.00	−0.60	1.60	−1.00	0.31
	L8"	0.00	0.56	2.30	−0.95	3.06
	L9"	0.00	0.23	0.89	−0.89	0.88
梁中点	L5'''	0.00	−30.10	−52.52	−4.81	−57.00

载位5（主拱顶偏载）下拱肋实测挠度结果（单位：mm） 表7-18

位 置	测点号	实 测				理 论
		初值	二级	满载	卸载	满载
偏载侧（上游）	G1'	0.00	0.42	1.35	−0.87	1.91
	G2'	0.00	2.84	6.17	−1.54	7.77
	G3'	0.00	−0.45	−1.23	−1.57	−1.47
	G4'	0.00	−7.91	−14.58	−2.41	−23.83
	G5'	0.00	−21.49	−37.53	−5.30	−39.40
	G6'	0.00	−9.28	−13.43	−1.29	−23.82
	G7'	0.00	−0.33	−0.48	−2.49	−1.47
	G8'	0.00	3.51	6.05	−2.38	7.75
	G9'	0.00	0.46	1.13	−0.78	1.91
非偏载侧（下游）	G1"	0.00	0.35	0.64	−0.06	0.78
	G2"	0.00	1.84	2.46	−1.34	2.85
	G3"	0.00	−0.20	1.12	−2.65	0.09
	G4"	0.00	−3.38	−5.45	−1.62	−6.90
	G5"	0.00	−11.02	−12.33	−3.22	−11.17
	G6"	0.00	−3.07	−6.72	−1.98	−6.92
	G7"	0.00	−0.73	1.30	−0.75	0.08
	G8"	0.00	0.34	2.02	−0.84	2.86
	G9"	0.00	0.31	0.97	−0.70	0.78

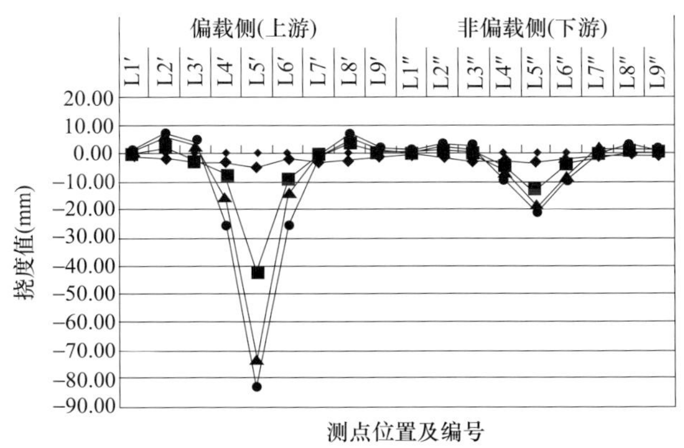

图7-49 载位5（主拱顶偏载）下主梁实测挠度

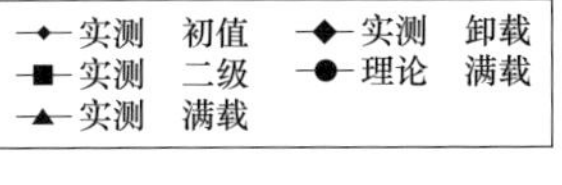

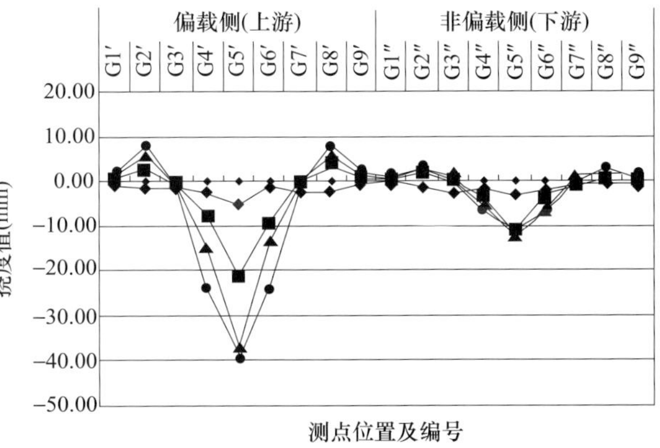

图7-50 载位5（主拱顶偏载）下拱肋实测挠度

载位6（主拱顶对称）下主梁实测挠度结果（单位：mm） 表7-19

位置	测点号	实测				理论
		初值	二级	满载	卸载	满载
偏载侧（上游）	L1'	0.00	1.53	1.66	−0.26	2.08
	L2'	0.00	5.56	7.50	−0.93	7.79
	L3'	0.00	4.02	5.13	−1.86	4.41
	L4'	0.00	−10.52	−17.78	−4.10	−27.64
	L5'	0.00	−47.80	−69.07	−4.73	−76.00
	L6'	0.00	−11.54	−17.50	−4.03	−27.65
	L7'	0.00	0.42	0.70	−1.80	−0.55
	L8'	0.00	4.21	6.10	−1.00	7.78
	L9'	0.00	0.50	0.60	−0.20	2.08
非偏载侧（下游）	L1"	0.00	0.45	0.97	−0.41	2.08
	L2"	0.00	4.62	6.05	−0.67	7.79
	L3"	0.00	2.60	3.86	−1.51	4.41
	L4"	0.00	−8.94	−18.45	−1.96	−27.64
	L5"	0.00	−45.21	−69.26	−2.02	−76.00
	L6"	0.00	−9.04	−18.50	−1.86	−27.65
	L7"	0.00	0.23	0.44	−2.00	−0.55
	L8"	0.00	4.35	6.40	−1.20	7.78
	L9"	0.00	1.23	1.40	−0.20	2.08
梁中点	L5'''	0.00	−55.42	−78.48	−5.54	−89.60

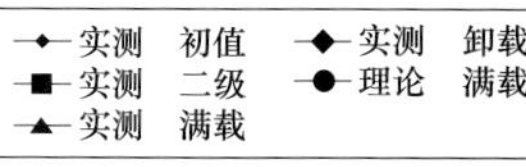

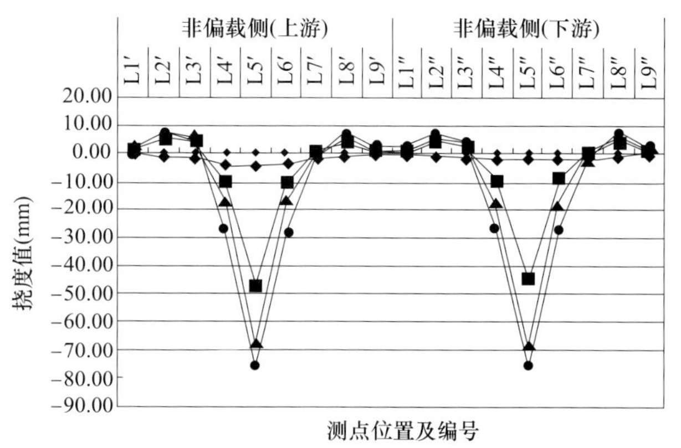

图7-51 载位6（主拱顶对称）下主梁实测挠度

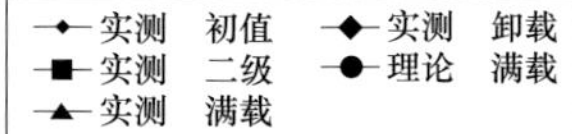

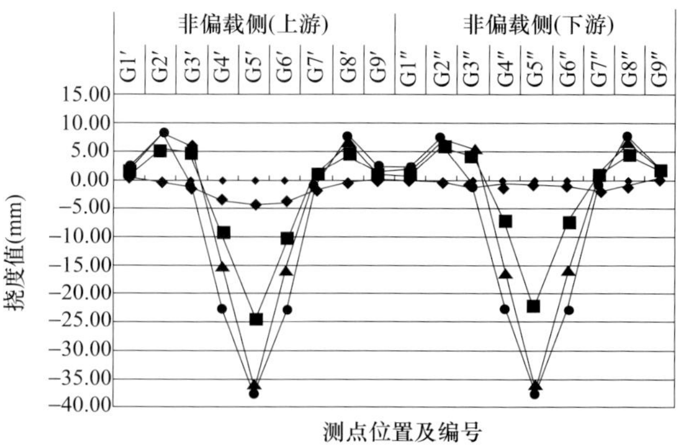

图7-52 载位6（主拱顶对称）下拱肋实测挠度

载位6（主拱顶偏载）**下拱肋实测挠度结果**（单位：mm） **表7-20**

位　置	测点号	实　测				理　论
		初值	二级	满载	卸载	满载
偏载侧（上游）	G1'	0.00	0.95	1.31	0.01	2.00
	G2'	0.00	5.33	7.77	−0.54	7.89
	G3'	0.00	4.38	5.79	−1.49	−1.13
	G4'	0.00	−9.38	−15.20	−3.63	−22.98
	G5'	0.00	−24.66	−37.07	−4.57	−37.50
	G6'	0.00	−10.65	−15.75	−4.01	−22.99
	G7'	0.00	0.78	1.16	−1.61	−1.14
	G8'	0.00	4.54	6.74	−0.69	7.89
	G9'	0.00	0.80	1.08	0.03	2.00
非偏载侧（下游）	G1"	0.00	0.75	1.51	−0.23	2.00
	G2"	0.00	5.59	7.33	−0.28	7.89
	G3"	0.00	3.85	5.39	−1.19	−1.13
	G4"	0.00	−7.19	−16.38	−0.96	−22.98
	G5"	0.00	−22.42	−37.12	−1.15	−37.50
	G6"	0.00	−7.40	−15.89	−1.15	−22.99
	G7"	0.00	0.43	0.74	−1.77	−1.14
	G8"	0.00	4.41	7.08	−0.84	7.89
	G9"	0.00	1.43	2.01	0.08	2.00

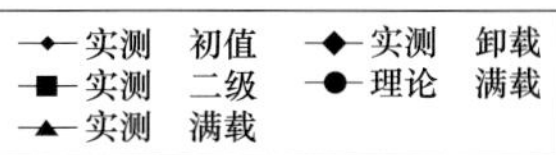

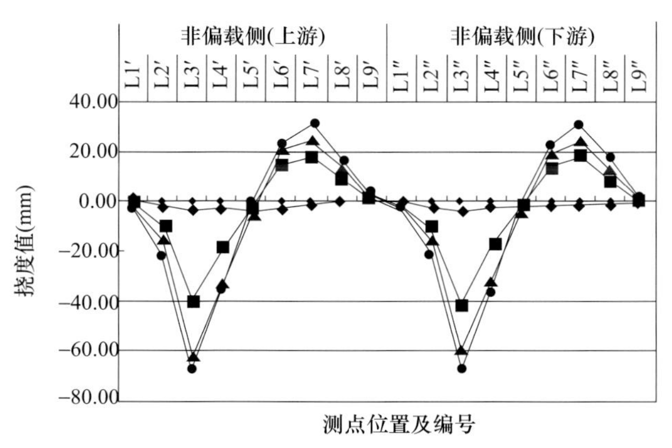

图7-53　载位7（1/4 主拱）下主梁实测挠度

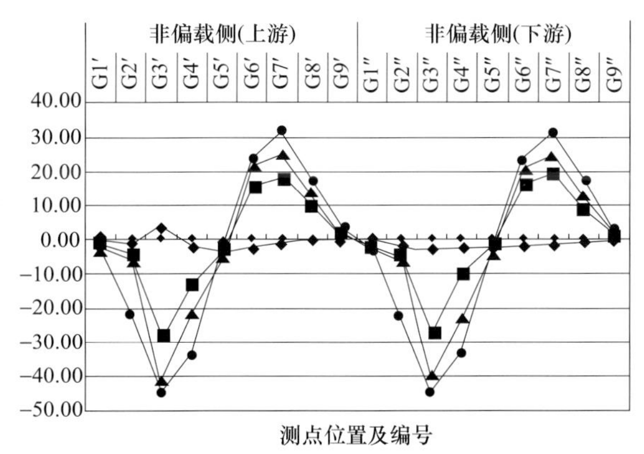

图7-54　载位7（1/4 主拱）下拱肋实测挠度

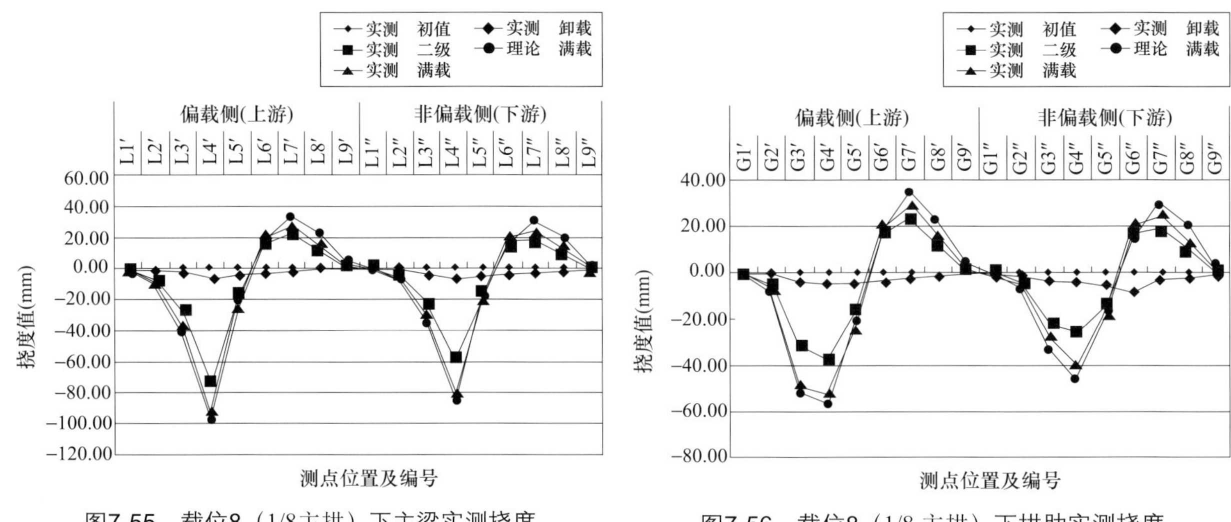

图7-55 载位8（1/8主拱）下主梁实测挠度

图7-56 载位8（1/8 主拱）下拱肋实测挠度

2．应变主要结果及分析

在试验载位 5 作用下主拱各断面实测应变数据及其分析，见表 7-21 所列，各个控制断面的应变实测值均小于理论值。

载位5（主拱顶偏载）下实测应变结果及其分析（单位：μ） 表7-21

位　置	平　均				
	满载	卸载	满载	校验	残余比
上游拱顶上弦杆	−85.2	−0.7	−98.5	0.858	0.008
上游拱顶下弦杆	27.4	0.9	—	—	—
下游拱顶上弦杆	−17.3	−0.2	−25.5	—	—
下游拱顶下弦杆	11.9	0.4	—	—	—
中横梁下翼缘	56.7	−0.3	135.8	—	—
横撑北	−18.0	1.2	—	—	—
横撑南	−14.5	−0.3	—	—	—

在试验载位 6 作用下，各个控制断面的应变实测值均小于理论值，见表 7-22 所列。主拱中横梁（下翼缘）的应变校验系数是 0.676，小于《方法》的下限值 0.7，说明这个部位有较为充足的安全储备。

载位6（主拱顶对称）下实测应变结果及其分析（单位：μ） 表7-22

位　置	平　均				
	满载	卸载	满载	校验	残余比
上游拱顶上弦杆	−81.4	−1.7	−90.5	0.880	0.022
上游拱顶下弦杆	28.9	1.5	—	—	—
下游拱顶上弦杆	−78.0	−3.7	—	—	—
下游拱顶下弦杆	34.9	2.7	—	—	—
中横梁下翼缘	239.7	8.7	341.5	0.676	0.038
横撑北	2.8	1.9	—	—	—
横撑南	6.7	−1.3	—	—	—

在试验载位 7 作用下，各个控制断面的应变实测值均小于理论值，见表 7-23 所列。

载位7（1/4 主拱）下实测应变结果及其分析（单位：μ） 表7-23

位　置	平　均				
	满载实测值	卸载实测值	满载理论值	校验系数	残余比
上游1/4上弦杆	−90.4	−3.7	−97.5	0.889	0.043
上游1/4下弦杆	41.4	1.8	—	—	—
中横梁下翼缘	−0.7	1.6	—	—	—
横撑北	−1.4	−2.7	—	—	—
横撑南	−1.2	−2.8	—	—	—

在试验载位 8 作用下，各个控制断面的应变实测值均小于理论值，见表 7-24 所列。1/8 主拱（上弦杆）的应变校验系数为 0.713，各个控制断面的应变残余比满足《方法》的条件。

载位8（1/8 主拱）下实测应变结果及其分析（单位：μ） 表7-24

位　置	平　均				
	满载理论值	卸载理论值	满载理论值	校验系数	残余比
上游1/8上弦杆	9.0	3.3	—	—	—
上游1/8下弦杆	−50.8	−2.4	−68.0	0.713	0.049
中横梁下翼缘	−0.8	−2.4	—	—	—
横撑北	−0.2	−1.5	—	—	—
横撑南	0.7	−1.8	—	—	—

在试验载位 9 作用下，各个控制断面的应变实测值均小于理论值，见表 7-25 所列。主拱脚（下弦杆）的应变校验系数为 0.662，小于《方法》的下限值 0.7，说明该桥的这个部位有较为充足的安全储备。另外，此载位下各个控制断面的应变残余比满足《方法》的条件。

载位9（主拱脚）下实测应变结果及其分析（单位：μ） 表7-25

位　置	平　均				
	满载实测值	卸载实测值	满载理论值	校验系数	残余比
上游拱脚上弦杆	53.1	−1.2	—	—	—
上游拱脚下弦杆	−72.9	−6.0	−101.0	0.662	0.090
下游拱脚上弦杆	38.4	−8.5	—	—	—
下游拱脚下弦杆	−4.4	0.2	−79.5	—	—
中横梁下翼缘	3.6	−1.8	—	—	—
横撑北	−4.5	−2.7	—	—	—
横撑南	−5.3	−3.9	—	—	—

试验前、试验过程中及试验后，各观测断面均未发现明显的裂缝。

二、动载试验结果及分析

表 7-26 列出了各种工况下的最大动挠度值及其冲击系数，各工况结果对应的图号也列于表中。从表 7-26 可知，理论计算给出该桥以主拱拱肋对称侧弯振动为主的第一阶固有频率为0.264Hz，实测固有频率为 0.264Hz；以主拱与桥面反对称竖向振动为主的第一阶理论固有频率为 0.572Hz，实测固有频率为 0.547Hz，实测的特征频率与理论计算值相当接近，表明实际桥梁结构整体刚度满足设计要求。该桥在跑车和刹车的各工况下，各测点的动力系数在 1.03～1.06 之间，其中高速刹车的动力系数较大。在跳车工况下该桥实测阻尼比为 2.60%。如图 7-57～图 7-65 所示。

主拱动载试验结果　　表7-26

工　况	边跨测点1		边跨测点2		边跨测点3		阻尼比（%）	对应图号
	动挠度（mm）	动力系数	动挠度（mm）	动力系数	动挠度（mm）	动力系数		
20km/h 跑车	0.120	1.04	0.140	1.04	0.115	1.04	—	图7-57
30km/h 跑车	0.100	1.03	0.105	1.03	0.096	1.03	—	图7-58
40km/h 跑车	0.112	1.04	0.154	1.04	0.113	1.04	—	图7-59
20km/h 刹车	0.195	1.06	0.226	1.07	0.183	1.06	—	图7-60
30km/h 刹车	0.189	1.06	0.176	1.05	0.170	1.05	—	图7-61
跳车	0.678	—	0.875	—	0.630	—	2.60	图7-62、图7-63
自然脉动	固有频率（Hz）：0.264（拱肋侧弯），0.547（桥面竖弯）							图7-64、图7-65

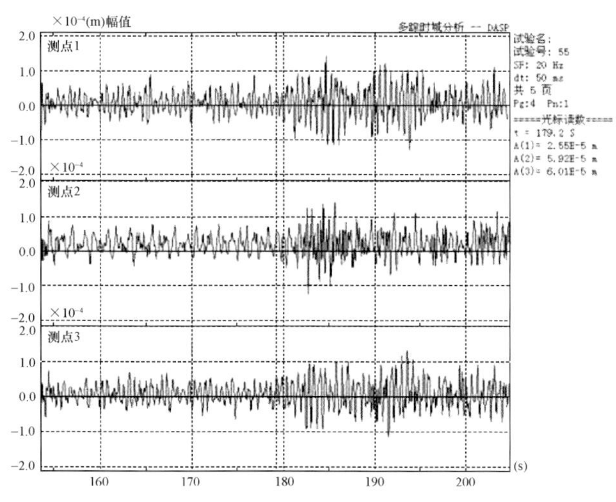

图7-57　20km/h 跑车测点动挠度时程曲线

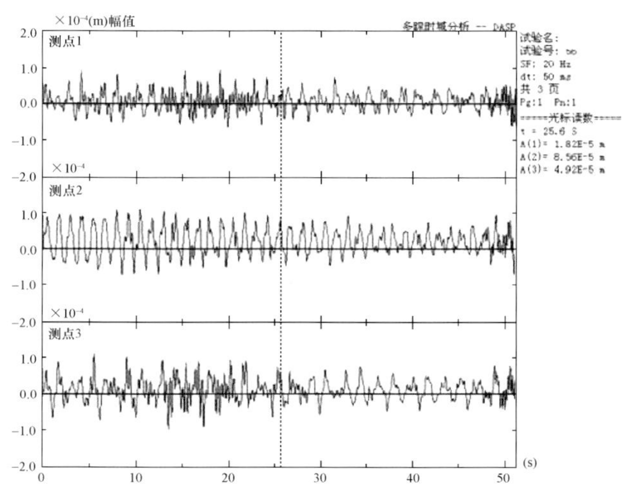

图7-58　30km/h 跑车测点动挠度时程曲线

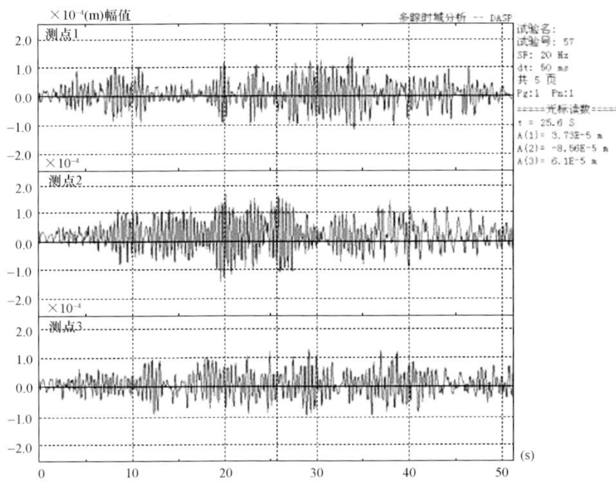
图7-59　40km/h 跑车测点动挠度时程曲线

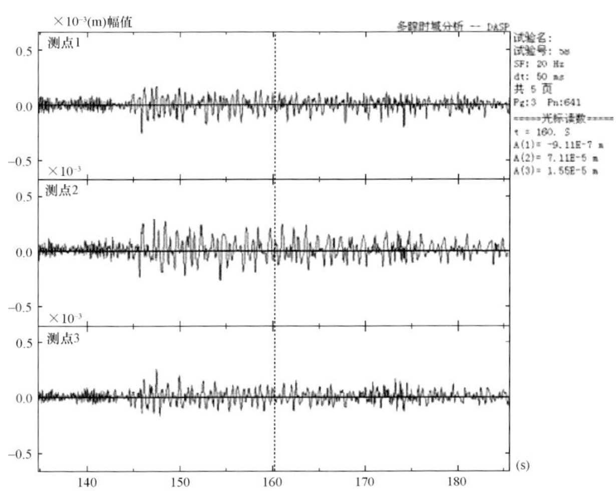
图7-60　20km/h 刹车测点动挠度时程曲线

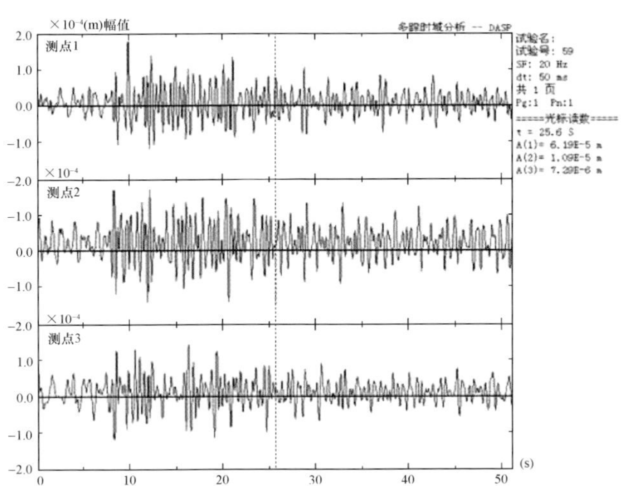
图7-61　30km/h 刹车测点动挠度时程曲线

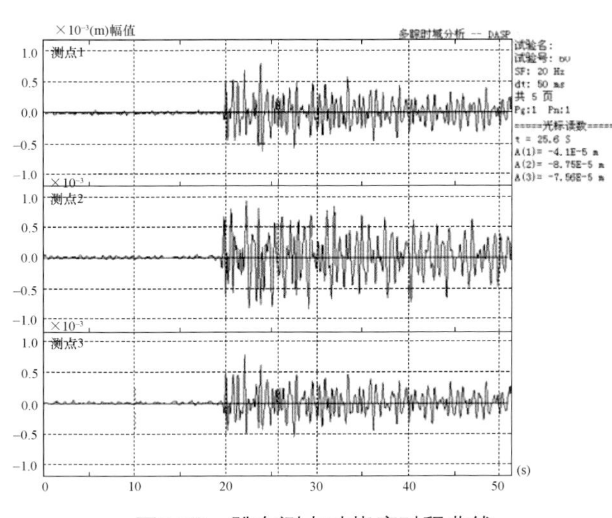
图7-62　跳车测点动挠度时程曲线

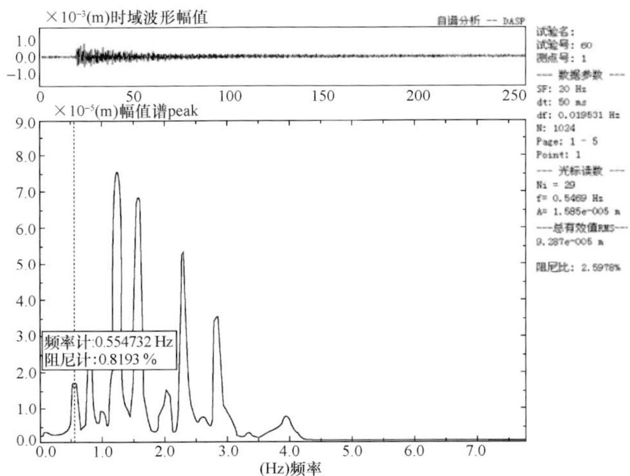
图7-63　跳车工况实测阻尼

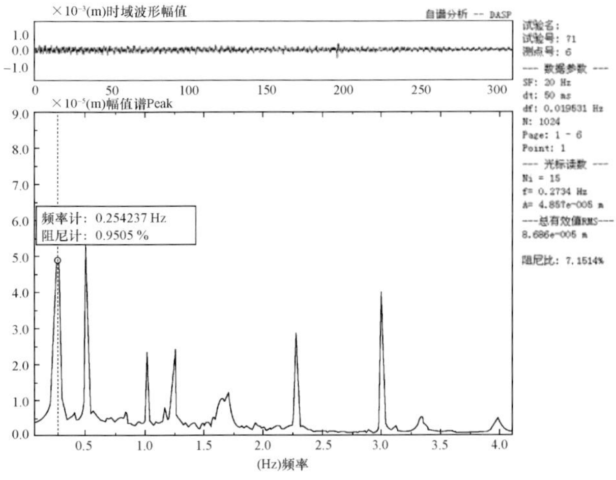
图7-64　主拱拱肋第一阶侧弯脉动频谱图

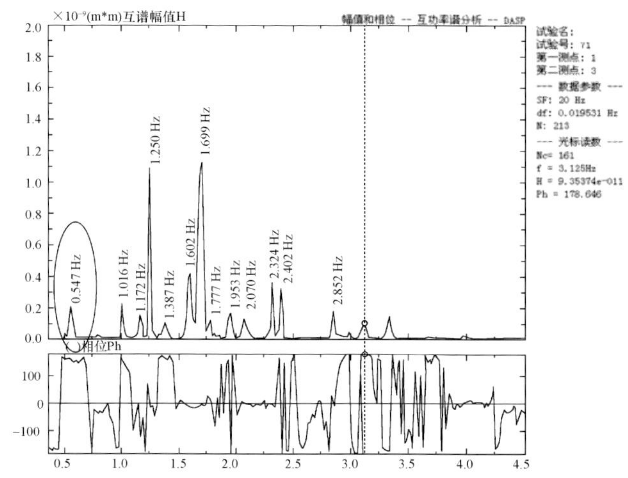

图7-65 主拱与主梁第一阶竖弯脉动频谱图

第五节 北岸三角刚架静载试验结果

本次静载试验于 2006 年 11 月 26 日进行，历时约 4 h。试验荷载的偏载侧是上游幅。

一、挠度主要结果

在试验载位 10 作用下，控制载位下加载跨实测挠度结果及分析，见表 7-27、表 7-28 所列，加载跨实测挠度大于理论值，但均小于《公路桥涵设计通用规范》规定的挠度允许值。

载位10（三角刚架系杆中部）加载跨实测挠度结果（单位：mm） **表7-27**

测点号	初值	二级	满载	卸载
A1	0	0.55	0.62	0.19
A2	0	−1.42	−1.78	0.02
A3	0	−0.22	−0.32	−0.09
B1	0	−0.05	0.05	−0.03
B2	0	−0.85	−1.55	−0.33
B3	0	0.05	0.08	−0.01

载位10（三角刚架系杆中部）加载跨实测挠度结果分析（单位：mm） **表7-28**

满载平均值	卸载平均值	满载理论值	校验系数	残余比值
−1.67	−0.16	−1.15	1.313	0.096

二、应变主要结果及分析

在试验载位 10（三角刚架系杆中部）作用下北岸三角刚架各断面实测应变数据及其分析，见表 7-29 所列。各个控制断面的应变实测值均小于理论值。三角刚架系杆中部上下翼缘的应变校验系数分别是 0.792 与 0.723，此载位下各个控制断面的应变残余比均满足《方法》的条件。

在试验载位 11（主拱侧斜腿根部）作用下北岸三角刚架各断面实测应变数据及其分析，见表 7-30 所列，各个控制断面的应变实测值均小于理论值。三角刚架主拱侧斜腿根部上下翼缘的应变校验系数分别是 1.213 与 1.606，均超过《方法》上限 1.05。下翼缘应变残余比满足《方法》要求，上翼缘应变残余比为 0.444，也超过《方法》上限 0.20。但是在该工况下，三角刚架主拱侧斜腿根部上下翼缘的应力实测值分别是 0.49MPa 与 −0.48MPa，应力幅值较小。根据新光大桥第三方监测提供的大桥竣工应力监测报告，对应位置的恒载应力值分别为 −1.86MPa 与 −3.23MPa，也就是在最不利工况下，对应位置的总应力值分别是 −1.37MPa 与 −3.71MPa。综上所述，三角刚架该控制断面（斜腿根部）满足成桥运营阶段要求，但考虑到试验结果超出《方法》的要求，因此需定期关注其应力的发展。

试验过程中及试验后各监测断面均未发现新增裂缝。

载位10（三角刚架系杆中部）下实测应变结果及其分析（单位：μ） **表7-29**

位置	平均				
	满载实测值	卸载实测值	满载理论值	校验系数	残余比
上游边斜腿上翼缘	6.5	6.0	—	—	—
上游边斜腿下翼缘	0.3	5.2	—	—	—
上游主斜腿上翼缘	6.6	4.9	—	—	—
上游主斜腿下翼缘	−0.2	2.8	—	—	—
上游系杆中上翼缘	−13.3	2.7	−16.8	0.792	0
上游系杆中下翼缘	13.1	3.3	15.7	0.723	0.158
下游边斜腿上翼缘	4.4	2.4	—	—	—
下游边斜腿下翼缘	−0.8	5.3	—	—	—
下游主斜腿上翼缘	7.1	6.0	—	—	—
下游主斜腿下翼缘	0.2	4.2	—	—	—
下游系杆中上翼缘	−13.0	2.2	—	—	—
下游系杆中下翼缘	14.8	4.2	—	—	—

载位11（主拱侧斜腿根部）下实测应变结果及其分析（单位：μ） **表7-30**

位置	平均				
	满载实测值	卸载实测值	满载理论值	校验系数	残余比
上游边斜腿上翼缘	−9.8	1.1	—	—	—
上游边斜腿下翼缘	14.9	2.5	—	—	—
上游主斜腿上翼缘	14.2	4.4	8.1	1.213	0.444
上游主斜腿下翼缘	−14.0	1.0	−8.7	1.606	0
上游系杆中上翼缘	3.5	1.4	—	—	—
上游系杆中下翼缘	6.4	1.2	—	—	—
下游边斜腿上翼缘	−14.5	−0.2	—	—	—
下游边斜腿下翼缘	13.7	2.0	—	—	—
下游主斜腿上翼缘	13.7	3.8	—	—	—
下游主斜腿下翼缘	−12.1	1.6	—	—	—
下游系杆中上翼缘	3.9	2.0	—	—	—
下游系杆中下翼缘	5.5	1.3	—	—	—

第六节　静、动载试验结果总结

一、主桥拱、梁静载试验控制载位下应变主要结果

在试验荷载作用下控制断面实测应变结果及其分析，见表 7-31 所列。从表 7-31 中可得知，在各个工况试验荷载作用下，各个控制断面的应变实测值均小于理论值。边拱顶（上弦杆）、边跨系杆（中部）与 1/4 边拱（上弦杆）的应变校验系数在 0.7～1.05 之间，满足《方法》条件。北岸边跨中横梁与边拱脚（下弦杆）的应变校验系数分别是 0.521 与 0.549，南岸边跨系杆（中部）、边跨中横梁、1/4 边拱（上弦杆）与边拱脚（下弦杆）的应变校验系数分别是 0.693、0.370、0.628 与 0.589，主跨中横梁与主拱脚（下弦杆）的校验系数分别是 0.676、0.662，小于《方法》的下限值 0.7，说明该桥的这些部位有较为充足的安全储备。另外，该桥各个工况下的应变残余比满足《方法》的条件。

主桥控制断面实测应变结果汇总分析（单位：μ）　　表7-31

试验		控制	控制断面	满载	卸载	满载	校验	残余比
北边跨	1	1	边拱顶（上弦杆）	−30.2	−0.8	−37.2	0.789	0.028
		4	边跨系杆中部	54.9	2.2	55.9	0.941	0.042
	2	1	边拱顶（上弦杆）	−27.5	−0.9	−34.1	0.782	0.033
		5	边跨中横梁下翼缘	87.9	9.3	150.7	0.521	0.118
	3	2	1/4 边拱（上弦杆）	−30.9	0.4	−39.5	0.782	0
	4	3	边拱脚（下弦杆）	−20.5	1.7	−37.3	0.549	0
主跨	5	6	主拱顶（上弦杆）	−85.2	−0.7	−98.5	0.858	0.008
	6	6	主拱顶（上弦杆）	−81.4	−1.7	−90.5	0.880	0.022
		10	主跨中横梁下翼缘	239.7	8.7	341.5	0.676	0.038
	7	7	1/4 主拱（上弦杆）	−90.4	−3.7	−97.5	0.889	0.043
	8	8	1/8 主拱（下弦杆）	−50.8	−2.4	−68.0	0.713	0.049
	9	9	主拱脚（下弦杆）	−72.9	−6.0	−101.0	0.662	0.090
南边跨	1	1	边拱顶（上弦杆）	−29.0	−0.6	−37.8	0.751	0.020
		4	边跨系杆中部	40.1	1.4	55.9	0.693	0.035
	2	1	边拱顶（上弦杆）	−26.3	−0.4	−34.1	0.761	0.014
		5	边跨中横梁下翼缘	61.1	5.4	150.7	0.370	0.097
	3	2	1/4 边拱（上弦杆）	−26.0	−1.2	−39.5	0.628	0.049
	4	3	边拱脚（下弦杆）	−22.1	−0.2	−37.3	0.589	0.007

二、主桥拱、梁静载试验控制载位下挠度测试结果

为便于比较，我们将设计活载挠度值一并给出，见表 7-32 所列。

新光大桥设计挠度（单位：mm） 表7-32

工　况	边　拱			主　拱	
	1/4L	拱顶	1/4L	1/4L	拱顶
	竖向	竖向	竖向	竖向	竖向
恒载	−40.0	−54.0	−31.0	−116.5	−246.5
活载	−11.0	−12.0	−14.0	−91	−72.7
降温	−24.0	−26.0	−12.0	−80	−159

在试验荷载作用下，控制载位下拱肋及主梁实测挠度结果及分析见表7-33所列。从表7-33中可得知，在各个工况试验荷载作用下，拱肋与主梁实测挠度与理论值比较接近，除在北岸载位2（边拱顶对称）下拱肋挠度校验系数稍大于《方法》条件外，其余指标均满足《方法》条件。

试验前、试验过程中及试验后，各观测断面均未发现明显的裂缝。

控制载位下主桥拱肋及主梁实测挠度结果分析（单位：mm） 表7-33

试验载位（说明）	实　测　值						理论值	
	满载		卸载		校验系数（残余比）		满载	
	拱肋	主梁	拱肋	主梁	拱肋	主梁	拱肋	主梁
载位1（北岸—边拱顶偏载）	−6.12	−12.23	−0.70	−0.98	0.980(0.129)	0.945(0.087)	−5.53	−11.90
载位2（北岸—边拱顶对称）	−6.44	−12.07	−0.86	−0.85	1.075(0.154)	1.011(0.076)	−5.19	−11.10
载位3（北岸—1/4边拱）	−5.54	−9.98	0.02	−0.12	0.939(0)	0.957(0.012)	−5.90	−10.30
载位5（主拱顶偏载）	−37.53	−74.69	−5.30	−5.05	0.818(0.164)	0.836(0.073)	−39.40	−83.30
载位6（主拱顶对称）	−37.07	−69.07	−4.57	−4.73	0.867(0.141)	0.847(0.074)	−37.50	−76.00
载位7（1/4主拱）	−41.72	−62.04	3.79	−3.67	0.933(0)	0.867(0.063)	−44.70	−67.30
载位8（1/8主拱）	−47.53	−88.39	−5.01	−6.12	0.845(0.105)	0.908(0.069)	−56.24	−97.32
载位1（南岸—边拱顶偏载）	−5.01	−10.93	−0.21	−0.47	0.868(0.044)	0.879(0.045)	−5.53	−11.90
载位2（南岸—边拱顶对称）	−5.73	−11.38	−0.74	−0.90	0.961(0.148)	0.944(0.086)	−5.19	−11.10
载位3（南岸—1/4边拱）	−5.40	−9.92	−0.16	−0.40	0.888(0.031)	0.924(0.042)	−5.90	−10.30

三、主桥动载试验结果总结

理论计算给出该桥以北岸边拱拱肋与桥面竖向振动为主的第一阶固有频率为1.465Hz，实测北岸固有频率为1.819Hz，实测南岸固有频率为1.855Hz，实测的特征频率比理论计算值大，表明实际桥梁边拱结构整体刚度满足设计要求。

理论计算给出该桥以主拱拱肋对称侧弯振动为主的第一阶固有频率为0.264Hz，实测固有频率为0.264Hz；以主拱与桥面反对称竖向振动为主的第一阶理论固有频率为0.572Hz，实测固有频率为0.547Hz，实测的特征频率与理论计算值相当接近，表明实际桥梁结构整体刚度满足设计要求。

为了便于对比，我们将多家单位计算数据与实测数据汇总于表7-34。

图7-66～图7-68为现场静、动载试验情况。

新光大桥主要固有频率的理论值与实测值汇总对比表（单位：Hz） 表7-34

振型		说明	北岸边跨		主跨		南岸边跨	
			理论值	实测	理论值	实测	理论值	实测
1	边拱拱肋与桥面竖向振动为主的低阶固有频率	动测前按竣工图Strand7计算	1.465	1.819			1.465	1.855
		广州大学计算频率1（Midas，考虑桩土耦合）	1.526 1				1.526 1	
		广州大学计算频率2（Midas，考虑桩土耦合）	1.715 7				1.715 7	
2	主拱拱肋对称侧弯振动为主的一阶固有频率	动测前按竣工图Strand7计算			0.264	0.264		
		施工图设计值ANSYS7.0计算			0.224			
		广州大学计算值（Midas，考虑桩土耦合）			0.240 5			
		广州大学计算值（Midas，不考虑桩土耦合）			0.244 5			
3	主拱与桥面反对称竖向振动为主的低阶固有频率	动测前按竣工图Strand7计算			0.572	0.547		
		施工图设计值ANSYS7.0计算			0.514			
		广州大学计算值（Midas，考虑桩土耦合）			0.520 8			
		广州大学计算值（Midas，不考虑桩土耦合）			0.547 6			

图7-66　北岸边拱载位3满载布车

图7-67　主拱载位9满载布车

图7-68　动载数据采集

四、北岸三角刚架静载试验主要结果

1. 应变主要结果

在试验荷载作用下，控制断面实测应变结果及其分析见表 7-35 所列。

控制断面实测应变结果分析（单位：μ） 表7-35

试验载位	控制断面	控制断面说明	满载平均值	卸载平均值	满载理论值	校验系数	残余比
10	11	系杆中部上翼缘	−13.3	1.2	−16.8	0.792	0
		系杆中部下翼缘	13.1	1.8	15.7	0.723	0.158
11	12	主拱侧斜腿根部上翼缘	14.2	4.4	8.1	1.213	0.444
		主拱侧斜腿根部下翼缘	−14.0	1.0	−8.7	1.606	0

在载位 10 工况试验荷载作用下，三角刚架系杆中部上下翼缘应变的校验系数及应变残余比均满足《方法》要求。

在载位 11 工况试验荷载作用下，三角刚架主拱侧斜腿根部上下翼缘应变的校验系数分别为 1.213 与 1.606，均超过《方法》上限 1.05。下翼缘应变残余比满足《方法》要求，上翼缘应变残余比为 0.444，也超过《方法》上限 0.20。但是在该工况下，三角刚架主拱侧斜腿根部上下翼缘的应力实测值分别是 0.49Mpa、−0.48MPa，应力幅值较小。

根据新光大桥第三方监测提供的大桥竣工应力监测报告，对应位置的恒载应力值分别为 −1.86MPa 与 −3.23MPa，也就是在最不利工况下，对应位置的总应力值分别是 −1.37Mpa、−3.71MPa，均为压应力。综上所述，三角刚架该控制断面（斜腿根部）满足成桥运营阶段要求，但考虑到试验结果超出《方法》的要求，因此需定期关注其应力的发展。

2. 挠度主要结果

在试验荷载作用下，控制载位下三角刚架系杆实测挠度结果及分析见表 7-36 所列。在载位 10 工况试验荷载作用下，系杆跨中实测挠度稍大于理论值，但小于《公路桥涵设计通用规范》规定的挠度允许值。另外，该工况下的挠度残余比满足《方法》的条件。由于该满载挠度的数值较小，受测试误差等外在因素的影响较大，而且本试验主要以应力控制，因此挠度结果只作参考，不作为最终评判的依据。

控制载位下三角刚架系杆跨中实测挠度结果分析（单位：mm） 表7-36

试验载位（说明）	主梁实测值（上下游平均）			理论值
	满载	卸载	校验系数（残余比）	满载
10（系杆中部）	−1.67	−0.16	1.313(0.096)	−1.15

试验前外观检查过程中发现若干裂缝，试验过程中及试验后均未发现明显新增的裂缝。

第八章 科学研究

Kexue Yanjiu

第一节 科研综述

鉴于新光大桥结构的新颖独特，其施工方法又首次采用于大节段整体提升法施工，国内缺乏成熟的经验可供借鉴。为了保证大桥的设计经济合理及施工的质量、安全，完全有必要围绕大桥建设开展一系列的科学研究工作，以取得可靠的数据及资料，及时将科研成果应用于大桥的设计及施工中，起到优化、指导及验证作用。

在充分征询新光大桥专家组、设计、施工单位及有关科研单位意见的基础上，在广州市建委的大力支持下，经综合研究，确定了多个科研项目专题立项实施。新光大桥重大科研项目分两大类列于表8-1中。第一类是针对大桥结构本身的难点、重点以及结构抗风、抗震由业主确定的课题；第二类是为大桥工程前期服务或大桥施工过程中关键工艺服务的课题，由业主专项委托或承包商自主立项。本章重点介绍第一类科研成果，第二类科研部分成果已体现在各有关章节，本章中将不再赘述。

重大科研技术攻关项目汇总表　　表8-1

项目关键技术		参加单位
第一类科研课题	三角刚构局部应力试验研究与全桥空间受力性能分析（三角刚架仿真分析及模型试验、主跨钢混过渡结构模型试验）	广州新光快速路有限公司、西南交通大学、铁道专业设计院
	边跨钢拱肋与刚性系杆、端横梁的钢-混过渡段连接构造性能试验研究	广州新光快速路有限公司、湖南大学、铁道专业设计院
	边跨丁字形剪力接头局部应力及主跨叠合板结合桥面受力状态分析	广州新光快速路有限公司、中南大学、铁道专业设计院
	新光大桥抗风性能风洞试验研究	广州新光快速路有限公司、同济大学、铁道专业设计院
	新光大桥地震响应仿真分析	广州新光快速路有限公司、广州大学、铁道专业设计院

续上表

项目关键技术		参加单位
第二类 科研课题	高性能（抗氯离子、“双掺”）大体积混凝土配合比设计及温控、防裂技术	贵州省桥梁工程总公司、铁道部科学研究院、广州新光快速路有限公司
	新光大桥关键施工工艺研究：主拱大节段上船、浮运技术主拱大节段垂直同步提升技术（大构件上船、离船技术、大构件电液控制同步提升技术、提升支架系统设计研究）	广州新光快速路有限公司、贵州省桥梁工程总公司、铁道专业设计院、同新、交通部广州打捞局、四川铁科建设监理公司
	广州新光大桥航道拓宽工程二维数学模型研究	水利部珠江水利委员会科学研究所、广州新光快速路有限公司
	新光大桥航道拓宽工程对河道行洪影响评价数学模型研究	水利部珠江水利委员会科学研究所、广州新光快速路有限公司
	航道物模试验研究	水利部珠江水利委员会科学研究所、广州新光快速路有限公司

第二节　主桥空间结构分析

一、分析目标

为了进行模型试验，西南交通大学采用空间杆系模型对主桥进行了计算分析，计算中考虑了结构自重、预应力荷载、混凝土收缩、徐变荷载、汽车、挂车、温度等荷载，并按调整后的边拱纵、横梁施工工序和吊杆力进行计算，较全面地提供了施工阶段和运营阶段主、边拱弦杆应力、腹杆内力、吊杆张力、边拱系杆内力、拱顶位移等结果，并对主桥进行了屈曲分析，其结果可供设计和施工参考。

二、有限元模型及分析内容

空间杆系模型的计算采用 MIDAS/Civil 6.3.0 软件，如图 8-1 所示。总共建立了 6 918 个单元、3 875 个节点。其中临时拉杆、主边拱吊杆和主拱系杆采用索单元建模，桥面板、人行道板采用板单元，施工支架采用单向受压桁架单元，其余单元全部为梁单元。

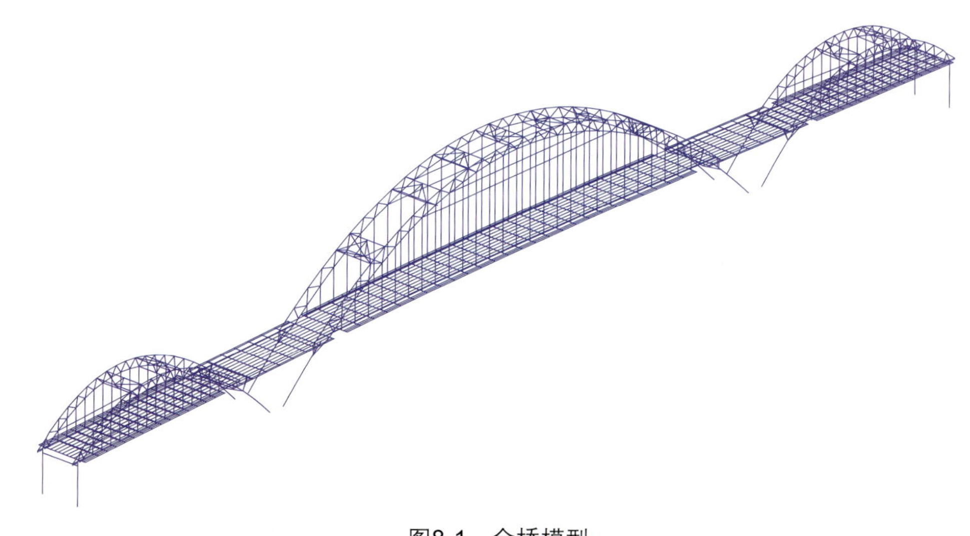

图8-1　全桥模型

计算中采用以下几种荷载进行组合：①结构自重；②预应力荷载；③混凝土收缩、徐变荷载；④汽车—超 20；⑤挂车—120；⑥温度荷载（升温 25℃、降温 25℃），施工阶段的划分情况见表 8-2 所列。

施工阶段的划分　　表8-2

序　号	阶　段	序　号	阶　段
1	三角刚架施工	24	施工边跨6、11桥面板
2	安装主边拱脚段	25	施工三角刚架剩余桥面板
3	提升边拱拱肋，张拉边拱临时系杆	26	施工主跨中间两块桥面板
4	提升主拱边节段	27	施工主跨1～5、26～30桥面板
5	边拱拱脚合龙	28	施工主跨13～18桥面板
6	安装边拱系杆	29	施工主跨6～9、22～25桥面板
7	边拱系杆预应力第一次张拉	30	施工主跨10～12、19～21桥面板
8	拆除边拱临时系杆	31	主拱系杆第三次张拉
9	拆除边拱提升支架	32	边拱吊杆第二次张拉
10	安装边拱吊杆	33	施工边跨和三角刚架中间两块桥面板上的后浇层
11	拆除边拱系杆施工支架	34	施工边跨1～5、12～16桥面板上的后浇层
12	主拱中间大节段简支，张拉主拱临时系杆	35	施工边跨6～11桥面板上的后浇层
13	主拱中节段与边节段合龙，拆除主拱中节段临时支承	36	施工三角刚架剩余桥面板上的后浇层
		37	张拉横梁预应力Y1
14	安装主拱吊杆、钢纵横梁	38	施工主跨中间两块桥面板上的后浇层
15	主拱系杆第一次张拉	39	施工主跨1～5、26～30桥面板上的后浇层
16	拆除主拱临时系杆	40	施工主跨13～18桥面板上的后浇层
17	主拱系杆第二次张拉	41	施工主跨6～9、22～25桥面板上的后浇层
18	主拱拆架	42	施工主跨10～12、19～21桥面板上的后浇层
19	边拱吊杆第一次张拉	43	安装边跨、三角刚架防撞墙和人行道
20	安装混凝土纵横梁及横梁预应力Y2	44	安装主跨防撞墙和人行道
21	边拱系杆预应力第二次张拉	45	主拱系杆第4次张拉
22	施工边跨和三角刚架中间两块桥面板	46	铺装沥青混凝土
23	施工边跨1～5、12、16桥面板	47	徐变700天

三、主要结论与建议

（1）施工阶段本桥主拱上弦最大应力为 107.7MPa，出现的位置在拱顶；主拱下弦最大应力为 114.6MPa，以上应力出现在全桥恒载阶段。主拱腹杆最大应力为 105.4MPa，出现于主拱系杆第一次张拉时。

（2）施工阶段本桥边拱上弦最大应力为 88.01MPa，出现的位置在 B15-B16 节间；边拱下弦最大应力为 99.53MPa；边拱腹杆最大应力为 91.76MPa。以上最大应力均出现在全桥恒载阶段。

（3）运营阶段主、边拱拱肋弦杆截面上的应力均为压应力。运营阶段恒载作用下，主拱上弦最大应力为 106.6MPa，位置在拱顶；下弦最大应力为 112.2MPa，位置在拱脚合龙段；腹杆最大压应力为 80.03MPa，最大拉应力为 79.25MPa。

（4）在工况恒载 + 活载下，主拱上弦最大应力为 142.1MPa，位置在拱顶；下弦最大应力为 146.6MPa，位置在拱脚合龙段；腹杆最大压应力为 112.4MPa；腹杆最大拉应力为 106.1MPa，位置在拱顶。

（5）在工况恒载 + 活载 + 升温下，主拱上弦最大应力为 146.9MPa，位置在拱脚合龙段；下弦最大应力为 136.7MPa，位置在 Z19-Z20 节间；腹杆最大压应力为 106.6MPa，最大拉应力为 103.1MPa。在工况恒载 + 活载 + 降温下，主拱上弦最大应力为 158.2MPa，位置在拱顶；下弦最大应力为 169.0MPa，位置在拱脚合龙段；腹杆最大压应力为 118.7MPa；腹杆最大拉应力为 109.7MPa，位置在拱顶。

（6）在工况恒载 + 挂车下，本桥主拱上弦最大应力为 117.7MPa，位置在拱顶；下弦最大应力为 120.9MPa，位置在拱脚合龙段；腹杆最大压应力为 95.53MPa；腹杆最大拉应力为 87.95MPa，位置在拱顶。

（7）运营阶段在恒载作用下，本桥边拱上弦最大应力为 88.52MPa，位置在滑动端拱脚；下弦最大应力为 99.34MPa；腹杆最大压应力为 93.56MPa；腹杆最大拉应力为 79.37MPa。

（8）工况恒载 + 活载下，边拱上弦最大应力为 100.4MPa；下弦最大应力为 111.9MPa；腹杆最大压应力为 105.3MPa；腹杆最大拉应力为 89.02MPa。

（9）在工况恒载 + 活载 + 升温下，边拱上弦最大应力为 103.4MPa；下弦最大应力为 114.9MPa；腹杆最大压应力为 109.4MPa；腹杆最大拉应力为 90.76MPa。在工况恒载 + 活载 + 降温下，边拱上弦最大应力为 100.2MPa，位置在滑动端拱脚；下弦最大应力为 119.2MPa；腹杆最大压应力为 101.2MPa；腹杆最大拉应力为 87.27MPa。

（10）在工况恒载 + 挂车下，本桥边拱上弦最大应力为 88.58MPa，位置在滑动端拱脚；下弦最大应力为 99.60MPa；腹杆最大压应力为 93.72MPa；腹杆最大拉应力为 79.47MPa。

（11）施工阶段边拱系杆混凝土中的最大轴力为 51 282.92kN，位置在滑动端，发生于系杆预应力钢束第一次张拉之时；最大面内弯矩为 11 809.56kN · m，位置在固定端，发生于主拱拆架时；最大面外弯矩为 4 995.05kN · m，发生于施工主跨 1～5、26～30 桥面板上的后浇层之时；最大扭矩为 6 546.34kN · m，发生于边拱系杆预应力钢束第二次张拉之时。

（12）运营阶段边拱系杆最大轴力为 36 036.66kN，位置在滑动端，工况为恒载 + 活载 + 降温。扭矩最大可能达到 2 955.80kN · m，位置在固定端，工况为恒载 + 活载 + 升温。最大面内弯矩为 9 008.29kN · m，位置在固定端，工况为恒载 + 活载 + 升温。最大面外弯矩为 6 241.54kN · m，位置在滑动端，工况为恒载 + 活载 + 升温。

（13）施工阶段主拱拱顶最大位移为 20.3cm，最大值出现于全桥恒载阶段。位移与钢拱净跨度之比为 0.6‰；施工阶段边拱拱顶最大位移为 3.3cm，最大值也出现于全桥恒载阶段。位移与钢拱净跨度之比为 0.24‰。

（14）运营阶段在移动荷载作用下的主拱拱顶位移为 10.1cm，在温度荷载作用下的位移为 ±16.9cm；运营阶段在移动荷载作用下的边拱拱顶位移为 0.8cm，在温度荷载作用下的位移为 ±1.8cm。

（15）在整个施工过程中，三角刚架底部的水平推力均小于 10 000kN。每次张拉主拱系杆都可以大大减小水平推力的值，说明系杆张拉的拉力和时机都是恰当的。全桥恒载阶段这一水平推力为 4 525.51kN。

（16）建议边拱纵横梁按如下顺序施工：①安装横梁 Hc0；②从固定端到滑动端逐跨浇筑其余纵、横梁；③待当前施工的横梁混凝土达到强度后张拉横梁预应力钢束 Y2；④施工下一跨纵、横梁；⑤待边跨与三角刚架后浇层施工完之后张拉钢束 Y1。

（17）边拱吊杆分两次张拉。在安装边跨混凝土纵横梁之前进行第一次张拉，施工边跨后浇层之前进行第二次张拉。

（18）边拱系杆预应力钢束分两次张拉。安装边拱系杆之后进行第一次张拉，张拉 12 根 27–7ϕ5 钢束；安装边跨纵横梁之后进行第二次张拉，张拉其余 4 根 27–7ϕ5 钢束。

（19）屈曲分析结果表明本桥第一类稳定系数为 6.07，高于设计单位所提供的结果。这可能是因为两组计算中对腹杆刚度的考虑有所不同。如前所述，本计算中腹杆端部是通过刚臂与节点相连，与腹杆直接延伸到节点处的方式相比，本计算中的腹杆刚度较大。

（20）由于缺乏施工支架的资料，支架刚度无法准确模拟。本次计算中所采用的支架刚度都较大，这将对计算结果的准确性产生一定的影响。尤其是主拱边节段的支架，如果实际的施工支架刚度较小，那么与本计算结果相比，主拱拱脚处的实际内力将会出现上弦压力偏小、下弦压力偏大的差别。

（21）计算表明，边拱纵、横梁的施工工序对边拱系杆弯矩、扭矩以及腹杆内力有较大影响，本报告的施工工序序以设计图中的施工工序为基础，并进行了部分细化和调整。

（22）边拱系杆和桥面系混凝土的收缩、徐变及系杆支架的刚度对边拱腹杆、系杆弯矩、扭矩均有较大影响，鉴于目前收缩、徐变计算理论和计算程序尚不够成熟，对系杆支架刚度的模拟也难以准确模拟，对边拱系杆端部及部分受力较大的腹杆应加强监控，具体的应力状态以监控结果为准。

第三节　三角刚架局部应力研究

三角刚架局部应力研究课题的目的主要包括三个方面：①考察施工阶段三角刚架在自重、预应力、主边跨自重、桥面系重量作用下应力分布和变形，验证实际结构在施工阶段的抗裂性、安全性和刚度；②根据施工过程中三角刚架的应力分布情况，验证施工工艺的合理性，提出优化措施；③考察运营阶段三角刚架在结构自重、汽车荷载、温度荷载等因素作用下的应力和变形，验证实际结构在运营阶段的抗裂性、安全性和刚度。本项研究内容是西南交通大学承担的课题中的一部分。

本课题的研究内容主要包括结构应力分布和施工工艺优化两个方面。从结构体系来说，三角刚架构件的结点部位和构件跨中通常是结构内力和应力较大的部位，根据刚架体系的这一受力特点，可知三角刚架斜腿根部、系梁与斜腿交接部位、系梁跨中、系梁反弯点以及系梁梗腋处为三角刚架应力较大的部位，这些部位的应力分布情况是本项目研究的主要内容。

施工工艺方面，在三角施工过程需经过体系转换和多张拉、放松拉杆的过程，无论是张拉还是放松拉杆，均对结构的内力、应力有较大影响。对于第三、四层拉杆，还存在着拉杆放松和系梁预应力钢束张拉顺序的配合问题，因此拉杆的张拉和放松，以及预应力钢束的张拉顺序是斜腿施工中需重点研究的问题。而在主边拱施工过程中，主边拱节段的吊装顺序，系杆的张拉均会对三角刚架的应力状况产生较大的影响，这些都是本试验中需研究的问题。

一、模型设计

1．模型比例

广州新光大桥三角刚架模型试验的目的是：①考察施工阶段三角刚架在自重、预应力、主、边跨自重、桥面系重量作用下应力和变形，验证实际结构在施工阶段的抗裂性、安全性和刚度；②考察运营阶段三角刚架在结构自重、汽车荷载、温度荷载等因素作用下的应力和变形，验证实际结构在运营阶段的抗裂性、安全性和刚度。从理论上说，模型尺寸越接近实际结构，模型的仿真程度就越高，在进行局部应力研究时，通常需采用大比例模型，但从试验的目的看，该试验研究的主要对象是三角刚架的整体应力和变形情况，而非诸如锚下应力等局部应力，基于这样的目的，并综合考虑试验的可实施性，以采用中等比例尺为宜，在本次试验中采用了 1∶10 这样中等偏大的模型比例。

2．系梁预应力钢束设计

由量纲分析可知，若采用应力等效，对于 1∶10 的模型，外加力应为原型的 1/100，故预应力钢束的预加力也应为原型的 1/100。根据这一原则，设计中首先假定模型钢束的张拉控制应力为 0.75×1 860MPa，钢束根数取为结构 1/100 并取整根数，由取整带来的误差则通过适当调整张拉控制应力来调整。预应力钢束的布置如图 8-2 所示。模型钢束和原结构钢束张拉力的比较见表 8-3 所列。

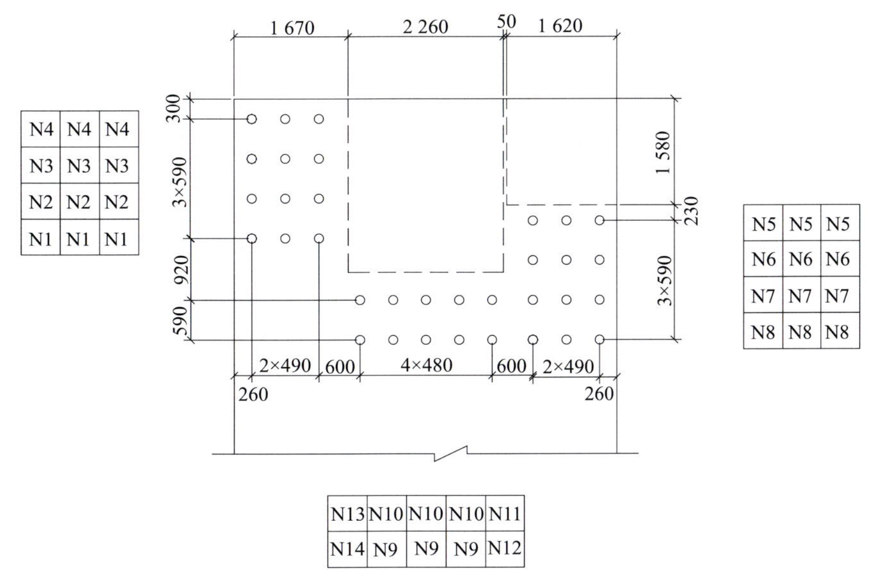

图8-2　三角刚架系梁预应力钢束的布置图

预应力钢束等效表　　表8-3

原结构钢束					模型钢束			
编　号	钢束规格	张拉控制应力（MPa）	张拉力（kN）	张拉力合计（kN）	编　号	钢束规格	张拉控制应力（MPa）	张拉力（kN）
N1	3×15-31	1 395	18 162.9	72 651.6	N1	15-4	1 297	726.32
N2	3×15-31	1 395	18 162.9					
N3	3×15-31	1 395	18 162.9					
N4	3×15-31	1 395	18 162.9					
N5	3×15-31	1 395	18 162.9	72 651.6	N2	15-4	1 297	726.32
N6	3×15-31	1 395	18 162.9					
N7	3×15-31	1 395	18 162.9					
N8	3×15-31	1 395	18 162.9					
N9	3×15-31	1 395	18 162.9	36 325.8	N3	15-2	1 297	362.167
N10	3×15-31	1 395	18 162.9					
N11	1×15-31	1 395	6 054.3	12 108.6	N4	15-1	865	120.722 3
N12	1×15-31	1 395	6 054.3					
N13	1×15-31	1 395	6 054.3	12 108.6	N5	15-1	865	120.722 3
N14	1×15-31	1 395	6 054.3					

3. 斜腿普通钢筋设计

斜腿普通钢筋的设计按强度相似原则进行，根据相似理论，对于 1∶10 的模型，其抗压强度应为原结构抗压强度的 1/100，其抗弯强度应为原结构抗弯强度的 1/10 000。设计中按模型和原型配筋率相等进行了配筋，通过量纲分析可以证明模型和原结构配筋率相同时，模型的抗压强度和抗弯强度满足相似理论的要求。配置的钢筋见表 8-4 所列。

斜 腿 配 筋　　表8-4

项　目	原　型			模　型		
	直　径	钢筋根数	配筋率	直　径	根　数	配筋率
顶底板纵筋1	ϕ28	240	0.009 1	ϕ12	14	0.009 08
顶底板纵筋2	ϕ25	72		ϕ10	6	
腹板纵筋	ϕ25	308		ϕ8	40	
腹板箍筋	ϕ16	4	0.001 68	ϕ6	4	0.002 378

需要说明的是，腹板箍筋的配箍率比原结构的配箍率要大。其原因是根据构造要求，配箍率一般不宜大于 10 倍纵筋直径，模型的纵筋直径为 12mm，这里兼顾构造要求和原结构配箍率，取箍筋间距为 14cm，得上述配箍率。

4. 补重荷载设计

量纲分析的结果表明，在 1∶10 的模型中，要使模型中的重力效应与原结构的重力效应相等，则模型容重应为原结构的 10 倍，显然弹性模量相同，但容重相差 10 倍的材料是不存在的，在本次试验中，采用与原结构相同的材料，因此其重力效应只有原结构的 1/10，其余 9/10 应通过补重荷载的方式施加。

二、加载工况及模型荷载

根据三角刚架有限元分析的结果，三角刚架的控制截面主要有：斜腿底部，斜腿上端空心和实心交接段，系梁跨中，系梁反弯点。这些截面均属于弯矩较大，较易出现拉应力的部位，而产生拉应力的主要内力为弯矩。根据全桥整体分析的结果，工况 1～2 为三角刚架施工中的典型工况，在上部结构施工阶段，表 8-5 中工况 3～6 在上述截面产生的弯矩较大，故选取这些工况来考察三角刚架在施工阶段的受力性能，在运营阶段工况工况 8～9 为常遇荷载，应给以研究，工况 10、11 为三角刚架在运营阶段的最不利荷载，工况 12、13 为 1.3 倍的最不利荷载，以此工况考察三角刚架的承载能力，工况 14、15 为 1.5 倍最不利荷载以此考察三角刚架的承载潜力。

试 验 荷 载 工 况　　表8-5

工况	内　容	工况	内　容	工况	内　容
1	斜腿拉杆对拉完毕	6	施工完主跨防撞墙、人行道	11	恒＋主拱$_{max}$＋边拱$_{min}$+升温
2	系梁预应力张拉完70%	7	全桥恒载	12	1.3倍工况10
3	安装吊杆，补张30%预应力	8	恒+汽$_{max}$	13	1.3倍工况11
4	拆主拱临时系杆	9	恒+汽$_{min}$	14	1.5倍工况10
5	施工完主跨桥面板	10	恒＋主拱$_{min}$＋边拱$_{max}$+降温	15	1.5倍工况11

斜腿拉杆力根据设计荷载及量纲分析的结果为：①第三层拉杆为220kN；②第四层拉杆为200kN。预应力荷载按表8-3施加，根据计算结果和量纲分析，确定了模型各工况下所施加的荷载，包括主拱与边拱荷载，其中主拱各工况下所施加的荷载见表8-6所列。

主拱侧模型荷载　　表8-6

工况	荷　载	主拱（kN）			主拱横梁（kN）				
		水平方向	下弦竖向	上弦竖向	支点6	支点7	支点8	支点9	支点10
		4	5	6	10	11	12	6	13
3	荷载值	−66.09	−57.76	−17.33	−2.79	−2.84	−2.79	−2.09	−4.01
	加载顺序	三	二	一	六	七	六	五	四
4	加载顺序	−85.5	−78	−68.1	−2.77	−2.8	−2.8	−2.2	−3.88
	荷载值	三	二	一	稳载	稳载	稳载	稳载	稳载
5	加载顺序	−100.44	−166.17	−78.51	−7.5	−7.68	−7.79	−6.12	−9.78
	荷载值	三	二	一	六	七	八	九	十
6	荷载值	−91.21	207.48	−107.36	−12.63	−12.94	−13.14	−10.72	−14.92
	加载顺序	三	二	一	八	七	六	五	四
7	荷载值	−44.41	−223.95	−130.46	−15.43	−15.79	−16.01	−13.25	−18.22
	加载顺序	三	二	一	稳载	稳载	稳载	稳载	稳载
8	荷载值	48.41	−194.07	−100.43	−8.62	−8.98	−9.1	−6.46	−10.57
	加载顺序	三	二	一	八	七	六	五	四
9	荷载值	−215.02	−299.83	−176.7	−15.63	−15.98	−16.14	−13.51	−18.54
	加载顺序	三	二	一	八	七	六	五	四
10	荷载值	59.87	−232.66	−62.68	−15.71	−8.93	−9.16	−6.62	−10.45
	加载顺序	三	二	一	八	七	六	五	四
11	荷载值	−226.48	−261.25	−214.45	−8.54	−16.02	−16.09	−13.35	−18.66
	加载顺序	三	二	一	八	七	六	五	四
12	荷载值	77.83	−302.46	−81.48	−20.42	−11.61	−11.91	−8.61	−13.59
	加载顺序	三	二	一	八	七	六	五	四
13	荷载值	−294.4	−339.63	−278.8	−11.1	−20.83	−20.92	−17.36	−24.26
	加载顺序	三	二	一	八	七	六	五	四
14	荷载值	89.805	−348.99	−94.02	−23.565	−13.395	−13.74	−9.93	−15.675
	加载顺序	三	二	一	八	七	六	五	四
15	荷载值	−441.6	−509.445	−418.2	−16.65	−31.245	−31.38	−26.04	−36.39
	加载顺序	三	二	一	八	七	六	五	四

注：①竖向荷载以向上为正；

②水平荷载边拱则以推力为正，主拱侧以拉力为正。

三、加载设备

（1）补重荷载。补重荷载是用来模拟重力，需稳定地作用于模型上，故需选用能在较长时间内稳载的加载设备，试验采用千斤顶加载，并通过锚固钢绞线稳载。在每个补重加载点处布置一对千斤顶。

（2）横梁荷载。计算表明横梁荷载较小，最大不超过25kN，对加载设备的要求不高，选用千斤顶加载并以钢绞线稳载，在每个横梁处布置一对千斤顶。

（3）拱肋荷载。拱肋荷载为斜向荷载，在模型试验中通过施加竖向力和水平力来模拟，同时作用在三角刚架上的水平力还有主、边拱系杆的系杆拉力，因此水平荷载可能是拉力，也可能是推力。在每个拱肋位置处竖直布置两个油压千斤顶，在边拱系梁端和主拱肋间系梁端水平布置一个双作用千斤顶（可施加拉力和压力）。

四、试验加载

加载分两个阶段进行，在模型制作中模拟了原型结构第三、四层拉杆的张拉，系梁预应力钢束的张拉与第三、四层拉杆的放张，系梁预应力钢束张拉顺序及拉杆的放张顺序按原型结构的实际施工过程进行。模型制作完成后则对上部结构的主要施工工序及运营阶段进行了加载研究，共进行3次加载，其中1次为预载，以消除非弹性变形；2次正式加载。预载的加载荷载大小及加载顺序见表8-7所列。

预载加载顺序　　表8-7

工况	内容	荷载	边拱（kN）			主拱（kN）		
			水平方向	下弦竖向	上弦竖向	水平方向	下弦竖向	上弦竖向
			1	2	3	4	5	6
1	0.2倍运营阶段恒载	荷载值	3.58	−27.21	−16.05	−8.88	−44.79	−26.09
		加载顺序	三	二	一	三	二	一
2	0.4倍运营阶段恒载	荷载值	7.15	−54.43	−32.10	−17.76	−89.58	−52.18
		加载顺序	三	二	一	三	二	一
3	0.5倍运营阶段恒载	荷载值	8.94	−68.04	−40.13	−22.21	−111.98	−65.23
		加载顺序	三	二	一	三	二	一
4	0.4倍运营阶段恒载	荷载值	7.15	−54.43	−32.10	−17.76	−89.58	−52.18
		加载顺序	一	二	三	一	二	三
5	0.2倍运营阶段恒载	荷载值	3.58	−27.21	−16.05	−8.88	−44.79	−26.09
		加载顺序	一	二	三	一	二	三
6	0倍运营阶段恒载	荷载值	0.00	0.00	0.00	0.00	0.00	0.00
		加载顺序	一	二	三	一	二	三

注：①竖向荷载以向上为正；

②水平荷载边拱则以推力为正，主拱侧以拉力为正。

正式加载分两次进行：第一次分5步加载至全桥恒载，然后分5步卸载为0，第二次分13步加载至1.5倍最不利荷载。卸载采用先加垫块张拉使调节螺栓卸载，拧调节螺栓减载。试验前将调节螺栓拧至高位，可降低调节范围不小于10mm。在各级荷载作用下，持荷5min，进行应变和变形测量。在工况10～15时还观察了是否开裂。为保证试验加载的准确，在每个加载点均布置力传感器，传感器读数与油表读数互相校核。试验所使用的千斤顶、力传感器均在试验前专门进行了标定。加载设备如图8-3所示。

五、测试方法

图8-3 加载设备

模型试验中所获得的测试数据是分析三角刚架受力的重要依据。本试验采用电阻应变计法和钢弦式应变计进行应变测试，按虎克定律求得相应的应力。应变数据采集设备采用 UCAM 高速应变仪和钢弦应变采集仪。

根据有限元分析的结果，三角刚架的高应力区主要有斜腿根部、斜腿上端交接段、系梁跨中与反弯点。这些区域轴力、弯矩、剪力均较大，应力状态较为复杂，故在这些区域布置三向应变片（应变花）。从应力的分布来看，系梁的应力分布基本符合初等梁理论的分布规律，且为实体截面，剪切不控制设计，故仅在截面上、下缘布置了应变花。而斜腿根部、斜腿上端交接段的应力明显不符合初等梁理论的分布规律，必须对这两处应力场进行较为完整的测量才能掌握其分布规律，因此需布置较多的测点。应变片在模型制作完成后进行贴片，同时设置相应的温度补偿片，钢弦式应变计采用预埋的方式安装。试验中对位移的测量采用百分表进行，测点的具体布置如图 8-4 所示。

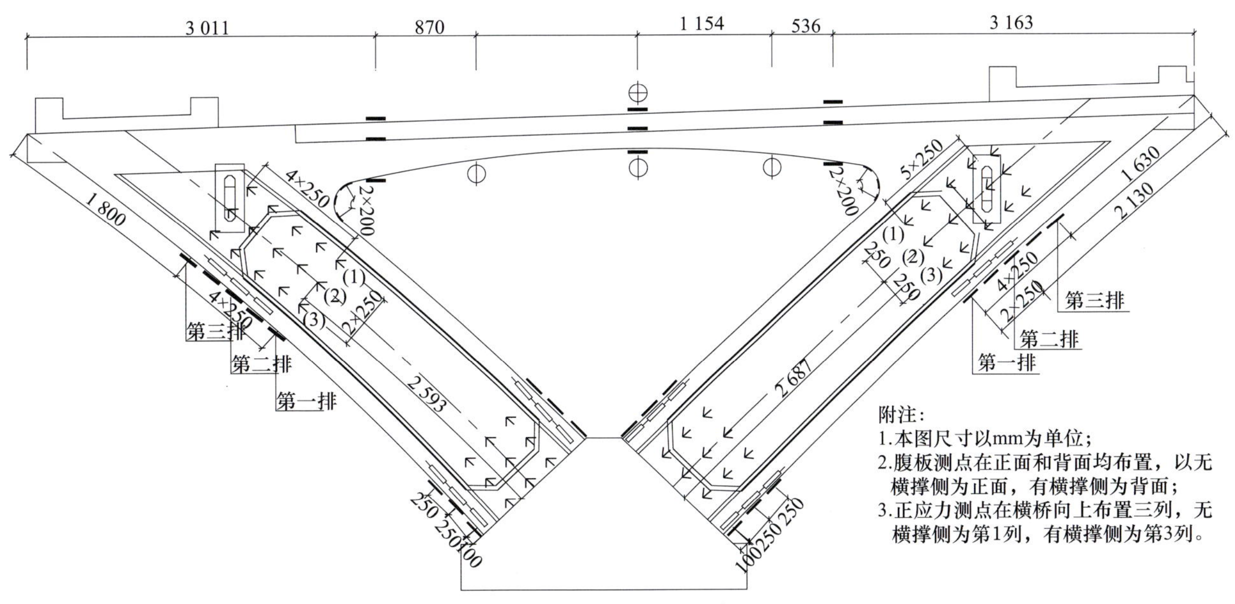

图8-4 应力和位移测点布置

六、理论分析及对比

采用 ANSYS 建立三维实体模型进行计算，其中混凝土采用 8 节点 6 面体实体单元（solid45），钢混结合段钢板采用 4 节点板单元（shell63），预应力钢束采用空间杆单元（link8），劲性骨架和施工支架采用空间梁单元（beam44），在单元节点处与模拟混凝土的实体单元耦合，使预应力及钢结构内力能够可靠传递到混凝土上。5 号墩三角刚架共划分了 338 642 个单元。6 号墩三角刚架共划分了 340 381 个单元。图 8-5、图 8-6 为 5、6 号墩有限元模型情况。

考虑到 5、6 号墩在三角刚架的施工中采用了不同的施工方法，对 5、6 号墩的施工都进行了计算，在三角刚架施工完成后，经比较，5、6 号墩的应力情况基本相同，故对上部结构施工和运营阶段只进行了 6 号墩的计算，考虑到三角刚架的结构特点和计算的工作量，对于上部结构施工，选取了水平推力变化较大的工况进行了计算，计算工况的划分见表 8-8 所列。

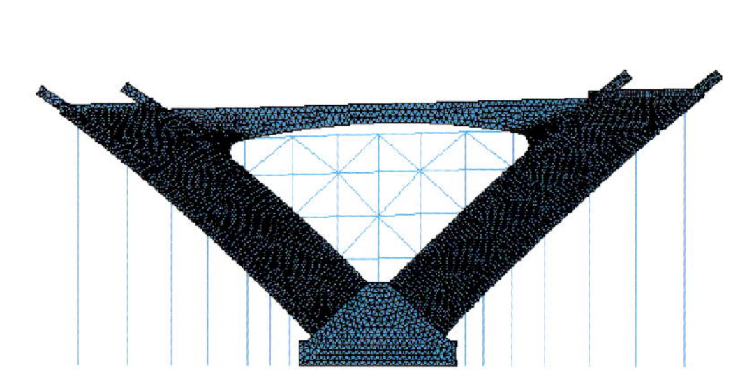

图8-5　5号墩有限元模型

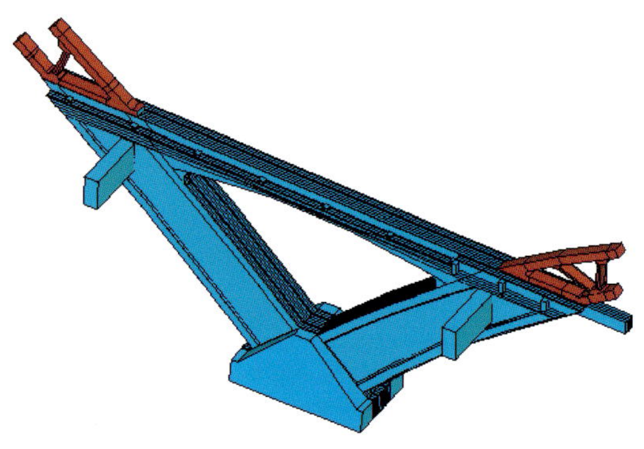

图8-6　6号墩有限元模型

6号墩计算工况划分　表8-8

工况编号	施 工 内 容	模型工况	工况编号	施 工 内 容	模型工况
1	浇筑斜腿第一节段混凝土		26	安装主拱吊杆及桥面纵、横梁	工况3
2	浇筑斜腿第二节段混凝土		27	第一次主拱系杆张拉	
3	浇筑斜腿第三节段		28	拆主拱临时系杆	工况4
4	张拉第一层拉杆至15 000kN		29	第二次主拱系杆张拉	
5	浇筑斜腿第四节段混凝土		30	拆除主跨边节段临时支撑	
6	浇筑斜腿第五节段混凝土		31	施工完边拱及三角刚架纵、横梁	
7	张拉第二层拉杆至20 000kN		32	施工完边跨桥面板	
8	浇筑斜腿第六节段		33	施工完主跨桥面板	工况5
9	张拉第三层拉杆至15 000kN		34	第三次主拱系杆张拉	
10	浇筑斜腿第七节段		35	安装主跨防撞墙、人行道	工况6
11	张拉第三层拉杆至22 000kN		36	第四次主拱系杆张拉	
12	浇筑斜腿第八节段		37	施工完桥面铺装	工况7
13	张拉第四层拉杆至20 000kN	工况1	38	运营阶段恒载	
14	浇注系梁混凝土		39	恒载+汽$_{max}$	工况8
15	体系转换（系梁刚度生成）		40	恒载＋汽$_{min}$	工况9
16	张拉4、5号预应力钢束		41	恒载+汽$_{max}$+升温	
17	放松第四层施工拉杆至0kN		42	恒载+汽$_{min}$+升温	
18	张拉3、6号预应力钢束		43	恒载＋主拱$_{max}$+边拱$_{min}$+升温	工况10
19	张拉1、8预应力钢束		44	恒载＋主拱$_{min}$+边拱$_{max}$+降温	工况11
20	放松第三层施工拉杆至0kN		45	1.3倍恒载＋主拱$_{max}$+边拱$_{min}$+升温	工况12
21	张拉2、7号预应力钢束		46	1.3倍恒载＋主拱$_{min}$+边拱$_{max}$+降温	工况13
22	系梁施工支架拆除	工况2	47	1.5倍恒载＋主拱$_{max}$+边拱$_{min}$+升温	工况14
23	提升主拱边节段		48	1.5倍恒载＋主拱$_{min}$+边拱$_{max}$+降温	工况15
24	边拱拱脚合龙		49	1.7倍恒载＋主拱$_{max}$+边拱$_{min}$+升温	
25	张拉9、10、11、13、12、14系		50	1.7倍恒载＋主拱$_{min}$+边拱$_{max}$+降温	

七、主要结论及建议

(1) 在斜腿的施工过程中，无论是试验结果还是计算结果均表明，5、6号墩的最大压应力和最大拉应力值均满足规范的规定。从斜腿施工完成后的应力状态来看，主、边拱斜腿均处于全截面受压状态，主拱斜腿根部区域，已基本处于轴心受压状态，应力状态较为理想。三角刚架斜腿施工节段的划分、临时拉杆力的大小，拉杆张拉的时机均是合理的。

(2) 在浇筑系梁的过程斜腿各部分仍保持全截面受压，应力的大小满足规范要求，采用满堂支架一次性浇筑系梁的施工方案是可行的。

(3) 经多种张拉方案比较后，建议系梁预应力钢束的张拉顺序如下：

第一批钢束张拉在混凝土达到设计要求后张拉，张拉顺序：①对称张拉N1、N8；②放松第四层拉杆至0kN；③张拉N9预应力钢束；④对称张拉N3、N6预应力钢束；⑤张拉N10预应力钢束；⑥放松第三层拉杆；⑦对称张拉N4、N5预应力钢束。第二批钢束在第二次系杆主拱系杆张拉完后张拉，张拉顺序如下：①对称张拉N2、N7；②对称张拉N11、N13；③对称张拉N12、N14。

(4) 综合试验和计算的结果，张拉完第一批系梁预应力后，斜腿根部区域、系梁跨中截面均为全截面受压，压应力的大小满足规范要求，主拱斜腿与系梁过渡区域外侧存在拉应力，最大拉应力2.1MPa。计算与试验均表明，设计单位提出的系梁预应力分两次张拉的方案，有效地降低了拉应力，减小了开裂的可能性，也验证了第3条中建议的预应力张拉顺序是合理、可行的。

(5) 斜腿与系梁共同承受预加力，其中系梁承受了93.6%，斜腿分担了6.4%。

(6) 上部结构施工过程中主、边拱斜腿根部、系梁跨中、反弯点上缘均处于全截面受压状态，应力值满足规范的要求。对于斜腿与系梁过渡区域，在上部结构施工过程中，除张拉第二批系梁预应力钢束和施工边跨桥面板时，主拱外侧的拉应力较张拉第一批钢束时略有增大外，其余工况拉应力均呈减小趋势，拉压应力均满足规范要求。

(7) 上部结构施工过程中，通过观察未发现可见裂缝，原型结构的有限元计算表明，系梁、斜腿基本处于全截面受压状态，试验现象与计算结果是一致的。结合第6条的结果，可认为，对于三角刚架而言，主、边拱的施工节段的划分、系杆力的大小、张拉系杆的时机均是合理的，在上部结构施工过程中三角刚架能满足正常施工的要求。

(8) 在正常使用荷载作用下，三角刚架斜腿根部截面为控制截面，压应力控制设计，主、边拱斜腿压应力均满足规范的要求，且计算应力比实测应力要大，以计算应力来指导设计是偏于安全的。系梁跨中保持全截面受压，应力大小满足规范要求。此外，斜腿根部腹板、主拱斜腿与系梁过渡区、边拱斜腿与系梁过渡区等关键部位应力值均满足规范要求。

(9) 试验和计算均表明，三角刚架具有足够的刚度支撑上部结构。系梁、斜腿上均未发现可见裂缝，三角刚架在应力、刚度、裂缝三个方面均能满足正常使用的要求。

(10) 试验的宏观现象、规范的理论公式计算结果、试验应力、计算应力均一致表明，三角刚架具有足够的承载能力抵抗上部结构荷载，并有一定的强度储备。

第四节　主拱钢—混过渡段连接节点研究

一、研究目标与内容

广州新光大桥主桥钢—混过渡段连接结点研究是由西南交通大学完成。

试验研究主要目的有两个：①验证。首先是验证钢—混过渡段的安全性；其次是验证设计计算结果可靠性；第三是检验钢—混过渡段结构设计的合理性。②研究规律。即通过试验和理论分析，研究钢—混过渡段的应力分布规律和传力途径，为今后的设计和研究工作提供依据。

通过模型试验可了解荷载传递的路径，掌握箱内外混凝土在三角刚架预应力、拱肋荷载等因素共同作用下的应力分布情况，包括局部的空间应力场研究、荷载从钢拱肋向混凝土传递的途径和规律、剪力连接件强度和刚度以及传递的荷载分布规律、钢结构和混凝土结构间的相对滑移等，检验钢—混过渡段设计的合理性。验证箱外混凝土的抗裂性能、强度和安全储备，并与设计预期及计算情况进行对照分析。

二、模型设计

1. 模型比例

考虑到实桥拱肋主拱下弦钢箱外壁至斜腿外侧混凝土边缘为350mm，模型不宜小于100mm，否则会造成模型制作的困难；另外考虑到实桥拱肋上、下弦钢箱内横隔板厚度为12mm，试验构件厚度不宜小于4mm，否则焊接变形较大，故最终采用了1/3的比例来进行试验。

为了准确模拟实桥，根据圣维南原理，模型边界距离钢混过渡段的长度应大约1倍于模型宽度。从模型的尺寸和模型荷载来说，按照1∶3的比例，新光大桥钢混过渡段的模型长度达11.8m，高度(加上千斤顶的高度）达10.6m，主拱拱肋的最大轴力（1∶9）达5 200kN，按照本试验计划，加载到设计荷载的1.3倍，主拱拱肋的最大轴力将达6 780kN。如果采用更大比例模型会导致模型尺寸过大，模型荷载过高。综合考虑试验目的和试验可实施性，在本次试验中采用了1∶3这样较大的模型比例。

2. 系梁预应力钢束设计

由量纲分析可知，若采用应力等效，对于1∶3的模型，外加力应为原型的1/9，故预应力钢束的预加力也应为原型的1/9。根据这一原则，设计中首先假定模型钢束的张拉控制应力为0.75×1 860MPa，钢束根数取为结构1/9并取整根数，由取整带来的误差则通过适当调整张拉控制应力来调整。计算表明，模型钢束的合力为原型钢束的合力的1/8.9，模型钢束的合力矩为原型钢束的合力矩的1/26.7，而根据相似理论，模型钢束的合力为原型钢束的合力的1/9，模型钢束的合力矩为原型钢束的合力矩的1/27，可见模型钢束在合力大小和合力作用点两方面均有良好的相似性。

图8-7 钢箱内剪力钉焊接

图8-7为模型钢箱内剪力钉焊接情况，图8-8为试验总体布置图。图8-9为施加拱肋荷载用的钢铰线安装情况，图8-10为模型钢拱肋安装情况。表8-9为模型三角刚架系梁预应力钢束布置情况。

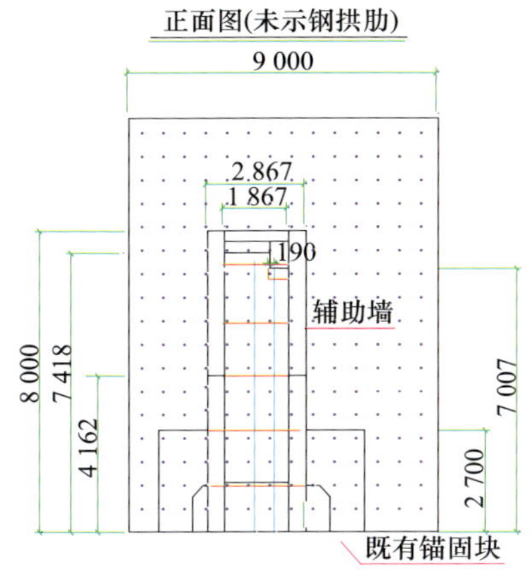

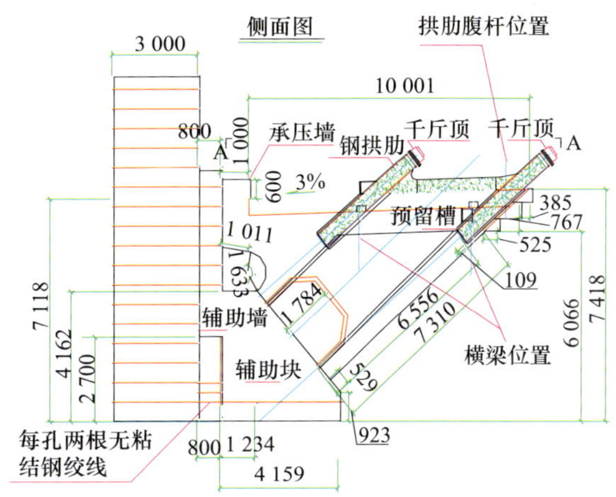

附注:

1.本图尺寸均以mm计。

2.本模型分为试验段部分和辅助部分。可分两次浇注混凝土。施工辅助部分时注意P锚、无粘结钢绞线、波纹管及锚下钢筋网的安装。

3.普通钢筋与预应力钢筋相碰时，可移动普通钢筋。

4.横梁力通过在地面张拉钢绞线模拟。

5.主拱腹杆力通过加载钢横梁和钢绞线、千斤顶等组成的系统加载模拟。

6.主拱上下弦轴力分别通过650吨和900吨千斤顶与辅助块、钢绞线等组成的自平衡体系加载模拟。每个千斤顶处锚板最外圈安放6个穿心式力传感器。

7.主拱系杆力通过两个300吨或1个500吨千斤顶与纵横钢梁等组成的加载体系加载模拟。纵横钢梁的数量本图未列，与三角刚架加载横梁共用，施工时预埋地脚螺栓锚固。

图8-8　钢混过渡段试验总体布置图

图8-9　施加拱肋荷载所用的钢绞线

图8-10　模型钢拱肋安装

模型三角刚架系梁预应力钢束布置情况 表8-9

编　号	钢束规格	张拉控制应力（MPa）	张拉力（kN）	钢束力臂（m）	钢束力矩（kN · m）	钢束合力（kN）	钢束合力矩（kN · m）
N1	1×15–4	1 395	1 562.4	0.737	1 151.5	23 240.7	13 100.3
N2	1×15–4	1 395	1 562.4	0.527	823.4		
N3	1×15–19	1 395	7 421.4	0.235	1 744.0		
N4	1×15–12	1 395	2 343.6	0.235	550.7		
N5	1×15–6	1 395	1 171.8	0.527	617.5		
N6	1×15–12	1 395	2 343.6	0.762	1 785.8		
N7	1×15–19	1 395	3 710.7	0.762	2 827.6		
N8	1×15–12	1 395	2 343.6	1.152	2 699.8		
N9	1×15–4	1 395	781.2	1.152	899.9		

3．模型相似性验证

为验证模型的相似性，在模型的设计中，分别对试验模型和原型结构进行了计算，相似的原则是应力等效，计算的荷载工况为预应力两次张拉和1.4倍的设计荷载，作用的荷载有三角刚架重力和预应力荷载、拱轴力等，模型和原结构的应力分布情况如图8-11所示，从图中可知，模型与原型应力分布情况满足相似关系。

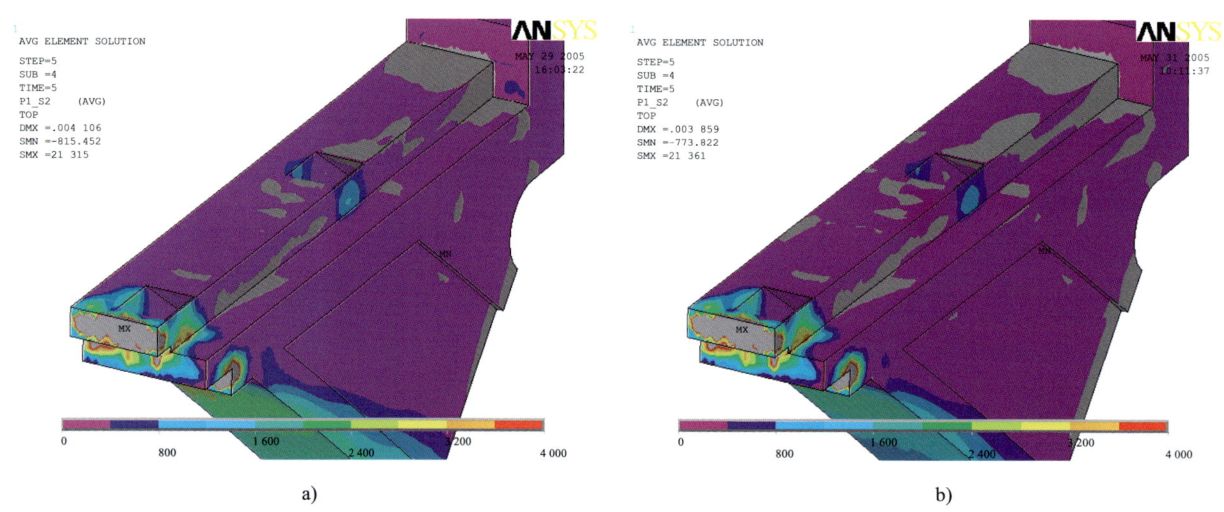

图8-11　预应力第一次张拉时下弦挖槽附近主拉应力云图

a）试验模型的应力；b）原型结构的应力

三、加载方法

试验采用VLM公司一个6 500kN级和一个9 000kN级大吨位千斤顶进行模拟拱肋轴力整体加载，分别张拉42根和31根7ϕ5钢绞线。钢绞线张拉端在千斤顶止口位置设锚板和夹片锚固，钢绞线锚固端设在模型底部的辅助块内。模型拱肋节段顶端设置张拉架（千斤顶底座），千斤顶直接支撑于张拉架上，通过张拉千斤顶顶锚可进行加载。主拱系杆力通过在主拱系杆锚固端设置一个5 000kN级千斤顶施加荷载，如图8-12所示，千斤顶的反力作用在试验室的反力墙上。横梁及腹杆力荷载：计算表明模型的横梁及腹杆力荷载较小，对加载设备的要求不高，选用240kN液压千斤顶加载，为保证加载精度，在加载横梁和锚板间设力传感器。本次试验所用的大小千斤顶都经过认真标定。

图8-12　钢—混过渡段模型拱肋上下弦加载图

四、结论

(1) 在施工阶段，选取了三角刚架系梁预应力两次张拉、安装主拱纵横梁和吊杆、主跨桥面板施工完的 4 个工况进行了加载试验。在三角刚架系梁预应力张拉试验过程中，在钢拱肋与锚固端面间出现斜向裂缝，有限元计算的结果也表明该区域的名义主拉应力已达 4MPa 以上。造成以上高应力现象的主要原因是拱肋与预应力钢束锚固锯齿块之间的混凝土过薄。

(2) 根据试验结果和计算结果，采用了三种方法来优化钢拱肋与锚固端面间的混凝土应力，具体方法是：①调整三角刚架系梁预应力钢束线形，即将预应力钢束锚固点向下移动 1.18m，而其他线形控制点不变；②调整三角刚架系梁预应力钢束张拉顺序，即第一次张拉时按 N1、N8 → N9 → N3、N6 → N10 → N4、N5 的顺序张拉，第二次张拉时按 N2、N7 → N11～N14 的顺序张拉；③加厚拱肋与预应力钢束锚固锯齿块之间的混凝土厚度。

经过以上措施，除了应力集中区域之外，拱肋表面混凝土主拉应力水平降至可控制的范围之内。在施工阶段，这一应力水平大约在 2.0MPa 以下；而在运营阶段，这一应力水平也不高于 2.4MPa。这就说明锚下局部应力对拱肋外表面传剪区域内的传剪性能影响较小。

(3) 对于钢—混过渡段的正常使用极限状态组合，试验中先后完成了恒载 + 活载 + 升温（上下弦压力均最大)、恒载 + 活载 + 降温（上弦压力最小，下弦压力最大)、恒载 + 活载 + 降温（上下弦压力均最大）3 种组合，对这 3 种组合进行的重复试验表明，同种工况的试验结果重复性较好，说明结构在正常使用极限状态组合作用下，处于弹性工作状态。

(4) 对于钢—混过渡段的承载力极限状态，试验中加载到了 1.4 倍恒载 + 活载 + 降温（上下弦压力均最大）的工况，大于规范规定的承载力极限状态组合，试验表明，在此荷载作用下，钢—混过渡段未出现破坏征兆和其他异常现象。为考察钢—混过渡段的承载能力和结构的弹性恢复能力，进一步重复加载到 1.4 倍恒载 + 活载 + 降温（上下弦压力均最大)，结果重复性较好，表明结构具有足够的承载能力，并有一定安全储备。

(5) 通过测试钢拱肋和混凝土表面间的相对位移以及钢拱肋在混凝土内部的滑移，最大的测试滑移量为 0.09mm，说明结构的刚度较大，设计采用的剪力钉和刚性传剪器来传递拱肋荷载是可行的。

(6) 在 1.4 倍恒载 + 活载 + 降温（上下弦压力均最大）的工况下，模型上、下弦底部测试截面平均轴向力（距钢拱肋底端 0.15m）分别占模型上、下弦总轴力的 3.4% 和 5.6%，钢拱肋上下弦在混凝土内上端测试截面的测试应力大于下端测试截面，进一步说明钢拱肋的轴力大部分已经通过肋间系梁和剪力钉、刚性传剪器传递给钢拱肋周围的混凝土。

(7) 试验完成后对主拱钢—混过渡段模型的实测数据和有限元计算结果进行了比较，二者反映的应力分布规律一致，说明采用的有限元方法对模型的计算模拟是正确的，可以用有限元计算方法对模型进行进一步分析。

(8) 综上所述，可以认为钢—混过渡段对拱肋轴力的传递是可靠的，但拱肋与预应力锚固端面之间的混凝土厚度应该加厚。目前采用了加厚 40cm 的方案。此时局部存在应力集中现象，建议采取构造措施予以解决。

第五节　边拱肋与预应力混凝土系杆过渡区研究

一、三维有限元分析

1. 模型概况

边拱肋与预应力混凝土系杆过渡区研究由湖南大学完成。

在试验研究前，对边拱肋与刚性系杆连接区域进行了三维仿真分析，该空间有限元模型共采用 3 种 ANSYS 单元：外部钢箱采用 4 节点壳单元，系梁混凝土采用六面体单元，预应力筋采用空间杆单元。壳单元具有 4 个节点，每个节点具有 6 个自由度。六面体单元具有 8 个节点，每个节点有 3 个线位移自由度。空间杆单元具有 2 个节点，每个节点具有 3 个线位移自由度，通过初始应变来模拟预应力值。实体单元壳单元接触部位共节点。通过输入配筋率来表示普通钢筋对结构的贡献。预应力筋与混凝土之间无粘结，在锚固两端与周围块体单元共节点。

为避免应力集中现象，在上下拱肋部位各延长一定长度，并在加载区将材料刚性化，然后在延长部分上 4 个角上节点处施加集中力来模拟上下拱肋的弦管内力，以保证集中力通过延长段传递到上下拱肋上时的应力趋向均匀。对系梁也延长足够的长度，以排除边界效应对所研究区域受力的影响。有限元分析模型中，连接区域支座底部各节点施加竖向约束，系杆末端则进行固结。对拱肋与系梁连接部位以及翼缘板部位局部网格划分适当加密，以更准确地反映边拱拱脚空间应力分布特征。

大桥边跨梁拱刚结区有限元模型共有 16 410 个单元（块体单元 7 680 个，壳单元 8 714 个，杆单元 16 个），14 789 个节点，如图 8-13 所示。计算中结构材料视为理想线弹性。荷载工况选用了恒载、恒载 + 活载的两种荷载工况。荷载取自设计方提供的全桥结构有限元模型分析结果，具体数值见表 8-10 所列。

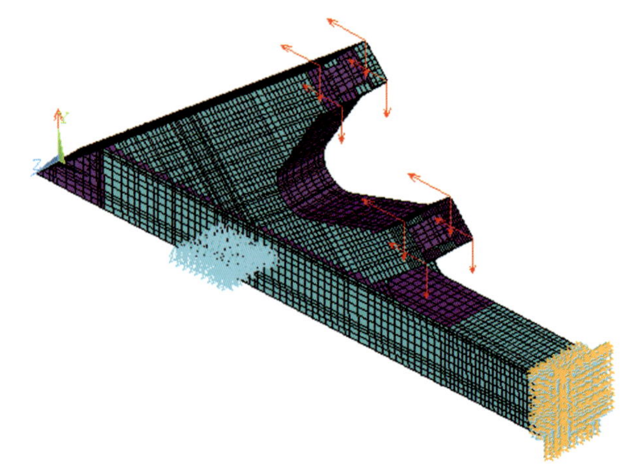

图8-13　有限元模型图

边拱拱脚段弦管内力表　　表8-10

荷载工况	所用计算软件	边拱活动端			
		上弦		下弦	
		N (kN)	M (kN·m)	N (kN)	M (kN·m)
恒载	ALGOR	19 365	−631	22 482	−2 250
恒载+活载	ALGOR	21 870	−775	24 773	−2 752

2. 计算结果

对恒载和恒载+活载两种工况进行了有限元分析，计算所得的支座反力见表8-11所列。

支座反力输出表　　表8-11

荷载工况	支座竖向反力 (N)	系梁轴力 (N)	系梁剪力 (N)
恒载	2.66E+07	3.20E+07	0.41E+07
恒载+活载	2.97E+07	3.57E+07	0.41E+07

在图8-14～图8-24中列出了恒载+活载工况下的应力应变等值线图，图中应力等值线云图中应力单位为MPa，位移等值线云图中位移单位为mm。

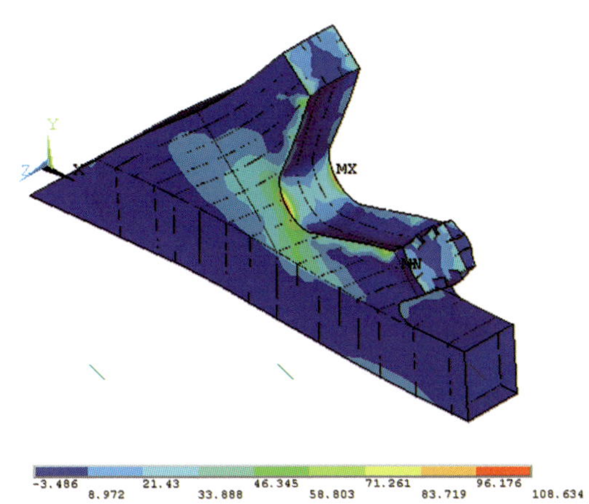

图8-14　恒载+活载工况下钢结构第一主应力云图

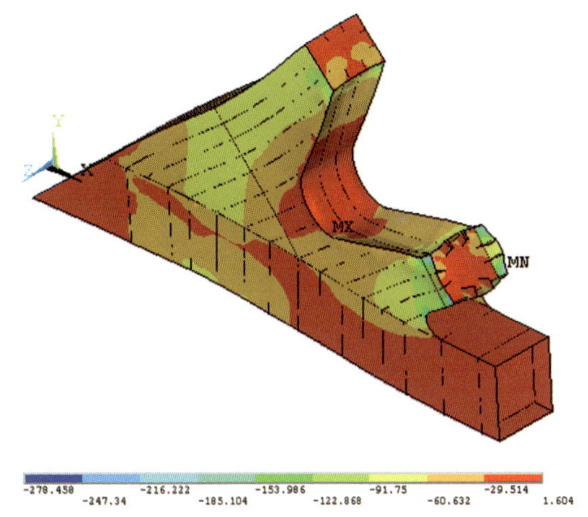

图8-15　恒载+活载工况下钢结构第三主应力云图

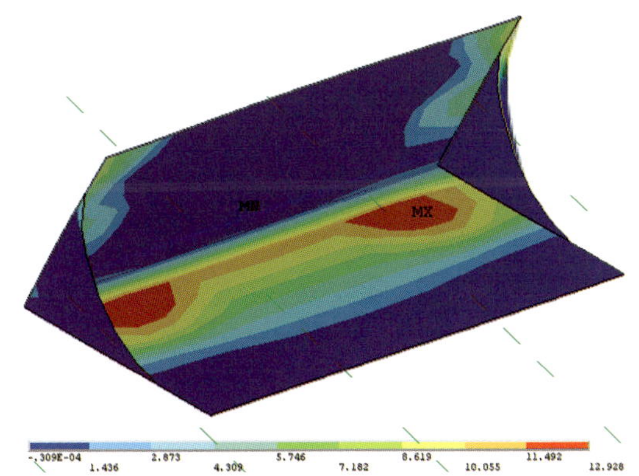

图8-16　恒载+活载工况下下拱肋与系梁连接部位第一主应力云图

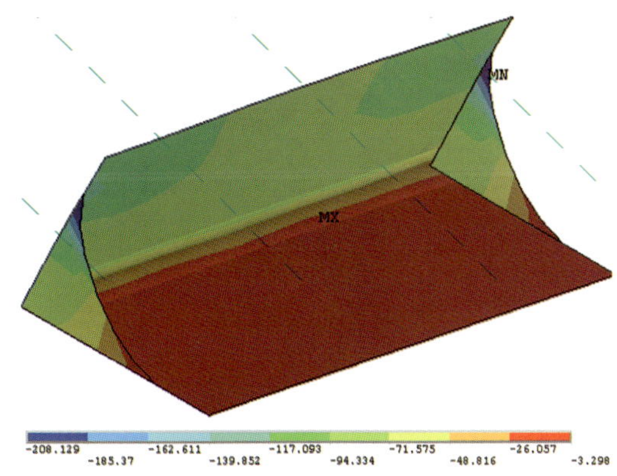

图8-17　恒载+活载工况下拱肋与系梁连接部位第三主应力云图

第八章　科学研究

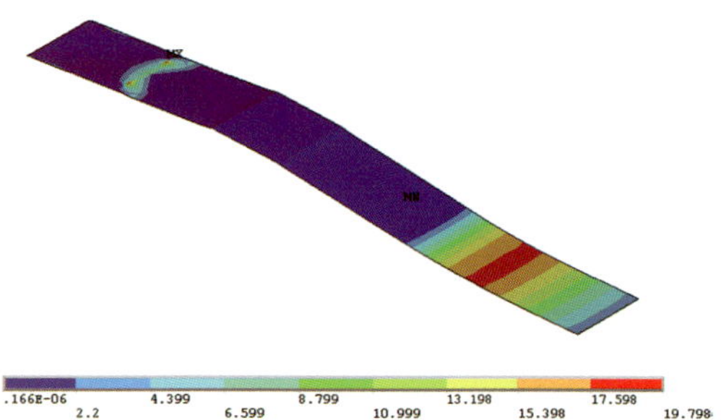

图8-18　恒载+活载工况下底板第一主应力云图

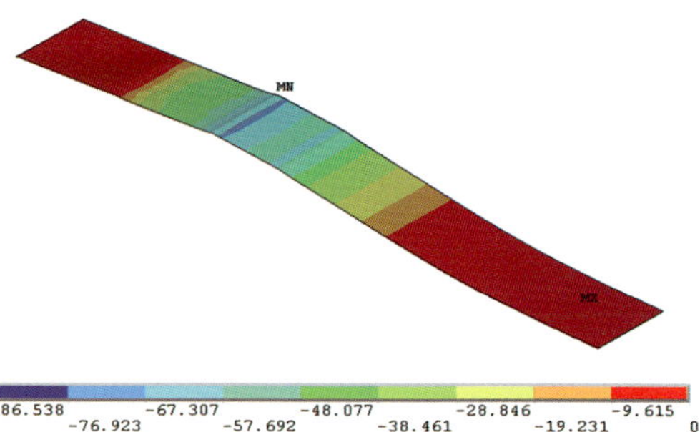

图8-19　恒载+活载工况下底板第三主应力云图

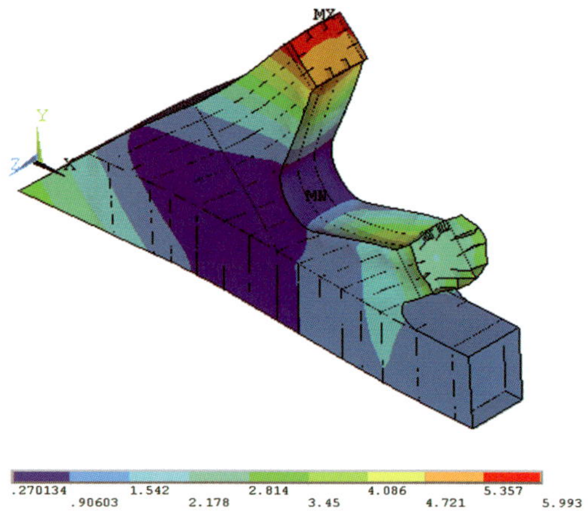

图8-20　恒载+活载工况下钢结构位移云图

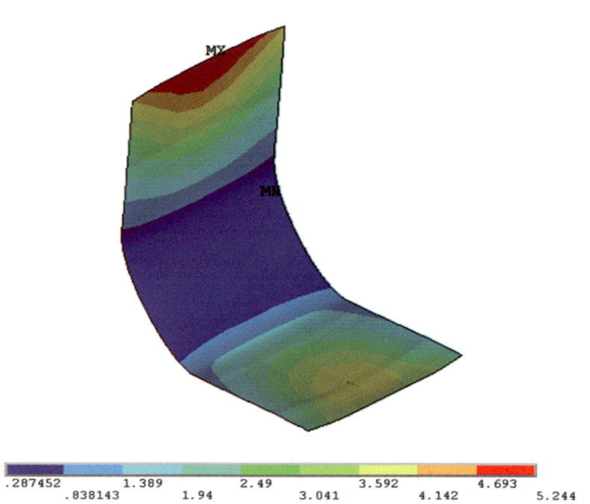

图8-21　恒载+活载工况下翼缘板位移云图

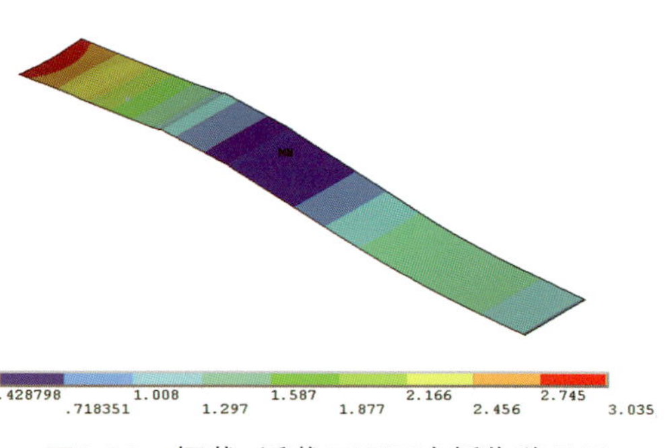

图8-22　恒载+活载工况下底板位移云图

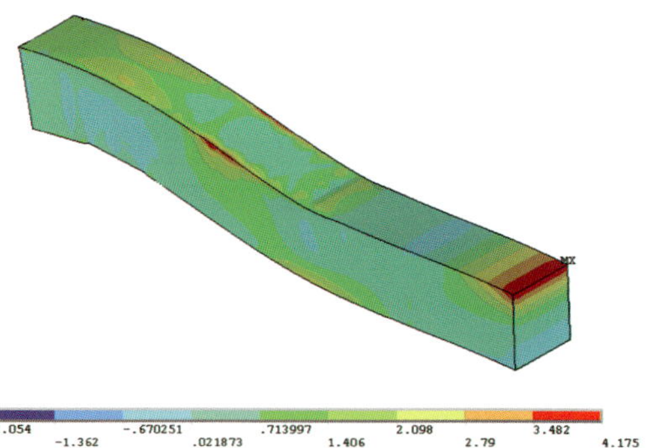

图8-23　恒载+活载工况混凝土第一主应力云图

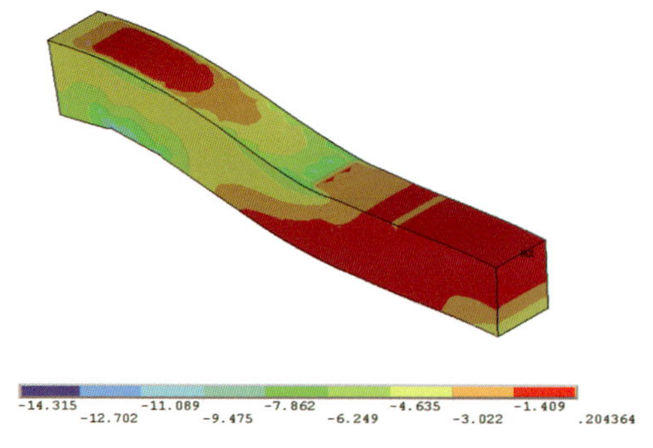

图8-24　恒载+活载工况混凝土第三主应力云图

计算表明,拱肋内力对与系梁相连处的局部应力有影响,但影响幅值不大。由以上应力云图可知,该区域较大应力均出现在拱肋、系梁连接处及上下拱肋连接处。预应力锚固点处的应力较大，但实际结构中锚头下有锚垫板、钢筋网片等分散应力的措施，因此应力值会小于本文有限元模型计算值，对于端部锚固点而言，本文有限分析所得为偏于安全的结果。

支座部位受支座反力的影响有较大的压应力，该处部分区域压应力近 80MPa。上下拱肋之间的圆弧形翼缘板中间部位主拉应力较大,达 108.6MPa。从第三主应力(即压应力) 等值线图中可以看出,下拱肋与系梁连接处的小圆弧形钢板承受的压应力大，达到 208.1MPa。

3．钢结构

从图 8-14 钢结构的第一主应力云图上可以很清楚的看出，连接部位拉应力最大的部位出现在上下拱肋之间的翼缘板和前后两块大竖板相交的边界部位，由从整体中取出的翼缘板局部第一主应力等值线图可得出两种工况下该翼缘板的最大拉应力分别达到 90.492MPa 和 108.6MPa。该部位拉应力集中主要是由于上下拱肋在承受轴力的同时，还分别承受一负弯矩，其中下拱肋承受的负弯矩较大；在两种工况下分别达到 2 250kN · m 和 2 752kN · m，使得下拱肋上部翼缘板受较大拉力，在中间部位出现拉应力集中的现象。

从图 8-17 钢结构的第三主应力云图可以看出，压应力集中的部位主要出现在下拱肋底板与系梁顶板之间的大竖板的三角圆弧部分，以及上下拱肋之间翼缘板两端的圆弧部分。上下拱肋之间翼缘板两端的圆弧部分出现压应力集中主要是由于承受较大轴力所致，而大竖板在下拱肋与系梁顶板之间的三角圆弧部分之所以出现很大的压应力集中，则是一方面由于下拱肋承受的轴力导致的，另一方面由于承受的较大负弯矩使下拱肋下部受压严重。两种工况下该局部的压应力值分别达到 208.1MPa 和 189.09MPa。

从钢结构在两种工况下的位移等值线云图上可知，连接区域位移变化不大，主要是拱肋与系梁连接处尖角部位由于系梁支座反力的影响，产生了类似伸臂梁的向下弯曲变形，上下拱肋由于轴力影响产生压缩变形。整个连接区域的最大位移变化值不超过 10mm。

4．混凝土结构

从混凝土结构的第一主应力云图可以看出，混凝土结构在两种工况下其最大拉应力部位出现在支座右端附近的混凝土梁体顶部，分别为 4.006MPa 和 4.175MPa。混凝土体其他部位所受拉力较小，一般在 2.00MPa 以下。从两种工况下混凝土结构的第三主应力云图可以看出，混凝土结构在两种工况下的最大压应力部位都出现在支座部位，压应力值较大，达到了 15.384MPa 和 14.315MPa。

整个混凝土结构由于外部钢箱的约束，变形很小，其位移变化与约束其的钢箱接近一致。

5．最大应力

两种工况下计算所得的最大应力见表 8-12 所列。

连接部位最大应力值 表8-12

荷载工况	恒　载		恒载+活载	
	压应力（MPa）	拉应力（MPa）	压应力（MPa）	拉应力（Mpa）
钢结构	189.090	90.492	208.100	108.600
混凝土结构	15.384	4.006	15.380	4.175

二、二维有限元分析

以上分析中所选取的最不利工况为恒载 + 活载，是针对全桥而不是针对拱肋与系杆连接区域的最不利地方得出的。为安全起见，有必要具体针对连接区域应力集中部位求其应力影响线。然后按应力影响线加载，求出该部位的应力分布。从前面的分析可知，两个应力幅较大的区域为图 8-25 中部位 1 和部位 2。故针对这两个部位进行移动布载，求出其应力分布影响线。

1. 平面有限元模型

建立边跨平面有限元模型来求取所关心位置的应力影响线，如图 8-26 所示，系杆和拱肋用梁单元模拟、吊杆用杆单元模拟。边跨拱肋采用梁单元。系杆在计算其截面特性时，将其他纵梁全部换算到边纵梁中，使系杆的刚度与实桥状态的刚度相符，连接区域用壳单元模拟。

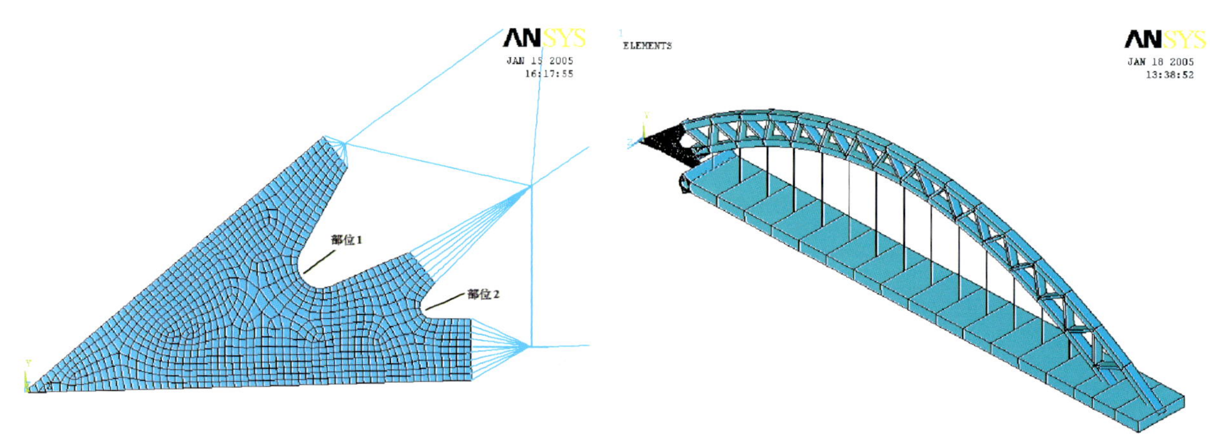

图8-25　模型连接部位局部示意图

图8-26　边跨平面有限元模型

2. 应力影响线

根据以上所建模型采取移动布载的方式求得部位 1 与部位 2 应力影响线如图 8-27 所示。其中虚线为部位 1 拉应力分布影响线，实线为部位 2 的压应力分布影响线。由图可以看出当活载布载将集中力布置在第一个加载节点上时，部位 1 的拉应力值会最大；而将集中力布置在第 5 个加载节点上时，部位 2 的压应力值会最大。

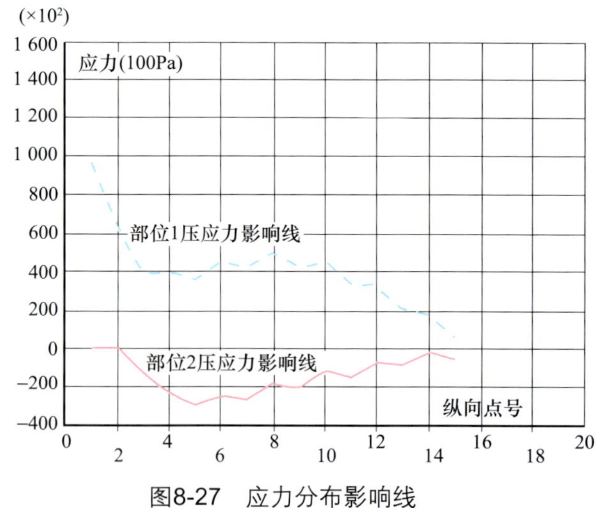

图8-27　应力分布影响线

3. 关键部位应力

依据图 8-27 所得的应力分布影响线，按照《公路桥涵设计通用规范》(JTGD60—2004) 规定对模型分别布载，其中集中力 P_k=360 × 8 × 0.5/2 (kN)(式中 8 为车道数、0.5 为横向折减系数)，均布荷载 q_k=10.5 × 8 × 0.5/2 (kN)，将均布荷载标准值满布于使结构产生最不利效应的同号影响线上；集中荷载布置在相应影响线中最大影响线峰值处。

（1）部位1

由图 8-27 应力分布影响线可知，活载布载时将集中力 P_k 和均布荷载 q_k 布置在如图 8-28 所示节点上时，部位 1 的拉应力值会最大。

在如图 8-28 所示的布载工况下，部位 1 的拉应力分布情况如图 8-29 所示，部位 1 在这种工况下的最大拉应力值为 23.7MPa。

（2）部位2

同样由图 8-27 应力分布影响线可知，活载布载时将集中力 P_k 和均布荷载 q_k 布置在如图 8-30 所示节点上时，部位 2 的压应力值会最大。

在如图 8-30 所示的布载工况下，部位 2 的压应力分布情况如图 8-31 所示，部位 2 在这种工况下的最大压应力值为 24.0MPa。

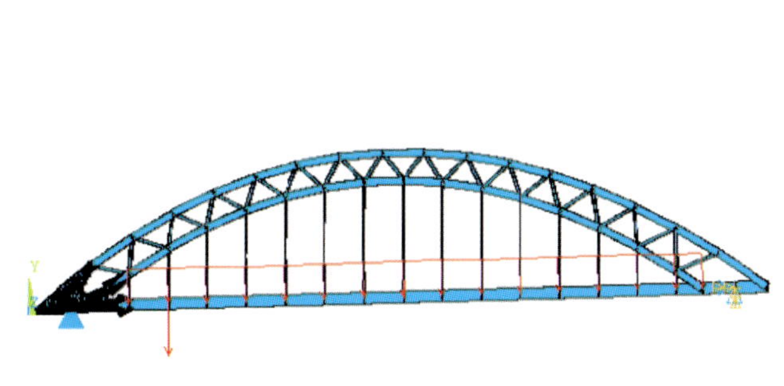

图8-28　部位1拉应力最不利工况布载图

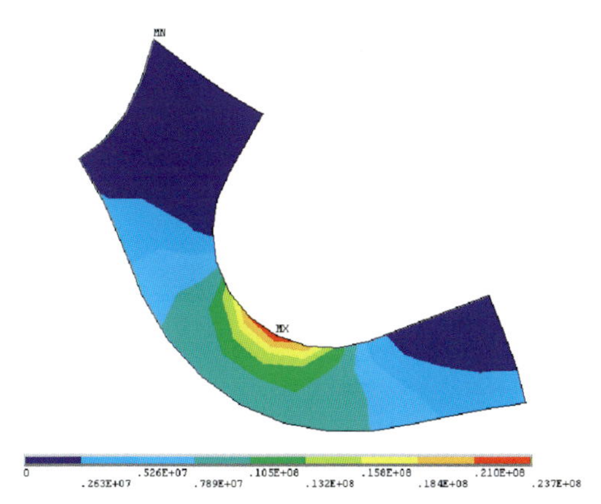

图8-29　图8-28所示工况下的拉应力图

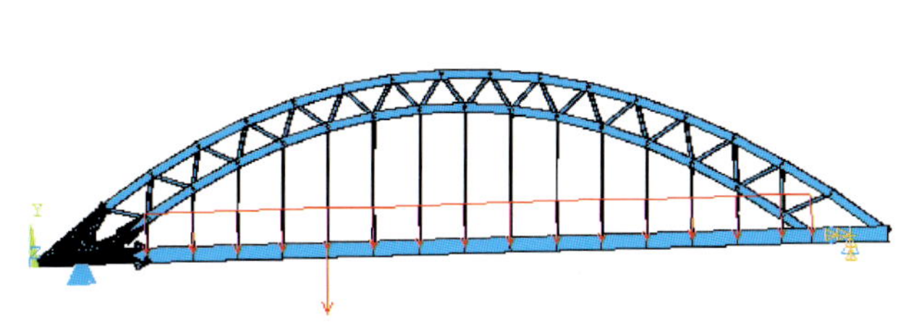

图8-30　部位2压应力最不利工况布载图

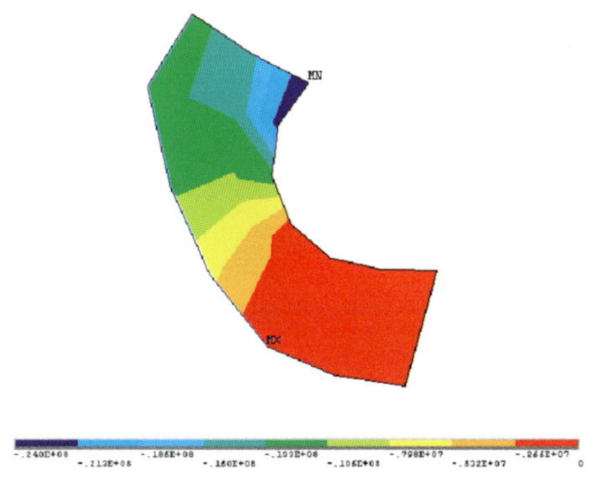

图8-31　部位2在最不利工况压应力

三、理论结果分析

1．分析结果

以上两种不同方法求得的结果见表 8-13 所列。

由表 8-13 不难看出，①＋②之和与直接由恒载＋活载工况所求得的拉压应力值相差不大，活载的应力贡献较小，恒载产生的应力占主要部分。

2. 计算结论

(1) 在边拱和刚性系杆连接区域，结构整体受力合理。

(2) 上下拱肋之间连接部存在拉应力，见表 8-13 所列，最大拉应力达 114MPa，下拱肋与系梁顶板之间小圆弧过渡部位压应力较大，最大压应力达 220.8MPa，但最大应力点的区域很小，平均应力并不大。

两种不同方法分析结果对比 表8-13

工况		部位1拉应力（MPa）	部位2压应力（MPa）
① 恒载（根据设计方提供内力计算所得）		90.492	196.804
②	部位1拉应力最不利活载（影响线布载求得）	23.7	
	部位2压应力最不利活载（影响线布载求得）		24.0
①+②		114.192	220.804
恒载+活载（根据设计方提供内力计算所得）		105.707	212.559

四、模型试验

新光大桥三跨连续钢拱桥在国内首创了三角刚架与下承式系杆拱桥的组合结构体系，造型独特，是国内大跨度桥梁中具创新性的设计成果。由于新光大桥边拱肋在拱脚处与预应力混凝土刚性系杆、支座的连接节点、三角刚架及三角刚架与主拱肋的连接节点关键部位受力十分复杂，其结构行为并未十分清晰。因此，开展这方面的专项的分析和模型试验研究，有利于设计人员加深对大桥构造的了解，准确掌握桥梁的力学行为。

1. 模型设计

局部模型试验研究包括以下几个方面：①根据应力相似、刚度相似原则和理论分析结果，设计制作 1∶3.2 的结构模型，模拟分析各种荷载工况下结构的受力性能；②进行从施工到成桥到使用状态全过程各种工况下模型的应力与变形测试；③对理论分析与模型试验结构作对比分析，总结出节点应力分布与变形的主要规律，提出节点构造优化的建议。图 8-32 为边拱拱脚模型试验照片，图 8-33 为试验台座整体布置图。

图8-32 边拱拱脚模型

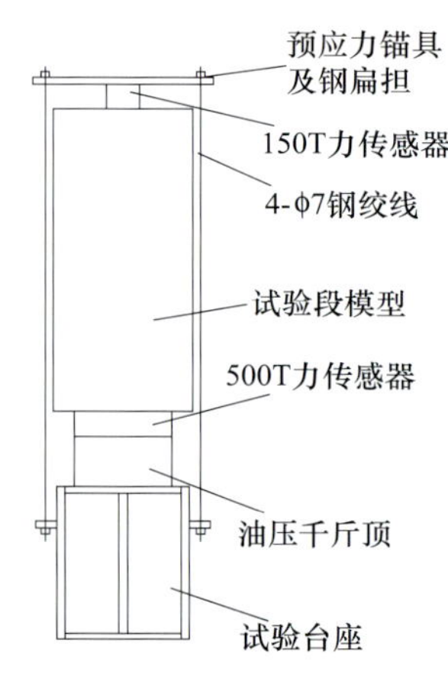

图8-33 试验台座整体布置图

模型采用与实桥一致的材料（钢材和混凝土），考虑到竖板和翼板是结构的主要受力部件，必须严格相似，在该试验段的竖板和翼缘板的厚度为32mm和36mm，采用1：3.2的缩尺比例，对于厚度为32mm的竖板，采用10mm的钢板模拟，对厚度为36mm的翼板，采用12mm的钢板刨削加工至11.25mm模拟，根据模型和原型对应点的应力相等和应变相等，上弦和下弦的轴力和弯矩的相似比分别为：轴力1：10.24，弯矩1：32.77。模型与原型各有关量的比例：材料密度1：1，弹性模量1：1，截面惯性矩1：3.24，位移比1：1。

考虑到对于加劲肋等一些次要受力板采用完全相似将会给模型加工带来很大的难度，因此按面积相等的原则进行了微调。对于加载的上弦和下弦端部区域，为消除集中力效应，上弦和下弦的端部按等截面延长0.3m，并适当扩大端板面积。系杆端部延长0.7m。

对于主要的受力钢筋N1-1，N1-2采用ϕ10钢筋完全相似，对于构造钢筋在无法满足完全相似的情况下，采取配筋率相等的原则来相似。对于预应力束N1的27-7ϕ5采用3-7ϕ5的预应力束模拟，并适当调整张拉力来保证完全相似。

2．加载方案、测点的布置与测试仪器设备

加载方式采用预应力束张拉与支座液压千斤顶联合加载系统，来实现对试验模型的分级加载；每一预应力束加载系统包括1 500kN力传感器、预应力锚具和预应力钢绞线构成，支座测力与调整系统包括5 000kN力传感器和油压千斤顶。

根据有限元计算，具体加载见表8-14、表8-15所列。

恒载工况下模型加载　　表8-14

加载等级	上弦左（kN）	上弦右（kN）	下弦左（kN）	下弦右（kN）	支座力（kN）	折算实桥荷载的倍数
1	272.25	295.5	327.75	330	779.25	0.3
2	545	591	655.5	660	1 558.5	0.6
3	817.5	886.5	983.25	990	2 337.75	0.9
4	1 088	1 182	1 310	1 325	3 118	1.2

恒载+活载工况下模型加载　　表8-15

加载等级	上弦左（kN）	上弦右（kN）	下弦左（kN）	下弦右（kN）	支座力（kN）	折算实桥荷载的倍数
1	306	334.5	354.75	370.5	864	0.3
2	612	669	709.5	741	1 728	0.6
3	918	1 003.5	1 064.25	1 111.5	2 592	0.9
4	1 224	1 339	1 420	1 483	3 457	1.2

根据有限元计算结果，在整个结构的应力集中和变化较大部位，选取21个关键点布置了50个表面式光纤传感器；另布置了114个电阻应变片，测试钢结构各部位的平面应力，在系梁混凝土区域的大应力部位埋设了6个埋入式光纤传感器，测试该部位的轴向应力分布情况。在系梁底面中心线的5个关键位置安放了5个百分表来测量模型结构的位移，监测加载过程中位移的变化。

电阻应变片数据采集采用东华5935电阻应变仪，光纤传感器数据采集采用北京品傲光电科技有限公司生产的光纤光栅传感器网络分析仪，考虑了温度补偿。在模型底部支座位置布置有一个5 000kN力传感器和500kN液压千斤顶，拱肋上下弦管加力位置的预应力索的张拉力采用1 500kN

振弦式拉压力传感器来进行测试，利用张拉力与振动频率的关系进行了张拉力验算。

3．试验与仿真计算结果对比

以下只选取了4种主要工况进行了比较分析，分别是系梁预应力钢束全部张拉完毕（记为工况1）；拱肋上下弦杆加载到60%恒载（记为工况2）；拱肋上下弦杆加载到120%恒载（记为工况3）；拱肋上下弦杆加载到120%恒载+120%活载（记为工况4）。并按试验工况重新进行了有限元分析计算，所得数据主要用来与试验结果比较。

（1）钢结构应力应变分析

通过钢结构各工况的分析，可以得到以下结论：

① 光纤传感器的应变测试结果与临近的电阻应变花结果比较吻合，表明电阻应变花的数据与光纤传感器的数据同样可靠。

② 工况1～3的荷载增量均为60%恒载，测点Δ21（从工况1到工况2的主拉压应力增量）与Δ32（从工况2到工况3的主拉压应力增量）的试验结果基本相同，与有限元计算结果表现出同样的规律，同时表明结构在工况3（120%恒载作用下）仍处于线弹性工作范围。

③ 通过应变花得出的主应力大小及方向与有限元结果数值80%以上数据误差在10%以内，个别点处误差较大，整体吻合程度较好。

④ 上下拱肋间存在较大的应力集中现象，其值一般在60～76MPa之间，与有限元结果比较接近。值得说明的是在恒载+活载工况下的有限元计算结果发现钢结构表面的最大主拉应力达到110MPa，从应力云图可以看出该处位于上下拱肋间的翼缘板边缘与竖板相接处非常狭小区域，对整体受力影响很小。

⑤ 受拱肋上下弦杆加载的集中力效应影响，试验与有限元计算结果的最大主压应力均发生在弦杆端部，分别达到150MPa、176MPa，在拱肋下弦杆与系杆连接处的小圆弧钢板测点的压应力试验值与计算值分别为120MPa、128MPa。

（2）系杆变形分析

系杆下布置百分表，实测值与有限元计算结果见表8-16所列，规定系杆向下挠曲变形为正。模型与实桥的变形符合几何相似比1∶3.2，表中已将模型试验结果转化为了实桥对应值。

系杆变形实测值与有限元结果　　表8-16

监测位置	工　况	模型实测（mm）	换算为实桥值（mm）	实桥计算值（mm）	试验–计算（mm）
1	1	0.11	0.353	0.262	0.091
	2	0.29	0.915	0.475	0.440
	3	0.45	1.445	0.687	0.757
	4	0.49	1.565	0.703	0.861
2	1	0.10	0.324	0.289	0.035
	2	0.28	0.909	0.819	0.090
	3	0.45	1.429	1.349	0.081
	4	0.48	1.545	1.405	0.140
3	1	0.12	0.371	0.147	0.224
	2	0.30	0.965	0.645	0.320
	3	0.46	1.464	1.144	0.320
	4	0.50	1.607	1.191	0.416

续上表

监测位置	工　况	模型实测（mm）	换算为实桥值（mm）	实桥计算值（mm）	试验–计算（mm）
4	1	0.09	0.277	0.021	0.256
	2	0.20	0.632	0.248	0.384
	3	0.27	0.858	0.474	0.384
	4	0.29	0.933	0.485	0.448
5	1	0.18	0.570	0.250	0.320
	2	0.42	1.354	0.874	0.480
	3	0.62	1.979	1.499	0.480
	4	0.68	2.171	1.691	0.480

从表中可以看出，从工况 1～4，各测点变形试验和有限元计算结果均呈递增趋势，各工况最大变形也都出现在 5 号位置，在 120% 恒载 +120% 活载时分别达到 2.171mm、1.691mm，所有测点变形试验值较理论计算均偏大，主要是由于在支座处传感器上的钢垫板有局部压弯变形。

（3）系杆内混凝土应力应变分析

系杆内混凝土的应力应变主要试验结果见表 8-17 所列。

系杆内混凝土测试结果　　表8-17

点　号	工　况	应变（$\mu\varepsilon$）	轴向应力（MPa）	点　号	工　况	应变（$\mu\varepsilon$）	轴向应力（MPa）
A2	1	−150	−5.3	B1	1	−175	−6.1
	2	−80	−2.8		2	−92	−3.2
	3	−10	−0.4		3	−12	−0.4
	4	11	0.4		4	19	0.7
A4	1	−158	−5.5	B2	1	−162	−5.7
	2	−83	−2.9		2	−87	−3.1
	3	−7	−0.2		3	−11	−0.4
	4	25	0.9		4	18	0.6

系杆内光纤传感器实测应变见表 8-17 所列，测点编号及位置如图 8-34 所示。在浇注混凝土的过程中损坏了 2 个埋入式光纤光栅传感器 A1 和 A3，故表 8-16 只列出了剩余 4 个传感器的测试结果。从表中可以看出，随着荷载的增加，各测点压应变逐渐较小，直至变为拉应变。按照单向应力状态

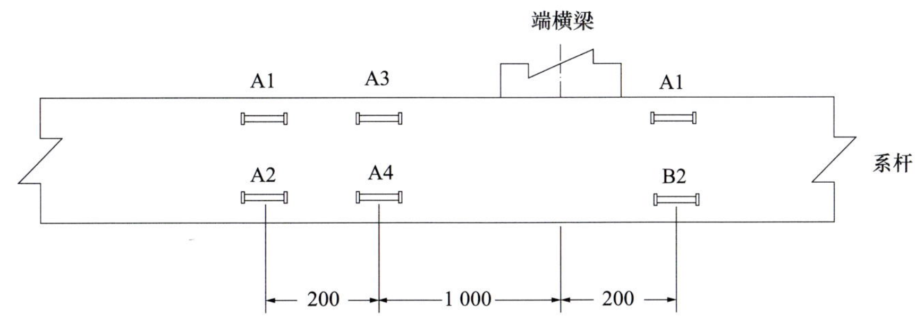

图8-34　埋入式光纤传感器位置俯视图（高度为系杆顶板下4cm）

第八章　科学研究

估算发现，在工况 4 时局部混凝土已经从轴向受压变为轴向受拉，在 A4 位置已达到 0.9MPa，但仍有一定的安全储备。

五、主要研究结论

(1) 计算表明拱肋上下弦杆之间钢板连接部位局部点上主拉应力较大，下拱肋与系梁顶板之间小圆弧钢板局部点上主压应力较大，但仍在弹性范围内。

(2) 试验中钢结构的应力集中现象较理论计算有所缓和，整体处于线弹性工作状态。

(3) 系杆内混凝土受力比较合理，在正常工作状态下基本处于受压，拉应力较小。

(4) 结构变形合理，没有发现局部的失稳或突变。

(5) 有限元仿真计算结果与模型试验结果较为接近，表明本文所建立的有限元模型有效地模拟了结构的各种工作状态，同时也验证了本文模型试验结果的可靠性。

(6) 新光大桥在边钢拱肋和刚性系杆连接区域，节点构造设计有一定安全储备，受力比较合理，可为同类桥型的节点构造设计提供参考。

第六节 新光大桥施工及成桥抗风研究

一、概述

广州新光大桥地处珠江流域，具有亚热带气候的基本特征，特别是夏秋季受台风影响显著，台风引起的大风将直接影响到设计重现期期望风速。此外，我国在台风频发区建造跨越宽阔江河的具有世界先进水平的钢桁拱桥，仍然有待于在抗风研究方面积累经验，有必要在设计计算的基础上进行新光大桥抗风性能及风荷载实验研究，考察大桥施工阶段及成桥后的气静力与气动力响应行为，以便采取必要的抗风设计措施。因此业主委托同济大学承担了“新光大桥抗风性能风洞试验研究”项目，以确保大桥在施工过程中和建成运营后的抗风稳定性、安全性和适用性。

新光大桥抗风研究分三个阶段进行：第一阶段包含基于气象站风速风向实测和 Monte-Carlo 台风数值模拟的风环境分析、结构动力特性计算、气动参数 CFD 数值方法识别，在此基础上完成断面气动参数和分离流颤振计算模型相结合的颤振临界风速估算及二维静风稳定简化分析工作。第二阶段研究主要采用风洞试验的方法，确定钢桁拱桥的颤振临界风速，估计涡激共振风速，识别中跨主梁的气动导数、三分力系数，识别边跨主梁的三分力系数，识别中跨和边跨桁架的三分力系数等，初步肯定了新光大桥在成桥状态和施工阶段的抗风安全性。第三阶段主要采用三维全桥气弹模型风洞试验进一步检验该结论，采用试验与数值计算相结合的分析方法验证全桥三维模型的静风稳定性能，同时进行中跨主拱拱肋节段模型涡振风洞试验，以进一步完善新光大桥的涡振检验工作。

二、拱肋节段模型涡振风洞试验

新光大桥拱肋节段模型测振风洞试验主要针对主拱跨中拱肋断面进行，如图 8-35 所示。通过节段模型试验判断新光大桥主拱是否会发生明显的涡激共振。试验采用 1∶60 的二维节段模型模拟成桥状态主拱结构状态，模型由铝合金框架与 PVC 板组合构成。风洞试验在 TJ-1 边界层风洞均匀流场中共完成了包括 0°、±3°、±5° 风攻角的 5 个吹风试验工况。风速范围为 0～50m/s，风速增量 0.5m/s，在上述工况中均未见明显的涡激共振现象。

a)

b)

图8-35　拱肋节段模型

a）拱肋节段模型风洞安装图；b）拱肋节段模型俯视图

三、全桥气弹模型风洞试验

新光大桥全桥气弹模型风洞试验共完成了 45 个吹风试验工况，其中包括 0°、±3° 风攻角和 0°、±15°、±30° 风偏角组合，再现了均匀流场、良态气候 B 类紊流场、台风气候 B 类紊流场下新光大桥风致振动响应过程。试验中选取新光大桥全桥成桥状态、中跨拱肋合拢状态和中跨中跨拱肋提升前状态三种状态进行了试验。

1. 气弹模型介绍

全桥气弹模型不仅要模拟几何尺寸，而且还要模拟气动弹性特性。考虑到 TJ-3 边界层风洞的宽度（15m）和高度（2m），以及尽可能模拟出桥面结构的细部形状，本项研究的全桥气弹模型采用 1∶100 的几何缩尺比。除了 Reynolds 数以外，其余 5 个无量纲参数在该全桥气弹模型风洞试验中得到了严格模拟。气弹模型制作过程如图 8-36 所示。

a)

b)

图8-36　新光大桥气弹模型拼装过程图

全桥气弹模型设计主要从三方面进行模拟，即弹性刚度、几何外形和质量系统。

气弹模型安装调试完毕之后，首先必须进行动力特性测试，以确认气弹模型动力特性满足风洞试验的要求。考虑到模型低阶频率对风荷载作用更加敏感，动力特性调试过程中着重模拟前几阶模态，即主拱前二阶侧弯、主跨主梁前二阶侧弯及竖弯和主跨主梁的扭转模态。模拟调试共模拟了上述七阶频率，所有模拟频率的相对误差都可控制在8%以内，主拱模态阻尼比分别为6.4‰和6.3‰，主梁模态阻尼比为10.5‰和4.17‰，基本符合规范对于钢结构阻尼比和结合梁阻尼比的要求。全桥气弹模型可以满足风洞试验的精度要求。

2. 流场调试

新光大桥桥位风环境主要模拟了良态气候模式及台风气候模式两类风场特征。表8-18列举并比较了两类气候模式的基本特征。

（1）良态气候风场模拟

如图8-37、图8-38所示，采用三角和矩形尖劈、多排粗糙元模拟了1：100比例良态气候B类地貌流场。风洞中模拟良态气候模式平均风速剖面与紊流度剖面如图8-39所示。

新光大桥工程场地台风与良态气候模式参数比较　　表8-18

风环境指标		良态气候模式	台风气候模式
梯度风高度（m）		350	150
风剖面幂指数		0.16	0.08
离地高度10m	阵风因子	1.38	1.93
	平均风速（m/s）	31.3	34.9
	瞬时风速（m/s）	43.2	59.8
离地高度100m	阵风因子	1.38	1.71
	平均风速（m/s）	45.2	42.0
	瞬时风速（m/s）	62.3	71.9
拱顶高度120m	阵风因子	1.38	1.68
	平均风速（m/s）	46.6	42.6
	瞬时风速（m/s）	64.3	72.0
桥面高度44.8m	施工阶段设计风速（m/s）	36.04	33.58
	成桥状态设计风速（m/s）	42.43	39.50

图8-37　TJ-3风洞良态B类1：100流场风场

图8-38　TJ-3风洞台风气候模式B类流场1：100风场

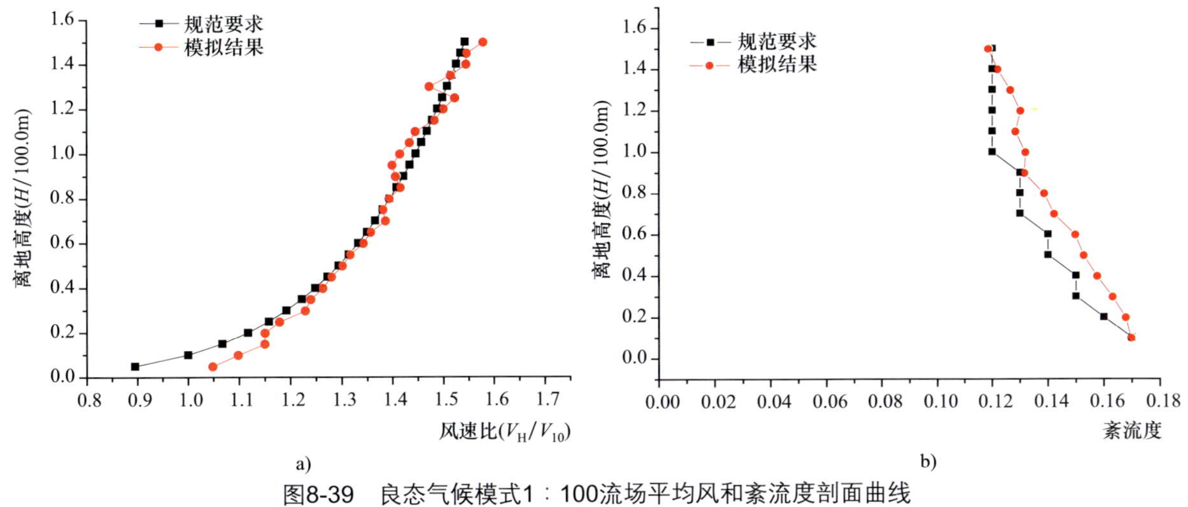

图8-39　良态气候模式1：100流场平均风和紊流度剖面曲线

a）平均风速剖面曲线；b）紊流度剖面曲线

（2）台风气候风场模拟

风洞试验中采用安装三角和矩形尖劈、多排粗糙元，模拟了 1：100 比例台风气候 B 类地貌流场。风洞中模拟台风气候模式平均风速剖面与紊流度剖面如图 8-40 所示。

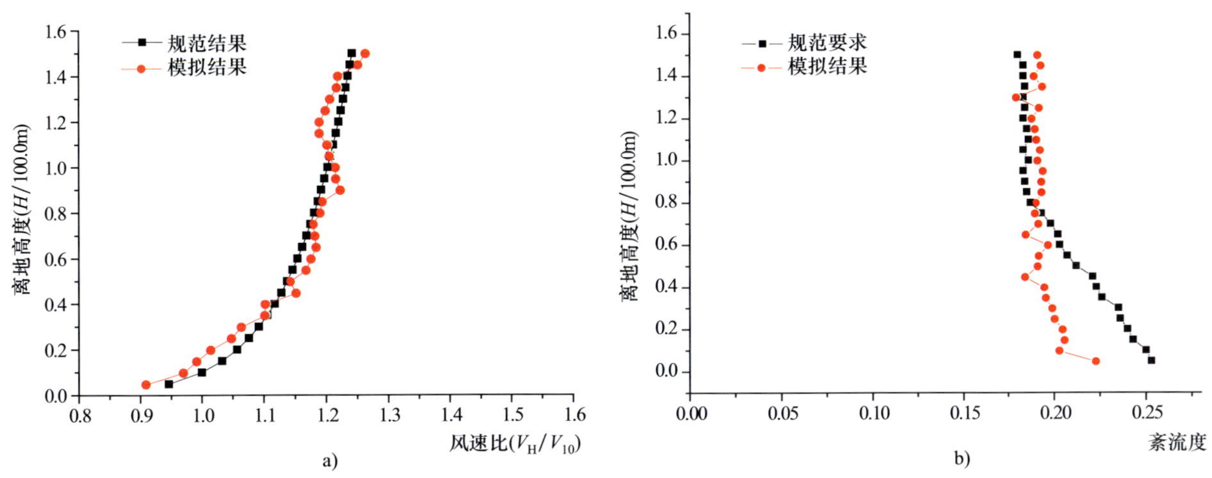

图8-40　台风气候模式1：100流场平均风和紊流度剖面曲线

a）平均风速剖面曲线；b）紊流度剖面曲线

3．试验工况

针对桥梁结构成桥及施工阶段的各种结构状态，根据不同的流场、不同的风攻角和偏角，共进行了 45 个不同工况的全桥气弹模型风洞试验。

4．成桥状态试验结果

图 8-41 为新光大桥全桥成桥状态风洞试验照片。

（1）全桥成桥状态涡振响应

完成均匀流场中，0°、±3°攻角和 0°、15°、30°偏角 5 种组合工况。设计风速（按 42.43m/s 取值）作用下拱肋主拱跨中最大侧向位移（0.499m）出现在 +3°攻角 0°偏角吹风工况。表 8-19 为全桥成桥状态设计风速下新光大桥特征位置风致位移结果，图 8-42 为不同风速作用下新光大桥特征位置风致位移极值结果。各试验工况均未出现涡振及静风稳定问题。

图8-41 新光大桥全桥成桥状态风洞试验图

成桥+3°攻角0°偏角均匀流场风致位移极值（42.43m/s风速） 表8-19

通道号	测量位置	单 位	均 值	根方差	极 值
1	主拱跨中侧向	(m)	−4.64E−01	1.00E−02	4.99E−01
2	主拱四分点侧向	(m)	−3.81E−01	1.07E−02	4.19E−01
3	主梁跨中侧向	(m)	−9.23E−02	5.78E−03	1.13E−01
4	主梁四分点侧向	(m)	−7.47E−02	6.91E−03	9.89E−02
5	边跨跨中侧向	(m)	−6.63E−02	9.15E−03	9.83E−02
6	主梁四分点竖向	(m)	−1.24E−03	5.09E−03	1.91E−02
7	主梁跨中（上游）竖向	(m)	−1.71E−02	7.10E−03	4.20E−02
8	主梁跨中（下游）竖向	(m)	−7.36E−03	6.12E−03	2.88E−02
9	主拱四分点顺桥向	(m)	−1.79E−03	9.97E−03	3.67E−02
10	主梁跨中扭转角	(°)	3.20E−02	2.15E−02	1.07E−01

（2）全桥成桥状态抖振响应

完成良态气候和台风气候B类紊流场中，0°、±3°攻角和0°、15°、30°偏角等10种组合工况。良态气候设计风速（按42.43m/s取值）作用下拱肋主拱跨中最大侧向位移（9.90E-01m）出现在−3°攻角0°偏角吹风工况。台风气候设计风速（按39.5m/s取值）作用下拱肋主拱跨中最大侧向位移（7.95E-01m）出现在0°攻角0°偏角吹风工况。表8-20和表8-21为全桥成桥状态设计风速下新光大桥特征位置抖振响应极值，图8-43和图8-44为不同风速作用下新光大桥特征位置抖振响应极值。

5．主拱提升完毕试验结果

新光大桥拱肋合拢状态风洞试验模型如图8-45所示。

（1）拱肋合龙状态涡振响应

完成均匀流场中，0°攻角和0°、±15°、±30°偏角5种组合工况。设计风速（按42.43m/s取值）作用下拱肋主拱跨中最大位移（3.45E-01m）出现在0°攻角−15°偏角吹风工况。表8-22为全桥成桥状态设计风速（按42.43m/s取值）下新光大桥特征位置风致位移结果，图8-46各级风速作用下新光大桥特征位置风致位移极值。各试验工况均未出现涡振及静风稳定问题。

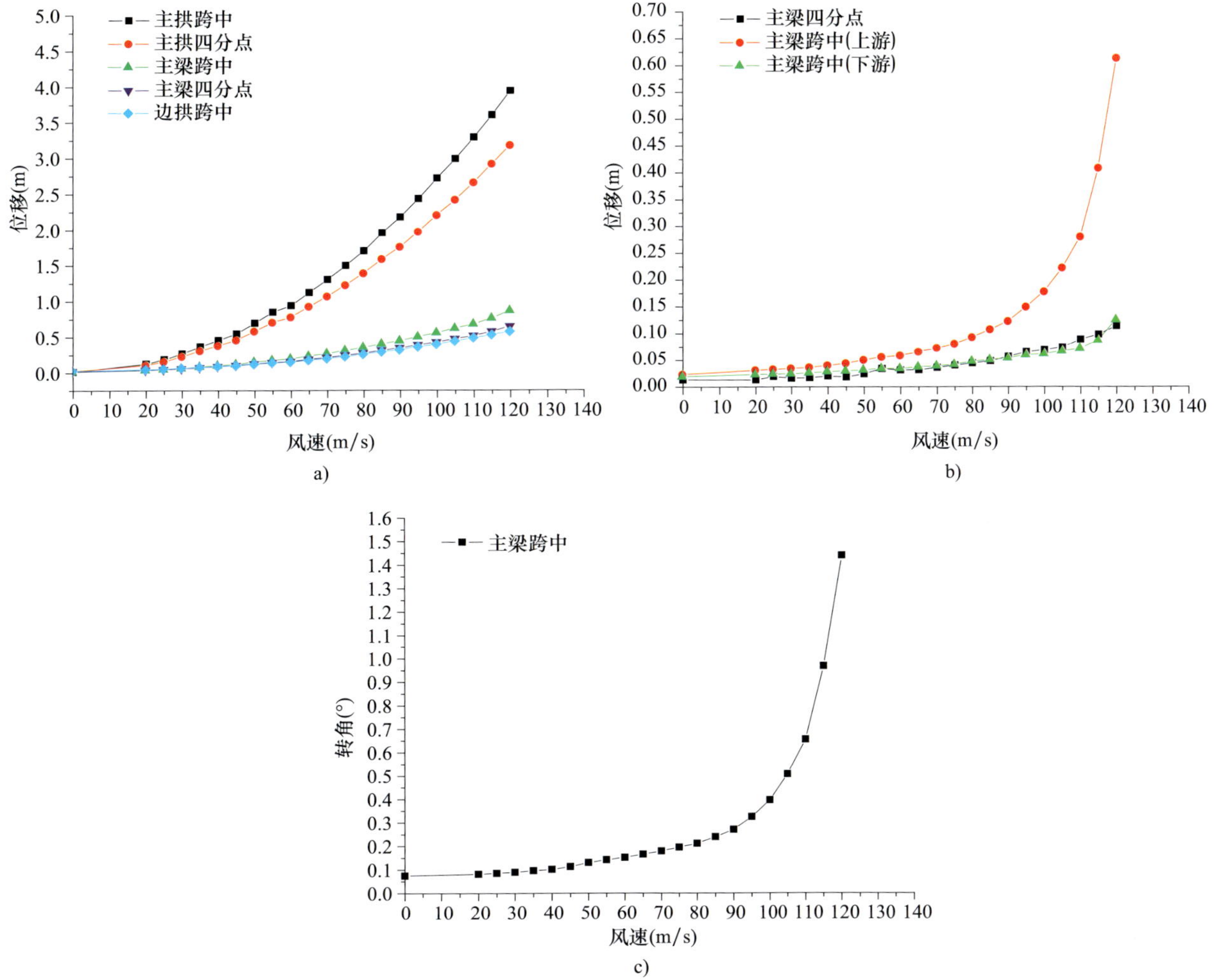

图8-42　成桥+3°攻角0°偏角均匀流场风致位移极值

a）侧向位移；b）竖向位移；c）扭转角

成桥−3°攻角0°偏角B类良态流场抖振位移极值（42.43m/s风速）　　表8-20

通道号	测量位置	单　位	均　值	根方差	极　值
1	主拱跨中侧向	(m)	−6.05E−01	1.10E−01	9.90E−01
2	主拱四分点侧向	(m)	−4.81E−01	8.92E−02	7.93E−01
3	主梁跨中侧向	(m)	−9.41E−02	1.49E−02	1.46E−01
4	主梁四分点侧向	(m)	−6.58E−02	1.27E−02	1.10E−01
5	边跨跨中侧向	(m)	−6.76E−02	1.55E−02	1.22E−01
6	主梁四分点竖向	(m)	1.04E−02	2.73E−02	1.06E−01
7	主梁跨中（上游）竖向	(m)	9.38E−04	8.99E−03	3.24E−02
8	主梁跨中（下游）竖向	(m)	7.83E−03	7.67E−03	3.47E−02
9	主拱四分点顺桥向	(m)	2.57E−04	6.08E−03	2.16E−02
10	主梁跨中扭转角	(°)	2.67E−02	1.96E−02	9.52E−02

成桥0°攻角0°偏角B类台风流场抖振位移极值（39.5m/s风速） 表8-21

通道号	测量位置	单　位	均　值	根方差	极　值
1	主拱跨中侧向	(m)	−3.75E−01	1.20E−01	7.95E−01
2	主拱四分点侧向	(m)	−2.98E−01	9.72E−02	6.38E−01
3	主梁跨中侧向	(m)	−7.21E−02	1.78E−02	1.34E−01
4	主梁四分点侧向	(m)	−5.64E−02	1.40E−02	1.05E−01
5	边跨跨中侧向	(m)	−5.27E−02	1.83E−02	1.17E−01
6	主梁四分点竖向	(m)	1.50E−03	2.69E−02	9.58E−02
7	主梁跨中（上游）竖向	(m)	−8.30E−03	9.95E−03	4.31E−02
8	主梁跨中（下游）竖向	(m)	9.48E−05	8.39E−03	2.95E−02
9	主拱四分点顺桥向	(m)	1.01E−02	1.79E−02	7.28E−02
10	主梁跨中扭转角	(°)	3.07E−02	2.19E−02	1.07E−01

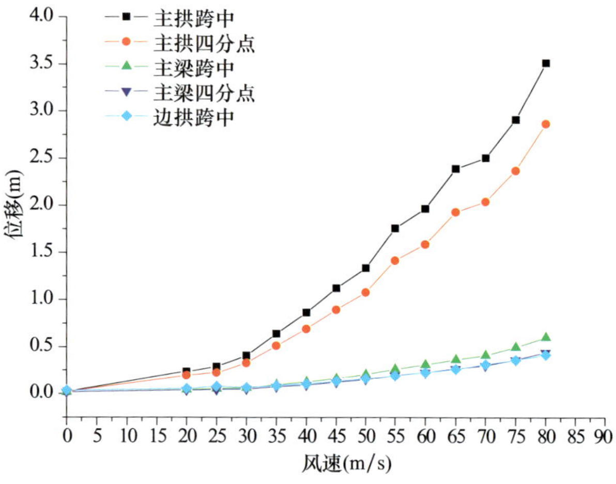

a)

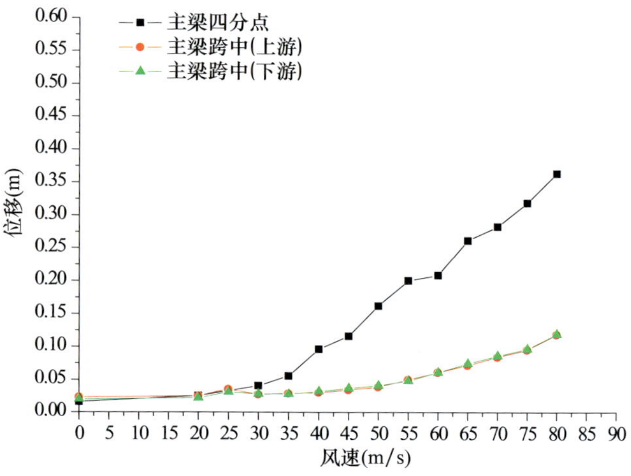

b)

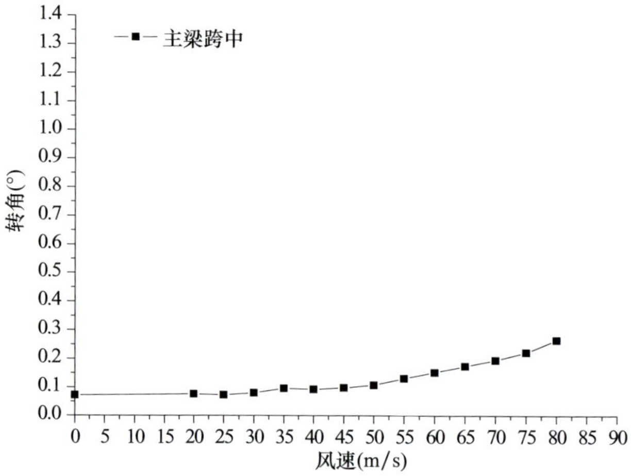

c)

图8-43　成桥−3°攻角0°偏角B类良态流场抖振位移极值

a）侧向位移；b）竖向位移；c）扭转角

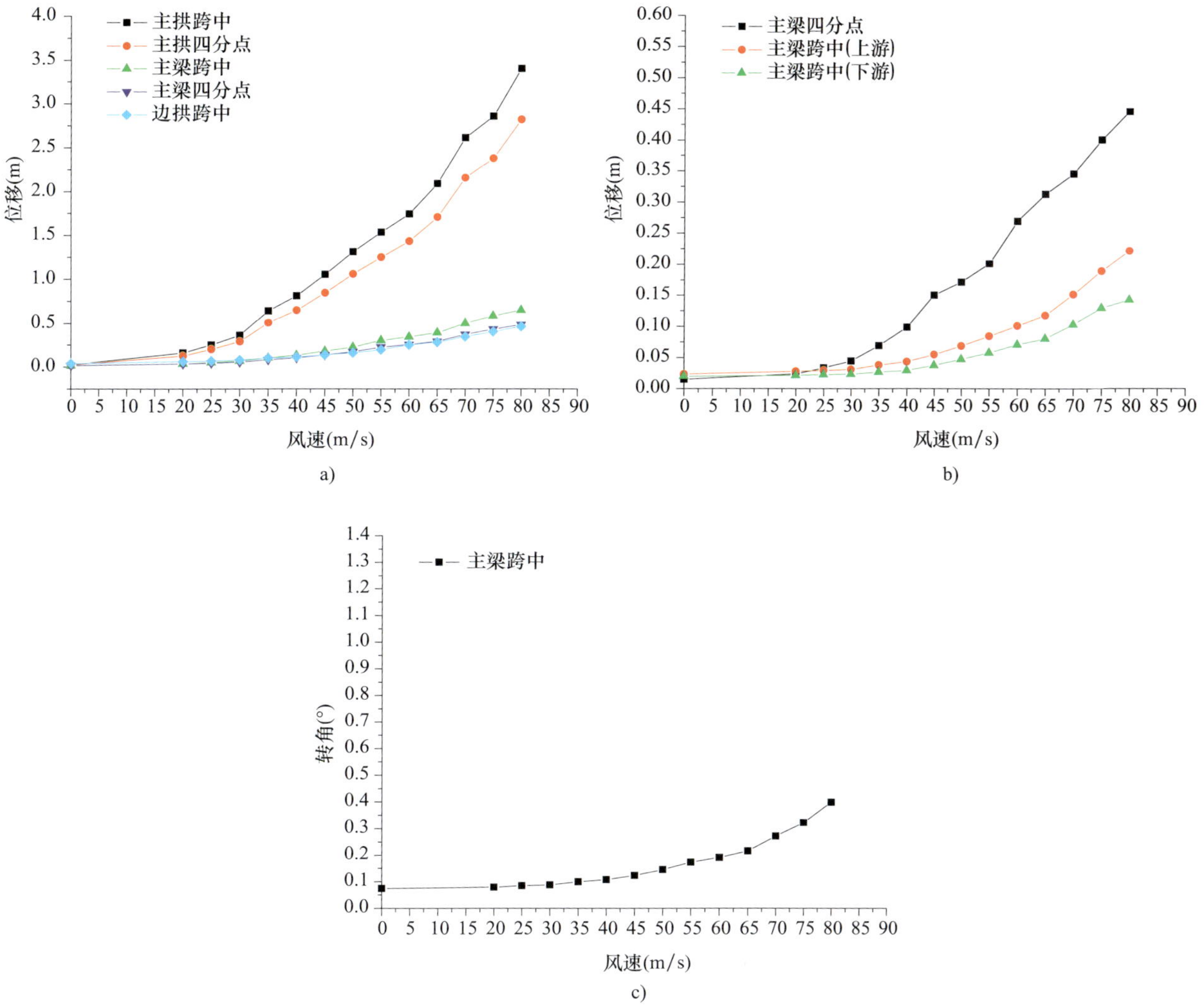

主拱跨中
主拱四分点
主梁跨中
主梁四分点
边拱跨中

位移(m)

风速(m/s)

a)

主梁四分点
主梁跨中(上游)
主梁跨中(下游)

位移(m)

风速(m/s)

b)

主梁跨中

转角(°)

风速(m/s)

c)

图8-44　成桥0°攻角0°偏角B类台风流场抖振位移极值

a）侧向位移；b）竖向位移；c）扭转角

图8-45　新光大桥拱肋合龙状态风洞试验模型图

主拱提升完毕0° 攻角-15° 偏角均匀流场风致位移极值（42.43m/s风速） 表8-22

通道号	测量位置	单　位	均　值	根方差	极　值
1	塔拱交界处侧向	(m)	-1.81E-01	8.36E-03	2.10E-01
2	施工塔塔顶侧向	(m)	-1.24E-02	9.02E-03	4.40E-02
3	边拱顶侧向	(m)	-4.36E-02	6.91E-03	6.78E-02
4	塔拱交界处竖向（上游）	(m)	-3.04E-02	4.01E-03	4.45E-02
5	塔拱交界处竖向（下游）	(m)	5.84E-03	3.86E-03	1.93E-02
6	施工塔塔顶顺桥向	(m)	-1.49E-02	5.82E-03	3.53E-02
7	中跨拱顶侧向	(m)	-3.16E-01	8.18E-03	3.45E-01
8	中跨拱顶竖向（上游）	(m)	5.78E-03	5.46E-03	2.49E-02
9	中跨拱顶竖向（下游）	(m)	1.14E-03	5.85E-03	2.16E-02
10	塔拱交界处扭转角	(°)	1.04E-01	1.76E-02	1.66E-01
11	中跨拱顶扭转角	(°)	2.14E-02	1.59E-02	7.71E-02

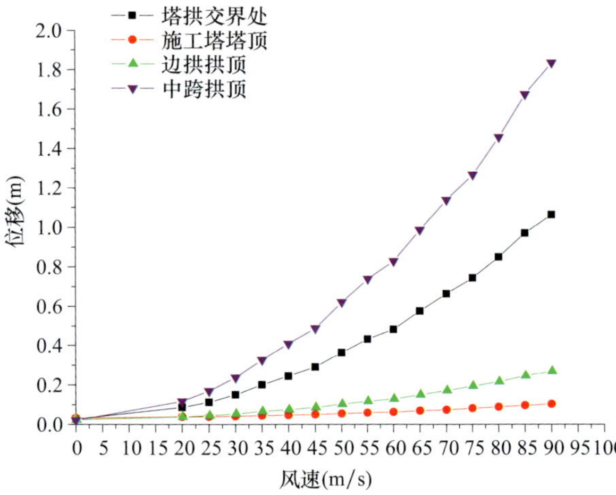

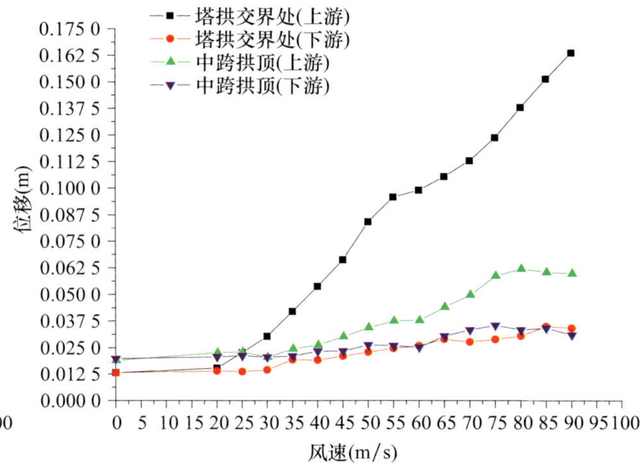

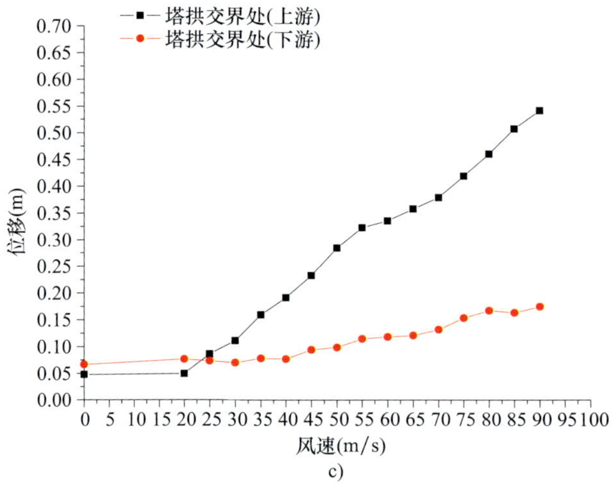

图8-46　主拱提升完毕0°攻角-15°偏角B类均匀流场风致位移极值

a）侧向位移；b）竖向位移；c）扭转角

（2）主拱提升完毕抖振响应

完成良态气候和台风气候 B 类紊流场中，0°攻角和 0°、±15°、±30°偏角等 10 种组合工况。良态气候设计风速（按 36.04m/s 取值）作用下拱肋主拱跨中出现最大位移（7.04E-01m）出现在 0°攻角 −30°偏角吹风工况。台风气候设计风速（按 33.58m/s 取值）作用下拱肋主拱跨中最大位移（6.96E-01m）出现在 0°攻角 0°偏角吹风工况。表 8-23 和表 8-24 为全桥成桥状态设计风速下新光大桥特征位置抖振响应极值，图 8-47 和图 8-48 为各级风速作用下新光大桥特征位置抖振响应极值。

主拱提升完毕0°攻角−30°偏角B类流场抖振位移极值（36.04m/s风速）　　表8-23

通道号	测量位置（单位）	均值	通道号	测量位置（单位）	均值
1	塔拱交界处侧向（m）	−2.71E−01	7	中跨拱顶侧向（m）	−4.81E−01
2	施工塔塔顶侧向（m）	−7.29E−03	8	中跨拱顶竖向（上游）（m）	1.48E−02
3	边拱顶侧向（m）	−5.43E−02	9	中跨拱顶竖向（下游）（m）	−4.87E−03
4	塔拱交界处竖向（上游）（m）	−4.56E−03	10	塔拱交界处扭转角（°）	1.89E−02
5	塔拱交界处竖向（下游）（m）	−4.53E−03	11	中跨拱顶扭转角（°）	5.69E−02
6	施工塔塔顶顺桥向（m）	−5.18E−02			

主拱提升完毕0°攻角0°偏角B类台风流场抖振位移极值（33.58m/s）　　表8-24

通道号	测量位置	单　位	均　值	根方差	极　值
1	塔拱交界处侧向	（m）	−2.23E−01	5.21E−02	4.06E−01
2	施工塔塔顶侧向	（m）	−1.24E−02	1.00E−02	4.75E−02
3	边拱顶侧向	（m）	−4.56E−02	1.35E−02	9.29E−02
4	塔拱交界处竖向（上游）	（m）	−2.74E−02	8.73E−03	5.80E−02
5	塔拱交界处竖向（下游）	（m）	−9.80E−03	6.32E−03	3.19E−02
6	施工塔塔顶顺桥向	（m）	1.49E−03	2.14E−02	7.63E−02
7	中跨拱顶侧向	（m）	−3.71E−01	9.29E−02	6.96E−01
8	中跨拱顶竖向（上游）	（m）	1.23E−02	6.90E−03	3.65E−02
9	中跨拱顶竖向（下游）	（m）	−6.25E−03	6.31E−03	2.83E−02
10	塔拱交界处扭转角	（°）	5.12E−02	2.56E−02	1.41E−01
11	中跨拱顶扭转角	（°）	5.40E−02	2.56E−02	1.43E−01

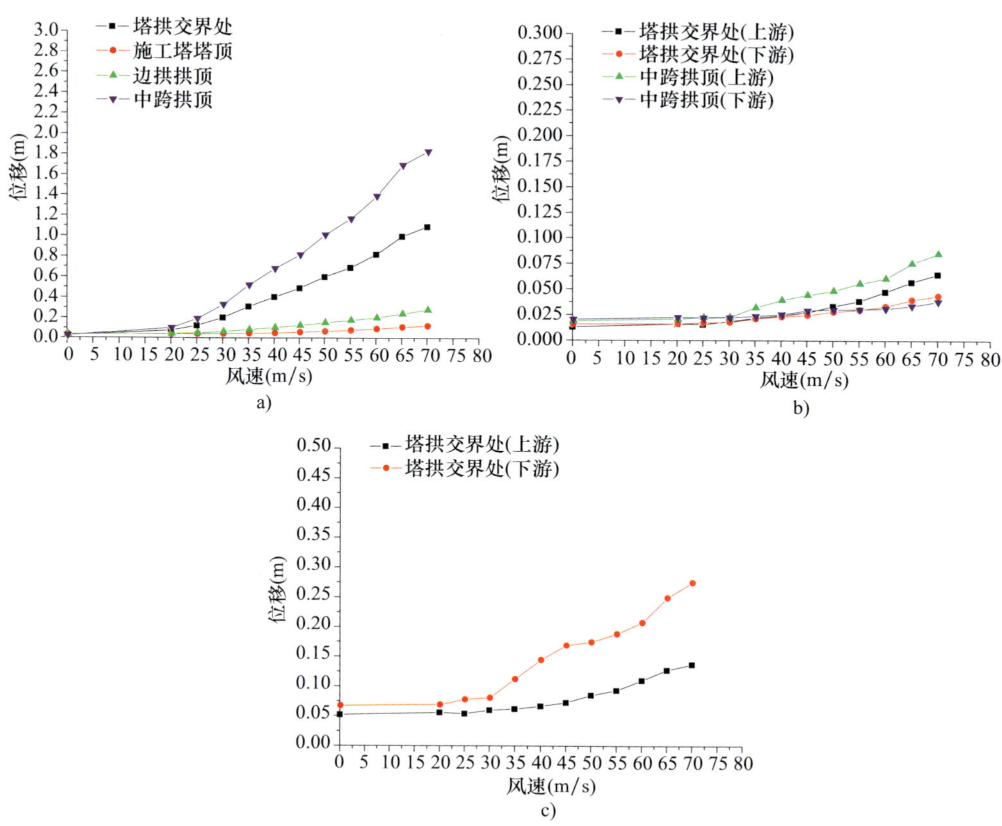

图8-47 主拱提升完毕0°攻角–30°偏角B类流场抖振位移极值

a）侧向位移；b）竖向位移；c）扭转角

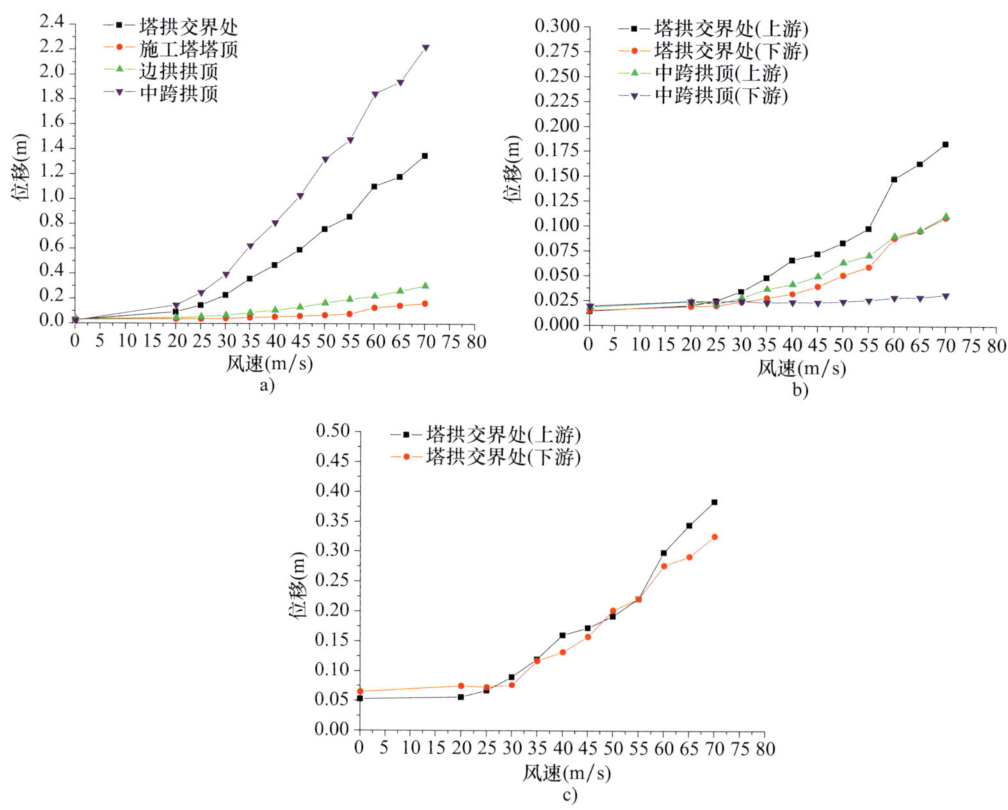

图8-48 主拱提升完毕0°攻角–30°偏角B类台风流场抖振位移极值

a）侧向位移；b）竖向位移；c）扭转角

6. 主拱最大单悬臂试验结果

新光大桥拱肋提升前状态风洞试验模型如图 8-49 所示。

（1）拱肋合龙状态涡振响应

完成均匀流场中，0°攻角和 0°、±15°、±30°偏角 5 种组合工况。设计风速（按 36.04m/s 取值）作用下塔拱交界处最大位移（9.24E-01m）出现在 0°攻角 15°偏角吹风工况。表 8-25 为全桥成桥状态设计风速（按 36.04m/s 取值）下新光大桥特征位置风致位移结果，图 8-50 各级风速作用下新光大桥特征位置风致位移极值。各试验工况均未出现涡振及静风稳定问题。

图8-49　新光大桥中跨拱肋提升前状态风洞试验模型图

主拱提升完毕0°攻角15°偏角均匀流场风致位移极值（36.04m/s风速）　　表8-25

通　道	测量位置	单　位	均　值	根方差	极　值
1	塔拱交界处侧向	（m）	−6.52E−02	7.76E−03	9.24E−02
2	施工塔塔顶侧向	（m）	−1.01E−02	9.40E−03	4.31E−02
3	边拱顶侧向	（m）	−4.48E−02	1.04E−02	8.14E−02
4	塔拱交界处竖向（上游）	（m）	−9.49E−03	5.08E−03	2.73E−02
5	塔拱交界处竖向（下游）	（m）	−9.47E−04	4.51E−03	1.67E−02
6	施工塔塔顶顺桥向	（m）	1.71E−02	5.76E−03	3.72E−02
7	塔拱交界处扭转	（°）	1.92E−02	1.28E−02	6.39E−02

（2）拱肋合龙状态抖振响应

完成良态气候和台风气候 B 类紊流场中，0°攻角和 0°、±15°、±30°偏角等 10 种组合工况。良态气候设计风速（按 36.04m/s 取值）作用下塔拱交界处最大位移（1.36E-01m）出现在 0°攻角 15°偏角吹风工况中。台风气候设计风速（按 33.58m/s 取值）作用下塔拱交界处最大位移（1.10E-01m）出现在 0°攻角 −15°偏角吹风工况。表 8-26 和表 8-27 为全桥成桥状态设计风速下新光大桥特征位置抖振响应极值，图 8-51 和图 8-52 为各级风速作用下新光大桥特征位置抖振响应极值。

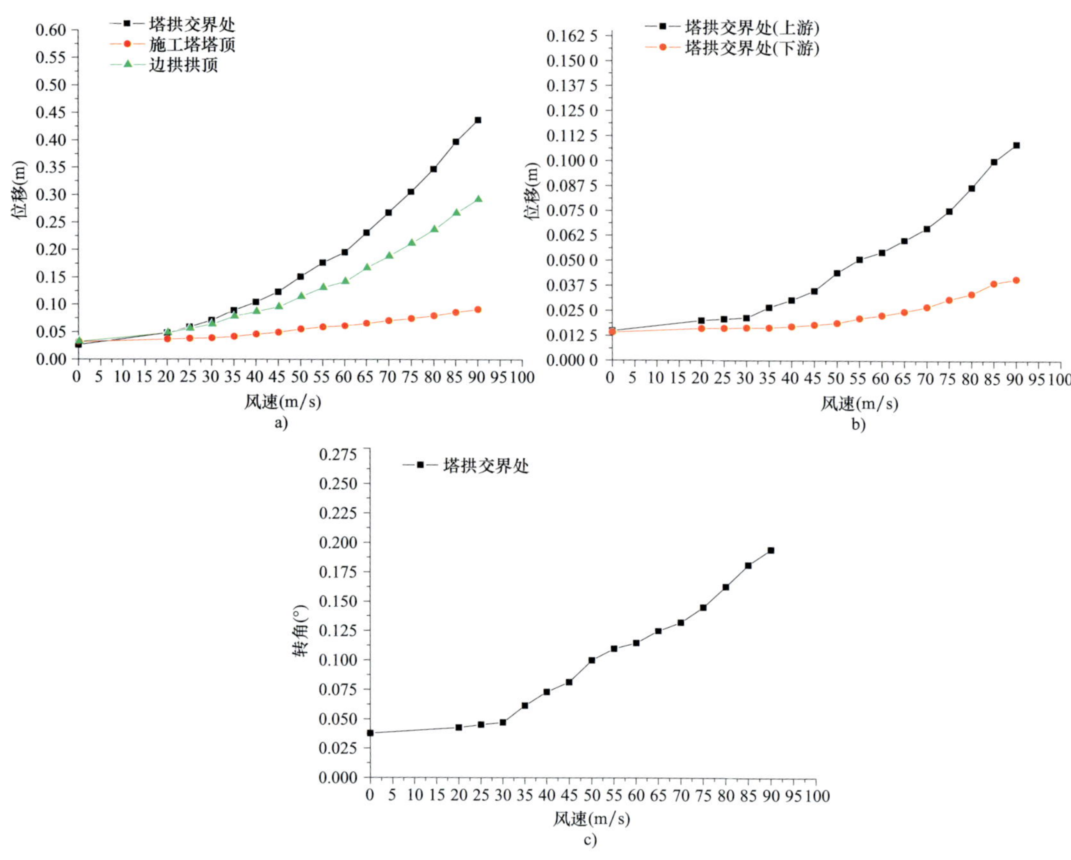

图8-50　主拱提升完毕0°攻角15°偏角均匀流场风致位移极值

a）侧向位移；b）竖向位移；c）扭转角

拱提升完毕0°攻角15°偏角B类流场风致位移极值（36.04m/s风速）　表8-26

通道号	测量位置	单　位	均　值	根方差	极　值
1	塔拱交界处侧向	(m)	−8.05E−02	1.57E−02	1.36E−01
2	施工塔塔顶侧向	(m)	−1.72E−02	1.39E−02	6.58E−02
3	边拱顶侧向	(m)	−4.89E−02	1.14E−02	8.88E−02
4	塔拱交界处竖向（上游）	(m)	−1.24E−02	6.06E−03	3.36E−02
5	塔拱交界处竖向（下游）	(m)	7.48E−04	5.20E−03	1.89E−02
6	施工塔塔顶顺桥向	(m)	1.59E−02	1.24E−02	5.92E−02
7	塔拱交界处扭转	(°)	2.76E−02	1.55E−02	8.20E−02

主拱提升完毕0°攻角−15°偏角B类台风流场抖振极值响应（33.58m/s）　表8-27

通道号	测量位置	单位	均值	根方差	极值
1	塔拱交界处侧向	(m)	−5.10E−02	1.69E−02	1.10E−01
2	施工塔塔顶侧向	(m)	−1.07E−02	8.95E−03	4.21E−02
3	边拱顶侧向	(m)	−3.51E−02	1.44E−02	8.55E−02
4	塔拱交界处竖向（上游）	(m)	−7.11E−03	7.07E−03	3.19E−02
5	塔拱交界处竖向（下游）	(m)	2.10E−03	6.13E−03	2.36E−02
6	施工塔塔顶顺桥向	(m)	−1.57E−02	1.38E−02	6.40E−02
7	塔拱交界处扭转	(°)	2.15E−02	1.49E−02	7.36E−02

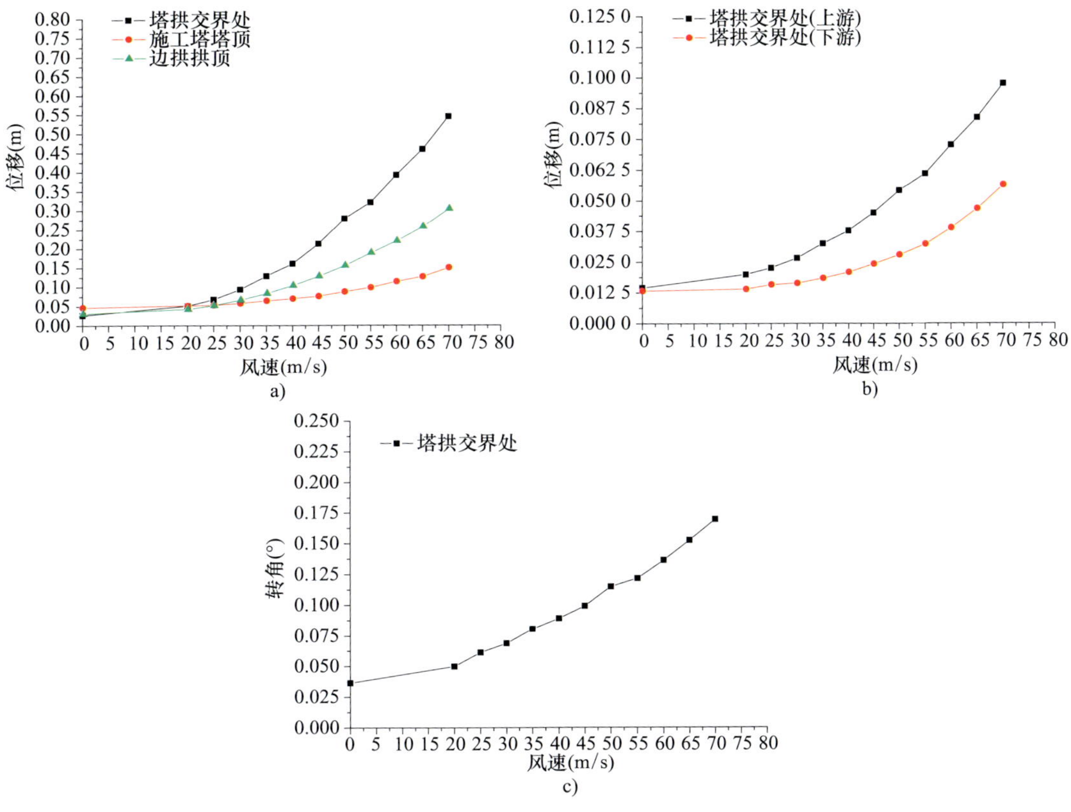

图8-51　主拱提升完毕0°攻角15°偏角B类流场抖振位移极值

a）侧向位移；b）竖向位移；c）扭转角

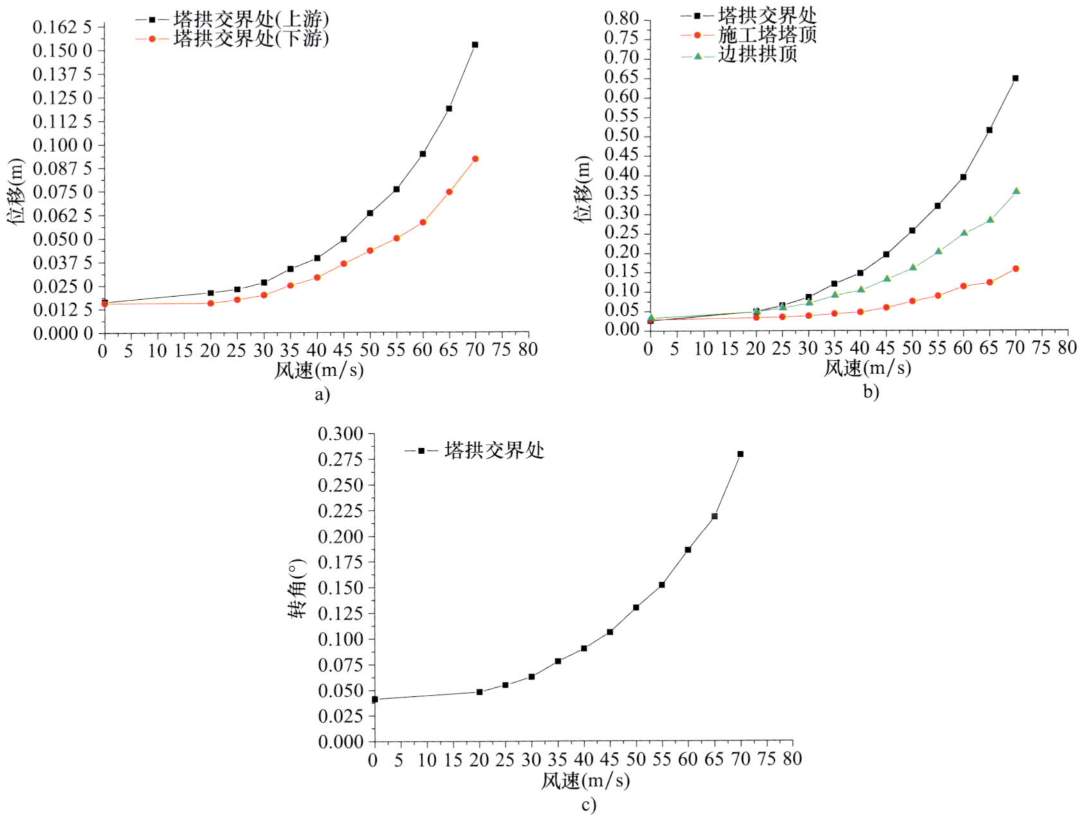

图8-52　主拱提升完毕0°攻角−15°偏角B类台风流场抖振位移极值

a）侧向位移；b）竖向位移；c）扭转角

四、主要结论

（1）拱肋无明显涡激共振现象。采用二维拱肋节段模型风洞试验方法，观测全桥成桥状态中跨主拱拱肋在节段模型在均匀流场 0°、±3°、±5° 风攻角下和 0～50m/s 风速范围内的涡振锁定风速区间及其振幅，均未见明显的涡激共振现象。

（2）三种结构状态风效位移响应实测，通过 1∶100 缩尺比全桥气弹模型风洞试验共完成了 45 个吹风试验工况，其中包括 0°、±3° 风攻角，0°、±15°、±30° 风偏角及成桥和两种施工状态组合工况，实测了模型的均匀流场、良态气候 B 类紊流场、台风气候 B 类紊流场下成桥状态、中跨拱肋合龙状态和中跨拱肋提升前状态三种状态下风振响应。

大桥在成桥状态、中跨拱肋合龙状态和中跨拱肋提升前状态下，多种风攻角、风偏角和流场条件组合工况中，主梁跨中、主拱跨中和主拱 4 分点在设计风速下最大位移试验结果分别见表 8-28～表 8-30 所列。多个测点在不同试验工况中均以侧向位移的风效应为主，其中新光大桥全桥成桥状态和拱肋合龙状态最大侧向位移均出现在良态 B 类流场主拱跨中位置，分别达到 0.990m 和 0.704m，而中跨拱肋提升前状态最大侧向位移出现在良态 B 类流场塔拱交界处，数值为 0.136m。气弹模型整个试验过程未观测到涡激共振和失稳现象。

新光大桥全桥成桥状态位移响应最大值　　表8-28

结构状态	流　场	主梁跨中位移			主拱跨中位移		主拱4分点位移	
		竖向（m）	侧向（m）	扭转（°）	竖向（m）	侧向（m）	竖向（m）	侧向（m）
全桥成桥状态	均匀流	0.035	0.113	0.107	0.035	0.499	0.019	0.419
	良态B类	0.034	0.146	0.095	0.034	0.990	0.106	0.793
	台风B类	0.036	0.134	0.107	0.036	0.795	0.096	0.638

新光大桥拱肋合龙状态位移响应最大值　　表8-29

结构状态	流　场	施工塔塔顶位移		主拱跨中位移		塔拱交界处位移	
		顺桥向（m）	侧向（m）	竖向（m）	侧向（m）	竖向（m）	侧向（m）
主拱提升完毕状态	均匀流	0.035	0.044	0.023	0.345	0.032	0.210
	良态B类	0.164	0.048	0.033	0.704	0.024	0.417
	台风B类	0.076	0.048	0.032	0.696	0.045	0.406

新光大桥全桥中跨拱肋提升前状态位移响应最大值　　表8-30

结构状态	流　场	施工塔塔顶位移		边拱顶位移	塔拱交界处位移	
		顺桥向（m）	侧向（m）	侧向（m）	竖向（m）	侧向（m）
主拱最大单悬臂状态	均匀流	0.037	0.043	0.081	0.022	0.092
	良态B类	0.059	0.066	0.089	0.026	0.136
	台风B类	0.064	0.042	0.086	0.028	0.110

（3）等效风荷载组合结果。大跨度拱桥结构强度验算时的风荷载必须考虑两种最不利组合，即由阵风效应引起的阵风静力等效风荷载和由抖振引起的抖振等效风荷载。本项研究对全桥成桥状态在风振形式上比较了按阵风效应确定的静力等效风荷载和按抖振响应确定的静力等效风荷载等两种

结果，并采用模态荷载方法确定出了全桥成桥状态的两种最不利等效风荷载组合。

（4）三维静风稳定性验算结论，根据主梁及拱肋节段模型测力试验结果，采用 ANSYS 分析软件，考虑结构三维效应及材料和几何非线性因素，计算了新光大桥三维静风稳定性，并与全桥气弹模型试验结果响应进行了全面的比较。

新光大桥在全桥成桥状态均匀流场条件下，中跨主拱单元截面第一个塑性点出现在 85m/s 风速（弹性失稳），单元整体失效以至于主拱整体失稳出现在 115m/s 风速（塑性失稳），均大于拱顶高度设计检验风速 72.0m/s。表 8-31 列举了新光大桥拱肋和主梁跨中两类静风稳定失效时最大位移结果。

新光大桥拱肋和主梁跨中静风稳定失效时最大位移　　表8-31

失稳状态	风速（m/s）	竖向位移（m）		侧向位移（m）		扭转变形（°）	
	拱　顶	拱　肋	主　梁	拱　肋	主　梁	拱　肋	主　梁
弹性失稳	85	-0.233	0.068	1.654	0.343	0.212 3	0.189
塑性失稳	115	-0.328	0.129	3.451	0.790	0.429 6	0.312

（5）抗风建议。由于新光大桥位处沿海，台风直接影响较为严重，此时主拱风致抖振问题比较突出，尽管抖振不会迅速造成强度问题，但可能导致构件的较大变形和应力、构件疲劳，以及行车安全和舒适度等问题，有可能会在大桥运营阶段造成疲劳问题，为此建议考虑风致作用的抖振疲劳研究工作，并采取措施抑制其响应。

第七节　大桥地震响应仿真分析

一、概况

新光大桥主桥结构的抗震研究由广州大学承担。

大桥作为一种新型的、复杂的大跨度拱桥，由于结构的重要性、几何形体的特殊性、结构体系的多样性以及动力响应的复杂性，使得其抗震安全性能研究显得十分重要，大桥的抗震研究得到了新光大桥建设指挥部和专家组、设计单位的高度重视，认为十分有必要通过仿真分析计算对其抗震性能进行深入的研究。大桥采用二水准、两阶段设计的抗震设防思想，并以 100 年基准期为主要的设防水平以验算结构的强度、位移和变形能力，即要求主桥结构在 100 年超越概率 10%（P_1）地震作用下结构处于弹性工作状态，在 100 年超越概率 2%（P_2）地震作用下容许主桥结构部分构件出现屈服现象，但结构的整体位移不能过大，以满足结构在强度和延性两方面的要求。

1. 主要分析内容

（1）桥梁自振动力特性计算分析。两种边界条件下，即考虑桩土耦合和不考虑桩土耦合，计算桥梁结构的自振频率和振型，为抗震计算提供必要的研究基础。其中桩基土弹簧支承刚度根据“新光大桥工程地震钻孔综合柱状图”计算。

（2）地震反应谱分析。分析主桥在 P_1 概率和 P_2 概率下地震反应谱响应。地震激励方式分别为纵桥向和横桥向，并考虑竖向地震激励的影响。通过分析得出了关键部位的地震反应谱响应主要结果有：主拱肋和边拱肋上下弦杆、三角刚架、边墩的内力包络图；主拱肋和边拱肋拱顶、1/4 拱肋以及拱脚处上下弦杆和腹杆、三角刚架、边墩墩底、盖梁、边跨边横梁、横撑和边拱系梁的内力值（轴力、弯矩和剪力）；主拱拱顶和拱脚、边拱拱顶和拱脚的横桥向和顺桥向位移。

（3）时程响应分析。分析主桥在 P_1 概率和 P_2 概率下专门针对大桥场址而拟合的人工地震波的地震时程响应。地震激励的输入考虑以下几种方式：顺桥向、横桥向、顺桥向＋竖向、横桥向＋竖向一致激励和多点激励以及行波激励。根据分析，得出关键部位的地震时程响应主要结果有：主拱肋和边拱肋上弦杆和下弦杆、三角刚架、边墩的内力包络图；主拱肋和边拱肋拱顶、1/4 拱肋以及拱脚处上弦杆、下弦杆和腹杆、三角刚架、边墩墩底、盖梁、边跨边横梁、横撑和边拱系梁的内力值（轴力、弯矩和剪力）；主拱拱顶相对拱脚、边拱拱顶相对拱脚的横桥向和顺桥向的最大位移和位移时程曲线；边墩墩顶与边跨纵梁、三角刚架上钢横梁球形支座与三角刚架的顺桥向最大相对位移和相对位移时程曲线。详细比较了主桥关键构件在地震反应谱和地震时程响应一致激励、多点激励和行波激励作用下的内力值以及在多点激励和行波激励作用下各主要构件内力值；分析了在地震行波激励情况下，不同剪切波速对中拱拱顶和边拱拱顶顺桥向位移的影响。

（4）新光大桥主桥抗震性能评估。根据地震荷载组合（恒载＋预应力荷载＋收缩徐变＋地震荷载），从内力以及变形两个方面对主桥关键部位的钢结构和混凝土结构性能进行分析，评定相应构件的抗震性能，找出结构抗震的薄弱环节。并给出相应的抗震措施。

2. 有限元模型概况

仿真分析主要是利用有限元计算分析程序 MIDAS/Civil 建立新光大桥主桥空间动力有限元计算模型，对新光大桥主桥的自振特性及在地震荷载作用下的动力特性进行了详细的分析，并用 ANSYS 程序进行了校核。该桥拱肋上弦杆、下弦杆、腹杆、纵梁、横梁、边墩和桩划分为 10 212 个梁单元，吊杆和主拱系杆划分为 120 个杆单元，承台、桥面板划分为 6 636 个板单元。图 8-53、图 8-54 分别是用不同软件建立的有限元模型。

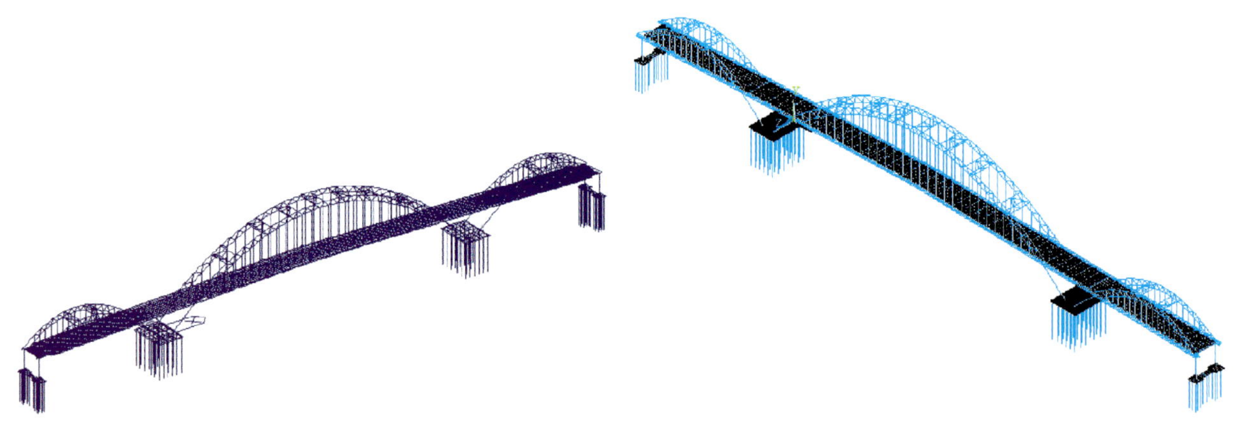

图8-53　利用Midas建立的有限元模型　　图8-54　利用ANSYS建立的有限元模型

通过调整各构件的质量密度来确保全桥质量分布以及重力荷载保持不变。对于钢和混凝土组合构件将其材料等效为钢材。钢和混凝土组合结构部分，如拱脚段钢箱内填混凝土截面特性一律等效成钢截面特性进行计算。

在模型边界条件方面，由于伸缩缝对中跨桥面系的纵飘有一定的抑制作用，所以通过在伸缩缝处横梁纵桥梁 x 方向自由度处施加弹性连接来模拟其刚度对桥面移动的影响作用，其余自由度均放松，见表 8-32 所列。

有限元模型边界条件 表8-32

部　　位	x	y	z	θ_x	θ_y	θ_z
边墩支座	0	1	1	0	0	0
钢横梁下支座	弹性连接	1	1	0	0	0
人行道横梁与三角刚架连接处	0	1	1	1	1	1
伸缩缝影响	弹性连接	0	0	0	0	0

注：表中“1”表示主从；“0”表示放松或自由；x、y 和 z 分别表示纵向、横向和竖向。

二、结构自振特性

通过比较考虑桩土耦合和不考虑桩土耦合（在距桩顶 $4D \sim 6D$ 处施加固定约束，其中 D 为桩径）两种边界条件下前 5 阶频率和振型，发现二者的自振频率和振型出现的先后顺序均比较接近。但在不考虑桩土耦合情况下，主桥结构的自振频率要大于考虑桩土耦合的情况，也就是结构总体略微偏刚，桩土耦合作用可以更好地反映该桥实际情况。计算过程中通过采用节点弹性连接的方式模拟三角刚架处球形铰支座的摩阻力以及伸缩缝对主拱桥面纵飘的阻尼作用。动力特性计算结果见表 8-33 所列，前 4 阶振型如图 8-55～图 8-58 所示，在 10 阶以后，主要是吊杆、横撑、人行道板等构件局部振动。

新光大桥主桥自振频率与振型（考虑桩土耦合） 表8-33

阶　次	振　型	计　算	阶　次	振　型	计　算
1	主拱桥面系纵飘	0.088 9	6	边拱对称侧弯	0.567 5
2	主拱拱肋对称侧弯	0.240 5	7	边拱对称侧弯	0.568 5
3	主拱拱肋反对称侧弯	0.479 6	8	主拱及桥面系对称竖弯	0.769 8
4	主拱及桥面系反对称竖弯	0.520 8	9	主拱拱肋二阶对称侧弯	0.780 0
5	主拱处桥面系对称侧弯	0.530 8	10	边墩侧弯+边拱侧弯	0.788 6

三、地震反应谱分析

1. 场地地震反应谱

广东省地震工程勘测中心对新光快速路工程新光大桥进行了地震危险性分析，提供了新光大桥不同超越概率下地震动参数、设计反应谱以及时程数据。其中场地设计地震动加速度反应谱为：

$$\alpha(\beta)=K\beta(T) \tag{8-1}$$

其中，K 为地震系数，$\beta(T)$ 为标准加速度反应谱，对应表达式为：

$$\beta(T)=\begin{cases}1+(\beta_{\mathrm{mzx}}-1)T/T_0 & (0.04\leqslant T<T_0)\\ \beta_{\mathrm{mzx}} & (T_0\leqslant T<T_g)\\ \beta_{\max}(T_g/T)^c & (T_g\leqslant T<5T_g)\end{cases} \tag{8-2}$$

当阻尼比 ξ=0.05 时，取 T_0=0.1s，$\beta_{\max}$=2.3，其他参数见表 8-34 所列。

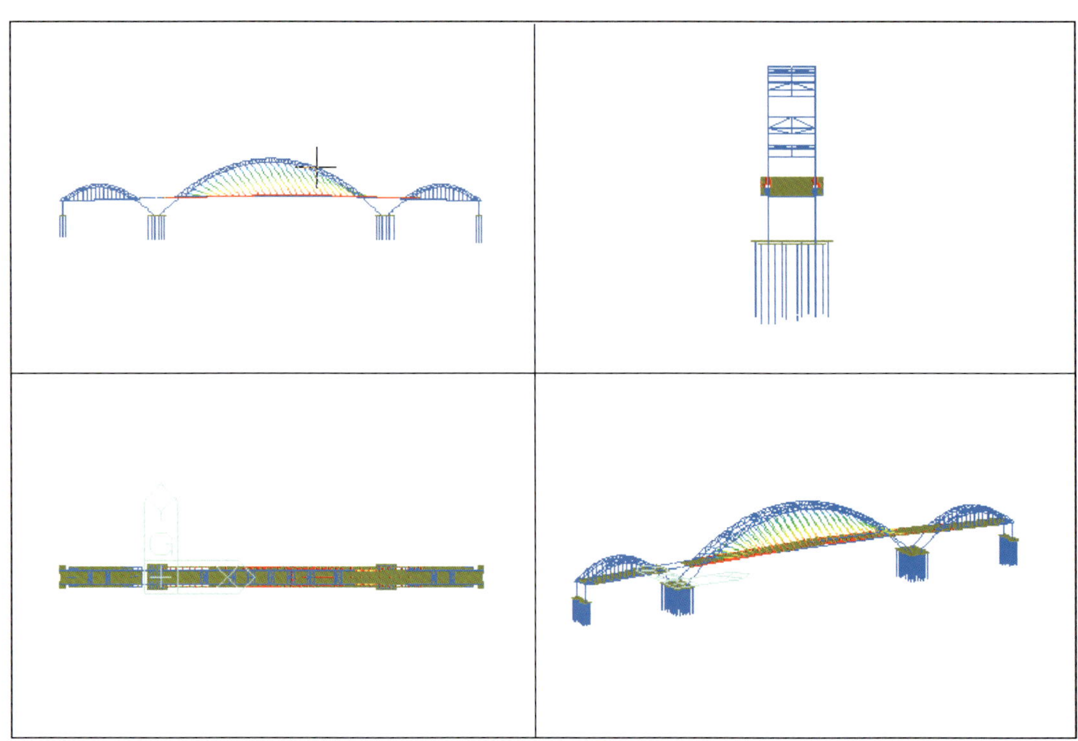

图8-55　振型1（频率：0.088 9Hz）

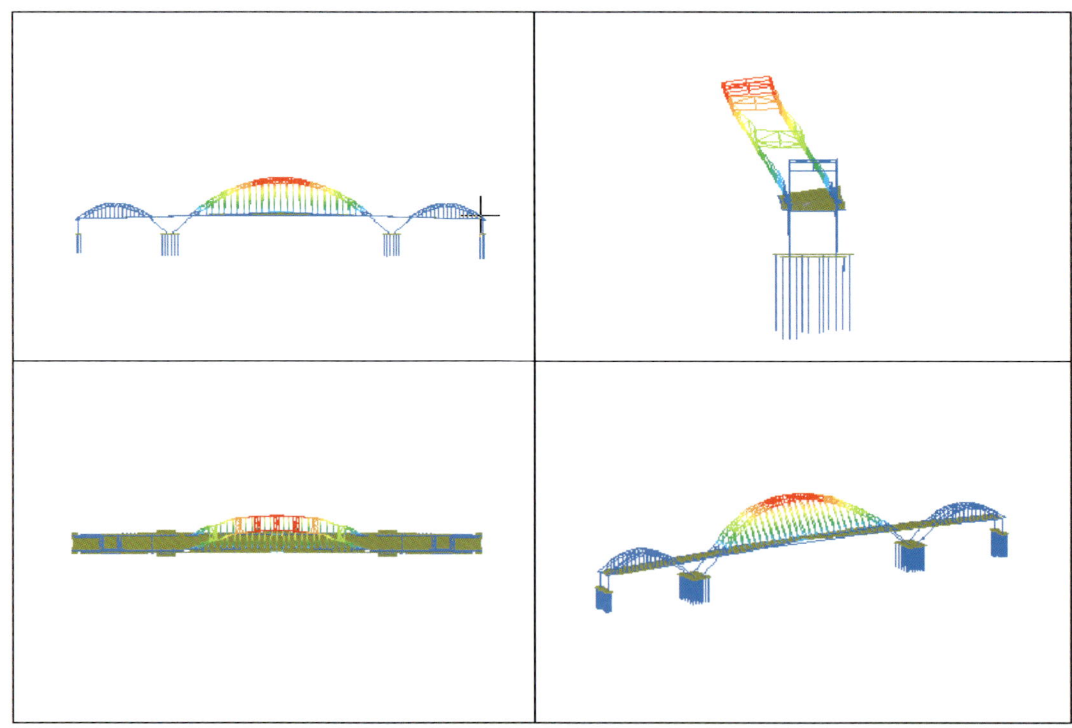

图8-56　振型2（频率：0.240 5Hz）

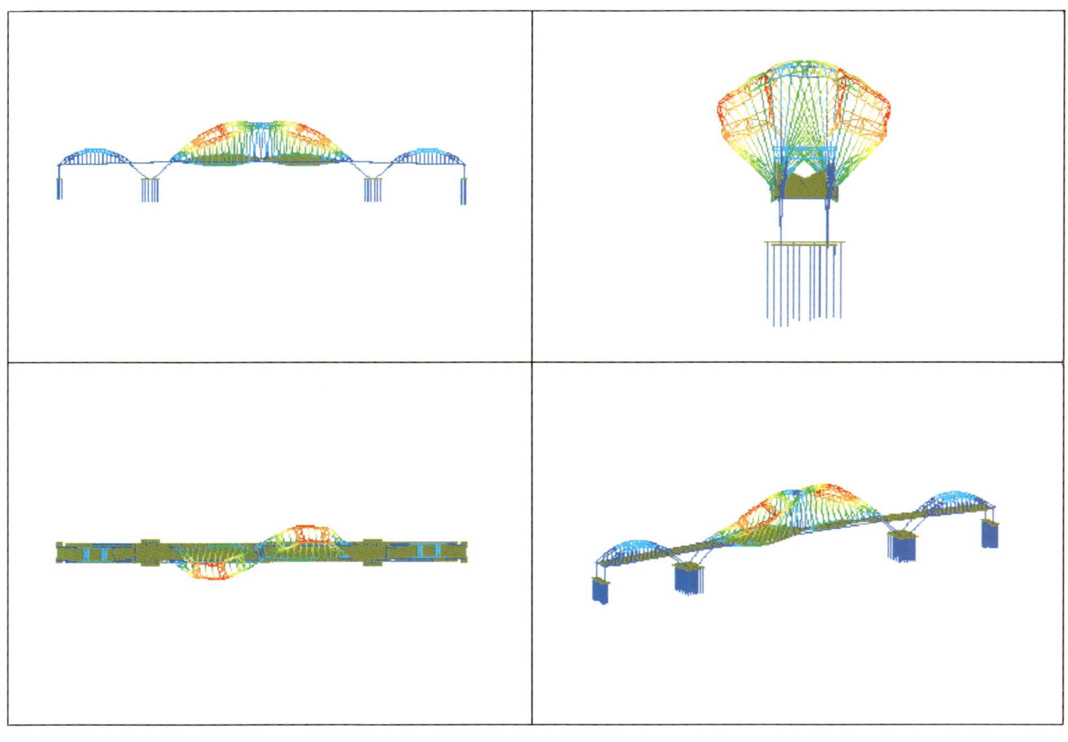

图8-57　振型3（频率：0.479 6Hz）

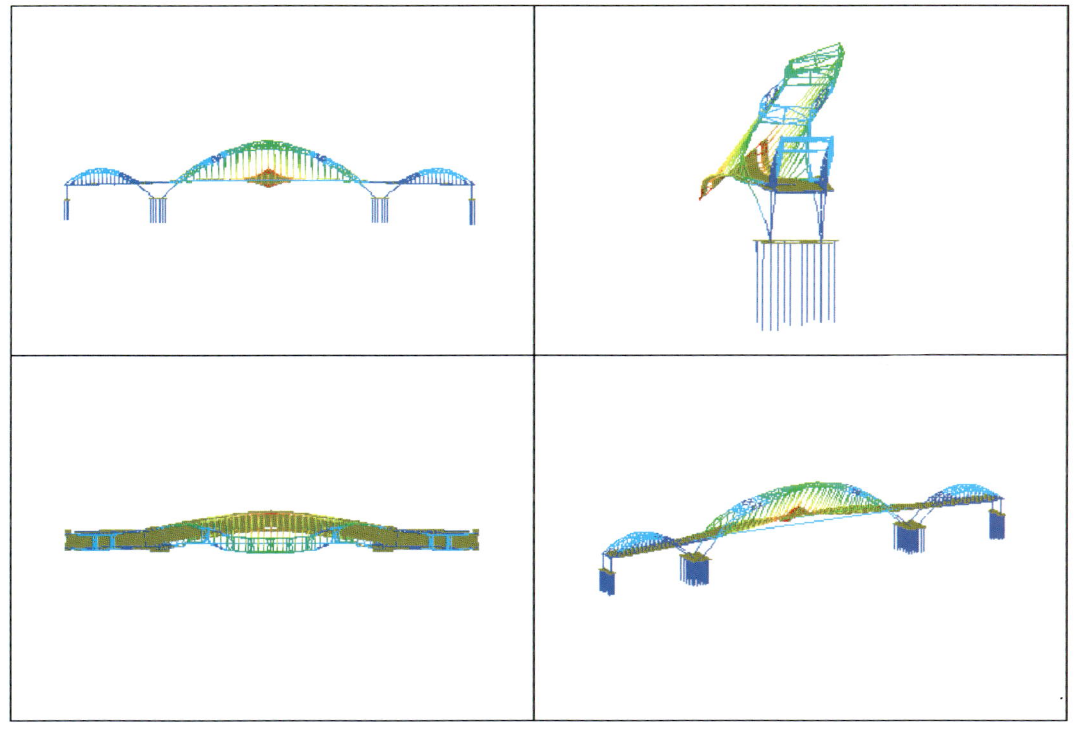

图8-58　振型4（频率：0.520 8Hz）

工程场地两个概率水平下地震特征参数值　　表8-34

超越概率	T_g (s)	C	K	α_{mzx} (g)
100年10%（P_1）	0.8	1.3	0.162 8	0.374 4
100年2%（P_2）	0.85	1.3	0.272 3	0.626 2

根据式（8-1）和式（8-2），可得设计地震动加速度反应谱为：

$$\alpha(T)=\begin{cases}\alpha_{mzx}(0.435+4.348T) & (0.04\leqslant T<T_0)\\ \alpha_{mzx} & (T_0\leqslant T<T_g)\\ \alpha_{max}(T_g/T)^c & (T_g\leqslant T<5T_g)\end{cases} \tag{8-3}$$

相应设计反应谱曲线如图 8-59 所示。

对于混凝土结构，阻尼比通常采用 0.05，而对于钢结构，阻尼比取 0.02。考虑到新光大桥主结构为钢结构，边拱桥面系为混凝土结构，从偏于安全的角度出发，根据《桥梁抗震》中建议公式，采用 0.03 阻尼比对原谱曲线进行修正，修正公式如下：

$$\beta(T,\xi)=\frac{\beta(T,0.05)}{\lambda(T,\xi)} \tag{8-4}$$

其中：

$$\lambda(T,\xi)=\sqrt[3]{16.6\xi+0.16}\left(\frac{0.8}{T}\right)^{\alpha}$$

$$\alpha=\frac{0.05-\xi}{0.156+3.38\xi}$$

修正后的水平方向反应谱曲线如图 8-60 所示。计算竖向响应时，根据《公路工程抗震设计规范》，竖向地震反应谱采用水平反应谱值的 1/2。

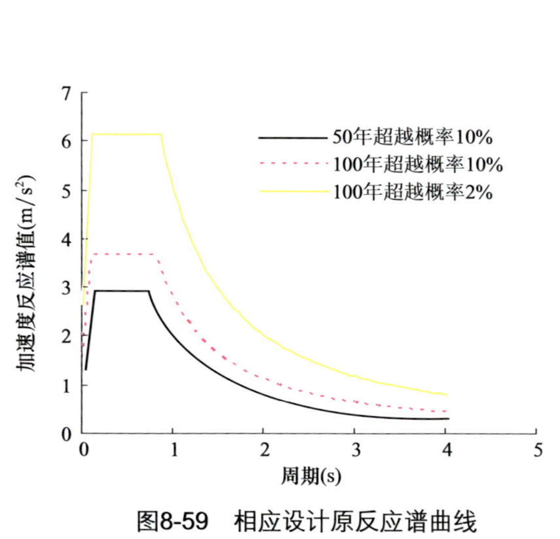

图8-59　相应设计原反应谱曲线

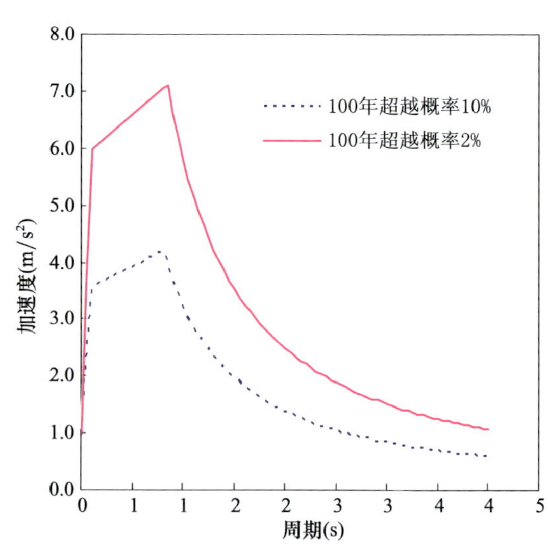

图8-60　修正后的水平方向反应谱曲线

2. 计算工况及结果

反应谱计算中，认为结构在弹性范围内工作，因此对内力并未进行折减，没有考虑综合影响系数。进行反应分析时，选取了前 300 阶振型进行计算组合，组合方式为 CQC 法，振型参与质量达到了 94%，满足规范要求。根据抗震设防需要，采用 100 年超越概率 10%（P_1 概率）和 100 年超越概率 2%

（P_2 概率）两种反应谱进行主桥结构两阶段抗震性能分析，详细分析了主桥在 P_1 概率和 P_2 概率下地震反应谱响应。

给出的关键部位的地震反应谱结果有：主拱肋和边拱肋上弦杆和下弦杆、三角刚架、边墩的内力包络图，部分内力包络图如图 8-61～图8-66 所示；主拱肋和边拱肋拱顶、1/4 拱肋以及拱脚处上弦杆、下弦杆和腹杆、三角刚架、边墩墩底、横撑、边跨端横梁、边跨系梁和边墩盖梁的内力值（轴力、弯矩和剪力）。图 8-61～图 8-66 列出大桥几个曲线部位地震反应谱分析所得的轴力与弯矩分布。

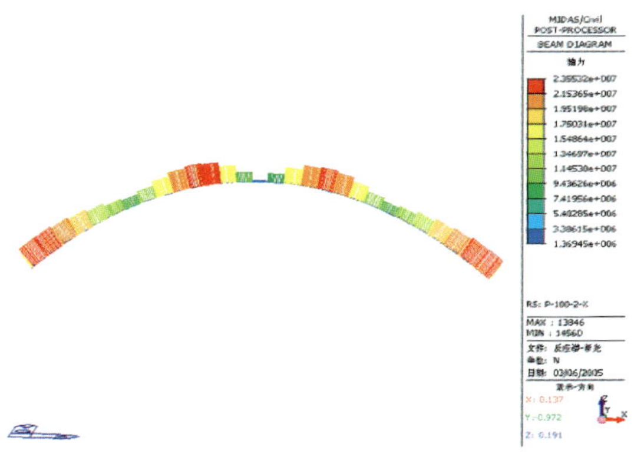

图8-61　纵桥向P_2概率激励下主拱肋上弦杆轴力

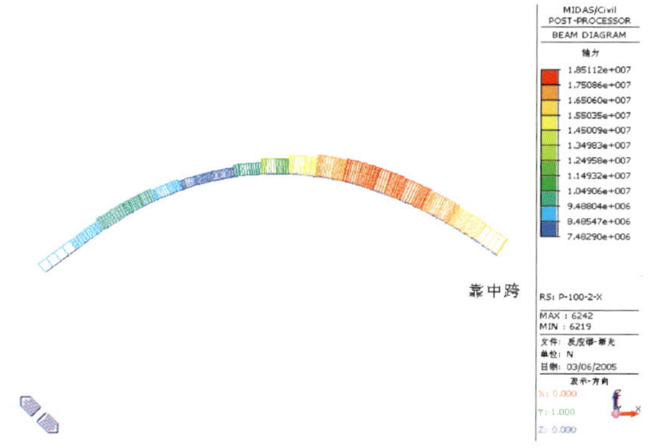

图8-62　纵桥向P_2概率激励下边拱肋上弦杆轴力

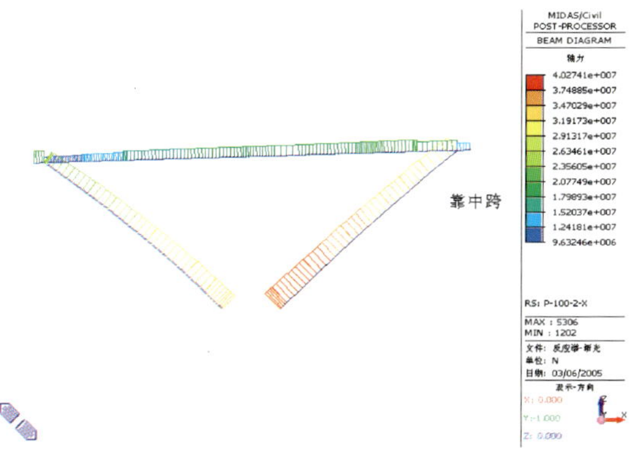

图8-63　纵桥向P_2概率激励下三角刚架轴力

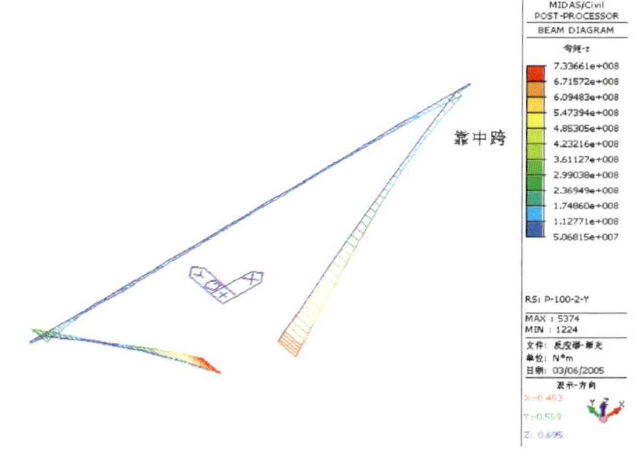

图8-64　横桥向P_2概率激励下三角刚架弯矩MZ

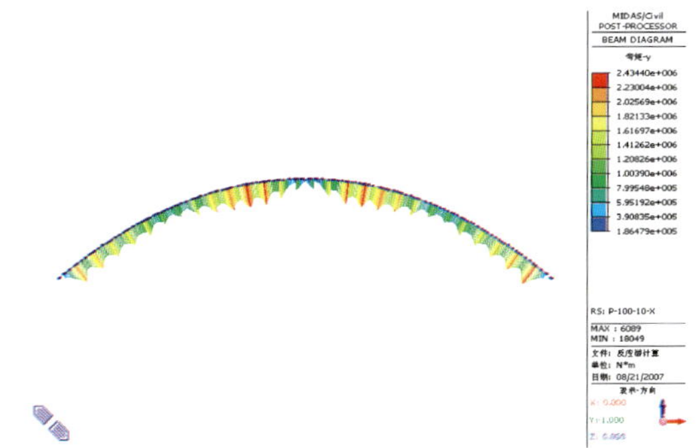

图8-65　纵桥向P_1概率激励下主拱肋上弦杆弯矩MY

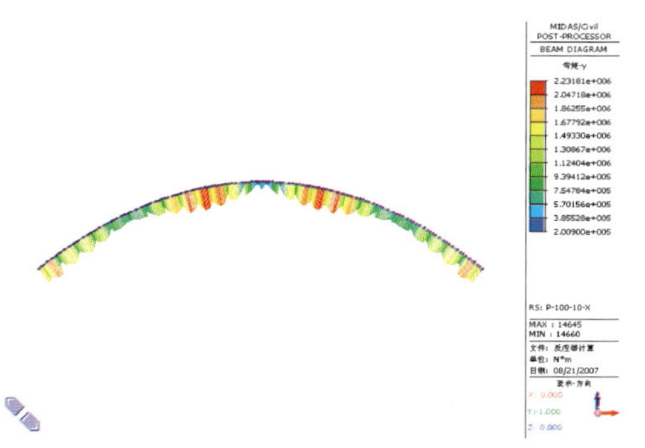

图8-66　纵桥向P_1概率激励下主拱肋下弦杆弯矩MY

为便于比较考虑竖向地震激励与不考虑竖向地震激励对地震反应谱响应值的影响，按表 8-35 的主桥部分控制截面的编号，分别给出了 P_2 概率下部分控制截面几种情况的内力比较直方图。图 8-67～图 8-69 为 P_2 概率下纵向地震激励响应比较；图 8-70～图 8-72 为 P_2 概率下横向地震激励响应比较。

部分控制截面编号　　表8-35

截面编号	截面位置	截面编号	截面位置
1	边墩墩底	4	边拱脚上弦杆（靠边墩）
2	主拱脚上弦杆	5	边拱顶上弦杆
3	主拱顶上弦杆	6	边拱脚上弦杆（靠三角刚架）

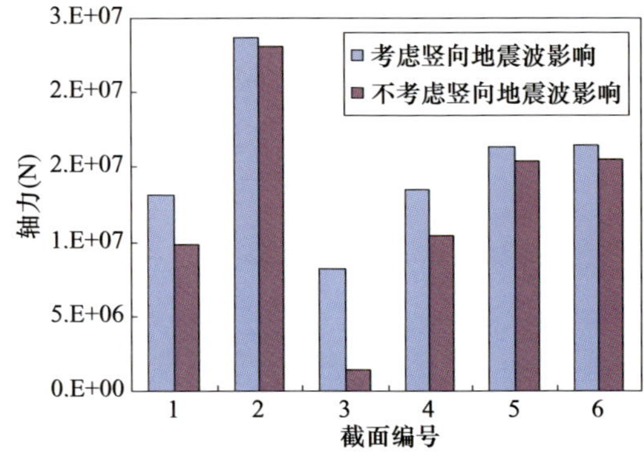

图8-67　纵向和纵向＋竖向地震激励下轴力比较

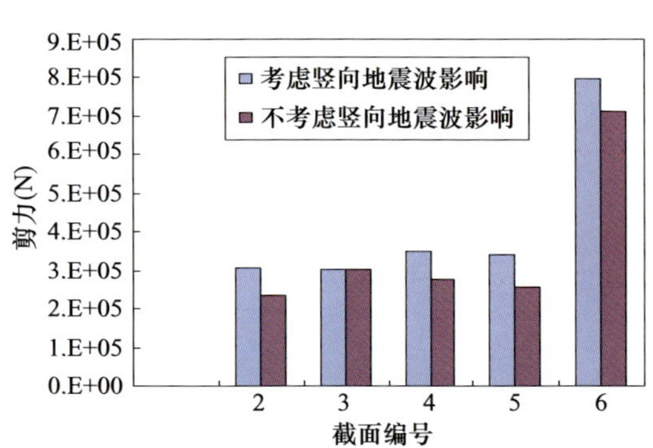

图8-68　纵向和纵向＋竖向地震激励下剪力FZ比较

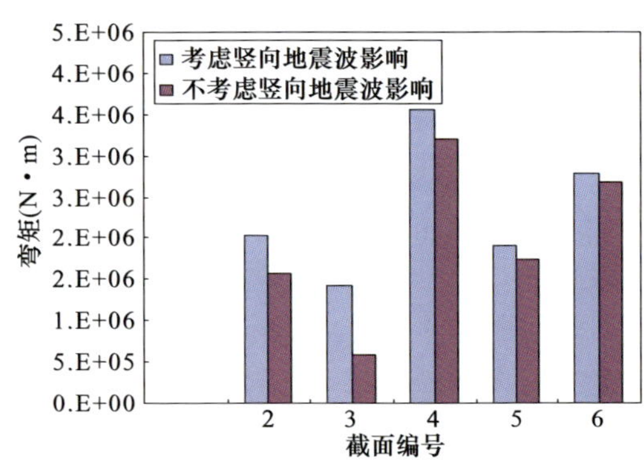

图8-69　纵向和纵向＋竖向地震激励下弯矩MY比较

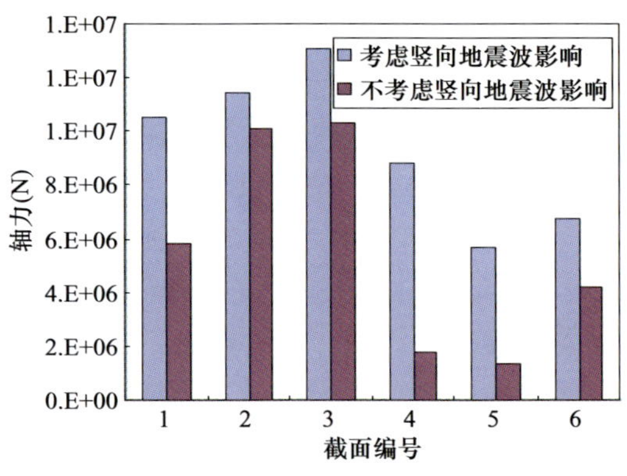

图8-70　横向＋竖向地震激励下轴力比较

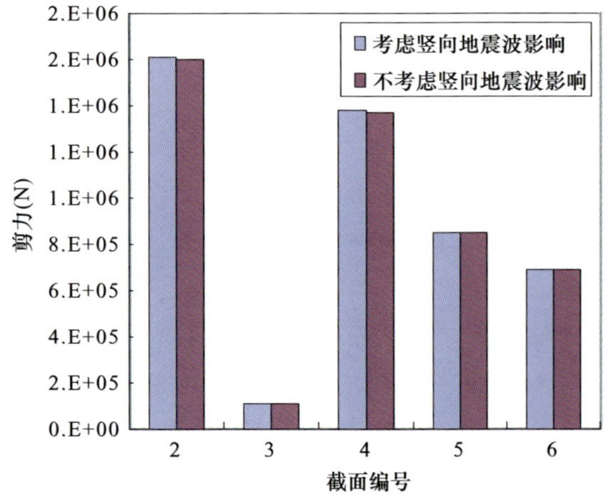

图8-71　横向地震激励下剪力FY比较

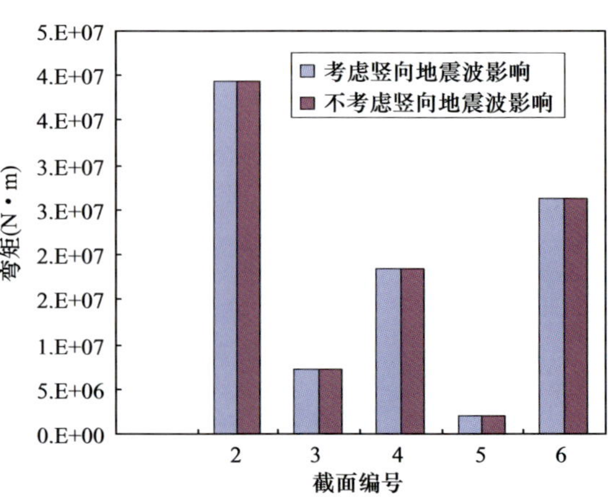

图8-72　横向地震激励下弯矩MZ比较

从上面的比较可以得出以下结论：

(1) 在地震横向激励作用下，竖向激励对主桥各主要构件的轴力影响比较大，尤其是边拱拱脚处上弦杆，考虑竖向激励影响后轴力增加了约 3 倍，但对横向弯矩和剪力影响很小，可以忽略不计。

(2) 在地震纵向激励作用下，竖向激励对主拱拱顶上、下弦杆件的轴力和弯矩影响比较大，但对主桥其他构件的内力影响较小，内力增加不足 22%。在 P_2 概率地震反应谱纵向激励下中拱拱顶上弦杆的轴力、弯矩和剪力分别为 1.38E6N、5.96E5N · m 和 3.03E5N。若考虑竖向激励影响，则轴力、弯矩和剪力分别为 8.18E6N、1.42E6N · m 和 3.03E5N，也就是轴力和弯矩分别是不考虑竖向影响时的 5.9 倍和 2.4 倍，而剪力基本上没有变化。由此可见，竖向地震荷载对中拱拱顶的轴力和弯矩影响很大，必须考虑竖向地震荷载的影响。从理论上讲，在纵桥向地震荷载作用下，由于地震荷载为反对称荷载，所以中拱拱顶上弦和下弦杆的轴力和弯矩理论上应为零，产生误差的原因在于结构本身略微有些不对称。

3．控制断面反应谱位移

控制断面的地震位移反应谱分析结果见表 8-36 所列。

控制断面的地震位移反应谱分析结果表（单位：cm） 表8-36

截面位置	纵桥向一致激励（纵向位移）		横桥向一致激励（横向位移）	
	P_1	P_2	P_1	P_2
中拱拱脚位移	4.1	7.5	7.8	14.1
中拱拱顶位移	4.9	8.9	45.0	81.4
边拱拱脚（靠中跨）位移	4.6	8.3	8.9	16.1
边拱拱脚（靠边墩）位移	4.5	8.1	12.5	22.6
边拱拱顶位移	3.9	7.1	44.6	79.8

在 P_2 概率地震反应谱横桥向激励下，中拱拱顶横桥向最大水平位移为 81.4cm，边拱拱顶横桥向最大水平位移为 79.8cm；在 P_2 概率地震反应谱纵桥向激励下，中拱拱顶纵桥向最大水平位移为 8.9cm，边拱拱顶纵桥向最大位移为 7.1cm。

四、地震时程响应分析

1．地震时程曲线和加速度谱

《广州新光快速路工程场地地震安全性评价报告》以基岩加速度时程为基底输入，给出了 ZK3 孔（主桥广州岸侧）和 ZK4 孔（主桥番禺岸侧）的 100 年 10% 概率（P_1 概率）和 100 年 2% 概率（P_2 概率）地面加速度峰值，见表 8-37 所列，对应加速度时程曲线如图 8-73～图8-76 所示。

各孔位地面加速度峰值 表8-37

孔　位	概率P_1（100年10%）	概率P_2（100年2%）
ZK3（cm/s^2）	159.73	264.98
ZK4（cm/s^2）	159.31	268.62

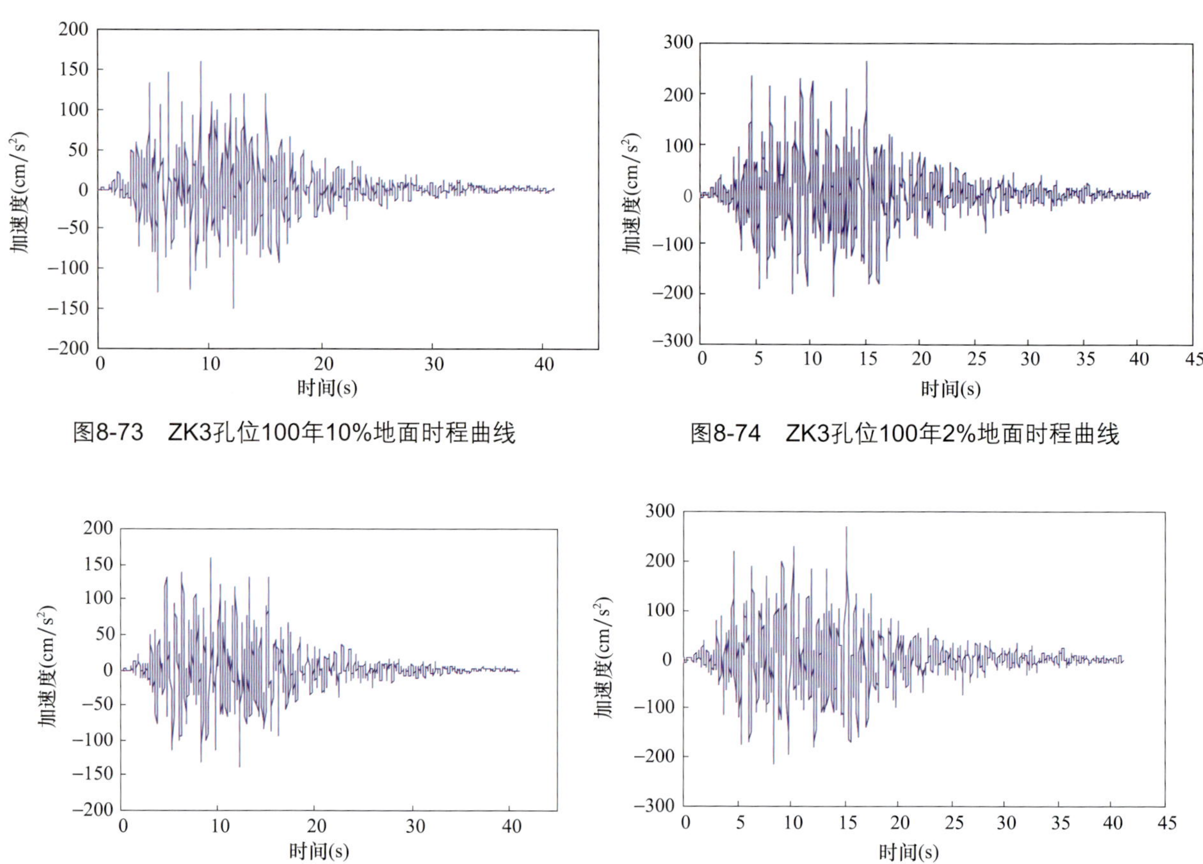

图8-73　ZK3孔位100年10%地面时程曲线

图8-74　ZK3孔位100年2%地面时程曲线

图8-75　ZK4孔位100年10%地面时程曲线

图8-76　ZK4孔位100年2%地面时程曲线

2．地震时程响应计算工况及结果

本节详细分析了主桥在100年10%概率(P_1概率)和100年2%概率(P_2概率)下主桥地震响应，各个工况下关键部位的时程响应结果主要有：主拱肋和边拱肋上弦杆和下弦杆、三角刚架、边墩的内力包络图及主拱拱顶与拱脚的相对位移、边拱拱顶和拱脚的相对位移、边墩墩顶与边跨纵梁的纵向相对位移和三角刚架上钢横梁与三角刚架的纵向相对位移以及位移时程曲线。

地震激励的输入主要考虑了以下几种工况：地震激励方式为纵桥向、横桥向、纵桥向＋竖向、横桥向＋竖向的一致激励、多点激励、行波激励。对这几种工况下各主要构件的内力进行了比较，分析了地震剪切波速对桥梁控制断面位移的影响。

竖向地震加速度取水平向的1/2。考虑到主桥为钢混组合结构，阻尼比取为0.03。从地震时程曲线图8-73～图8-76中可以看出，ZK3孔和ZK4孔的地震加速度峰值基本一致，ZK4孔的略微偏大，所以在进行地震波一致激励分析时，选取ZK4孔的地震加速度波。在进行地震多点激励分析时，大桥广州侧地震波选ZK3孔的，番禺侧地震波选取ZK4的；在进行行波激励分析时，地震剪切波速取为196m/s，选取ZK4孔的地震加速度波，假设地震初始激励位置为番禺侧主桥边墩。

地震时程一致激励工况下的主要分析结果包括：纵桥向地震波一致激励下各控制断面内力、横桥向地震波一致激励下各控制断面内力、纵桥向＋竖向地震波一致激励下各控制断面内力、横桥向＋竖向地震波一致激励下各控制断面内力；考虑行波效应纵桥向激励下番禺侧各控制断面内力、广州侧各控制断面内力；纵桥向多点激励下各控制断面内力、横桥向多点激励下各控制断面内力、纵桥向＋竖向多点激励下各控制断面内力(广州侧)、横桥向＋竖向多点激励下广州侧各控制断面内力、横桥向＋竖向多点激励下番禺侧各控制断面内力、纵桥向＋竖向多点激励下番禺侧各控制断面内力。

纵桥向 P_1 概率一致激励下的主要构件内力包络图如图 8-77～图 8-91 所示。

不同组合 P_2 概率一致激励情况下主要构件的反应比较如图 8-92～图 8-129 所示。

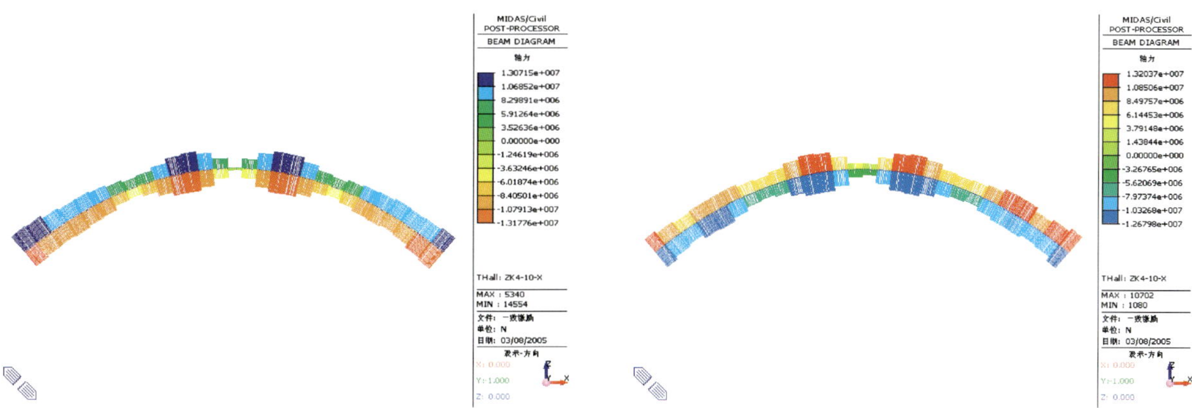

图8-77　纵桥向P_1概率一致激励下主拱肋上弦杆轴力包络图

图8-78　纵桥向P_1概率一致激励下主拱肋下弦杆轴力包络图

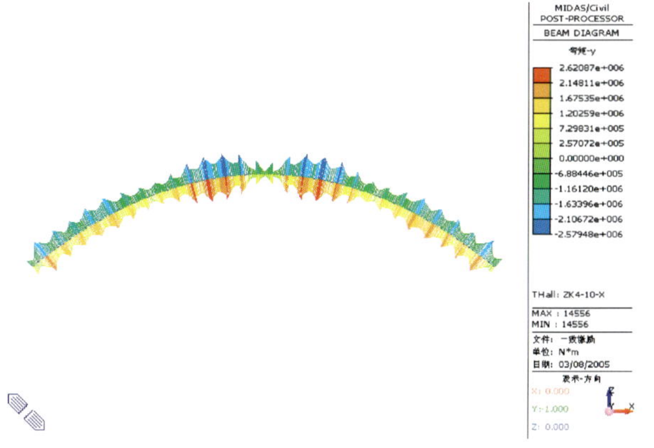

图8-79　纵桥向P_1概率一致激励下主拱肋上弦杆弯矩MY包络图

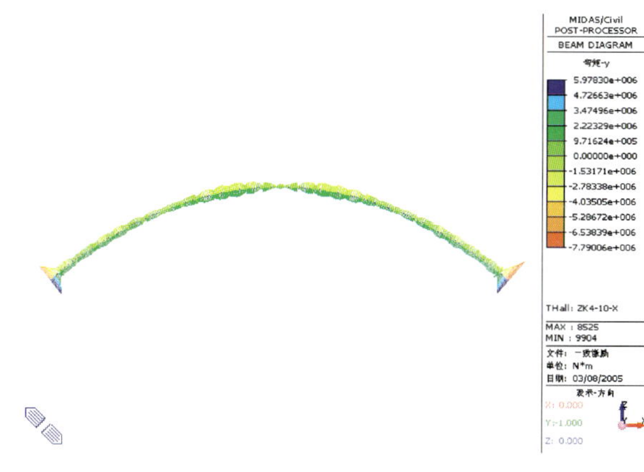

图8-80　纵桥向P_1概率一致激励下主拱肋下弦杆弯矩MY包络图

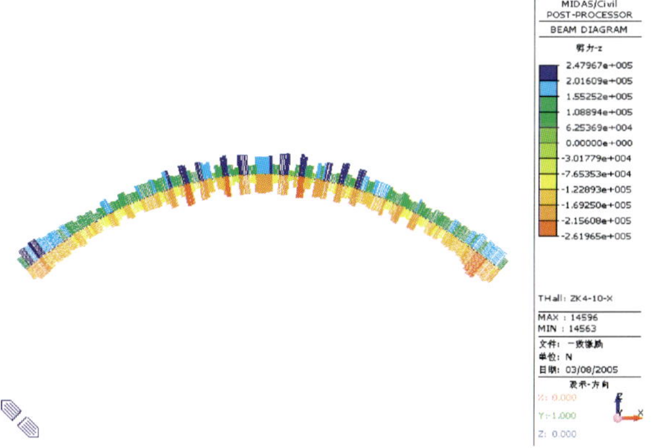

图8-81　纵桥向P_1概率一致激励下主拱肋上弦杆剪力FZ包络图

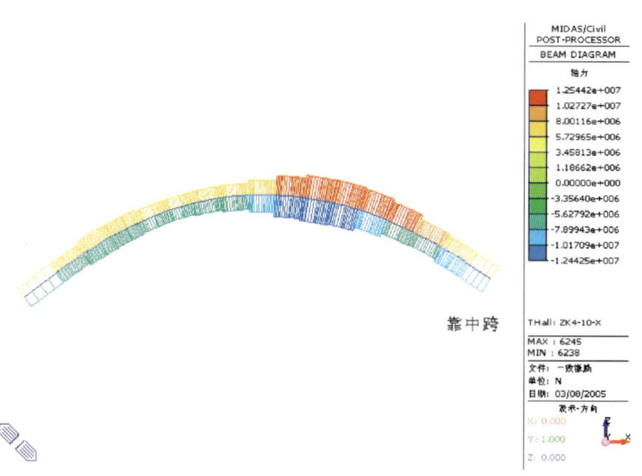

图8-82　纵桥向P_1概率一致激励下边拱肋上弦杆轴力包络图

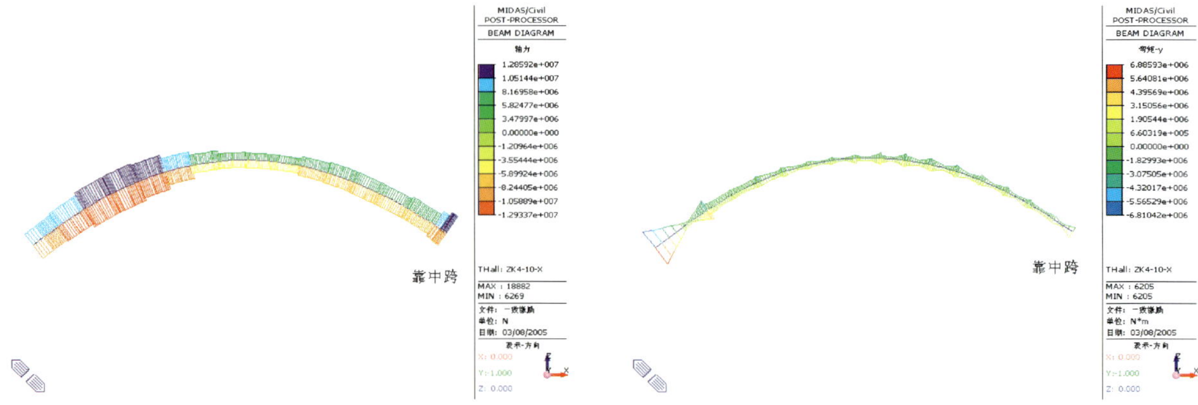

图8-83　纵桥向P_1概率一致激励下边拱肋下弦杆轴力包络图

图8-84　纵桥向P_1概率一致激励下边拱肋上弦杆弯矩MY包络图

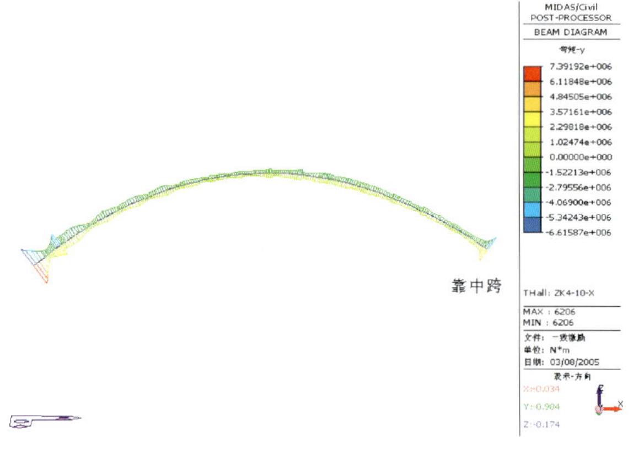

图8-85　纵桥向P_1概率一致激励下边拱肋下弦杆弯矩MY包络图

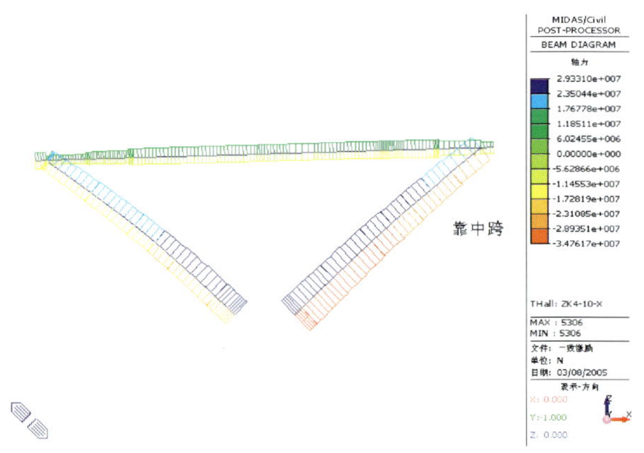

图8-86　纵桥向P_1概率一致激励下三角刚架轴力包络图

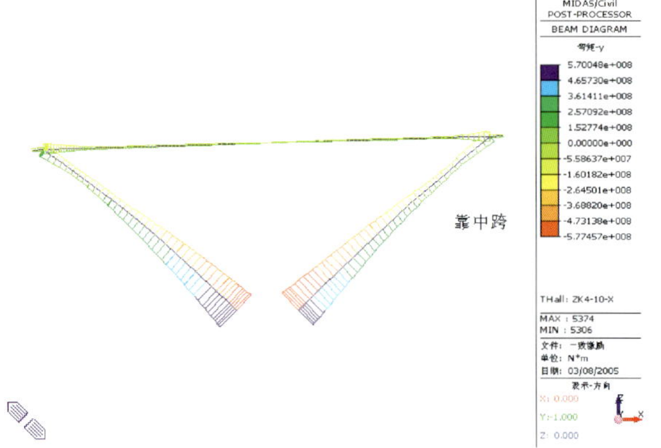

图8-87　纵桥向P_1概率一致激励下三角刚架弯矩MY包络图

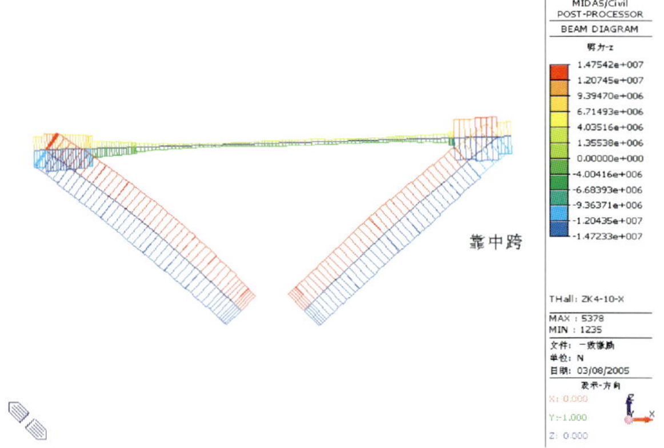

图8-88　纵桥向P_1概率一致激励下三角刚架剪力FZ包络图

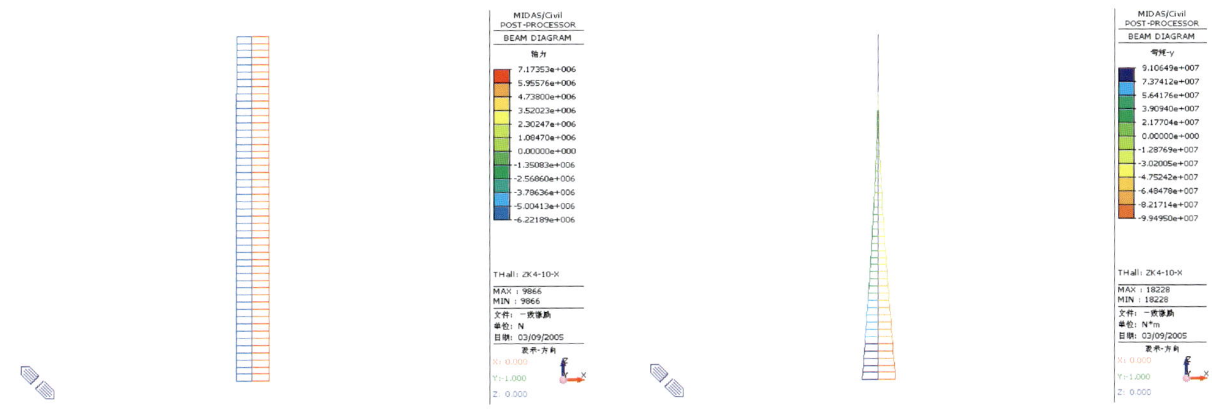

图8-89　纵桥向P_1概率一致激励下边墩轴力包络图

图8-90　纵桥向P_1概率一致激励下边墩弯矩MY包络图

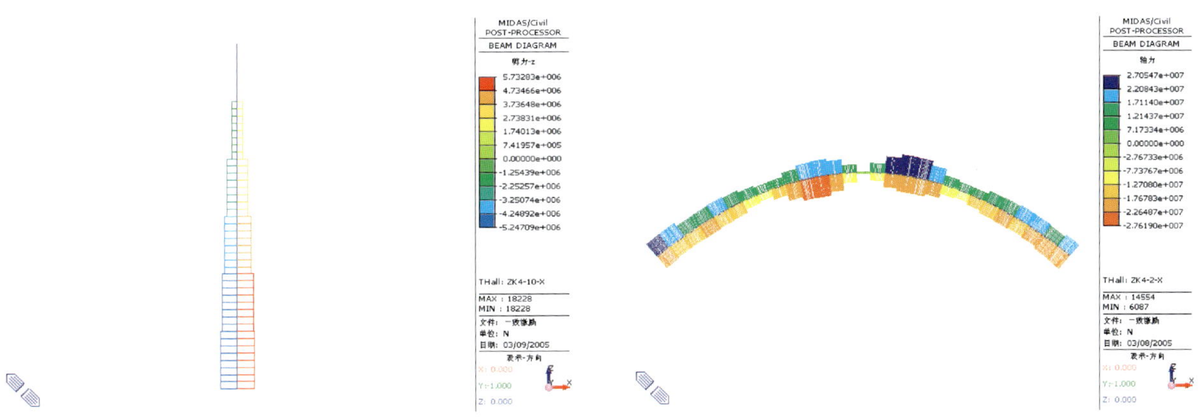

图8-91　纵桥向P_1概率一致激励下边墩剪力FZ包络图

图8-92　纵桥向P_2概率一致激励下主上弦杆的轴力包络图

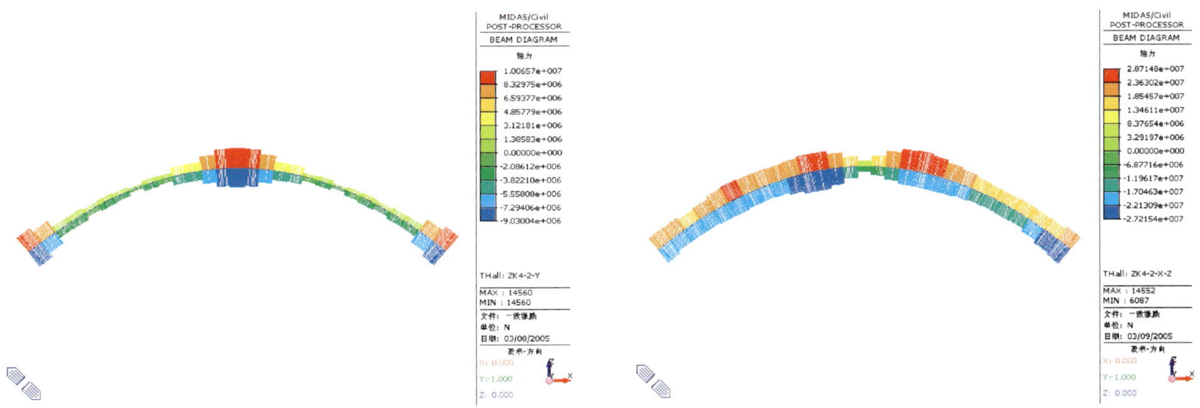

图8-93　横桥向P_2概率一致激励下主拱上弦杆轴力包络图

图8-94　纵桥向+竖向P_2概率一致激励下主拱肋上弦杆轴力包络图

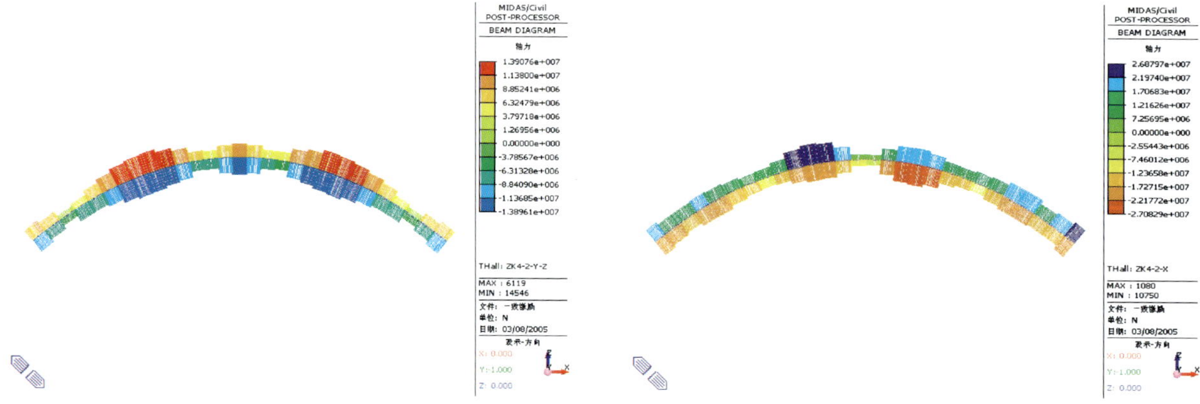

图8-95　横桥向+竖向P_2概率一致激励下主拱上弦杆轴力包络图

图8-96　纵桥向P_2概率一致激励下主拱下弦杆轴力包络图

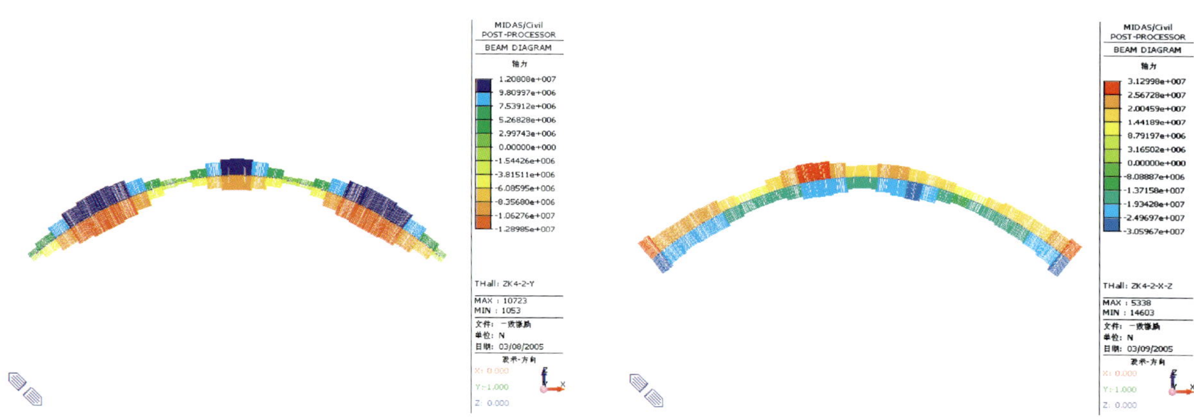

图8-97　横桥向P_2概率一致激励下的主拱下弦杆轴力包络图

图8-98　纵桥向+竖向P_2概率一致激励主拱肋下弦杆轴力包络图

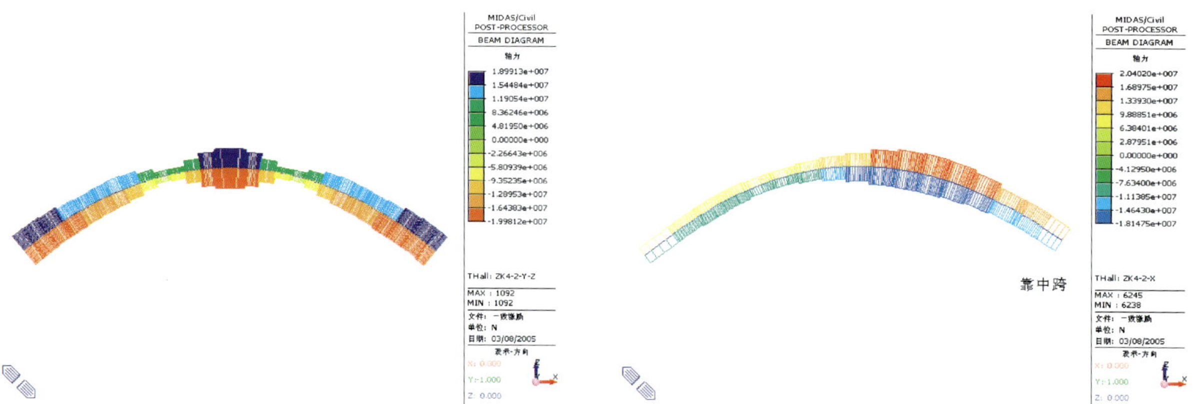

图8-99　横桥向+竖向P_2概率一致激励主拱肋下弦杆轴力包络图

图8-100　纵桥向P_2概率一致激励下边拱上弦杆轴力包络图

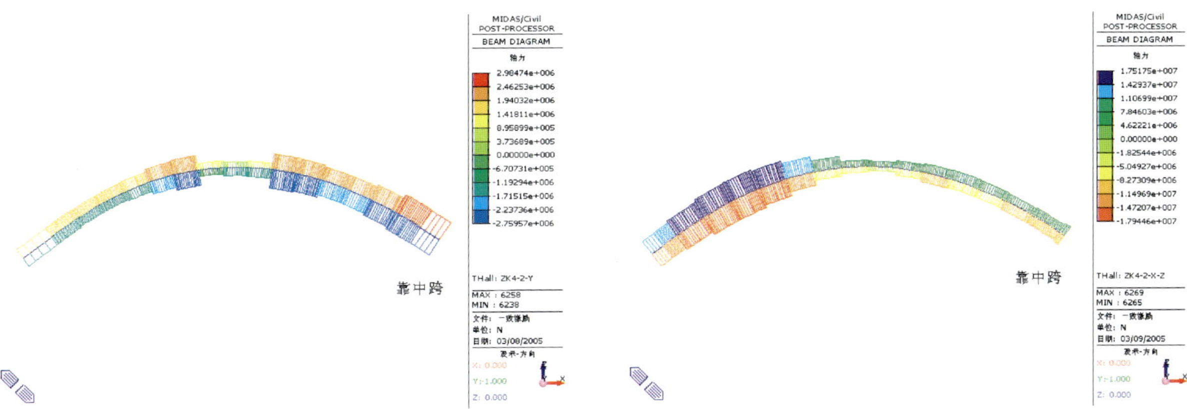

图8-101　横桥向P_2概率一致激励下边拱上弦杆轴力包络图

图8-102　纵桥向+竖向P_2概率一致激励下边拱肋上弦杆轴力包络图

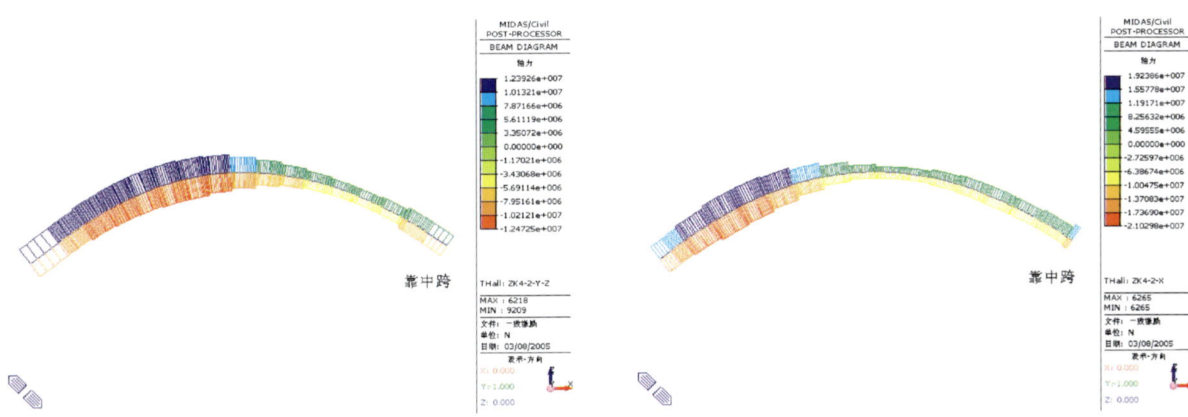

图8-103　横桥向+竖向P_2概率一致激励下边拱肋上弦杆轴力包络图

图8-104　纵桥向P_2概率一致激励下边拱下弦杆轴力包络图

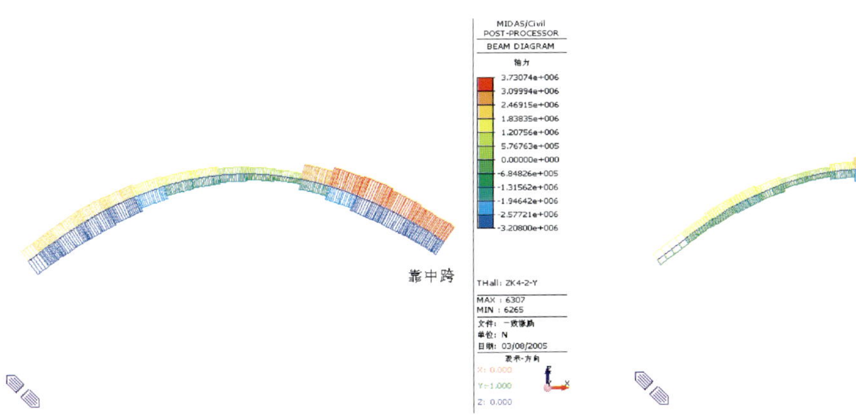

图8-105　横桥向P_2概率一致激励下边拱下弦杆轴力包络图

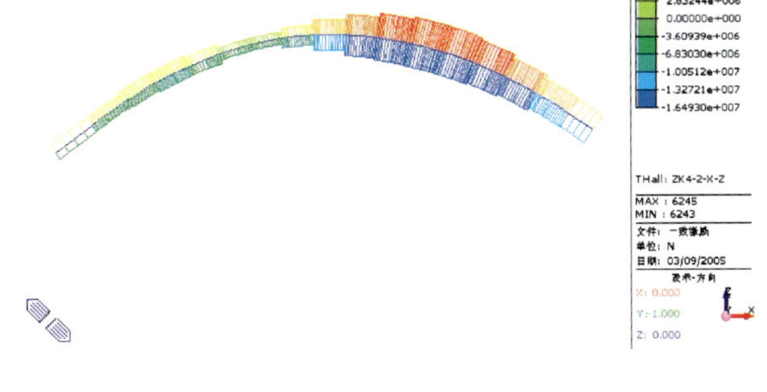

图8-106　纵桥向+竖向P_2概率一致激励下边拱肋下弦杆轴力包络图

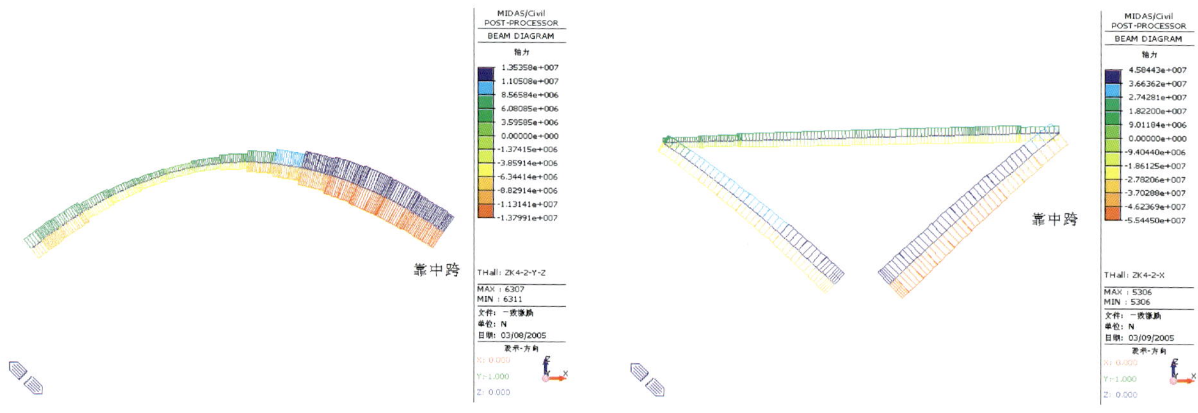

图8-107　横桥向+竖向P_2概率一致激励下边拱肋下弦杆轴力包络图

图8-108　纵桥向P_2概率一致激励下三角刚架轴力包络图

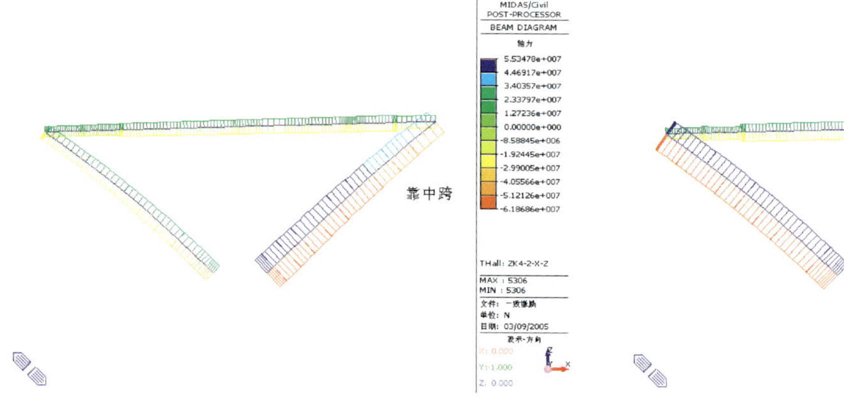

图8-109　纵桥向+竖向P_2概率一致激励下三角刚架轴力包络图

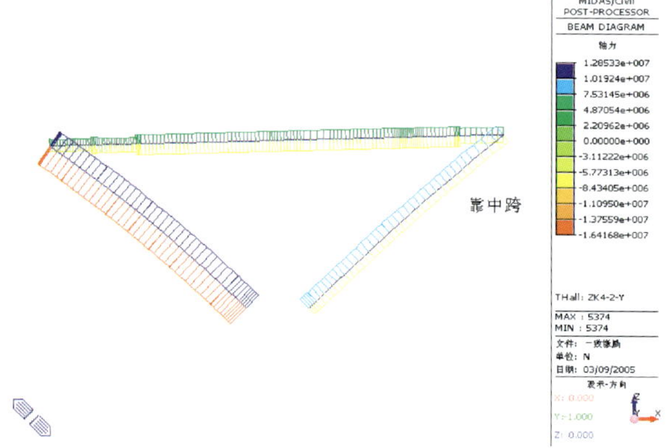

图8-110　横桥向P_2概率一致激励下三角刚架轴力包络图

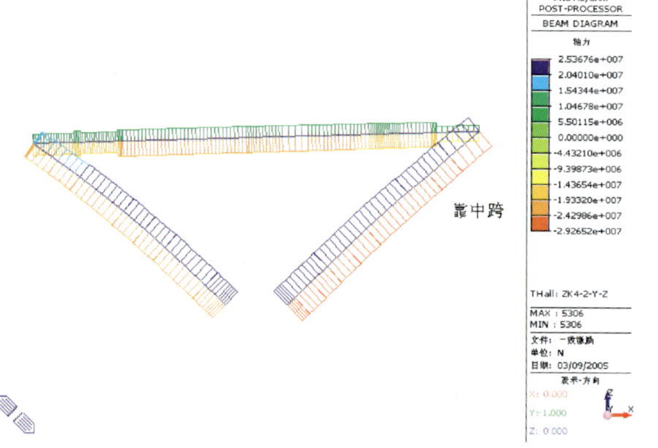

图8-111　横桥向+竖向P_2概率一致激励下三角刚架轴力包络图

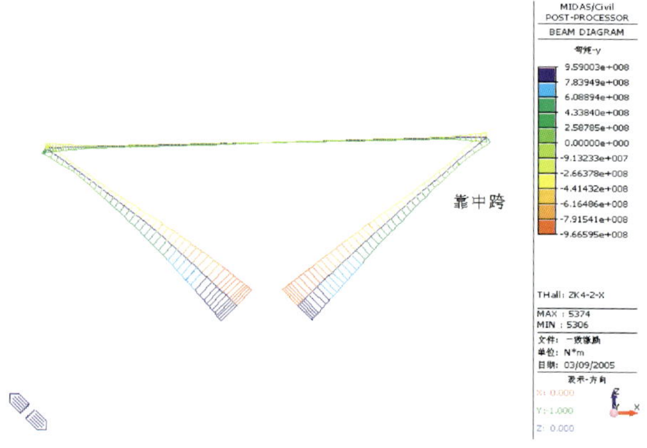

图8-112　纵桥向P_2概率一致激励下三角刚架弯矩MY包络图

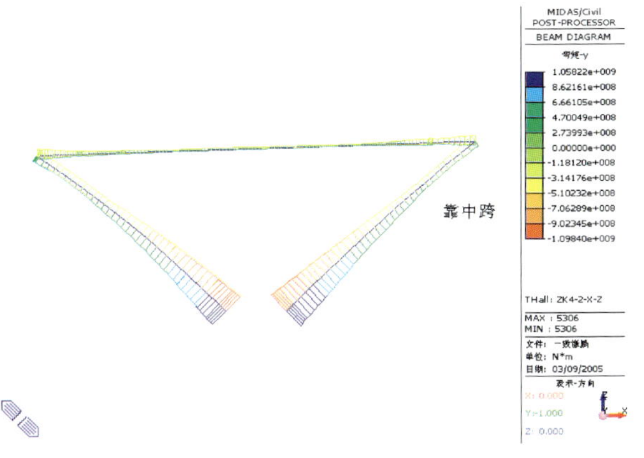

图8-113　纵桥向+竖向P_2概率一致激励下三角刚架弯矩MY包络图

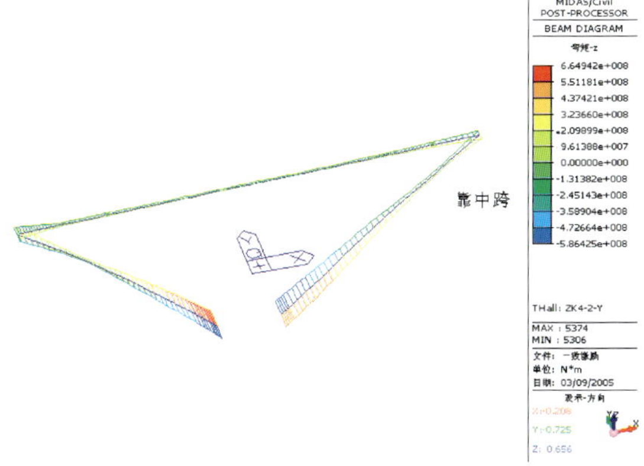

图8-114　横桥向P_2概率一致激励下三角刚架弯矩MZ包络图

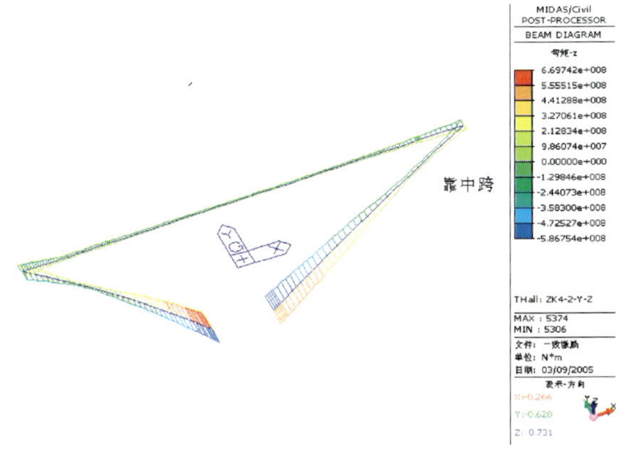

图8-115　横桥向+竖向P_2概率一致激励下三角刚架弯矩MZ包络图

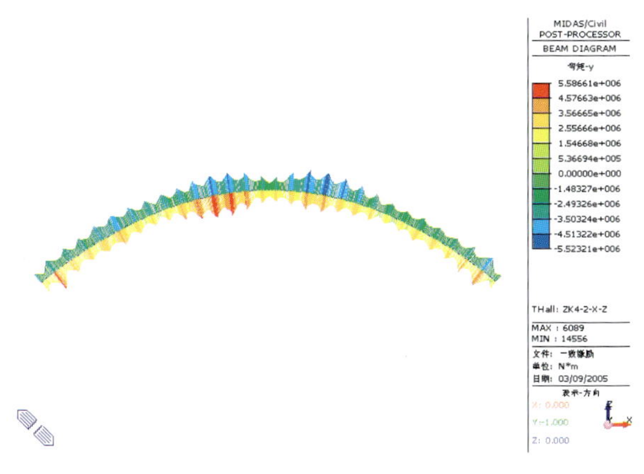

图8-116　纵桥向+竖向P_2概率一致激励下主拱上弦杆弯矩MY包络图

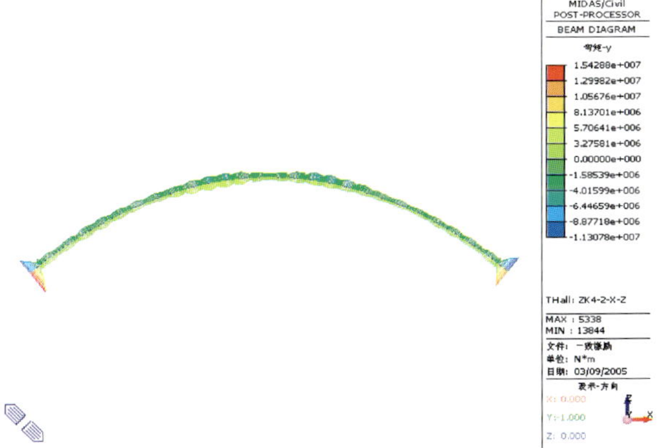

图8-117　纵桥向+竖向P_2概率一致激励下主拱下弦杆弯矩MY包络图

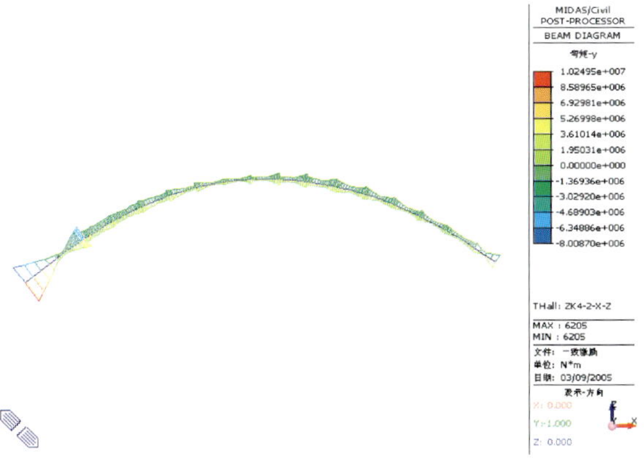

图8-118　纵桥向+竖向P_2概率一致激励下边拱上弦杆弯矩MY包络图

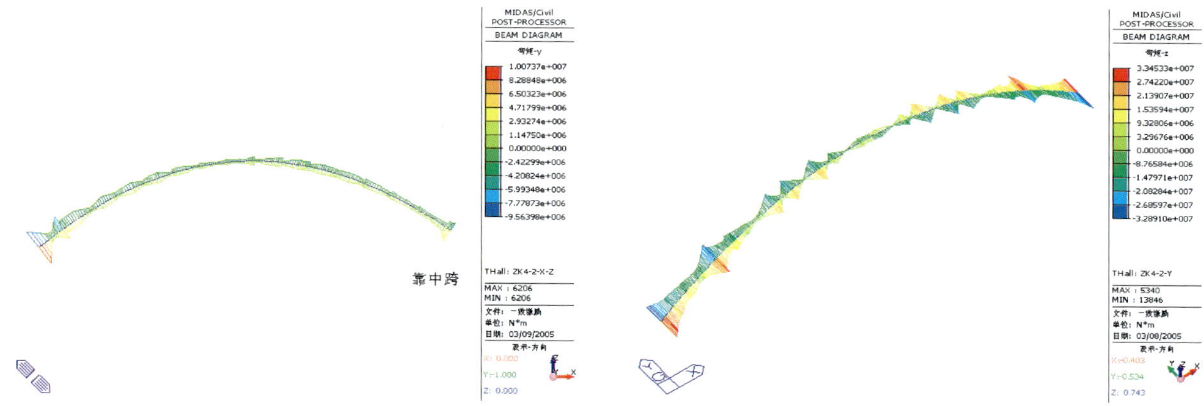

图8-119　纵桥向+竖向P_2概率一致激励下边拱下弦杆弯矩MY包络图

图8-120　横桥向P_2概率一致激励下的主拱上弦杆弯矩MZ包络图

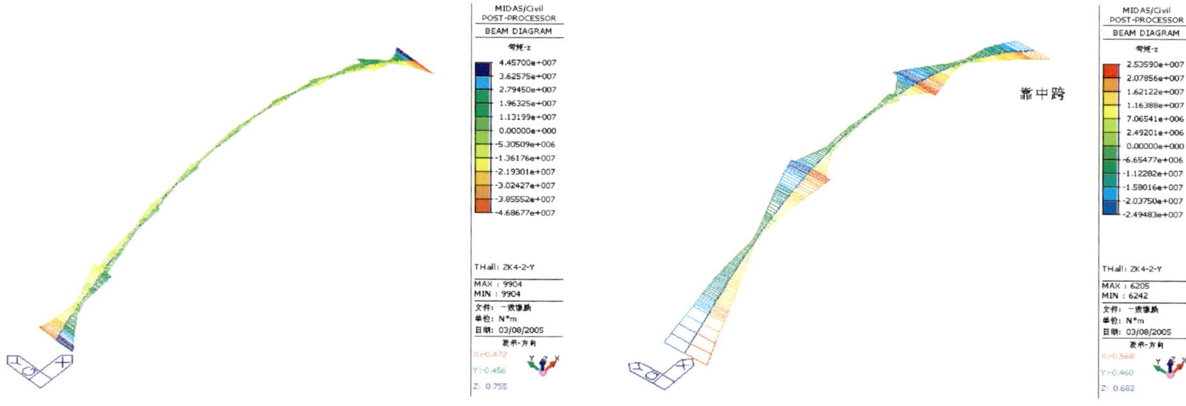

图8-121　横桥向P_2概率一致激励下主拱下弦杆弯矩MZ包络图

图8-122　横桥向P_2概率一致激励下边拱上弦杆弯矩MZ包络图

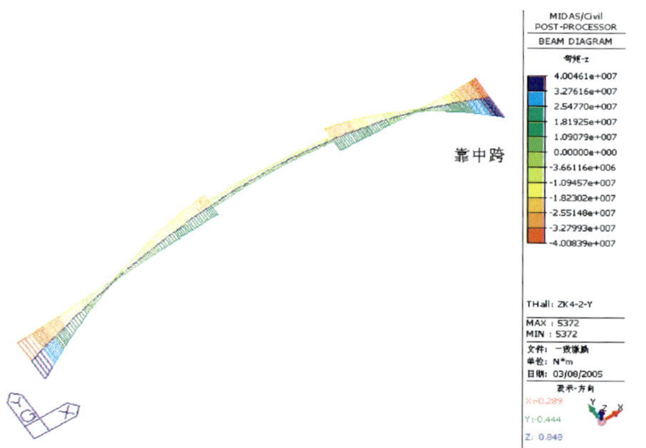

图8-123　横桥向P_2概率一致激励下边拱下弦杆弯矩MZ包络图

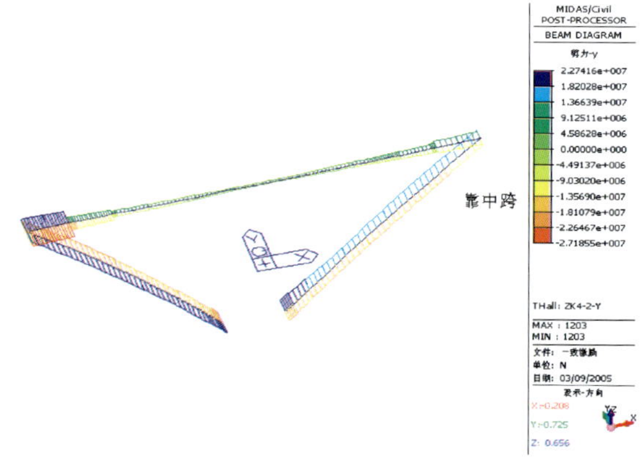

图8-124　横桥向P_2概率一致激励下三角刚架剪力FY包络图

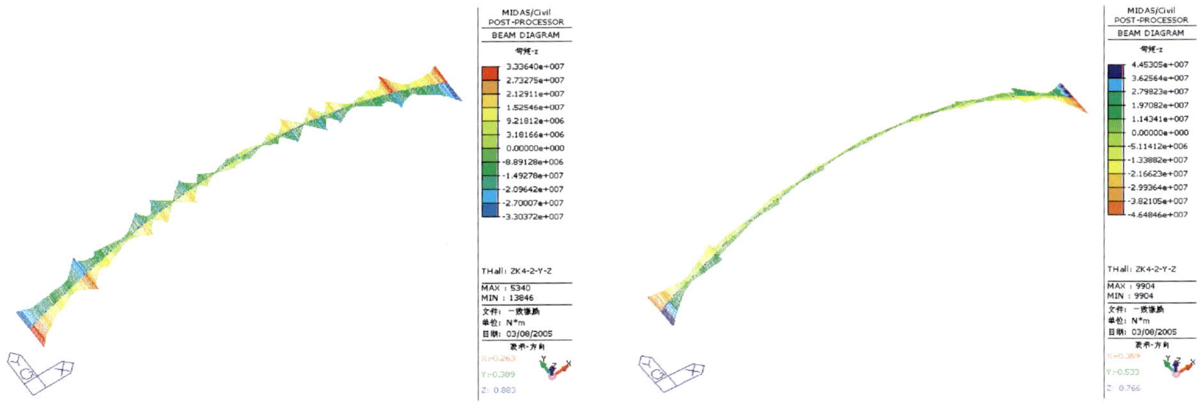

图8-125　横桥向+竖向P_2概率一致激下主拱上弦杆弯矩MZ包络图

图8-126　横桥向+竖向P_2概率一致激励下主拱下弦杆弯矩MZ包络图

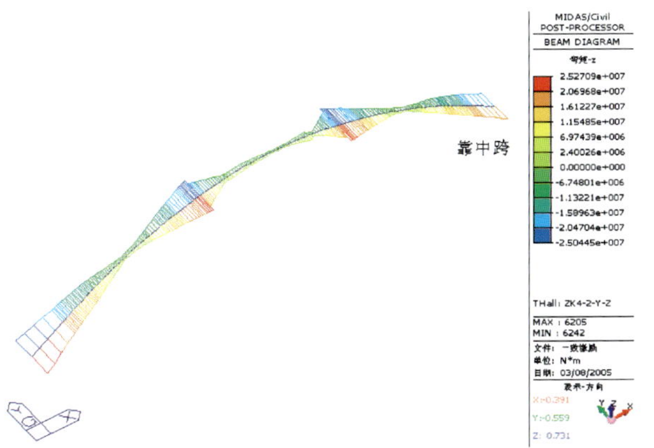

图8-127　横桥向+竖向P_2概率一致激励下边拱上弦杆弯矩MZ包络图

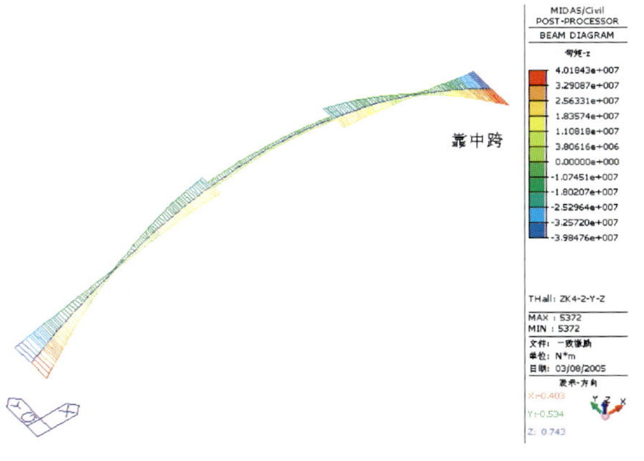

图8-128　横桥向+竖向P_2概率一致激励下边拱下弦杆弯矩MZ包络图

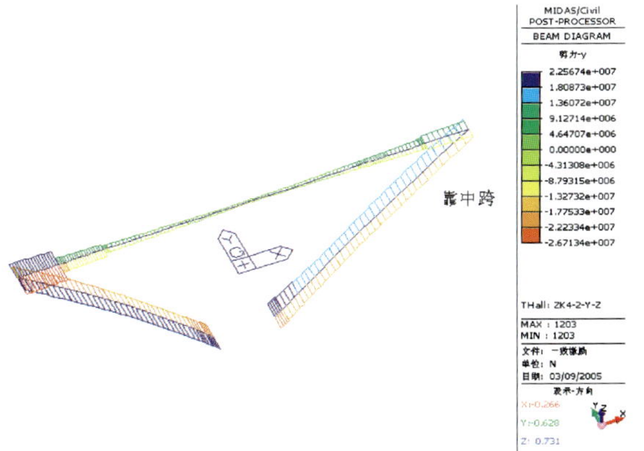

图8-129　横桥向+竖向P_2概率一致激励下三角刚架剪力FY包络图

为便于比较反应谱、一致激励、多点激励以及行波激励下桥梁结构的内力，按主桥部分控制截面的编号（1表示边墩墩底；2表示主拱脚上弦杆；3表示主拱顶上弦杆；4表示靠边墩处边拱脚上弦杆；5表示边拱顶上弦杆；6表示靠三角刚架处边拱脚上弦杆），分别给出了P_2概率下部分控制截面几种情况的内力比较直方图，如图8-130～图8-135所示，图中横坐标编号如上文括号中所述。

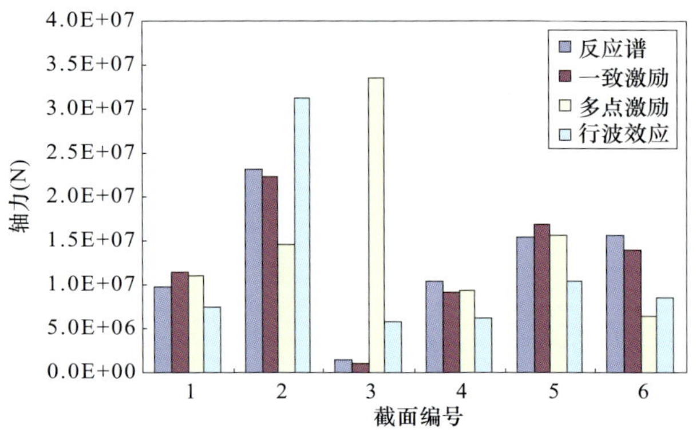

图8-130　纵向地震激励下轴力比较

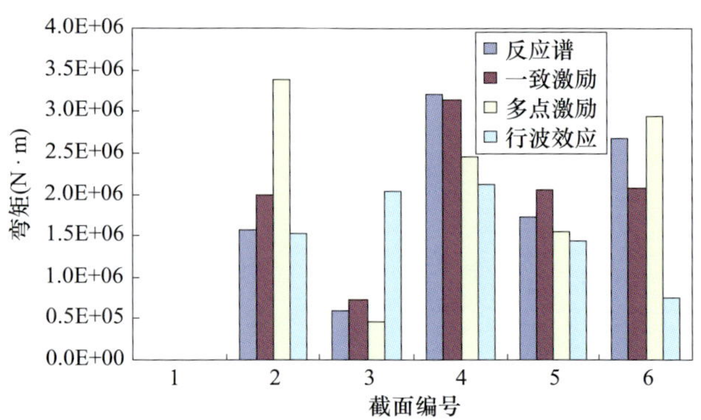

图8-131　纵向地震激励下弯矩MY比较

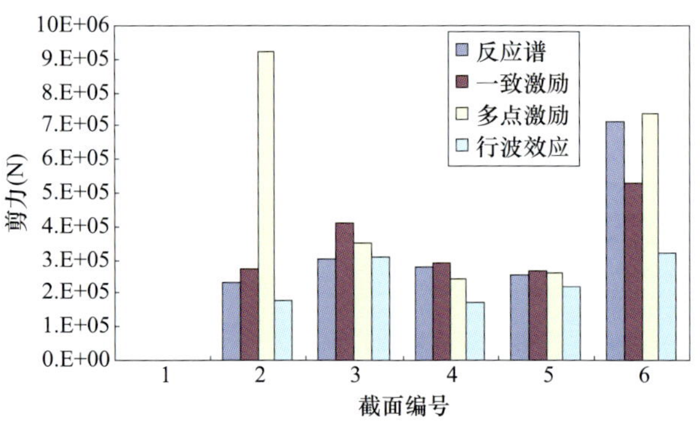

图8-132　纵向地震激励下剪力FZ比较

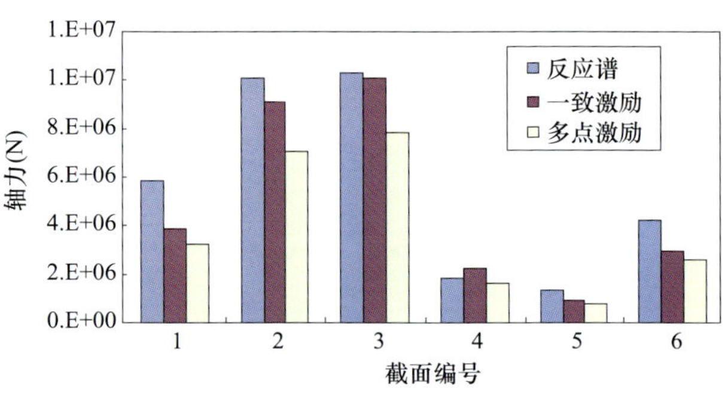

图8-133　横向地震激励下轴力比较

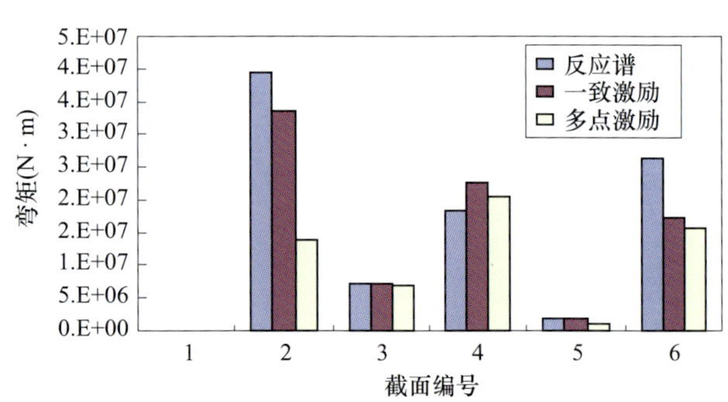

图8-134　横向地震激励下弯矩MZ比较

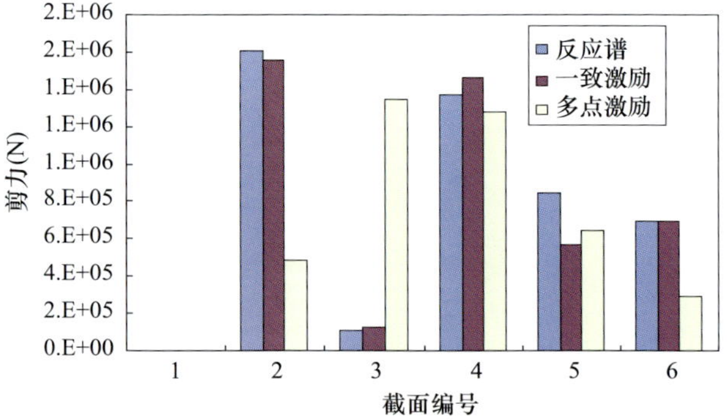

图8-135　横向地震激励下剪力FY比较

（1）P_2概率纵向地震激励响应比较

（2）P_2概率横向地震激励响应比较

控制断面位移响应时程分析结果见表8-38所列。位移响应时程曲线如图8-136～图8-139所示。

地震激励下主桥各控制断面位移（单位：cm）　　表8-38

截面位置	纵桥向一致激励		横桥向一致激励		行波激励	
	P_1	P_2	P_1	P_2	P_1	P_2
中拱拱顶与中拱拱脚的相对位移	4.7	8.1	24.2	51.6	9.0	17.1
边拱拱顶与边拱拱脚的相对位移	2.8	4.9	23.2	44.0	1.6	2.9
边墩顶与边跨纵梁的相对位移	4.6	9.8	—	—	9.9	20.6
三角刚架上横梁与三角刚架相对位移	14.1	23.5	—	—	13.6	22.1

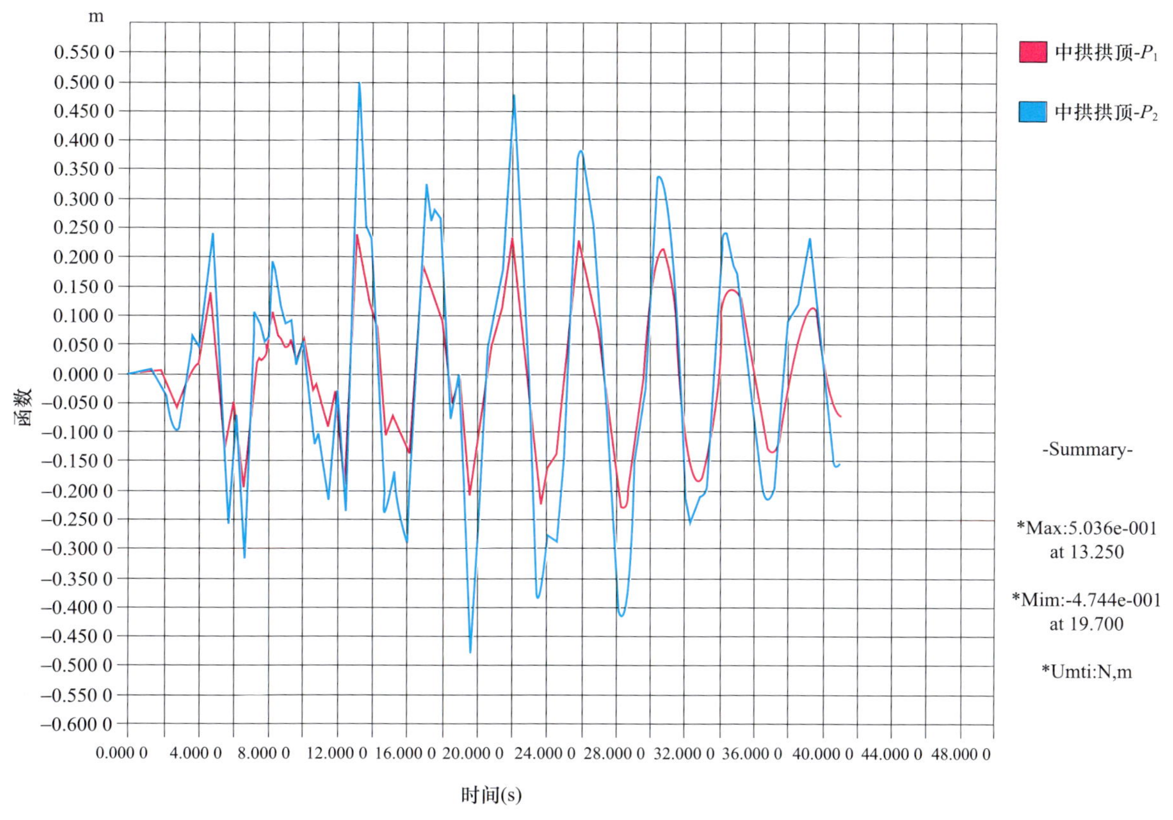

图8-136　P_1和P_2概率横桥向一致激励下中拱拱顶相对拱脚的横桥向位移（m）

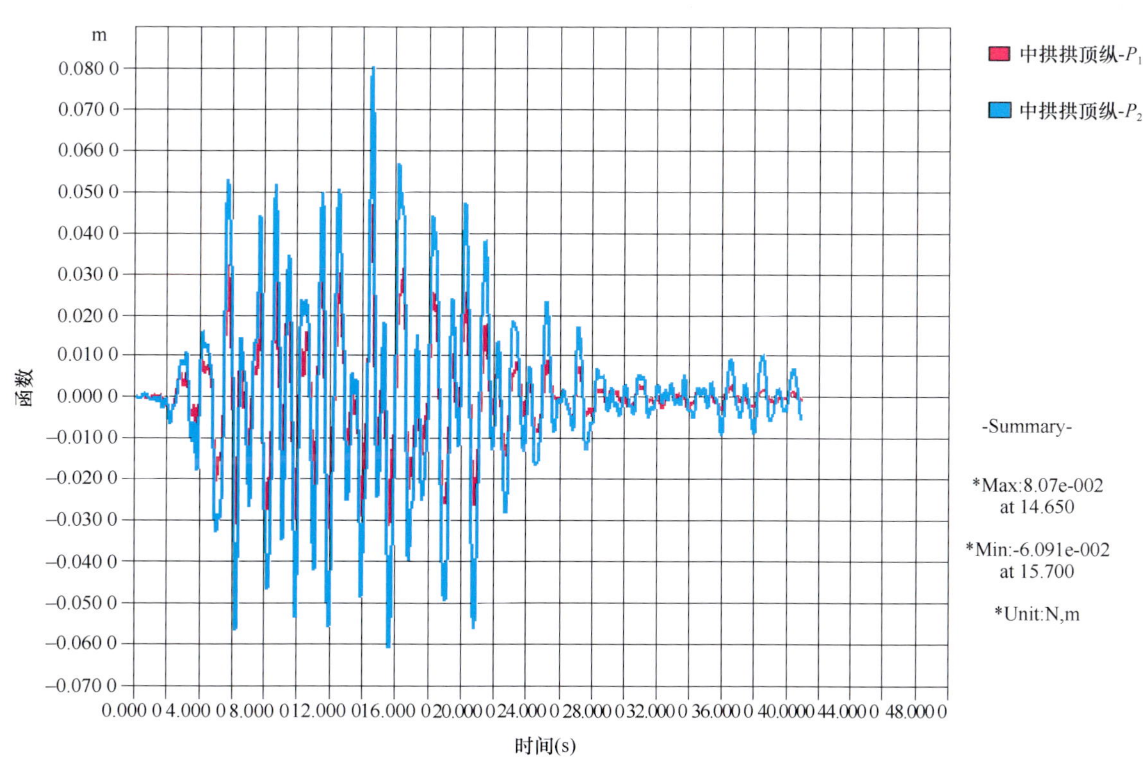

图8-137　P_1和P_2概率纵桥向一致激励下中拱拱顶相对拱脚的纵向位移（m）

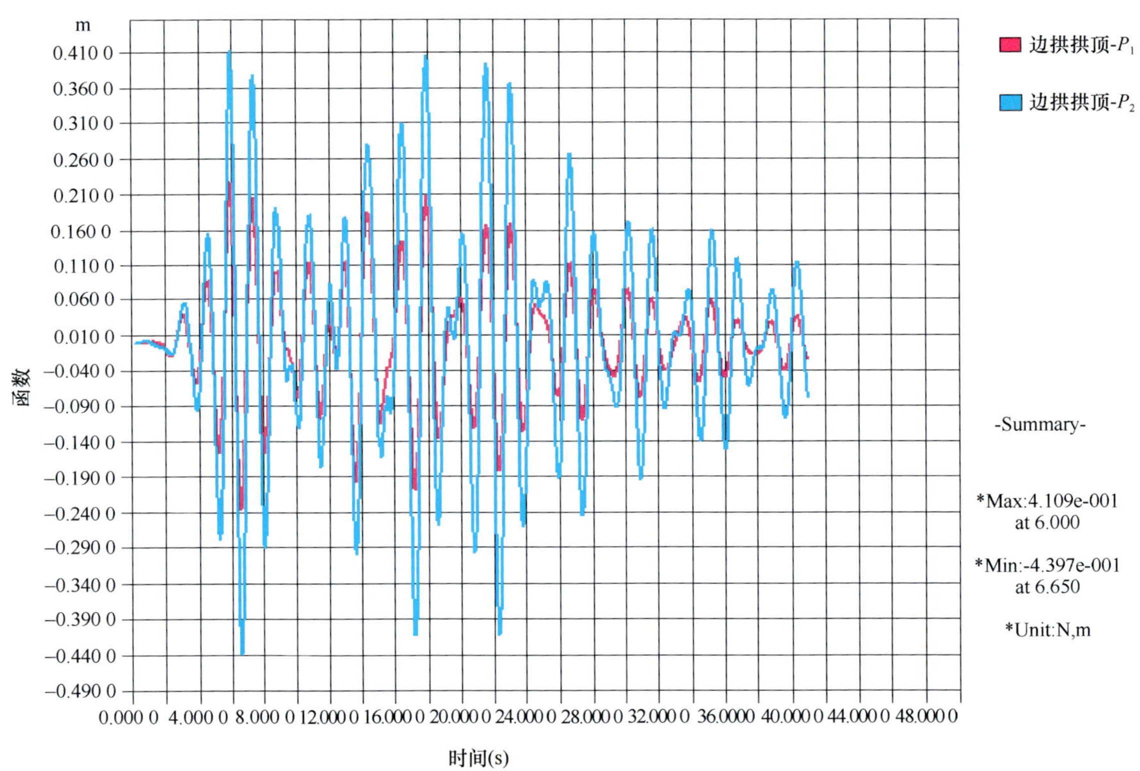

图8-138 P_1和P_2概率横桥向一致激励下边拱拱顶相对拱脚的横桥向位移（m）

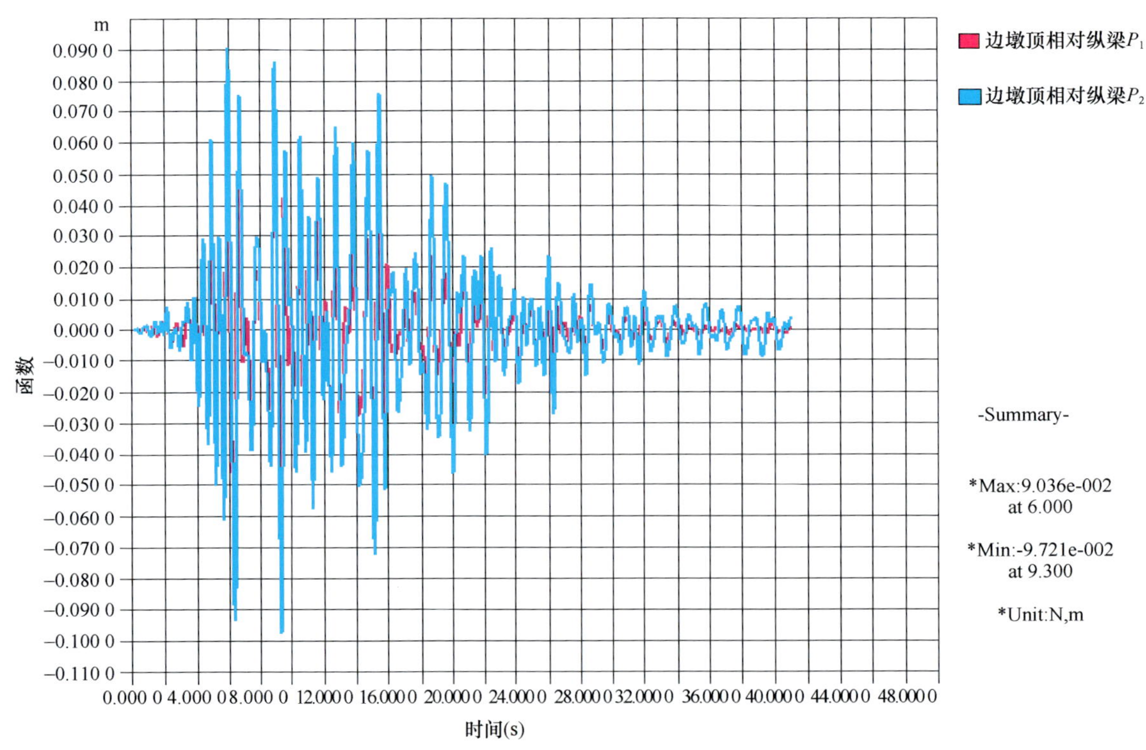

图8-139 P_1和P_2概率纵桥向一致激励况下边墩墩顶与边纵梁的纵桥向相对位移（m）

3．时程响应计算小结

新光大桥非线性地震时程响应分析所得主要成果如下：

(1) 在地震反应谱和地震时程响应一致激励下，主桥主要构件的内力比较接近，总体上两者相差最大不超过30%。对于轴力，地震反应谱的计算结果普遍要略微偏大一些。但是位移值有一定的差异，原因在于，除了《安评报告》给出的设计地震反应谱与地震时程波特性存在差异外，进行弹性地震谱分析时无法考虑几何非线性的影响。

(2) 纵桥向激励下，多点激励和行波激励对中拱顶上、下弦杆的轴力和中拱拱脚处的剪力和弯矩影响比较大，在 P_2 概率一致激励、行波激励和多点激励情况下：中拱拱顶上弦杆的轴力分别为1.143E6N、1.32E7N 和 3.354E7N，三者的比例关系分别为 1∶11.5∶29.3；中拱拱脚上弦杆的剪力分别为 2.74E5N、4.3E5N 和 9.19E5N，三者的比例关系为 1∶1.6∶3.5。在横桥向激励下，在一致激励和多点激励方式下中拱拱顶上弦杆的剪力分别为 1.26E5N 和 1.35E6N，二者的比例关系为 1∶10.7，可见多点激励方式对中拱拱顶处弦杆的剪力影响也比较大。因此，对于大跨度拱桥桥梁，考虑多点激励和行波效应对结构地震响应的影响是很有必要的。

(3) 在 P_2 概率地震时程波横桥向一致激励下，中拱拱顶相对中拱拱脚的横桥向最大位移为 51.6cm；边拱拱顶相对边拱拱脚的最大水平位移为 44cm；在 P_2 概率纵桥向一致激励下，中拱拱顶相对中拱拱脚的顺桥向最大位移为 8.1cm，边拱拱顶相对边拱拱脚的顺桥向最大位移为 4.9cm，边墩墩顶与边跨纵梁的相对位移为 9.8cm，小于设计最大容许位移 20cm，满足设计要求，三角刚架上横梁处球形钢支座与三角刚架的相对位移为 23.5cm。若考虑行波效应的影响，则在 P_2 概率纵桥向激励下，中拱拱顶相对中拱拱脚的纵桥向最大位移为 17.1cm，边拱拱顶相对边拱拱脚的纵桥向最大位移为 2.9cm，边墩球型支座与纵梁的相对位移为 20.6cm，支座纵向水平位移容许值为 20cm，很接近，钢横梁下翼缘球型支座与三角刚架的相对位移为 22.1cm，为此，设计人员根据研究成果，将原设计三角刚架上横梁处最大容许位移 15cm 的球形钢支座调整为最大容许位移 25cm 的型号。

可见行波效应对中拱拱顶以及边墩墩顶与边跨纵梁的相对位移的影响比较大，甚至起控制作用。

(4) 在考虑地震行波效应情况下，主桥番禺侧拱肋各构件的内力值总体上比广州侧的要大。并且剪切波速对桥梁中拱拱顶顺桥向位移时程曲线的波形和峰值有较大的影响，当剪切波速分别为196m/s、2×196m/s、4×196m/s、6×196m/s、8×196m/s 和无穷大（相当于一致激励）时，中拱拱顶相对于地面的纵桥向位移分别为 15.7cm、10.4cm、6.54cm、6.62cm、6.23cm 和 4.12cm，分析结果表明剪切波速小于 4×196m/s 时位移时程曲线的波形与剪切波速度大于 6×196m/s 时的位移时程曲线的波形差别很大，也就是在剪切波速较小时，拱顶纵向位移时程曲线总体上沿着纵桥向的同一方向振动，即主桥中孔跨中拱顶变形为偏离平衡位置的振动，当剪切波速度较大时，拱顶纵向位移时程曲线以中拱拱顶为对称点以大致相同的幅值来回振荡。而剪切波速对桥梁边拱拱顶纵桥向位移时程曲线的波形和峰值却影响不大。这主要是因为在计算分析时假设地震波的初始激励点位于番禺侧边墩位置，设此处激励为$\sum F_{\mathrm{k}}e^{i\omega_{\mathrm{k}}t}$，设行波传递速度为 v，由于传递需要时间导致其他点处激励相位滞后，至番禺侧边墩距离为 s 处构件的激励为$\sum F_{\mathrm{k}}e^{i\omega_{\mathrm{k}}\left(t-\frac{s}{v}\right)}=\sum F_{\mathrm{k}}e^{i\omega_{\mathrm{k}}\left(1-\frac{s}{vt}\right)t}$，主桥某处构件至激励源的距离 $\tilde{s}=vt$，激励实际上类似一静载荷，其附近构件 $\tilde{s}\cong vt$，激励为低频长周期慢变载荷，这些构件的变形还会受到主桥其他部分振动的影响，其总变形为静变形（或低频变形）与其他振动成份叠加的结果。

五、桥梁抗震性能评估

为校核新光大桥主桥抗震性能，采用：恒载+预应力+混凝土收缩徐变+地震荷载荷载组合，对该桥的抗弯、抗剪性能以及变形能力进行了验算。

1．主桥钢结构

表8-39中荷载组合为：恒载+预应力+混凝土收缩徐变+地震荷载，各主要构件截面正应力。根据公路规范，在考虑地震荷载组合情况下Q345钢的容许应力可提高到330MPa。所以从表8-39中的计算结果可以看出，P_1概率下控制构件均处于线弹性范围，但在P_2概率下边拱脚下弦杆靠节点板处已发生屈服，其名义最大正应力已达到423MPa。

新光大桥主要钢构件应力（恒载+预应力+混凝土收缩徐变+地震荷载） **表8-39**

构件		正应力（Pa）		构件		正应力（Pa）	
		P_1	P_2			P_1	P_2
主拱脚上弦杆	Max	3.180E+07	7.280E+07	边拱3/4上弦杆	Max	−1.260E+07	1.430E+07
	Min	−1.040E+08	−1.440E+08		Min	−5.090E+07	−5.830E+07
主拱脚腹杆	Max	7.610E+07	1.330E+08	边拱3/4腹杆	Max	1.380E+08	1.630E+08
	Min	−6.450E+07	−1.150E+08		Min	−5.250E+07	−9.970E+07
主拱脚下弦杆	Max	2.200E+07	7.560E+07	边拱3/4下弦杆	Max	−7.810E+07	−3.980E+07
	Min	−1.120E+08	−1.470E+08		Min	−1.670E+08	−1.870E+08
主拱1/4上弦杆	Max	−7.310E+07	−3.370E+07	边拱拱脚上弦杆（靠三角刚架）	Max	5.460E+07	1.050E+08
	Min	−1.350E+08	−1.460E+08		Min	−6.590E+07	−1.090E+08
主拱1/4腹杆	Max	1.500E+08	1.990E+08	边拱拱脚下弦杆（靠三角刚架）	Max	−5.820E+07	5.910E+07
	Min	−1.340E+08	−1.710E+08		Min	−2.740E+08	−4.230E+08
主拱1/4下弦杆	Max	−8.180E+07	−5.010E+07	中跨主纵梁（L/2）	Max	1.010E+08	1.450E+08
	Min	−1.300E+08	−1.250E+08		Min	−8.350E+07	−1.530E+08
主拱拱顶上弦杆	Max	−8.510E+07	−5.000E+07	中拱边横撑下弦杆	Max	1.200E+08	2.090E+08
	Min	−1.500E+08	−1.560E+08		Min	−1.170E+08	−2.060E+08
主拱拱顶腹杆	Max	9.630E+07	9.610E+07	边拱拱顶处横撑下弦杆（靠中跨）	Max	1.260E+08	2.220E+08
	Min	−9.660E+07	−1.030E+08		Min	−1.250E+08	−2.220E+08
主拱拱顶下弦杆	Max	−6.680E+07	−3.210E+07	边拱1/4上弦杆	Max	−4.680E+07	3.310E+07
	Min	−1.160E+08	−1.380E+08		Min	−1.750E+08	−2.160E+08
边拱拱脚上弦杆（靠边墩）	Max	−7.400E+07	−2.270E+07	边拱1/4腹杆	Max	1.130E+08	1.410E+08
	Min	−1.970E+08	−2.180E+08		Min	−1.000E+08	−1.230E+08
边拱拱脚下弦杆（靠边墩）	Max	−1.990E+07	8.380E+07	边拱1/4下弦杆	Max	−1.540E+07	5.850E+07
	Min	−1.650E+08	−2.230E+08		Min	−1.030E+08	−1.340E+08
边拱拱脚腹杆	Max	1.860E+08	2.310E+08	边拱顶上弦杆	Max	−7.230E+07	−4.770E+07
	Min	−1.510E+08	−2.110E+08		Min	−1.130E+08	−1.100E+08
边拱顶腹杆	Max	1.380E+08	1.540E+08	边拱顶下弦杆	Max	−4.360E+07	−1.990E+07
	Min	−7.570E+07	−9.060E+07		Min	−9.650E+07	−1.020E+08

2．主桥混凝土主要构件

以下分别对新光大桥主桥混凝土构件的抗弯能力和抗剪能力进行验算。表 8-40～表 8-43 列出了 P_1 和 P_2 两种概率水准下各主要构件在荷载组合恒载＋预应力＋混凝土收缩徐变＋地震荷载作用下的内力和屈服弯矩。

纵向地震激励下控制截面抗弯能力验算　　表8-40

控制截面	伴随轴力（N）		弯矩M_y（N·m）		屈服弯矩		是否屈服	
	P_1	P_2	P_1	P_2	P_1	P_2	P_1	P_2
边墩墩底	4.46E+7	4.18E+7	9.28E+7	1.28E+8	1.71E+8	1.65E+8	否	否
三角刚架斜腿—靠边跨拱座	1.42E+8	1.26E+8	8.03E+8	1.19E+9	1.32E+9	1.25E+9	否	否
三角刚架斜腿—靠中跨拱座	1.57E+8	1.65E+8	1.39E+9	1.73E+9	1.39E+9	1.43E+9	否	是
三角刚架斜腿—靠边跨桥面	1.37E+8	1.45E+8	2.72E+8	4.03E+8	1.30E+9	1.34E+9	否	否
三角刚架斜腿—靠中跨桥面	1.04E+8	9.78E+7	4.54E+8	5.63E+8	1.14E+9	1.11E+9	否	否
边跨横梁与纵梁连接处	7.11E+6	5.87E+6	8.46E+6	1.18E+7	1.58E+7	1.48E+7	否	否
边墩盖梁—靠端部	6.19E+6	6.44E+6	8.20E+6	2.41E+7	2.59E+7	2.55E+7	否	否
边墩盖梁—靠中部	6.55E+6	6.42E+6	6.44E+6	6.69E+6	1.70E+7	1.69E+7	否	否

横向地震激励下控制截面抗弯能力验算　　表8-41

控制截面	轴力（N）		弯矩 M_Z（N·m）		屈服弯矩		是否屈服	
	P_1	P_2	P_1	P_2	P_1	P_2	P_1	P_2
边墩墩底	4.81E+7	4.71E+7	1.38E+8	2.43E+8	1.44E+8	1.42E+8	否	是
三角刚架斜腿—靠边跨拱座	1.54E+8	1.65E+8	2.98E+8	6.00E+8	5.89E+8	6.11E+8	否	否
三角刚架斜腿—靠中跨拱座	1.39E+8	1.47E+8	2.99E+8	6.07E+8	5.87E+8	5.77E+8	否	是
三角刚架斜腿—靠边跨桥面	1.20E+8	1.19E+8	1.71E+8	3.23E+8	5.22E+8	5.20E+8	否	否
三角刚架斜腿—靠中跨桥面	1.13E+8	1.13E+8	1.11E+8	1.79E+8	5.07E+8	5.08+8	否	否
边跨横梁与纵梁连接处	5.89E+6	5.53E+6	4.67E+6	6.39E+6	1.48E+7	1.37E+7	否	否
边墩盖梁—靠端部	6.80E+6	8.27E+6	3.39E+6	4.49E+6	1.49E+7	1.62E+7	否	否
边墩盖梁—靠中部	6.40E+6	5.46E+6	2.07E+6	2.87E+6	1.17E+7	1.11E+7	否	否

纵向地震激励下控制截面抗剪能力验算　　表8-42

控制截面	伴随轴力（N）		剪力 F_Z（N）		抗剪能力（N）		是否满足要求	
	P_1	P_2	P_1	P_1	P_2	P_2	P_1	P_2
边墩墩底	5.10E+07	5.34E+07	7.72E+05	1.63E+07	1.63E+07	1.25E+06	是	是
三角刚架斜腿—靠边跨拱座	1.73E+08	1.75E+08	1.55E+07	4.45E+07	4.45E+07	2.60E+07	是	是
三角刚架斜腿—靠中跨拱座	1.70E+08	1.75E+08	5.56E+07	4.45E+07	4.44E+07	4.43E+07	是	是
三角刚架斜腿—靠边跨桥面	1.25E+08	1.26E+08	2.18E+07	4.42E+07	4.42E+07	3.11E+07	是	是
三角刚架斜腿—靠中跨桥面	1.27E+08	1.34E+08	2.45E+07	4.42E+07	4.42E+07	3.43E+07	是	是
边跨横梁与纵梁连接处	9.56E+06	1.17E+07	3.82E+06	5.96+06	5.98E+06	4.55E+06	是	是
边墩盖梁—靠端部	2.21E+06	1.36E+06	2.97E+06	5.31E+06	5.31E+06	3.63E+06	是	是
边墩盖梁—靠中部	−4.16E+06	−3.81E+06	2.81E+06	4.85E+06	4.85E+06	3.47E+06	是	是

横向地震激励下控制截面抗剪能力验算　表8-43

控制截面	伴随轴力（N）		剪力 F_Z（N）		抗剪能力（N）		是否满足要求	
	P_1	P_2	P_1	P_1	P_2	P_2	P_1	P_2
边墩墩底	4.72E+07	4.64E+07	6.18E+06	2.32E+07	2.32E+07	1.01E+07	是	是
三角刚架斜腿—靠边跨拱座	1.57E+08	1.56E+08	1.08E+07	4.44E+07	4.44E+07	2.04E+07	是	是
三角刚架斜腿—靠中跨拱座	1.48E+08	1.47E+08	1.16E+07	4.43E+07	4.43E+07	2.12E+07	是	是
三角刚架斜腿—靠边跨桥面	1.25E+08	1.24E+08	1.02E+07	4.42E+07	4.42E+07	1.87E+07	是	是
三角刚架斜腿—靠中跨桥面	1.19E+08	1.15E+08	1.04E+07	4.41E+07	4.41E+07	1.56E+07	是	是
边跨横梁与纵梁连接处	7.17E+06	7.56E+06	2.72E+06	1.25E+07	1.25E+07	3.01E+06	是	是
边墩盖梁—靠端部	2.14E+06	9.40E+05	7.11E+05	3.08E+06	3.09E+06	1.19E+06	是	是
边墩盖梁—靠中部	6.46E+06	8.08E+06	1.77E+05	3.12E+06	3.11E+06	2.85E+05	是	是

（1）截面抗弯能力验算

截面的弯矩—曲率分析是确定构件临界截面曲率延性能力的基本分析工具。在进行截面弯矩—曲率分析时，采用了如下假定：①平截面假定；②假定剪切变形的影响可以忽略不计；③假定钢筋和混凝土之间的黏结滑移可以忽略不计。

约束混凝土的应力—应变关系采用广泛认可的Mander模型，屈服弯矩采用屈服面来计算，并考虑了轴力的影响。图8-140～图8-143分别给出了边墩墩底和中跨拱座处三角刚架截面配筋图以及轴力—弯矩相互作用图，即屈服面，表8-40和表8-41分别列出了纵向和横向地震激励下控制截面的组合内力和相应屈服弯矩。

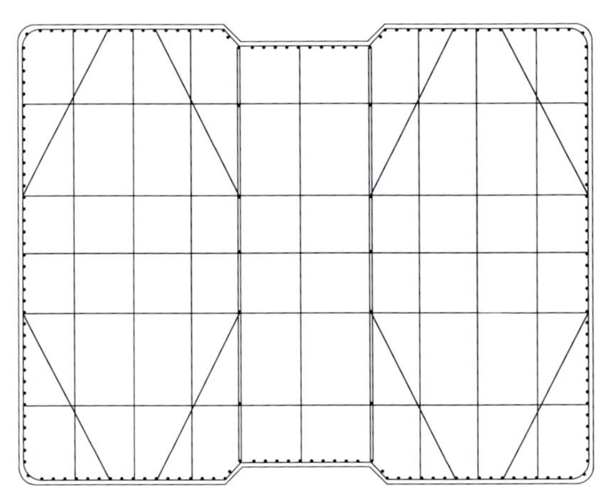

图8-140　边墩墩底截面配筋图

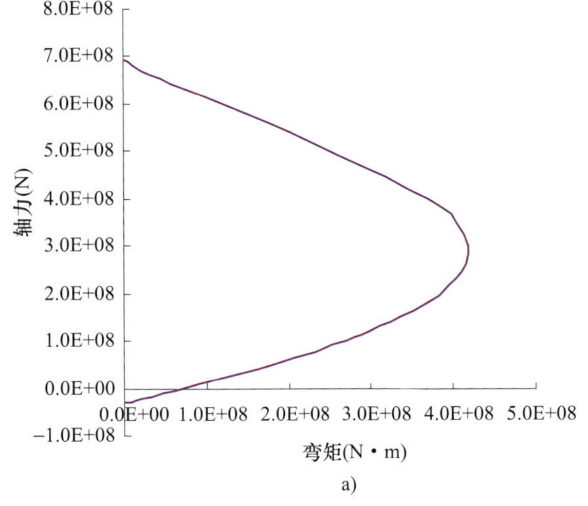

a)

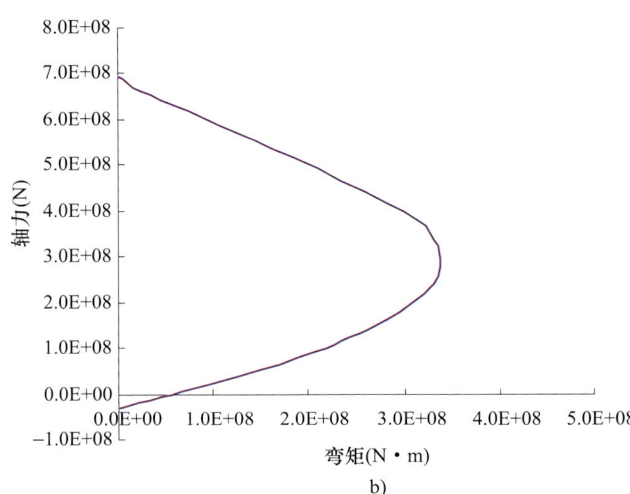

b)

图8-141　边墩墩底截面$N—M$图

a）$F_x—M_y$；b）$F_x—M_z$

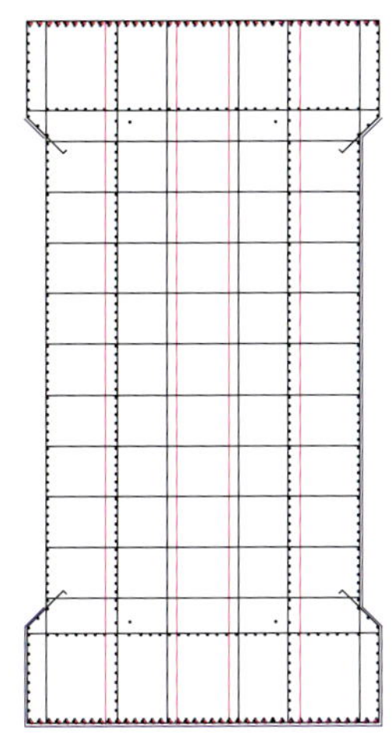

图8-142 中跨拱座处三角刚架斜腿截面配筋图

从表 8-40 和表 8-41 中可以看出，在 P_1 概率水准下，新光大桥主要控制构件均未屈服，强度满足要求。但在 P_2 概率水准下，地震波纵向输入时，靠中跨拱座处的三角刚架斜腿底截面发生屈服；地震波横向输入时，边墩墩底截面和靠中跨拱座处的三角刚架斜腿底截面均已发生屈服。

（2）控制截面抗剪能力验算

① 抗剪能力计算方法

由于国内缺乏地震作用下结构截面抗剪能力验算的相关规范，因此参照美国加州抗震设计规范，对结构的抗剪能力进行验算。Caltrans 规范认为，地震作用下结构截面抗剪能力需求应满足以下关系：

$$\phi V_n \geqslant V_o \tag{8-5}$$

其中，ϕ=0.85，为折减系数；V_n 为名义抗剪强度，由混凝土提供的抗剪强度和箍筋提供的抗剪强度这两部分组成，即 $V_n=V_c+V_s$。

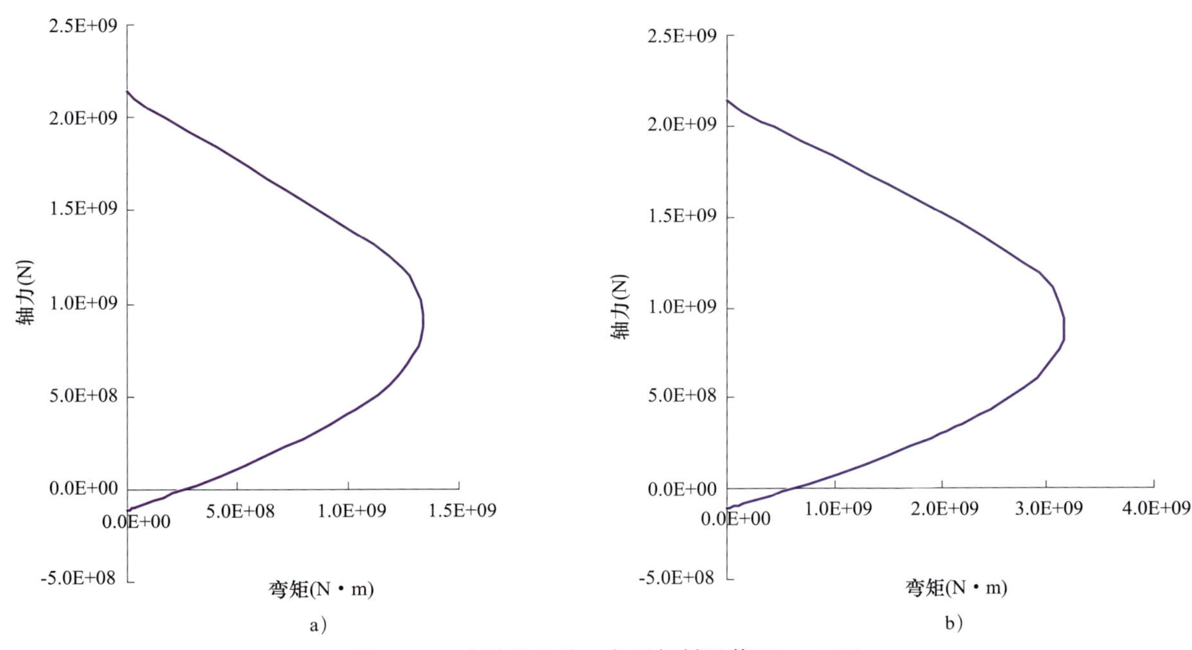

图8-143 中跨拱座处三角刚架斜腿截面 *N*—*M* 图

a）F_x-M_y；b）F_x-M_z

对于考虑延性能力的混凝土构件而言，Caltrans 在进行混凝土提供的抗剪强度计算过程中同时考虑了弯矩与轴力的影响，相应的计算表达式如下。

$$V_c=v_c\times A_e \tag{8-6}$$

$$A_e=0.8\times A_g \tag{8-7}$$

其中，A_g 为毛截面面积；V_c 为单位面积混凝土抗剪强度换算值。

a．塑性铰区域内

$$V_c=f_1\times f_2\times\sqrt{f_c}\leqslant 0.33\sqrt{f_c}\quad \text{(MPa)} \tag{8-8}$$

从偏于安全的角度考虑，系数 f_1=0.025。

b．塑性铰区域外

$$V_c = 0.25 \times f_2 \times \sqrt{f_c} \leqslant 0.33\sqrt{f_c} \quad (\text{MPa}) \tag{8-9}$$

其中，系数 f_2 计算表达式如下：

$$f_2 = 1 + \frac{P_c}{13.8 \times A_g} < 1.5 \quad (\text{MPa}) \tag{8-10}$$

式中，P_c 为轴力。此外，必须注意的是，当构件截面受拉时，V_c=0。

箍筋提供的抗剪强度与配箍率以及构件毛截面面积有关。

$$V_s = A_v f_y d / s \tag{8-11}$$

式中，A_v 为抗剪验算方向箍筋面积；f_y 为钢筋极限抗拉强度；d 为抗剪验算方向截面长度；s 为箍筋层间距离。

② 控制截面抗剪能力验算

从表 8-42 和表 8-43 中可以看出，P_1 和 P_2 概率下，主要控制截面均未发生剪切破坏，结构抗剪能力满足要求。

（3）控制截面变形能力验算

为了全面的考察全桥的抗震性能，针对 P_2 概率水平进行了非线性时程分析。在非线性分析中，混凝土屈服构件采用弹塑性纤维梁柱单元模拟。表 8-44 为关键部位的塑性角验算表。

关键部位塑性能力检算　　表8-44

截面位置	地震波输入方向	需求塑性角（rad）	能力塑性角（rad）
三角刚架—靠中跨拱脚	纵向	1.66E-3	4.02E-3
三角刚架—靠中跨拱脚	横向	3.15E-3	8.33E-3
边墩墩底		5.72E-3	12.78E-3

由表 8-44 关键部位塑性角验算可知，P_2 地震概率水平作用下，构件关键部位延性能力满足需求。

3．计算小结

（1）对于钢构件，在全部恒载 +P_1 概率地震荷载作用下主桥钢结构部分整体结构均处于弹性范围；在全部恒载 +P_2 概率地震荷载作用下仅靠三角刚架处边拱脚下弦杆位于节点板处的狭小范围最大名义正应力达到 423MPa，已发生屈服。但从边拱脚下弦杆最大应力包络图看，屈服范围狭小、衰减很快，同时考虑到采用空间杆系有限元计算模型无法计入节点板对应力分配的影响，所以实际最大应力应该小于 423MPa。

（2）对于混凝土构件，在全部恒载 +P_1 概率地震荷载作用下所有构件均处于弹性范围；在 P_2 概率横向地震荷载激励作用下，全部构件抗剪强度均满足设计要求，但边墩墩底的横向弯矩已达到 2.43E+8N · m，而屈服弯矩为 1.42e+8N · m，靠中跨拱座处三角刚架斜腿底截面的横向弯矩为 6.07e+8N · m，而屈服弯矩为 5.77e+8N · m，表明边墩墩底和靠中跨拱座处三角刚架斜腿底截面已发生屈服；在全部恒载 +P_2 概率纵向地震激励作用下，所有构件抗剪强度满足设计要求，但靠中跨拱座处三角刚架斜腿底截面已发生屈服。

（3）在全部恒载 +P_2 概率横向地震激励作用下，边墩墩底的能力塑性角为 12.78E-3rad，而需求塑性角为 5.72E-3rad，靠中跨拱脚三角刚架斜腿底截面的能力塑性角为 8.33E-3rad，而需求塑性角为 3.15E-3rad；在全部恒载 +P_2 概率纵向地震激励下，靠中跨拱脚三角刚架斜腿底截面的能力塑性角为 4.02E-3rad，而需求塑性角为 1.66E-3rad。说明该桥在 P_2 概率地震激励作用下，虽然边墩墩底和靠中跨拱座处三角刚架斜腿底截面发生屈服，但变形能力还是足够的，表明该桥总体抗震性能较好。

六、抗震研究的结论

（1）新光大桥主桥在全部恒载 $+P_1$ 概率地震荷载作用下各构件均处于弹性阶段；在全部恒载 $+P_2$ 概率地震荷载作用下局部构件发生屈服现象，但抗剪强度和变形能力足够，说明新光大桥主桥整体抗震性能良好，能够抵御服役期内的设计地震烈度。

（2）在地震时程波激励下，主桥各控制断面的位移总体上来说不大。但在 P_2 概率纵桥向一致激励和考虑行波效应情况下，三角刚架上横梁处球形钢支座与三角刚架的相对位移分别为 23.5cm 和 22.1cm，边墩球型支座与纵梁的相对位移分别为 9.8cm 和 20.6cm。

（3）在地震荷载作用下，考虑竖向地震输入、多点激励和行波效应虽然对主桥大部分构件的内力影响较小，但对个别构件的内力和控制部位的位移影响很大，甚至起到控制作用，因此考虑竖向地震输入、多点激励和行波效应对于大跨度拱桥地震响应的分析计算是十分必要的。

（4）比较地震反应谱与地震时程响应计算结果，二者内力值比较接近，但位移值有一定差异。原因在于，除了安评报告给出的设计地震反应谱与地震时程波特性存在一些差异外，几何非线性对大跨度拱桥地震响应分析有一定影响，而弹性地震谱分析时却无法考虑几何非线性的影响。

（5）在进行行波效应分析时，剪切波速对该桥中拱拱顶纵向位移时程曲线的波形和峰值有较大的影响。当剪切波速较小时，主跨拱顶纵向位移呈现出偏离平衡位置的振动现象；当剪切波速度较大时，主跨拱顶纵向位移以拱顶为平衡点来回振荡；但剪切波速对边拱拱顶纵向位移时程曲线的波形和峰值影响不大。

附录

记录历史 凝固的瞬间

Jilu Lishi Ninggu de Shunjian

鲁班奖奖牌

詹天佑奖

时任广州市委书记的林树森（中）等领导为新光快速路奠基典礼剪彩

广州市新光快速路主线开工奠基典礼

大桥指挥部成员现场合影
（从左至右：郭欣、李跃、张健峰、刘晓波）

本书几位作者的家属在大桥施工现场，她们对大桥的建设也作出了默默无闻的贡献

指挥长助理李跃在主拱提升塔顶检查提升准备工作

大桥指挥部郭欣高级工程师在进行施工现场录像

郭欣高工在施工现场巡视检查，挥汗如雨

检查5号墩承台施工质量
（右起：李跃、张健峰、何志军项目总工、罗甲生、冉有志项目副经理、北岸技术科长梁天贵）

罗甲生指挥长（右四）在大桥现场检查5号墩承台施工质量

张健峰（左一）、总监段美贵（左二）、罗甲生（右二）、贵桥项目经理覃杰（右一）在主拱提升指挥船上合影

新光快速路公司的部分管理人员在6号主墩围堰施工现场

新光公司戴东忠（右一）、帅志杰副总经理（右二）在现场

新光公司邓真明董事长（中）在检查三角刚架施工情况

大桥投资的两个股东单位之一广州番禺交通建设投资有限公司总经理黄平在举行大桥贯通仪式后在大桥视察时留影

本书作者李跃（左）、卢汝生（右）与黄平总经理（中）在大桥贯通仪式合影

罗甲生、黄平、卢汝生、帅志杰、何晓文（新光公司技术部经理）、李跃等建设单位、股东单位有关负责人在2006年7月1日大桥贯通纪念仪式后合影

大桥工程后期部分参建人员合影

（右一为贵桥项目部质检部长王强，右四、右七分别为本书第一、第二作者，右九为新光快速路有限公司邓真明董事长）

贵州省桥梁工程总公司新光大桥项目部的管理人员参加开工典礼（左为南岸副处长杨俊，中为项目经理覃杰）

右起为任为东高工（现场设计负责人）、徐升桥（设计总工）、张健峰等在开工典礼上合影

左起为贵桥新光大桥项目部任亮工程师、吴飞副经理、潘盛烈总工（前期为副总工）、工程师刘彬在研究施工方案

项目经理覃杰、副经理吴飞（右）等在南岸指挥边拱提升

贵桥项目部安全部长李文斌与南岸安全科长肖天文

主拱中段上船间隙任为东（现场设计负责人）、吴飞、李成浩（副总监）、胡云江、张华（设计代表）合影

张健峰与项目副经理冉有志（右）在北岸5号墩围堰

右起：王强、刘建平、沈晓松、李跃在重任1602号驳船上

项目副经理胡云江是大桥项目施工的大管家

贵桥项目经理覃杰与段美贵总监在拱肋提升指挥船上

南岸边拱提升前贵桥施工人员整装待发

贵桥施工管理人员及监理工程师在南岸边拱提升前留影

业主、施工、监理三方安全联检小组在工作

北岸施工处在进行安全文明检查

测量专业监理工程师付小华在检查拱肋预埋段位置

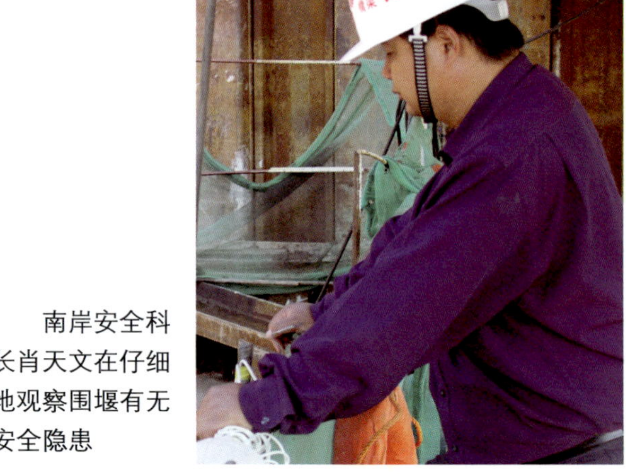

南岸安全科长肖天文在仔细地观察围堰有无安全隐患

杨俊、吴飞（贵桥）、任为东（铁专院）已经在拱肋提升指挥船上连续工作了一整天，显得有些疲劳

涂装工程师及监理工程师在检查拱肋涂装质量

左起：李跃、刘晓波（指挥部）、王强、梁天贵（贵桥）、郭欣（指挥部）在重任 1602 号驳船上合影

联合体设计总工程师徐升桥在围堰方案汇报会上汇报

彭岚平（左二）、任为东（中）、张华（右二）等铁专院的工程师们在现场研究设计变更

业主、总承包商、钢结构制造商的主要领导在进度协调会后合影，左起：徐升桥、罗甲生、覃杰、邓真明、吴兆安、张健峰、刘春彦（铁专院副院长）、辛兵（铁专院桥梁分院院长）

在指挥船上观察主拱提升情况
（后排为张健峰、罗甲生，前排左起：王兴孟副总监、段美贵总监、李成浩副总监、刘奇祥工程师）

监理工程师们在检查三角刚架斜腿钢筋的安装情况
（左三为贵桥质检部长王强、左四为副总监李成浩）

本书两作者与段美贵总监（中）完成联合检查南岸边拱提升准备工作后合影

主拱中段提升前在塔顶对提升塔作联合检查验收（右起：付小华、李跃、梁栋等）

潘盛烈（左二）陪同省土木建筑学会陈之泉理事长（中）等领导检查大桥创优情况

质量安全监督站的工程师们在现场检查安全生产工作（左二为冼莉华，左四为官万轶）

罗甲生、张健峰与拱肋提升单位郑飞经理在拱肋提升指挥船上

郑皆连院士（左）、张联燕专家（右）与拱肋提升技术负责人卞友明博士（中）合影

中铁山桥集团公司副总经理李慧成（左）到新光大桥现场检查拱肋拼装情况

成都主拱提升方案专家评审会
（左起邵克华、钟启宾、徐公望、郑皆连等专家）

成都主拱提升方案专家评审会
（左起为徐公望、郑皆连、谢邦珠、李兴云、王劼耘专家）

方案评审会后业主专家组合影
（左起：范文理、谢邦珠、郑皆连、张健峰、郑凯峰、上官兴专家）

张健峰常务副指挥长与特邀专家孟庆浩（右）合影

张健峰与范文理（左）、钟启宾（右）合影

专家在主拱拼装场合影

（左起唐柏石、范文理、徐公望、郑皆连、朱茂枌、李兴云、张健峰）

专家合影

（右起：上官兴、孟庆浩、张联燕、张健峰、郑凯峰、范文理、李兴云、赵煜澄、郑皆连、陆宗林、罗甲生、邵克华、唐柏石、钟启宾）

大桥局原总工程师邵克华（右三）、原总工程师林国雄（右二）等专家到大桥现场指导工作时留影

中铁山桥集团公司总经理吴兆安（右一）、现场项目经理李世斌（左一）与罗甲生指挥长在主拱提升指挥船上

新光快速路有限公司总经理助理黄炳章（左一）、张健峰与中铁山桥集团公司吴兆安总经理（中）、副书记田苗（右一）等在主拱提升指挥船上合影

中铁山桥集团新光大桥项目部全体员工合影

中铁山桥集团新光大桥现场项目部主要负责人在南岸边拱提升前合影

（左起谈立壮、李世斌、曲岩）

张健峰、中铁山桥集团总经理吴兆安、罗甲生、田苗等在主拱中段提升现场合影

中铁山桥集团公司副总经理刘恩国（中）到新光大桥现场检查项目部工作，左为山桥集团现场项目经理李世斌

广州市委书记林树森及建委主任陈如桂等领导多次视察新光大桥施工现场

广州市市长张广宁（右十）及其他领导视察大桥建设工作

中国土木工程协会理事长谭庆琏到现场检查创优工作

市建委雷凤英副主任（女）视察大桥建设情况

在新光快速路通车典礼上新光快速路有限公司员工合影留念

后记
Houji

在本书即将完稿付印之时，我们首先要向新光大桥的参建者致以崇高的敬意，正是他们在历时36个月的时间里顽强拼搏，建成了这座雄伟、壮观、气势恢弘的大桥，他们才是本书的真正作者。

我们衷心感谢广州新光快速路有限公司的全体同仁，他们是我们工作的坚强后盾，尤其是公司的前、后两任董事长卢汝生、邓真明先生，他们的直接领导及信任，给予了我们力量与信心。

感谢贵州桥梁工程总公司新光大桥项目经理部项目经理覃杰、项目副经理胡云江、吴飞、冉有志及前、后两任总工程师何志军、潘胜烈；感谢中铁咨询集团新光大桥项目设计总工程师徐升桥、高级工程师彭岚平、现场设计技术负责人任为东、张华及其他工程师们；感谢四川铁科建设监理公司段美贵总监、王兴猛副总监及其他参建的监理工程师对大桥的贡献。

感谢以郑皆连院士为首的新光大桥业主专家组谢邦珠、上官兴、范文理、郑凯锋专家；感谢以朱茂粉高工为首的承包商专家组张联燕、钟启宾、李兴云、安梅娜、陆宗林等专家和各位为新光大桥多次献策的特邀专家们；感谢四川省交通厅公路规划勘察设计研究院、铁道第二勘察设计院的专家们为大桥的建设付出的巨大努力。

感谢中铁山桥集团有限公司，尤其是吴兆安总经理、郭长江、刘恩国副总经理等公司领导层在厂内精心组织，为大桥制造了优良的钢结构；同时真心感谢以现场项目经理李世斌为首的现场项目部，冒着常人难以忍受的高温酷暑，优质地为新光大桥安装、焊接了经得起历史检验的主桥钢结构。

感谢上海同新机电控制技术有限公司的卞友明博士及郑飞经理为大桥整体提升作出的贡献。感谢交通部广州打捞局的工程师们，他们运用高超的智慧，把一个172m长的庞然大物运上了随潮水不停波动的驳船并平稳精确地运到了桥位。

感谢承担大桥专项科研项目的西南交通大学李乔教授、同济大学葛耀君教授、广州大学张俊平教授、中南工业大学叶梅新教

后记 Houji

授及其领导的科研组为大桥提供了准确的数据。

特别要感谢湖南大学陈政清教授，除了在新光大桥科研项目上做了大量工作外，还对本书的编辑、出版给予了大力支持和关心。感谢湖南大学张志田博士特为本书编写了第八章。

此外对华南理工大学苏成教授、徐郁峰博士等领导的监测组和承担静动荷载试验工作的广州市市政园林工程质量检测中心对我们的支持表示感谢。感谢张卫东先生为本书提供了精美珍贵的航拍照片。

特别感谢新光大桥专家组长郑皆连院士为本书作序，并在百忙之中抽出时间为本书进行了全面的审稿，提出了宝贵的修改意见。

另外要特别感谢新光大桥两个主要股东之一的广州番禺交通建设投资有限公司黄平董事长兼总经理（曾兼任广州新光快速路有限公司董事），除了对大桥工程建设的鼎力支持之外，还为本书的编写提供了良好的条件，如果没有他的大力支持本书是很难完成的。

最后感谢人民交通出版社的编辑们为本书的编辑、出版、发行付出了辛勤的劳动。

由于参加新光大桥建设的人士非常之多，他们默默无闻地做了大量的工作，无法一一致谢，在此一并感谢。因作者能力、条件限制，本书的编写难免有不当或遗漏之处，敬请读者不吝指教。

在本书即将付印之际，欣闻广州新光大桥荣获了2008年度“中国建设工程鲁班奖（国家优质工程）”及第八届中国土木工程“詹天佑奖”。这是中国建筑业及土木工程行业的两项最高荣誉奖项。广州新光大桥能同时获得这两项殊荣，意味着大家几年的艰辛劳动得到了国家和业界的充分肯定。这使我们倍感欣慰和自豪。

我们衷心希望本书有助于读者及同行进一步了解广州新光大桥。并愿借本书出版的机会，向广州新光大桥的所有参建单位和参建者致以最热烈的祝贺及崇高的敬意！

参 考 文 献

[1] 李跃，罗甲生，张健峰．新光大桥建设概况．中外公路．2007（1）．

[2] 李跃，罗甲生等．新光大桥主拱中段大段整体提升架设．中外公路．2006（2）．

[3] 李跃，任为东，封周权等．大跨度连续刚构拱桥关键部位应力分析与试验．铁道科学与工程学报．2007（4）．

[4] 李跃，徐郁峰，谭林等．新光大桥三角刚架施工过程仿真分析．中外公路．2008（1）．

[5] 李跃，罗甲生，郭欣．新光大桥工程管理实践．工程管理论坛．2007．

[6] 罗甲生，李跃，王建辉等．大跨度拱桥边拱钢拱肋与刚性系杆连接区域试验研究．桥梁建设．2007（1）．

[7] 徐郁峰，谭林，邓辉等．新光大桥施工中的索力测试技术．中外公路．2008（1）．

[8] 孙卓，张俊平，刘爱荣．大跨度刚架—钢桁拱组合结构桥抗震性能研究．铁道标准设计．2006（9）．

[9] 罗甲生，赵灿晖，古松等．连续刚架—拱桥三角刚架模型试验．桥梁建设．2008（1）．

[10] 罗甲生，徐郁峰，谭林等．新光大桥施工中应力测量．中外公路．2008（2）．

[11] 李跃，古松，卜一之，李乔．新光大桥三角刚架施工过程模型试验及有限元分析．公路交通科技．2008（2）．

[12] 刘晓波，李跃，罗甲生，郭欣．广州新光大桥南岸三角刚架主墩施工技术．施工技术．2008（增刊 2）．

[13] 徐郁峰，谭林，陈宽德，苏成，李跃．新光大桥施工监测方案．科学技术与工程．2008（12）．

[14] 沈晓松．广州新光大桥主拱中段船运方案．中外公路．2006（5）．

[15] Yue LI．Jianfeng ZHANG．DESIGN AND CONSTRUCTION OF A RIGID-FRAME STEEL TRUSS ARCH BRIDGE[C]．Chinese-Croatian Joint Colloquium-PROCEEDINGS．2008．